食品化学

理论与应用研究

李彦萍　许　彬　李　斌　编著

内 容 提 要

本书系统地介绍了食品化学的基础理论及相关应用。全书共分10章，主要内容有：食品化学综述、食品中的水分、食品中的碳水化合物、食品中的脂质、食品中的蛋白质、酶、食品中的维生素与矿物质、食品色素与着色剂、食品风味和食品添加剂。本书编撰过程中力求系统性和科学性相统一，紧密联系实际应用和食品化学的最新研究成果与技术前沿。

本书内容丰富，逻辑严谨，图文并茂，深入浅出，便于读者理解。本书可供食品科学的相关科研人员和工程技术人员参考。

图书在版编目（CIP）数据

食品化学理论与应用研究 / 李彦萍，许彬，李斌编著. -- 北京 : 中国水利水电出版社，2015.7（2022.10重印）
ISBN 978-7-5170-3170-3

Ⅰ. ①食… Ⅱ. ①李… ②许… ③李… Ⅲ. ①食品化学 Ⅳ. ①TS201.2

中国版本图书馆CIP数据核字(2015)第101674号

策划编辑：杨庆川　责任编辑：陈　洁　封面设计：崔　蕾

书　名	食品化学理论与应用研究
作　者	李彦萍　许　彬　李　斌　编著
出版发行	中国水利水电出版社
	（北京市海淀区玉渊潭南路1号D座 100038）
	网址：www.waterpub.com.cn
	E-mail：mchannel@263.net（万水）
	sales@mwr.gov.cn
	电话：(010)68545888（营销中心）、82562819（万水）
经　售	北京科水图书销售有限公司
	电话：(010)63202643、68545874
	全国各地新华书店和相关出版物销售网点
排　版	北京厚诚则铭印刷科技有限公司
印　刷	三河市人民印务有限公司
规　格	184mm×260mm　16开本　17.75印张　432千字
版　次	2015年8月第1版　2022年10月第2次印刷
印　数	3001-4001册
定　价	62.00元

前　　言

食品中成分相当复杂，有些是在加工过程、储藏期间新产生的；有些是人为添加的；有些是动、植物体内原有的；也有些是原料生产、加工或储藏期间因污染造成的；还有的是包装材料所带来的。很明显，为了提高食品的营养性、享受性和安全性，有必要了解食物生产、食品加工和储藏期间上述成分的变化及其所受的影响。食品化学是从化学角度和分子水平上研究食品的化学组成、结构、理化性质、营养和安全性质以及它们在生产、加工、储藏和运销过程中发生的变化和这些变化对食品品质和安全性影响的一门基础应用科学。

食品化学是多学科互相渗透的一门新兴学科，食品、化学、生物学、农业、医药和材料科学都在不断地向食品化学输入新鲜血液，也都在利用食品化学的研究成果，它是“食品科学与工程”和“食品质量与安全”各个学科中发展很快的一个领域。随着经济的空前发展和人民生活水平的不断提高，人们对食品安全的关注度日益增强，食品行业已成为支撑国民经济的重要产业和社会的敏感领域。因此，每一位食品科技工作者都应掌握食品化学的有关知识。

本书系统地介绍了食品化学的基础理论及相关应用。全书共分 10 章，主要内容有：食品化学综述、食品中的水分、食品中的碳水化合物、食品中的脂质、食品中的蛋白质、酶、食品中的维生素与矿物质、食品色素与着色剂、食品风味和食品添加剂。本书以求精、求实、求易学为原则，在编撰过程中力求系统性和科学性相统一，紧密联系实际应用和食品化学的最新研究成果与技术前沿，使读者可以深入把握食品行业发展的全貌，掌握最先进的知识和技能，这对我国新世纪应用型人才的培养大有裨益。

本书在编撰过程中参考了许多国内外食品化学及相关学科的最新专著和文献，在此向有关作者表示敬意。

由于作者水平有限，书中难免有疏漏和不妥之处，敬请广大读者和专家批评指正。

作者

2015 年 1 月

前言

目　录

第1章　食品化学综述

1.1　什么是食品和食品化学

1.1.1　食品

1. 食物与食品

食物(foodstuff)是维持人类生存和健康的物质基础，指含有营养素的可食性物料。人类的食物绝大多数都是经过加工后才食用的，经过加工的食物称为食品(food)，但通常也泛指一切食物为食品。

营养素是指那些能维持人体正常生长发育和新陈代谢所必需的物质，目前已知的有40～45种人体必需的营养素。

作为食品必需具备以下的基本要求。

(1)具备营养功能

任何一种食品中必须至少含有六大营养素蛋白质、糖类、脂类、矿物质、维生素、水分中的一种以上，满足人们营养代谢需求。

(2)良好的感官特征

食品应具有符合人们嗜好的风味特征，满足人们的感觉需要。

(3)对人体安全无害

“民以食为天，食以安为要”，所有食品都必须对人体绝对安全无害。

2. 食品的化学组成

食品的化学组成成分可概括表示为：天然成分，包括水分、碳水化合物、蛋白质、脂类、矿质元素、维生素、色素、激素、风味成分、有害成分；非天然成分，包括食品添加剂(天然食品添加剂、人工合成食品添加剂)、污染物(加工过程污染物、环境污染物)，如图1-1所示。

3. 食品的分类

食品的种类很多，分类的方法也很多。按照保藏方法的不同可以将食品分为罐藏食品、干藏食品、腌渍食品、烟熏食品、发酵食品、辐射食品等；按照原料种类的不同可以分为果蔬制品、谷物制品、乳制品、水产制品、肉禽制品等；按照原料和加工方法的不同可以分为焙烤食品、饮料、挤压食品、糖果、速冻食品等；按照产品性质的不同又可以分为方便食品、婴儿食品、休闲食品、快餐食品、功能食品等。

根据研究对象的不同，可以将食品化学进行如表1-1所示的分类。

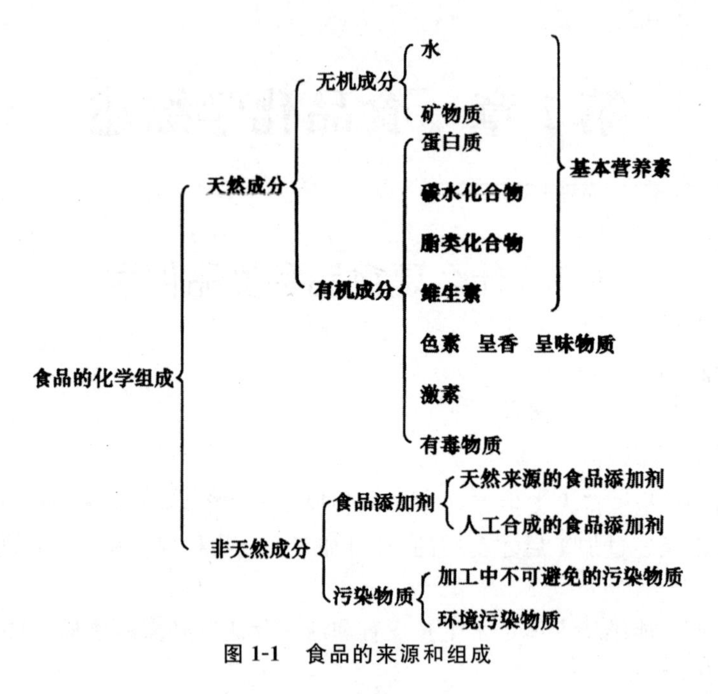

图 1-1 食品的来源和组成

表 1-1 食品化学的分类

分类	研究对象
食品成分化学	研究食品中各种化学成分的含量和理化性质等
食品分析化学	研究食品成分分析和食品分析方法
食品生物化学	研究食品的生理变化
食品工艺化学	研究食品在加工和贮藏过程中的化学变化
食品功能化学	研究食物成分对人体的作用
食品风味化学	研究食品风味的形成、消失及食品风味成分

1.1.2 食品化学

食品化学(food chemistry)是利用化学的理论和方法研究食品本质的一门科学,即从化学角度和分子水平上研究食品的化学组成、结构、理化性质、营养和安全性质以及它们在生产、加工、储藏和运销过程中的变化及其对食品品质和安全性的影响。它属于应用化学的一个分支,是“食品科学与工程”和“食品质量与安全”专业的一门基础学科。

1.2 食品化学的发展历程

食品化学成为一门独立学科的时间不长,它的起源虽然可追溯到远古时代,但与食品化学相关的研究和报道则始于18世纪末期。1847年出版的《食品化学研究》是本学科第一本有关食品化学方面的书籍。在1820～1850年期间,化学及食品化学研究开始在欧洲有重要地位。

1860 年，德国学者 Hanneberg W. 和 Stohman F. 介绍了一种综合测定食品中不同成分的方法。

到了 20 世纪，随着分析技术的进步及生物化学等学科发展，特别是食品工业的快速发展，面临着食品加工新工艺的出现、储藏期的延长等需要，食品化学得到了较快发展，有关食品化学方面的研究及论文也日渐增多，刊载食品化学方面论文的期刊也日益增多，主要有 Agricultural and Biological Chemistry（1923 创刊）、Journal of Food Nutrition（1928 年创刊）、Archives of Biochemistry and Biophysics（1942 年创刊）、Journal of Food Science and Agricultural（1950 年创刊）、Journal of Agricult ural and Food Chemistry（1953 年创刊）及 Food Chemistry（1966 年创刊）等刊物。随着食品化学的文献的日益增多和有关食品化学方面研究的深入及系统性增加，逐渐形成了食品化学较为完整的体系。

近 20 年来，一些食品化学著作与世人见面，例如，英文版的《食品科学》、《食品化学》、《食品加工过程中的化学变化》、《水产食品化学》、《食品中的碳水化合物》、《食品蛋白质化学》、《蛋白质在食品中的功能性质》等反映了当代食品化学的水平。权威性的食品化学教科书应首推美国 Owen R. Fennema 主编的 Food Chemistry（已出版第四版）和德国 H. D. Belitz 主编的 Food chemistry，它们已广泛流传世界。

近年来，食品化学的研究领域更加拓宽，研究手段日趋现代化，研究成果的应用周期越来越短。现在食品化学的研究正向反应机理、风味物的结构和性质研究、特殊营养成分的结构和功能性质研究、食品材料的改性研究、食品现代和快速的分析方法研究、高新分离技术的研究、未来食品包装技术的化学研究、现代化贮藏保鲜技术和生理生化研究，新食源、新工艺和新添加剂等方向发展。

随着世界范围的社会、经济和科学技术的快速发展和各国人民生活水平的明显提高，为更好地满足人们对食品安全、营养、美味、方便食品的越来越高的需求，以及传统的食品加工快速向规模化、标准化、工程化及现代化方向发展，新工艺、新材料、新装备不断应用，极大地推动了食品化学的快速发展。另外，基础化学、生物化学、仪器分析等相关科学的快速发展也为食品化学的发展提供了条件和保证。食品化学已成为食品科学的一个重要方面。

我国的食品化学研究和教育多集中在高等院校，都把它作为研究和教学的重点之一，已成为“食品科学与工程”和“食品质量与安全”专业的专业基础课，对我国食品工业的发展产生了重要影响。

1.3　食品化学理论研究的内容和方法

1.3.1　食品化学理论研究的内容

食品化学的研究内容大致可划分为 4 个方面：

1）确定食品的化学组成、营养价值、功能性质、安全性和品质等重要性质。

2）确定上述变化中影响食品品质和安全性的主要因素。

3）食品在加工和贮藏过程中可能发生的各种化学和生物化学变化及其反应动力学。

4）将研究结果应用于食品的加工和贮藏。因此，食品化学的实验应包括理化实验和感官实验。

理化实验主要是对食品进行成分分析和结构分析，即分析实验的物质系统中的营养成分、有害成分、色素和风味物的存在、分解、生成量和性质及其化学结构；感官实验是通过人的感官鉴评来分析实验系统的质构、风味和颜色的变化。

1.3.2 食品化学理论研究的方法

由于食品中存在多种成分，是一个复杂的成分体系，因此食品化学的研究方法也与一般化学的研究方法有很大的不同，它应将食品的化学组成、理化性质及其变化的研究与食品的营养性和安全性联系起来。因此，研究食品化学时，通常采用一个简化的、模拟的食品体系来进行试验，再将所得的试验结果应用于真实的食品体系，进而进一步解释真实的食品体系中的情况。

食品化学的试验应包括理化试验和感官试验。理化试验主要是对食品进行成分分析和结构分析，即分析试验系统中的营养成分、有害成分、色素和风味物的存在、分解、生成量和性质及其化学结构；感官试验是通过人的直观检评来分析试验系统的质构、风味和颜色的变化。

根据实验结果和资料查证，可在变化的起始物和终产物间建立化学反应方程，也可能得出比较合理的假设机理，并预测这种反应对食品品质和安全性的影响，然后再用加工研究实验来验证。在以上研究的基础上再研究这种反应的反应动力学，这一方面是为了深入了解反应机理，另一方面是为了探索影响反应速度的因素，以便为控制这种反应奠定理论依据和寻求控制方法。

食品化学研究成果最终要转化为：合理的原料配比，有效反应接触屏障的建立，适当的保护或催化措施的应用，最佳反应时间和温度的设定、光照、氧含量、pH、水分活度等的确定，从而得出最佳的食品加工贮藏方法。

1.4 食品中主要的化学变化

食品从原料生产、经过贮藏、运输、加工到产品销售，每一过程无不涉及一系列的变化（表1-2、表1-3和表1-4）。其中，表1-2列出了此类变化顺序的实例。

表1-2 在加工或储藏中食品可能发生的变化分类

属性	变化
质地	失去溶解性、失去持水力、质地软化
风味	出现酸败味、出现焦糊味、出现异味、出现美味和芳香
颜色	褐变（暗色）、漂白（褪色）、出现异常颜色、出现诱人色彩
营养价值	蛋白质、脂类、维生素和矿物质的降解或损失及生物利用性改变
安全性	产生毒物、钝化毒物、产生具有调节生理机能作用的物质

这个变化顺序具有很大的实用价值，因为这个变化顺序把导致食品品质和安全性变化的原因和结果联系起来了，便于培养人们用分析的方法来处理食品中发生变化的问题。对这些变化的研究和控制就构成了食品化学研究的核心内容。

表 1-3　改变食品品质或安全性的一些化学反应和生物化学变化

反应种类	实例
非酶褐变(Maillard 反应)	焙烤食品色、香、味的形成
酶促褐变	切开的水果迅速变褐
氧化反应	脂肪产生异味、维生素降解、色素褪色、蛋白质营养价值降低
水解反应	脂类、蛋白质、维生素、碳水化合物、色素等的水解
与金属的反应	与花青素作用改变颜色、叶绿素脱镁变色，催化自动氧化
脂类的异构化反应	顺式不饱和脂肪酸→反式不饱和脂肪酸、非共轭脂肪酸→共轭脂肪酸产生单环脂肪酸
脂类的环化反应	产生单环脂肪酸
脂类的聚合反应	油炸中油的泡沫产生和粘稠度的增加
蛋白质的变性反应	卵清凝固、酶失活
蛋白质的交联反应	在碱性条件下加工蛋白质使其营养价值降低
糖的酵解反应	宰后动物组织和采后植物组织的无氧呼吸

表 1-4　食品在储藏或加工中发生变化的因果关系

初期变化	二次变化	对食品的影响
脂类发生水解	游离脂肪酸与蛋白质发生反应	质地、风味、营养价值发生改变
多糖发生水解	糖与蛋白质发生反应	质地、风味、颜色、营养价值改变
脂类发生氧化	氧化产物与食品中其他成分的反应	质地、风味、颜色、营养价值、毒物产生
水果被破碎	细胞打破、酶释放、氧气进入	质地、风味、颜色、营养价值改变
绿色蔬菜被加钙	细胞壁和膜完整性破坏、酸释放、酶失活	质地、风味、颜色、营养价值
肌肉组织被加热	蛋白质变性和凝聚、酶失活	质地、风味、颜色、营养价值
脂类中不饱和脂肪酸发生的顺-反异构化	在油炸中油发生热聚合	油炸过度时产生泡沫、降低油脂的营养价值，油的粘稠度增加

食品在加工和贮藏过程中发生的化学变化，一般包括生理成熟和衰老过程中的酶促变化；热加工等激烈加工条件下引起的分解、聚合及变性。

在食品加工和保藏过程中，食品主要成分之间的相互作用对于食品的品质也有重要的影响(见图 1-2)。

从图 1-2 可见，活泼的羰基化合物和过氧化物是极重要的反应中间产物，它们来自脂类、碳水化合物和蛋白质的化学变化，自身又引起色素、维生素和风味物的变化，结果导致了食品品质的多种变化。

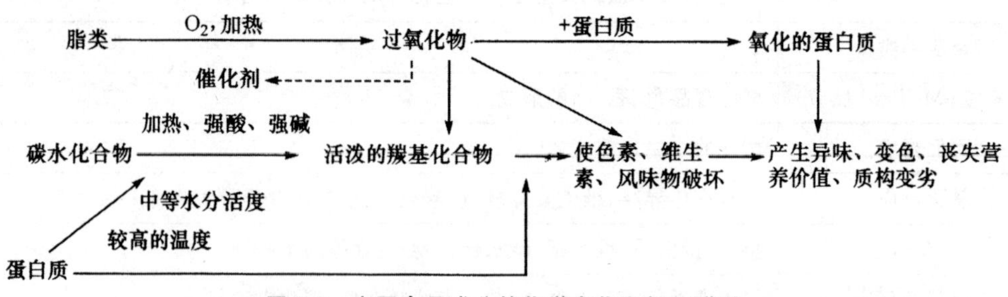

图 1-2　主要食品成分的化学变化和相互联系

1.5　食品化学在食品工业技术发展中的作用及应用

食品化学为食品加工和保藏提供理论基础,食品化学为研发食品新产品和新工艺提供途径和方法,体现在食品科学中的作用:是食品科学的内涵。食品科学是食品体系的化学、结构、营养、微生物、毒理、感官性质以及食品体系在处理、转化、制作、储藏中发生变化两方面科学知识的综合,具体如表 1-5 所示。

表 1-5　食品化学对食品行业技术进步的影响

食品工业各领域	食品化学研究成果对食品加工储藏技术的影响
果蔬加工储藏	化学去皮,护色,质构控制,维生素保留,脱涩脱苦,化学保鲜,气调储藏,活性包装,酶法榨汁,过滤澄清及化学防腐等
肉类加工储藏	宰后处理,保汁及嫩化,护色和发色,提高肉糜乳化力,凝胶性和黏弹性,烟熏肉的生产和应用,人造肉生产,综合利用等
饮料工业	速溶,克服上浮下沉,稳定蛋白质饮料,水质处理,稳定带肉果汁,果汁护色,控制澄清度,提高风味,白酒降度,啤酒澄清,啤酒泡沫和苦味改善,啤酒的非生物稳定性的化学本质及防止,啤酒异味,果汁脱涩,大豆饮料脱腥等
乳品工业	稳定酸乳和果汁乳,开发凝乳酶代用品及再制乳酪,乳清的利用,乳品的营养强化等
焙烤工业	生产高效膨松剂,增加酥脆性,改善面包呈色和质构,防止产品老化和霉变等
食用油脂工业	精炼,油脂改性,DHA、EPA 和 MCT 的开发利用,食用乳化剂生产,抗氧化剂,减少油炸食品吸油量等
调味品工业	肉味汤料,核苷酸鲜味剂,碘盐和有机硒盐等
发酵食品工业	发酵产品的后处理,后发酵期间的风味变化,综合利用等
基础食品工业	面粉改良,谷制品营养强化,水解纤维素和半纤维素,高果糖浆,改性淀粉,氢化植物油,新型甜味料,新型低聚糖,改性油脂,植物蛋白,功能性肽,功能性多糖,添加剂,新资源等
食品检验	检验标准的制定,快速分析,生物传感器的研制,不同产品的指纹图谱等
食品安全	食品中外源性有害成分来源及防范,食品中内源性有害成分消除等

现代食品正向着加强营养、保健、安全和享受性方向发展。食品化学的基础理论和应用研究成果，正在并继续指导人们依靠科技进步，健康而持续地发展食品工业，如表1-6所示。

表1-6 食品化学研究成果在推动食品工业发展中的作用

食品研究领域	过去的状况	现在的状况
食品配方	依靠经验确定	依据原料组成、性质分析的理性设计
食品加工工艺	依据传统、经验和粗放小试	依据原料及同类产品组成、特性分析，利用优化理论设计
开发食品	依靠传统和感觉盲目开发	依据科学研究资料目的明确的开发，并已开始大力发展功能食品
控制加工和储藏变化	依据经验，尝试性简单控制	依据变化机理，科学地控制
开发食品资源	盲目甚至破坏性的开发	科学地、综合地开发食品新资源
食品深加工	规模小、浪费大、效益低	规模增大，范围拓宽、浪费小、效益提高

食品科学和工程领域的许多新技术，如可降解包装材料、生物技术、微波加工技术、辐射保鲜技术、超临界萃取和分子蒸馏技术、膜分离技术、微胶囊技术等的建立和应用依然有赖于对物质结构、物性和变化的把握。

由上面分析可以看出，食品化学研究的领域已经延伸到食品工业的各个方面，其影响的范围及程度也愈日剧增。可以这样说，没有食品化学的理论指导就不可能有日益发展的现代食品工业。

第2章　食品中的水分

2.1　概述

水是生命的源泉，人类生存离不开水。所有的动植物性食品都含有水，特别是天然食品。但是食品的种类不同，其水分含量也不同；即使是同一个体，不同生长阶段、不同组织器官，含水量也是不同的。如植物，其根、茎、叶等营养器官含水量较高，为鲜重的70％～90％，甚至更高；而植物的种子含水量通常只有12％～15％。

食品贮藏加工过程中的诸多技术，在很大程度上都是针对食品中的水分。如，大多数新鲜食品和液态食品，其水分含量都较高，若希望长期贮藏这类食品，只要采取有效的贮藏方法限制水分所参与的各类反应或降低其活度就能够延长保藏期；新鲜蔬菜的脱水和水果加糖制成蜜饯等工艺就是降低水分活度以提高贮藏期；面包加工过程中加水是利用水作为介质，通过水与其他成分的作用，加工出可口的产品。

另外，水是人体的主要成分，是维持生命活动、调节代谢过程不可缺少的重要物质。人体所需要的水，除直接通过饮水补充外，主要还是通过日常饮食获取。

水是食物各种组分中数量最多的组分。部分食品的含水量如表2-1所示。

表2-1　部分食品的含水量

食品种类		含水量(％)
蔬菜	甜玉米、青豌豆	74～80
	胡萝卜、硬花甘蓝、甜菜、马铃薯	80～90
	青大豆、芦笋、花菜、莴苣、西红柿、大白菜	90～95
水果	香蕉	75
	葡萄、梨、柿子、猕猴桃、菠萝、樱桃	80～85
	桃、苹果、李子、橘、甜橙、葡萄柚、无花果	85～90
	草莓、杏、椰子、西瓜	90～95
谷物	全粒谷物	10～12
	粗燕麦粉、粗面粉	10～13
肉类	猪肉	53～60
	牛肉(碎块)	50～70
	鸡(无皮肉)	74

续表

食品种类		含水量(%)
乳制品	奶油	15
	山羊奶	87
	奶酪(含水量与品种有关)	40～75
	奶粉	4
	冰淇淋	65
	人造奶油	15
焙烤食品	饼干	5～8
	面包	35～45
	馅饼	43～59
糖及其制品	蜂蜜	20
	果冻、果酱	≤35
	蔗糖、硬糖、纯巧克力	≤1

食品的含水量与其风味及腐败和发霉等现象有极大关系,如香肠口味就与其吸水、持水情况关系很大,而含水多的食物都容易发霉、腐败。此外,食品中水分含量的变化也常引起食品的物理性质变化,如面包和饼类烘烤后变硬就不仅是失水干燥,而且也是水分含量的变化使得淀粉结构发生变化的结果。控制食品水分的含量,可防止食品的腐败变质和营养成分的水解。部分食品的水分含量的国家标准如表2-2所示。

表2-2　部分食品的水分含量的国家标准

食品名称	水分含量(%)	引用标准
肉松(福建式)	≤8	GB 2729—94
肉松(太仓式)	≤20	GB 2729—94
广式腊肉	≤25	GB 2730—81
蛋制品(巴氏消毒冰鸡全蛋)	≤76	GB 2749—1996
蛋制品(冰鸡蛋黄)	≤55	GB 2749—1996
蛋制品(冰鸡蛋白)	≤88.50	GB 2749—1996
蛋制品(巴氏消毒鸡全蛋粉)	≤4.50	GB 2749—1996
蛋制品(鸡蛋黄粉)	≤4	GB 2749—1996
蛋制品(鸡蛋白片)	≤16	GB 2749—1996

续表

食品名称	水分含量(%)			引用标准
全脂乳粉	特级	一级	二级	—
	≤2.50	≤2.75	≤3.00	GB 5410—85
脱脂乳粉	≤4.00	≤4.50	≤5.00	GB 5411—85
全脂加糖乳粉	≤2.50	≤2.75	≤3.00	GB 5412—85
奶油	无盐奶油	加盐奶油	重制奶油	GB 5415—85
	≤16.00	≤16.00	≤1.00	
全脂加糖炼乳(甜炼乳)	≤26.50			GB 5417—85
硬质干酪	≤42			GB 5420—85
麦乳精(含乳固体饮料)	≤2.50			GB 7101—85
香肠(腊肠)、香肚	≤25			GB 10147—88
食品工业用甜炼乳	≤27			GB 13102—91
人造奶油	A 级	≤16		—
	B 级	≤20		—

2.2 食品中水与冰的结构和性质

2.2.1 水分子及其缔合作用

1. 水分子

从水分子结构来看,水分子中氧的 6 个电子参与杂化,形成 4 个 sp^3 杂化轨道,有近似四面体的结构(图 2-1),其中 2 个杂化轨道与 2 个氢原子结合成两个 σ 共价键,另 2 个杂化轨道呈未键合电子对。

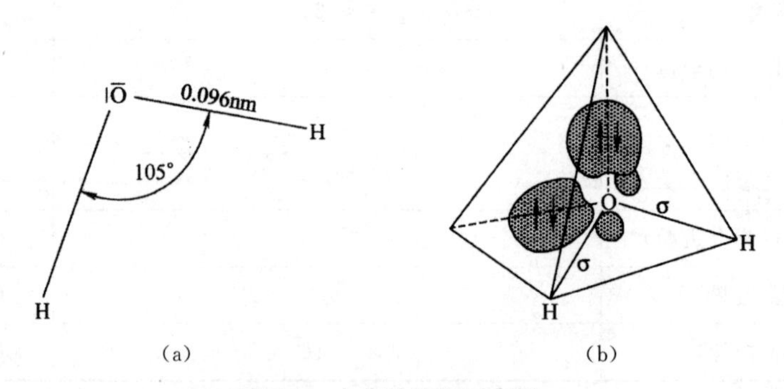

图 2-1 水分子结构示意图

(a)水分子的集合构型;(b)水分子的轨道模型

2. 水分子的缔合作用

水分子通过氢键作用与另 4 个水分子配位结合形成正四面体结构。水分子氧原子上 2 个未配对的电子与其他 2 分子水上的氢形成氢键，水分子上 2 个氢与另外 2 个水分子上的氧形成氢键（图 2-2）。氢键的离解能约为 25kJ/mol。

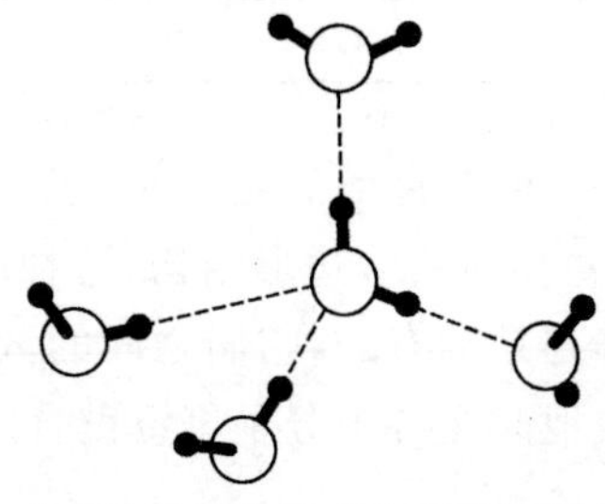

图 2-2　水分子配位结合形成的正四面体结构示意图

○ 氧原子；● 氢原子；　━ σ 键；--- 氢键

在水分子形成的配位结构中，由于同时存在 2 个氢键的给体和受体，可形成 4 个氢键，能够在三维空间形成较稳定的氢键网络结构。这种结构表现出水与其他小分子不同的物理特性，如乙醇及一些与水分子等电位偶极相似的 NH_3 和 HF。NH_3 由 3 个氢键给体和 1 个氢键受体形成四面体排列，HF 的四面体排列只有 1 个氢键给体和 3 个氢键受体，它们没有相同，数目的氢给体和受体。因此，它们只能在二维空间形成氢键网络结构。

水分子中 H—O 键的极化作用可通过氢键使电子产生位移。因此，含有较多水分子复合物的瞬时偶极较高，使其稳定性提高。由于质子可通过氢键“桥”移，水分子中的质子可转移到另一个水分子上（图 2-3 中 A）。通过这一途径形成的氢化 H_3O^+，其氢键的离解能增大，约为 100kJ/mol。同样的机理也形成 OH^-（图 2-3 中 B）。

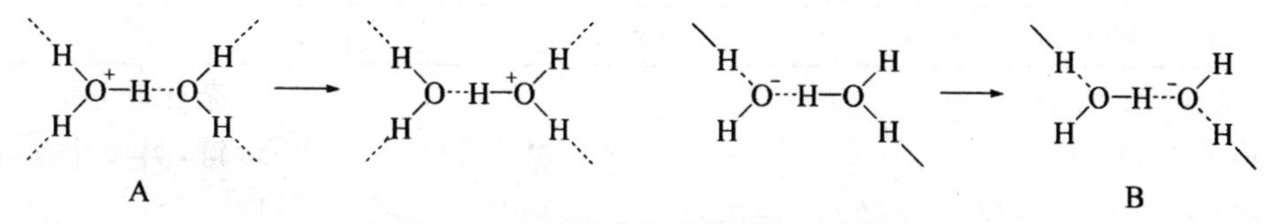

图 2-3　水分子中的质子转移示意图

2.2.2　水和冰的结构

1. 水的结构

纯水是具有一定结构的液体。液体水的结构与冰的结构的区别在于它们的配位数和两个水分子之间的距离（表 2-3）。温度对氢键的键合程度影响较大，在 0℃时冰中水分子的配位数为 4，最邻近的水分子间的距离为 2.76Å，当温度上升，冰熔化成水时，邻近的原子距离增大。但随着温度上升，水的配位数增多。配位数的增多可提高水的密度。综合原子距离和配位数对水的密度的影响，冰在转变成水时，净密度增大，当继续升温至 3.98℃时密度可达到最大值，但随着温度继续上升密度开始逐渐下降。显然，温度在 0℃和 3.98℃之间水分子的配位数相对增大较多，而 O—H┄O 距离又相对增加不多，所以在 3.98℃时，水的密度增大。

表 2-3 水与冰结构中水分子之间的配位数和距离

状态及温度	配位数	O—H---O 距离
冰(0℃)	4.0	0.276nm
水(1.5℃)	4.4	0.290nm
水(83℃)	4.9	0.305nm

水的结构是不稳定的，并不是单纯的由氢键构成的四面体形状。通过“H—桥”(H—bridges)的作用，水分子可形成短暂存在的多边形结构，这种结构处在不断地形成与解离的平衡状态中。也就是说，水分子的排列是动态的，它们之间的氢键可迅速断裂，同时通过彼此交换又可形成新的氢键，因此能很快地改变各个分子氢键键合的排列方式。“H-桥”的这种非刚性性质使水分子具有低黏度。

水分子中氢键可被溶于其中的盐及具有亲水/疏水基团的分子破坏。在盐溶液里水分子中氧上未配对电子占据了阳离子的游离空轨道，形成较稳定的“水合物”(aqua complexes)，与此同时，另外一些水分子通过“H-桥”的配位作用，在阳离子周围形成了水化层(hydration shell)，从而破坏了纯水的结构。另外，极性基团也可通过偶极-偶极(dipole-dipole)相互作用或者“H-桥”形成水化层，从而破坏纯水的结构。

水和冰的三维网状的氢键状态赋予它们一些特有的性质，要破坏它们的结构就需要额外的能量。这就是为什么水比相似的甲醇和二甲醚有更高的熔点、沸点的原因(表 2-4)。

表 2-4 水、甲醇和二甲醚的一些物理常数比较

分子式	熔点 F_p/℃	沸点 K_p/℃
H_2O	0.0	100.0
CH_3OH	−98	64.7
CH_3OCH_3	−138	−23

2. 冰的结构

冰是水分子通过氢键相互结合、有序排列形成的低密度、具有一定刚性的六方形晶体结构。普通冰的晶胞如图 2-4 所示，最邻近的水分子的 O—O 核间距为 0.276nm，O—O—O 键角约为 109°，十分接近理想四面体的键角 109°28′。

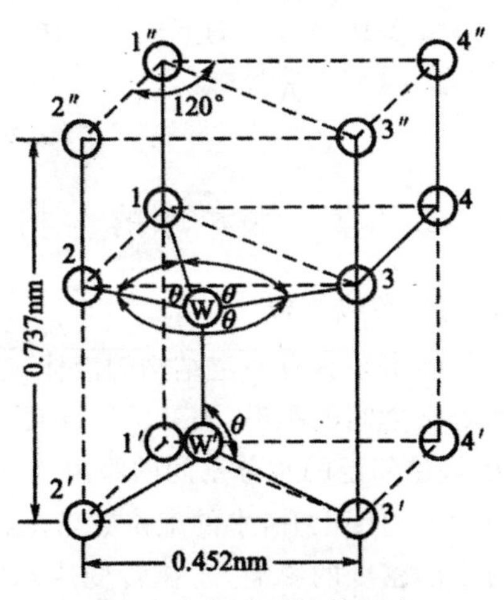

图 2-4 0℃普通冰的晶胞

圆圈代表水分子中的氧原子

当从顶部沿着 C 轴观察几个晶胞结合在一起的晶胞群时，便可看出冰的正六边形对称结构，如图 2-5 所示。在图 2-4 中水分子 W 和最相邻近的另外 4 个水分子显示出冰的四面体结构，水分子 1、2、3 可以清楚地看见，第 4 个水分子位于 W 分子所在纸平面的下面。当在三维空间观察图 2-5 时，可看到如图 2-6 所显示的图形，显然它

包含水分子的两个平面，这两个平面平行且很紧密地结合在一起。这类成对平面构成了冰的“基面”。在压力作用下，冰“滑动”或“流动”时，如同一个整体“滑动”，或者像冰河中的冰在压力作用下产生的“流动”。

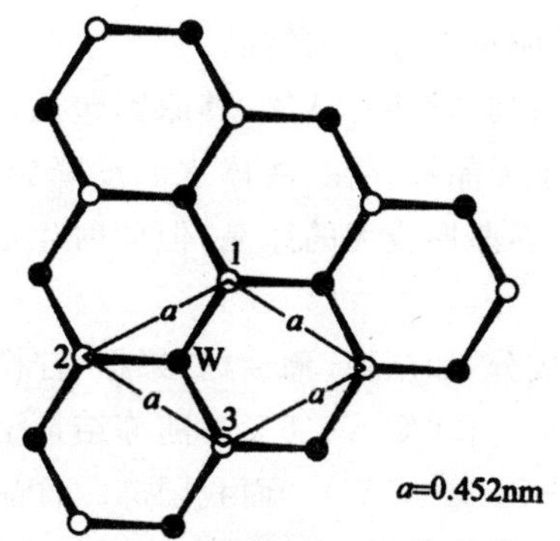

图 2-5　沿 C 轴方向观察到的冰的正六边形对称结构

圆圈代表水分子中的氧原子；空心圆圈和实心圆圈分别代表上层和下层的氧原子

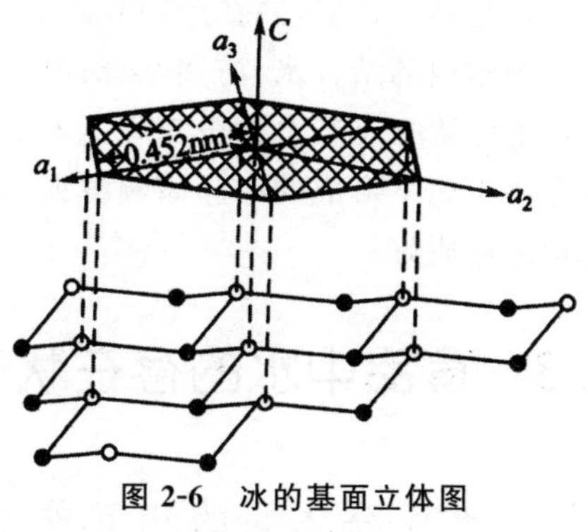

图 2-6　冰的基面立体图

圆圈含义同图 2-5

几个基面堆积起来便得到冰的扩展结构。图 2-7 表示 3 个基面结合在一起时形成的结构，沿着平行 C 轴的方向观察，可以看到它的外形与图 2-5 完全相同，这表明基面完美地排列。冰在沿着 C 轴方向观察是单折射的，而在其他方向是双折射的，因此称 C 轴为冰的光轴。

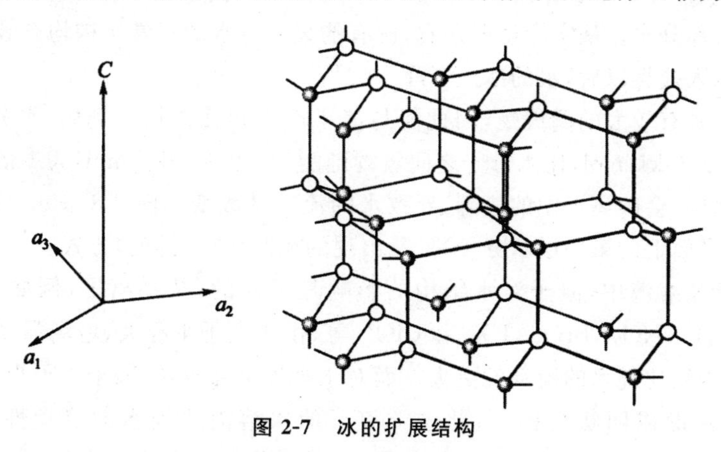

图 2-7　冰的扩展结构

空心圆圈和实心圆圈分别代表基面上层和下层的氧原子

冰有 11 种结晶类型。在常压和 0℃时,只有正六方形冰结晶是最稳定的。另外还有 9 种同质多晶和一种非结晶或玻璃态的无定形结构。在食品和生物材料中,这是一种高度有序的结构,只有当样品在适度的低温冷却剂中进行缓慢冷冻且溶质的性质及浓度对水分子的迁移不造成严重干扰时,才有可能形成正六方形冰结晶。

在水的冰点温度时,可是水在此时并不结冰,其原因包括溶质可以降低水的冰点,再就是产生过冷现象。所谓过冷是由于无晶核存在,液体水温度降到冰点以下仍不析出固体。如果外加晶核,在这些晶核周围就会逐渐形成大的冰晶,但此时生成的冰晶粗大,因为冰晶主要围绕有限的晶核长大。

食品中含有一定的水溶性成分,如蔗糖、葡萄糖、果糖、柠檬酸等,故食品的结冰温度降低,大多数天然食品的初始冻结点在−1.0℃～2.6℃。随冻结量增加,冻结温度持续下降,直到达到食品的低共熔点(大约是−65℃～−55℃)。而我国冻藏食品的温度为−18℃,因此,冻藏食品的水分实际上并未完全凝结。尽管如此,在这种温度下绝大部分水已冻结了。

现代冻藏工艺提倡速冻。速冻技术的要求是在 30min 内通过食品最大冰晶生成带(−5℃～−1℃),速冻后食品中心温度必须达到−18℃,并在−18℃以下的温度贮藏。食品在这样的冻结条件下,细胞间隙的游离水和细胞内的结合水、游离水能同时冻结成无数冰晶体(冰晶粒子在 100μm 以下),冰晶分布与天然食品中液态水的分布极为相近,这样就不会损坏细胞组织。当食品解冻时,冰晶体融化。在该工艺下形成的冰晶体颗粒细小(呈针状),冻结时间缩短且微生物活动受到更大限制,因而食品品质好。

2.3　食品中水的存在状态

2.3.1　食品中水与非水成分之间的相互作用

1. 水与离子或离子基团的相互作用

离子或离子基团(Na^+,Cl^-,$—COO^-$,$—NH_3^+$ 等)通过自身的电荷与水分子偶极子产生静电相互作用,通常称为水合作用(hydration)。与离子或离子基团相互作用的水是食品中结合得最紧密的一部分水。从实际情况来看,所有的离子对水的正常结构均有破坏作用,典型的实例就是水中加入盐类以后,水的冰点下降。

由于水分子具有较大的偶极矩,因此能与离子产生相互作用。例如,水分子同 Na^+ 的相互作用能约为 83.68kJ/mol,比水分子之间氢键键能(约为 20.9kJ/mol)大 3 倍,因此离子或离子基团加入到水中,会破坏水中的氢键,导致水的流动性改变。图 2-8 表示 NaCl 邻近的水分子(仅指出了纸平面上的第一层水分子)可能出现的相互作用(排列)方式。

在不同的稀盐溶液中,离子对水结构的影响是不同的,某些离子,例如 K^+,Rb^+,Cs^+,NH_4^+,Cl^-,Br^-,I^-,NO_3^-,BrO_3^-,IO_3^- 和 ClO_4^- 等,由于离子半径大、电场强度弱,能破坏水的网状结构,所以溶液比纯水的流动性更大。而对于电场强度较强、离子半径小的离子或多价离子,它们有助于水形成网状结构,因此这类离子的水溶液比纯水的流动性小。例如,Li^+,Na^+,H_3O^+,Ca^{2+},Ba^{2+},Mg^{2+},Al^{3+},F^- 和 OH^- 等就属于这一类。实际上,从水的正常结构

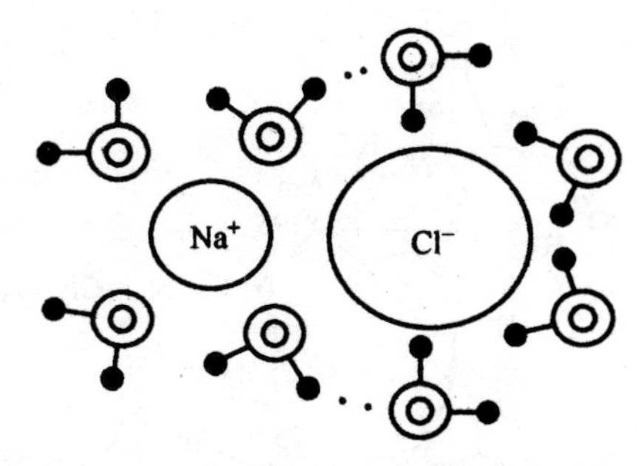

图 2-8　NaCl 邻近的水分子可能出现的排列方式

（图中仅表示出纸平面上的水分子）

来看，所有的离子对水的结构都起破坏作用，因为它们均能阻止水在 0℃下结冰。

离子除影响水的结构外，还可通过不同的与水相互作用的能力，改变水的介电常数、决定胶体周围粒子双电子层的厚度和显著地影响了水与其他非水溶质和原介质中悬浮物质的“相容”程度。因此，离子的种类和数量对蛋白质的构象和胶体的稳定性有很大的影响。

2. 水与具有氢键键合能力的中性基团（亲水性溶质）的相互作用

食品中淀粉、蛋白质、纤维素、果胶物质等成分通过氢键与水结合。水与亲水性溶质的相互作用弱于水-离子相互作用，强于水-溶质之间的相互作用，后者主要取决于水-溶质氢键的强度。人们或许认为能形成氢键的溶质会促进或至少不会打破纯水的正常结构，然而，在某些情况下，溶质氢键部位的分布和定向与正常水是不相容的，这些类型的溶质对水的正常结构往往都具有一种破坏作用。例如，尿素是具有形成氢键能力的小分子溶质，由于几何构型原因，它对水的正常结构具有明显的破坏作用。但当体系中添加具有氢键键合能力的溶质时，每摩尔溶液中的氢键总数并不会明显地改变。这可能是由于已断裂的 H_2O-H_2O 氢键被水-溶质氢键所代替的缘故，因此，这类溶质对水的网状结构几乎没有影响。

氢键结合水和其邻近的水虽然数量有限，但其作用和性质常常非常重要。例如，水能与各种潜在的合适基团（如羟基、氨基、羰基、酰胺或亚胺基）形成氢键。它们有时可形成“水桥”（指一个水分子与一个或多个溶质分子的两个合适的氢键部位相互作用），维持大分子的特定构象。图 2-9 和图 2-10 所示分别为水与木瓜蛋白质分子中的两种功能团之间形成的氢键（虚线）和木瓜蛋白酶肽链之间存在一个 3 分子水构成的“水桥”，木瓜蛋白酶和核糖核酸酶肽键之间由水分子构成“水桥”，将肽键之间维持在一定的构象，很显然这 3 分子水成了该酶的整体构成部分。

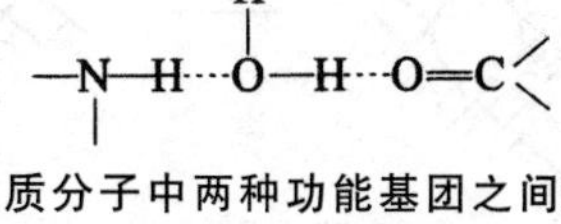

$$
\begin{array}{c}
\quad\quad\quad\;\; \mathrm{H} \\
\quad\quad\quad\;\; | \\
-\underset{|}{\mathrm{N}}-\mathrm{H}\cdots\mathrm{O}-\mathrm{H}\cdots\mathrm{O}{=}\mathrm{C}\lt
\end{array}
$$

图 2-9　水与蛋白质分子中两种功能基团之间形成的氢键（虚线）

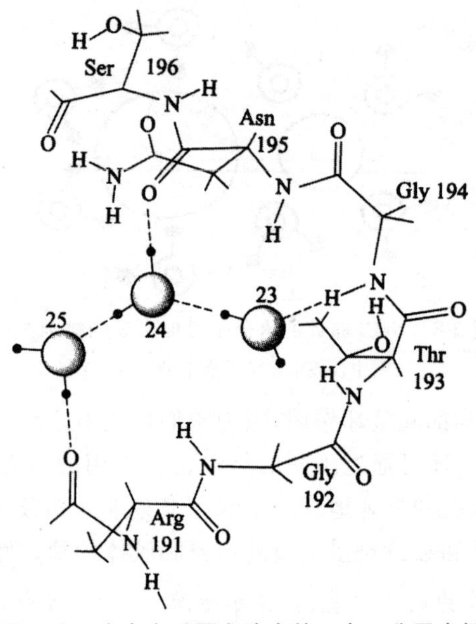

图 2-10 水在木瓜蛋白酶中的 1 个三分子水桥

3. 水与非极性基团的相互作用

(1)疏水水合

把疏水物质如含有非极性基团(疏水基)的烃类、脂肪酸、氨基酸以及蛋白质加入水中,由于极性的差异造成体系的熵减少,在热力学上是不利的($\Delta G>0$),此过程称为疏水水合(hydrophobic hydration),如图 2-11(a)所示。疏水基团与水分子产生斥力,从而使疏水基团附近的水分子之间的氢键键合增强,使得疏水基团邻近的水形成特殊的结构,水分子在疏水基团外围定向排列,导致熵减少。水对于非极性物质产生的结构形成响应,其中有两个重要的结果:笼形水合物(clathrate hydrates)的形成和蛋白质中的疏水相互作用(hydrophobic interaction)。

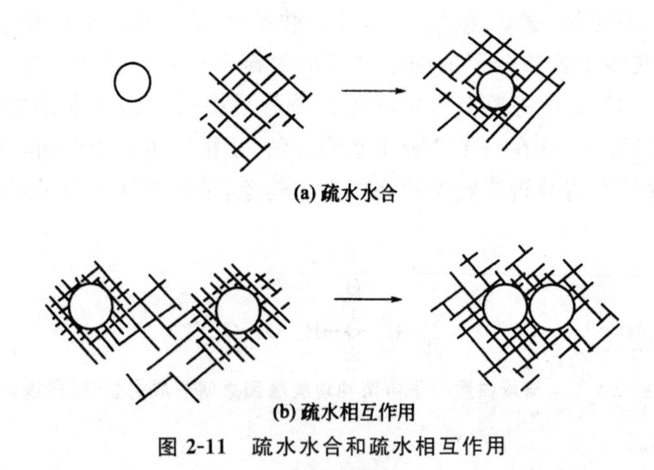

(a) 疏水水合

(b) 疏水相互作用

图 2-11 疏水水合和疏水相互作用

空心圈球代表疏水基,而影线的区域代表水

(2)笼形水合物

笼形水合物代表水对疏水物质的最大结构形成响应。笼形水合物是冰状包合物，其中水为“主体”物质，通过氢键形成笼状结构，物理截留另一种被称为“客体”的分子。笼形水合物的“主体”由20～74个水分子组成；“客体”是低分子量化合物，典型的客体包括低分子量的烃类及卤代烃、稀有气体、SO_2、CO_2、乙醇、环氧乙烷、短链的伯胺、仲胺及叔胺、烷基铵等。“主体”和“客体”大小相似，“主体”与“客体”之间相互作用往往涉及弱的范德瓦尔斯力，但有些情况下为静电相互作用。此外，分子量大的“客体”如糖类、蛋白质、脂类和生物细胞内的其他物质也能与水形成笼形水合物，使水合物的凝固点降低。一些笼形水合物具有较高的稳定性。

笼形水合物的微结晶与冰的晶体很相似，但当形成大的晶体时，原来的四面体结构逐渐变成多面体结构，在外表上与冰的结构存在很大差异。笼形水合物晶体在0℃以上和适当压力下仍能保持稳定的晶体结构。现已证明生物物质中天然存在类似晶体的笼形水合物结构，它们很可能对蛋白质等生物大分子的构象、反应性和稳定性有影响。笼形水合物晶体目前尚未商业化开发利用，在海水脱盐、溶液浓缩、防止氧化、可燃冰(甲烷的水合物)等方面有很好的应用前景。

(3)疏水相互作用

疏水相互作用是指疏水基团尽可能聚集在一起以减少它们与水的接触，如图2-11(b)所示。这是一个热力学上有利的过程($\Delta G<0$)，是疏水水合的部分逆转。

疏水相互作用对于维持蛋白质分子的结构发挥重要的作用。大多数蛋白质中，40%的氨基酸具有非极性侧链，如苯丙氨酸的苯基、丙氨酸的甲基、半胱氨酸的巯甲基、缬氨酸的异丙基、异亮氨酸的第二丁基和亮氨酸的异丁基等可与水产生疏水相互作用，而其他化合物如醇、脂肪酸、游离氨基酸的非极性基团都能参与疏水相互作用，但后者的疏水相互作用不如蛋白质的疏水相互作用重要。

蛋白质的水溶液环境中尽管产生疏水相互作用，但它的非极性基团大约有1/3仍然暴露在水中，暴露的疏水基团与邻近的水除了产生微弱的范德瓦尔斯力外，它们相互之间并无吸引力。从图2-12可看出，疏水基团周围的水分子对正离子产生排斥，吸引负离子，这与许多蛋白质在等电点以上pH时能结合某些负离子的实验结果一致。

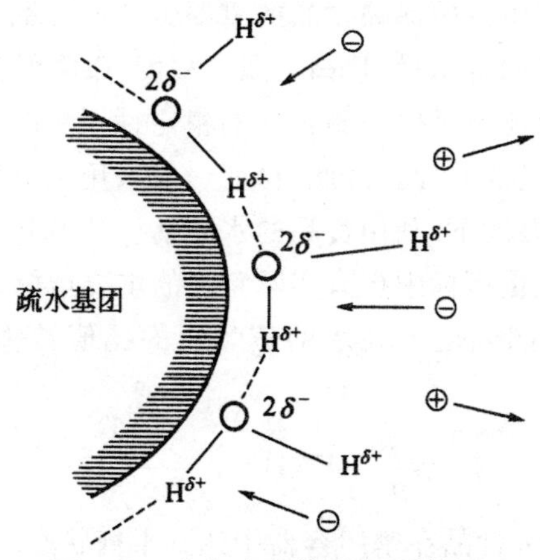

图2-12　水在疏水基团表面的取向

如图 2-12 所示，蛋白质的疏水基团受周围水分子的排斥而相互靠范德瓦尔斯力或疏水键结合得更加紧密，如果蛋白质暴露的非极性基团太多，就很容易聚集并产生沉淀。

2.3.2 食品中水的存在形式

在食品或食品原料中，由于非水物质的存在，水与它们以多种方式相互作用后，便形成了不同的存在状态。根据水分子存在的状态一般把食品中的水分为游离水和结合水。

游离水（或称体相水）是指没有被非水物质化学结合的水，它又可以分为自由流动水、毛细管水和截留水 3 类。自由流动水是指存在于动物的血浆、淋巴和尿液，植物的导管和细胞内液泡中的那部分可以自由流动的水。毛细管水是位于生物组织的细胞间隙和食品的组织结构中的一种由毛细管力系留的水。截留水是被组织中的显微和亚显微结构与膜阻留住的水由于不能自由流动，所以称为截留水。

结合水（或称束缚水）是指存在于食品中的与非水成分通过氢键结合的水，是食品中与非水成分结合得最牢固的水。不能被微生物利用，在 -40℃下不结冰，无溶剂能力（溶解溶质的能力）。

根据结合水被结合的牢固程度的不同，结合水又分为化合水、邻近水和多层水。化合水（或称构成水）是指结合得最牢固的构成非水物质组成的那部分水，作为化学水合物中的水，它们在 -40℃下不结冰，无溶剂能力。邻近水是指处在非水组分亲水性最强的基团周围的第一层位置且与离子或离子基团缔合的水，也包括毛细管中的水（直径 $<0.1\mu m$），在 -40℃下不结冰，无溶剂能力。多层水是指位于以上所说的第一层的剩余位置的水和邻近水的外层形成的几个水层，主要靠水—水和水—溶质间氢键形成。

2.4 水分活度

2.4.1 水分活度的定义

人类很早就认识到食物的易腐败性与含水量之间有着密切的联系，尽管这种认识不够全面，但脱水仍然成为人们日常生活中保藏食品的重要方法。食品加工中无论是浓缩还是脱水过程，目的都是为了降低食品的含水量，提高溶质的浓度，以降低食品腐败的敏感性。

但是，仅仅知道水分含量还不足以预测食品的稳定性，例如在相同的水分含量时，不同的食品的腐败难易程度存在明显的差异。因此，目前一般采用水分活度（a_w）表示水与食品成分之间的结合程度。在较低的温度下，利用食品的水分活度比利用水分含量更容易确定食品的稳定性，所以目前它是食品质量指标中更有实际意义的重要指标。

食品中水的蒸气压与相同温度下纯水的蒸气压的比值被称为水分活度。可用式（2-1）表示。

$$a_w=\frac{p}{p_0}=\mathrm{ERH}=N=\frac{n_0}{n_1+n_2} \tag{2-1}$$

式中，a_w 为水分活度；p 为某种食品在密闭容器中达到平衡状态时的水蒸气分压；p_0 为相同温度下纯水的蒸气压；ERH（Equilibrium Relative Humidity）为样品周围的空气平衡相对湿度；

N 为溶剂摩尔分数；n_0 为水的物质的量；n_1 为溶质的物质的量。

n_1 可通过测定样品的冰点，然后按式(2-2)计算求得。

$$n_1 = \frac{G \cdot \Delta T_t}{1000K_t} \tag{2-2}$$

式中，G 为样品中溶剂的质量(g)；ΔT_t 为冰点降低(℃)；K_t 为水的摩尔冰点降低常数(1.86)。

由于物质溶于水后该溶液的蒸气压总要低于纯水的蒸气压，所以水分活度值介于 0 与 1 之间。部分溶质水溶液的 a_w 值见表 2-5。

表 2-5　1mol/kg 溶质水溶液的 a_w^a

溶质[a]	a_w
理想溶剂	0.9823[b]
丙三醇	0.9816
蔗糖	0.9806
氯化钠	0.967
氯化钙	0.945

注：a. 1kg 水(55.56mol)中溶解 1mol 溶质；b. $a_w = \frac{55.56}{1+55.56} = 0.9823$。

水分活度的测定方法有以下几种。

(1)冰点测定法

先测定样品的冰点降低和含水量，然后按式(2-1)和式(2-2)计算水分活度(a_w)，其误差(包括冰点测定和 a_w 的计算)很小。

(2)相对湿度传感器测定方法

将已知含水量的样品置于恒温密闭的小容器中，使其达到平衡，然后用电子式湿度测量仪测定样品和环境空气平衡的相对湿度，按式(2-1)计算即可得到 a_w。

(3)恒定相对湿度平衡室法

置样品于恒温密闭的小容器中，用一定种类的饱和盐溶液使容器内样品的环境空气的相对湿度恒定，待平衡后测定样品的含水量。在通常情况下，温度恒定在 25℃，扩散时间为 20min，样品量为 1g，并且是在一种水分活度较高和另一种水分活度较低的饱和盐溶液下分别测定样品的吸收或散失水分的质量，然后按式(2-3)计算 a_w。

$$a_w = \frac{Ax + By}{x + y} \tag{2-3}$$

式中，x 为使用 B 液时样品质量的净增值；y 为使用 A 液时样品质量的净减值；A 为水分活度较低的饱和盐溶液的标准水分活度；B 为水分活度较高的饱和盐溶液的标准水分活度。

2.4.2　水分活度与温度的关系

由于蒸气压和平衡相对湿度都是温度的函数，所以水分活度也是温度的函数。水分活度与温度的函数可用克劳修斯-克拉伯龙(Clausius-Clapeyron)方程式(2-4)来表示。

$$\frac{d\ln a_w}{d(1/T)} = \frac{-\Delta H}{R} \tag{2-4}$$

式中，T 为绝对温度；R 为气体常数；ΔH 在样品的水分含量下等量净吸附热。

整理式(2-4)，可推出式(2-5)：

$$\ln a_w = -\frac{\Delta H}{RT} + c \tag{2-5}$$

式中，a_w 和 R、T、ΔH 的意义与式(2-4)相同；c 为常数。

由式(2-5)可知，$\ln a_w$ 与 $1/T$ 之间为一直线关系，其意义在于：一定样品水分活度的对数在不太宽的温度范围内随绝对温度的升高而成正比地升高。这对密封在袋内或罐内食品的稳定性有很大影响。具有不同水分含量的天然马铃薯淀粉的 $\ln a_w - 1/T$ 实验图证明了这种理论推断，见图 2-13。从图可见两者间有良好的线性关系，且水分活度对温度的相依性是含水量的函数。

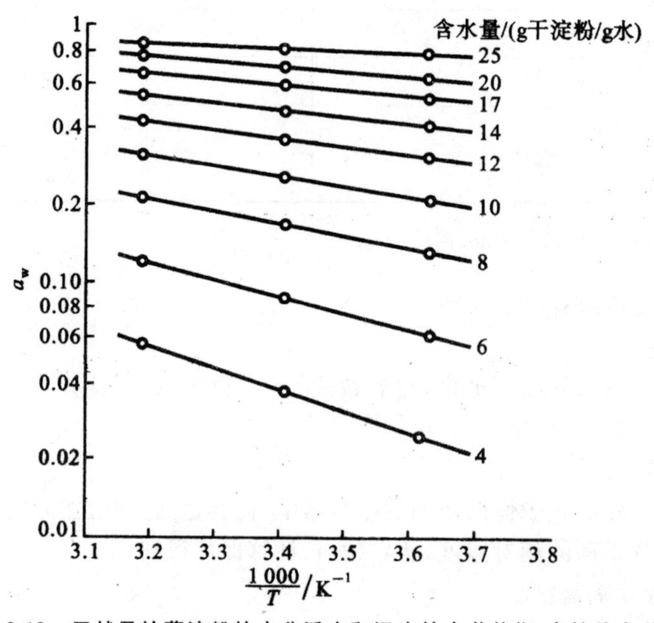

图 2-13　天然马铃薯淀粉的水分活度和温度的克劳修斯-克拉伯龙关系

在较大的温度范围内，$\ln a_w$ 与 $1/T$ 之间并非始终为一直线关系；在冰点温度出现断点，冰点以下 $\ln a_w$ 与 $1/T$ 的变化率明显加大了，并且不再受样品中非水物质影响，见图 2-14。因为此时水的汽化潜热应由冰的升华热代替，也就是说，前述的 a_w 与温度的关系方程中的 ΔH 值大大增加了。冰点以下 a_w 与样品的组成无关，因为在冰点以下样品的蒸气分压等于相同温度下冰的蒸气压，并且水分活度的定义式中的 p_0 此时应采用过冷纯水的蒸气压，即

$$a_w = \frac{p_{(ff)}}{p_{0\,(scw)}} = \frac{p_{0\,(ice)}}{p_{0\,(scw)}}$$

式中，$p_{(ff)}$ 为未完全冷冻的食品中水蒸气分压；$p_{0\,(scw)}$ 为相同温度下纯过冷水的蒸气压；$p_{0\,(scw)}$ 为纯冰在相同温度下的蒸气压。

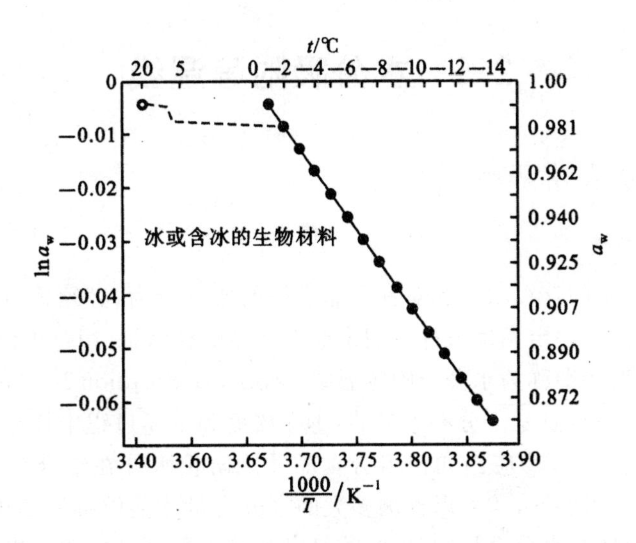

图 2-14　在冰点以上及以下时，样品的水分活度与温度的关系

表 2-6 中列举了按冰和过冷水的蒸气压计算的冷冻食品的 a_w 值。

表 2-6　水、冰和食品在低于冰点下的不同温度时蒸气压和水分活度

温度/℃	液态水[a] 的蒸气压/kPa	冰和含冰食品的蒸气压/kPa	a_w
0	0.6104[b]	0.6104	1.004[d]
−5	0.4216[b]	0.4016	0.953
−10	0.2865[b]	0.2599	0.907
−15	0.1914[b]	0.1654	0.864
−20	0.1254[c]	0.1034	0.82
−25	0.0806[c]	0.0635	0.79
−30	0.0509[c]	0.0381	0.75
−40	0.0189[c]	0.0129	0.68
−50	0.0064[c]	0.0039	0.62

注：a. 除 0℃外为所有温度下的过冷水；b. 观测数据；c. 计算的根据；d. 仅适用于纯水。

在比较高于和低于冰点的水分活度值（a_w）时得到两个重要区别。第一，在冰点以上，a_w 是样品组分和温度的函数，前者是主要的因素。但在冻结点以下时，a_w 与样品中的组分无关，只取决于温度，也就是说在有冰相存在时，a_w 不受体系中所含溶质种类和比例的影响。因此，不能根据冰点以上水分活度值来正确预测体系中溶质的种类和含量对冰点以下体系发生变化的影响。第二，冰点以上和冰点以下水分活度对食品稳定性的影响。是不同的。例如，一种食品在 −15℃ 和 a_w 为 0.86 时，微生物不生长，化学反应进行缓慢；可是，在 20℃，a_w 同样为 0.86 时，则出现相反的情况，有些化学反应将迅速地进行，某些微生物也能生长。

2.5 水分吸附等温线

2.5.1 水分吸附等温线的含义

1. 水分吸附等温线

要想了解食品中水的存在状态和对食品品质等的影响行为，必须知道各种食品的含水量与其对应 a_w 的关系。在一定温度条件下用来联系食品的含水量(用每单位干物质中的水分含量表示)与其水分活度的图称为水分吸附等温线(Moisture Sorption Isotherms，MSI)。

MSI 对于了解以下信息是十分有意义的：①在浓缩和干燥过程中样品脱水的难易程度与相对蒸汽压(RVP)的关系；②应当如何组合食品才能防止水分在组合食品的各配料之间转移；③测定包装材料的阻湿性；④可以预测多大的水分含量才能够抑制微生物生长；⑤预测食品的化学和物理稳定性与水分含量的关系；⑥可以看出不同食品中非水组分与水结合能力的强弱。因此了解食品中水分含量与水分活度之间的关系是十分有价值的。

图 2-15 是高含水量食品水分吸附等温线示意图，它包括从正常至干燥状态的整个水分含量范围的情况。这类示意图并不是很有用，因为对食品来讲有意义的数据是在低水分含量区域。把水分含量低的区域扩大和略去高水分区就得到一张更有价值的 MSI (图 2-16)。

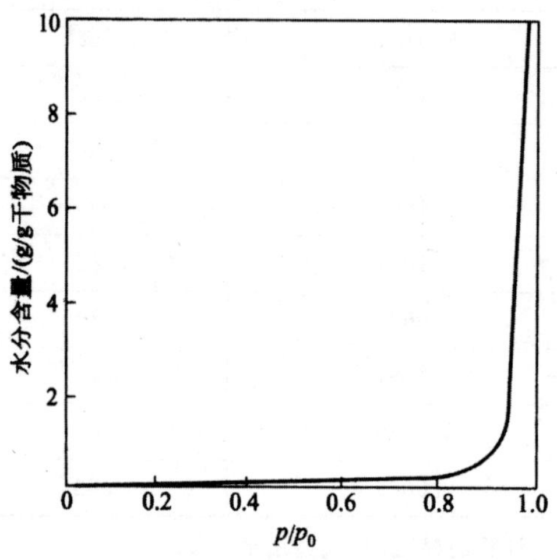

图 2-15 高水分含量范围的水分吸附等温线

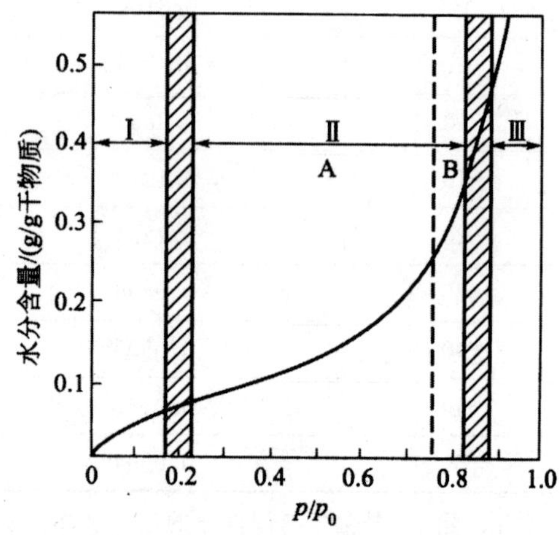

图 2-16 低水分含量范围食品的水分吸附等温线的一般形式(20℃)

一般来讲，不同的食品由于组成不同，其水分吸附等温线的形状是不同的，并且曲线的形状还与样品的物理结构、样品的预处理、温度、测定方法等因素有关。大多数食品的水分吸附等温线呈 S 形，而水果、糖制品、含有大量糖和其他可溶性小分子的咖啡提取物以及多聚物含量不高的食品的水分吸附等温线为 J 形(图 2-17)。

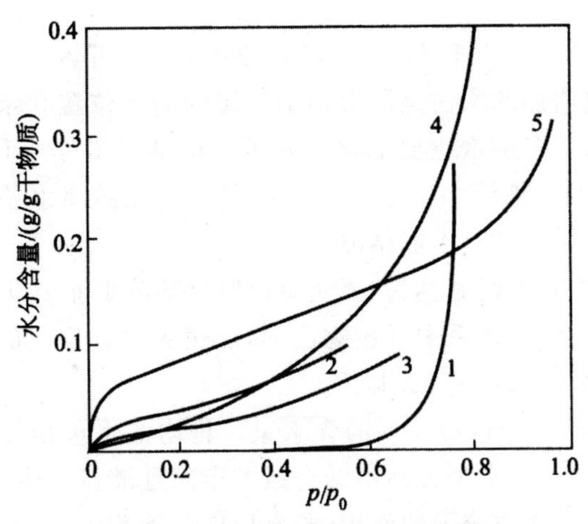

图 2-17　不同类型食品的回吸等温线

1—糖果(主要成分为蔗糖粉),40℃;2—喷雾干燥的菊苣提取物,20℃;
3—焙烤后的咖啡,20℃;4—猪胰脏提取粉,20℃;5—天然大米淀粉,20℃

为了便于理解水分吸附等温线的含义和实际应用,水分吸附等温线可分为 3 个区域(图 2-16 和表 2-7)。当干燥的无水样品产生回吸作用而重新结合水时,其水分含量、水分活度就从区间Ⅰ(干燥)向区间Ⅲ(高水分)移动,水吸附过程中水的存在状态、性质大不相同,有一定的差别。以下分别叙述各区间水的主要特性。

表 2-7　水分吸附等温线上不同区域水分特性

特性	Ⅰ区	Ⅱ区	Ⅲ区
a_w	0～0.25	0.25～0.85	>0.85
含水量/%	0～7	7～27.5	>27.5
冻结能力	不能冻结	不能冻结	正常
溶剂能力	无	轻微-适度	正常
水分状态	单分子水层吸附; 化学吸附结合水	多分子水层凝聚; 物理吸附	毛细管水或自由流动水
微生物利用性	不可利用	开始利用	可利用

Ⅰ区:a_w=0～0.25,相当于 0～7%的含水量。Ⅰ区的水与溶质结合最牢固,它们是食品中最不容易移动的水,这种水依靠水-离子或水-偶极相互作用而强烈地吸附在极易接近的溶质的极性位置,其蒸发焓比纯水大得多。这类水在－40℃不结冰,也不具备作为溶剂溶解溶质的能力。食品中这类水不能对食品的固形物产生可塑作用,其行为如同固形物的组成部分。Ⅰ区的水只占高水分食品中总水量的很小一部分。

Ⅰ区和Ⅱ区边界线之间的区域称为“BET 单层”,这部分水相当于食品中的单层水的水分含量,单层水可以看成是在接近干物质强极性基团上形成一个单分子层所需要的近似水量,如对于淀粉此含量为一个葡萄糖残基吸着一个水分子。这部分水对于维持干燥食品的稳定性具有很大的作用。

Ⅱ区：a_w=0.25～0.85，相当于7%～27.5%的含水量。Ⅱ区的水包括区间Ⅰ的水和区间Ⅱ内增加的水，区间Ⅱ内增加的水占据固形物第一层的剩余位置和亲水基团周围另外几层的位置，这部分水是多层水。多层水主要靠水一水分子间的氢键作用和水-溶质间的缔合作用，同时还包括直径＜1μm的毛细管中的水。它们的移动性比游离水差一些，蒸发焓比纯水大，但相差范围不等，大部分在-40℃不能结冰。

Ⅱ区和Ⅲ区边界线之间的区域称为“真实单层”，这部分水能引发溶解过程，促使基质出现初期溶胀，起着增塑作用，引起体系中反应物流动，加速大多数反应的速率。在高水分含量食品中这部分水的比例占总含水量的5%以下。

Ⅲ区：a_w＞0.85，相当于大于27.5%的含水量。Ⅲ内的水包括Ⅱ区和工区的水加上Ⅲ区增加的水，这部分水是游离水，它是食品中结合最不牢固且最容易移动的水。这类水性质与纯水基本相同，不会受到非水物质分子的作用，既可以作为溶剂，又有利于化学反应的进行和微生物生长。Ⅲ区内的游离水在高水分含量食品中一般占总含水量的95%以上。

虽然水分吸附等温线被人为地分为3个区域，但还不能准确地确定吸附等温线各个区间的分界线的位置，除化合水外等温线的每一个区间内和区间之间的水都能够相互进行交换。向干燥的食品内添加水时虽然能够稍微改变原来所含水的性质，如产生溶胀和溶解过程，但在区间Ⅱ内添加水时区间Ⅰ的水的性质保持不变，在区间Ⅲ内添加水时区间Ⅱ的水的性质也几乎保持不变。以上可以说明，对食品稳定性产生影响的水是体系中受束缚最小的那部分水，即游离水(体相水)。

从前面的介绍知道水的活度与温度有关，所以水分吸附等温线也与温度有关。图2-18给出了土豆片在不同温度下的水分吸附等温线，从图中可以看出，水分含量相同时温度升高导致水分活度增加，水分活度相同时温度升高导致含水量减少，这些都符合食品中发生的各种变化的规律。

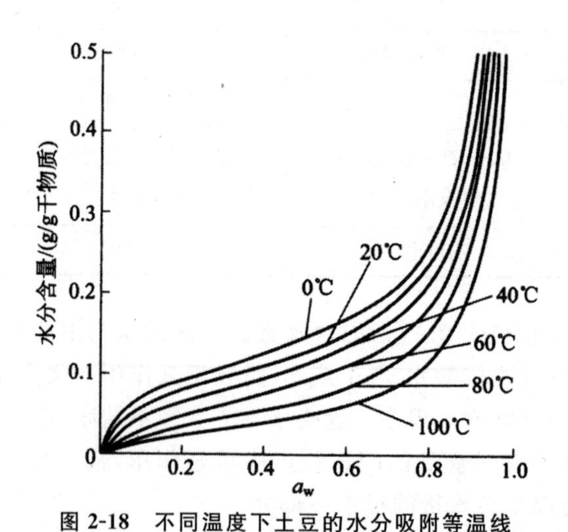

图2-18　不同温度下土豆的水分吸附等温线

2. 等温线的制作方法

目前等温线的制作方法主要有两种：①高水分食品可通过测定脱水过程中水分含量与a_w

的关系，制作解吸等温线；②低水分食品可通过向干燥的样品中逐渐加水，然后测定加水过程中水分含量与 a_w 的关系，制作回吸等温线。同一样品，不同的制作方法，其等温线形状有所不同。因此，等温线形状除与试样的预处理、组成、温度、物理结构有关外，还与制作方法等因素有关。

2.5.2　水分吸着等温线与温度的关系

温度对水分吸着等温线也有重要影响。在一定的水分含量时，a_w 随温度的上升而增大。由此，MSI 的图形也随温度的上升向高 a_w 方向迁移。

2.5.3　滞后现象

MSI 的制作有两种方法，即回吸（resorption）法和解吸（desorption）法。同一种食品按这两种方法制作的 MSI 图形并不一致，不互相重叠。这种现象就称为滞后现象（hysteresis）（图 2-19）。

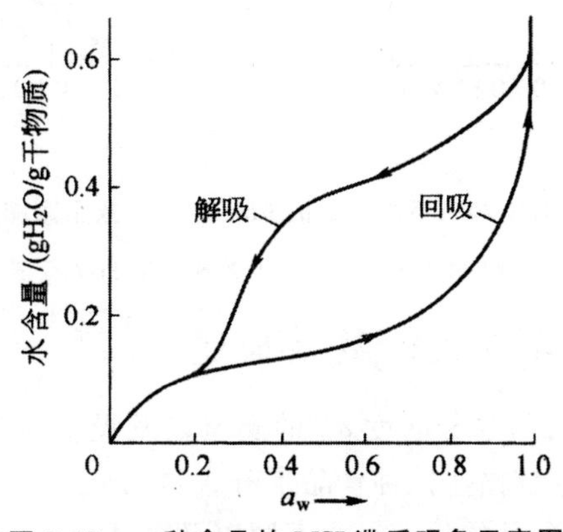

图 2-19　一种食品的 MSI 滞后现象示意图

图 2-19 表明：在一指定的 a_w 时，解吸过程中试样的水分含量大于回吸过程中的水分含量，这就是滞后现象的结果。造成滞后现象产生的原因主要有：

1）解吸过程中一些水分与非水成分结合紧密而无法放出水分。

2）不规则形状产生毛细管现象的部位，要填满或抽空水分需不同的蒸汽压（要抽出需 $p_{内}>p_{外}$，要填满则需 $p_{外}>p_{内}$）。

3）解吸过程中组织改变，当再吸水后不呈紧密结合的水，由此可导致回吸相同水分含量时处于较高的 a_w。也就是说，在给定的水分含量时，回吸的样品比解吸的样品有更高的 a_w 值。

4）温度、解吸的速度和程度及食品类型等都影响滞后环的形状。

由造成滞后现象产生的原因可知，食品种类不同，其组成成分也不同，滞后作用的大小、曲线的形状和滞后曲线（hysteresis loop）的起始点和终止点都会不同。对于高糖-高果胶食品，如空气干燥的苹果片[图 2-20(a)]，滞后现象主要出现在单分子层水区域，a_w 超过 0.65 时就不存在滞后现象。对于高蛋白质食品，如冷冻干燥的熟猪肉[图 2-20(b)]，在 a_w 低于 0.85 后一直存在滞后现象。对于高淀粉质食品，如干燥的大米[图 2-20(c)]，存在一个较大的滞后环现象。

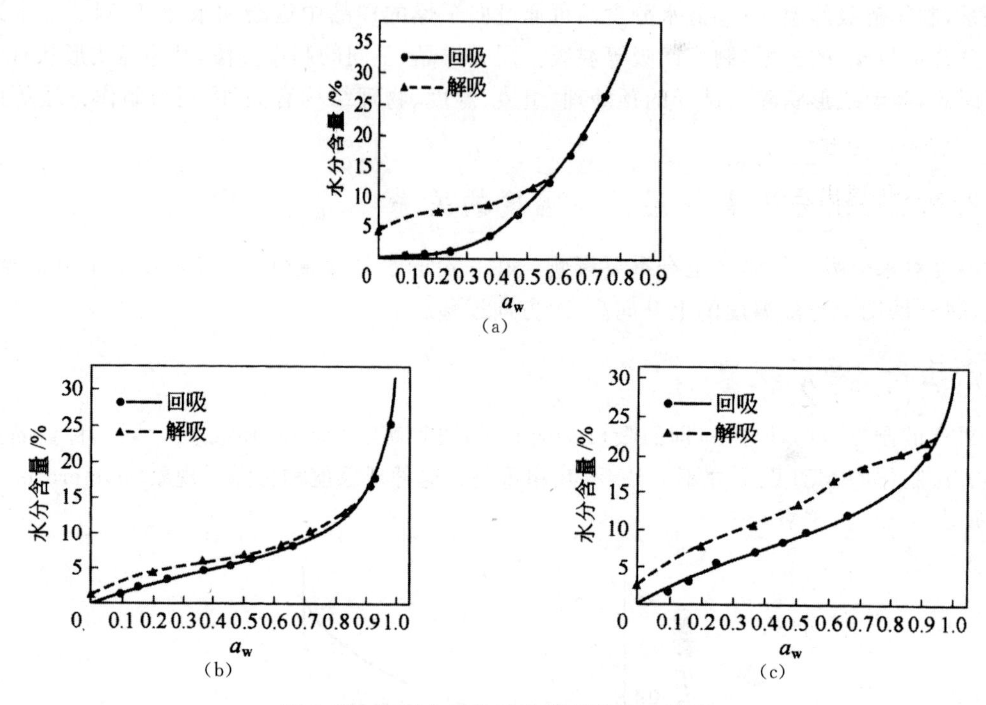

图 2-20　不同食品的 MSI 滞后现象示意图

(a)空气干燥的苹果片;(b)冷冻干燥的熟猪肉;(c)干燥的大米

2.5.4　水分吸着等温线的数学描述

相比水分含量的测定而言,水分活度 a_w 的测定以及吸着等温线 MSI 的绘制是一个比较繁琐的过程,通过数学方法定量描述某种食品水分含量与 a_w 之间的关系(数学模型),是十分必要而且非常有用的。由于食品的化学组成不同以及各成分与水的结合能力不同,目前还没有一个模型能够完全准确地描述不同食品水分的 MSI。用于描述食品 MSI 的数学模型中,具有代表性的有以下几个。

1. BET(Brunauer,Emmett&Teller)方程

BET 方程也是一个常用的经典方程,见式(2-6):

$$\frac{a_w}{m(1-a_w)}=\frac{1}{m_0C}+\frac{C-1}{m_0C}a_w \tag{2-6}$$

式中,m 为水分含量,%;m_0 单分子层水含量,%;C 为常数。

2. GAB(Guggenheim-Anderson-de Boer)方程

GAB 方程被认为是描述水分 MSI 的最好模型,见式(2-7):

$$m=\frac{Ckm_0a_w}{(1-ka_w)(1-ka_w+Cka_w)} \tag{2-7}$$

式中,m 为水分含量,%;m_0 单分子层含水量,%;C,k 为常数。

3. 改进的 Halsey 方程

改进的 Halsey 方程是一个较简单、直观的模型,它只涉及 3 个参数就将温度、水分含量与

水分活度等 3 个重要的变量联系在一起。改进的 Halsey 模型的数学形式见式(2-8)：

$$\ln(a_w)=-\exp(C+BT)\times m^{-A} \tag{2-8}$$

式中，m 为水分含量，%；T 为温度，℃；A,B,C 为常数。

4. Iglesias 方程

Iglesias 等提出一个用 3 个参数的模型来描述一些食品的 MSI，见式(2-9)：

$$a_w=\exp\left[-C\left(\frac{m}{m_0}\right)^r\right] \tag{2-9}$$

式中，m 为水分含量，%；m_0 为单分子层含水量，%；C,r 为常数。

2.6 水分活度与食品稳定性的关系

虽然在食物冻结后不能用水分活度来预测食物的稳定性，但在未冻结时，食物的稳定性确实与食物的水分活度有着密切的关系。总的趋势是，水分活度越小的食物越稳定，较少出现腐败变质现象。

2.6.1 水分活度与微生物生长的关系

食品在储藏和销售过程中，微生物可能在食品中生长繁殖，影响食品质量，甚至产生有害物质。微生物需要一定的水分才能进行一系列正常代谢，维持其生命活动。影响食品稳定性的微生物主要是细菌、酵母和霉菌，这些微生物的生长繁殖都要求有最低限度的 a_w。换句话说，只有食物的水分活度大于最低限度值时，特定的微生物才能生长。一般来说，细菌为 $a_w>0.9$，酵母为 $a_w>0.87$，霉菌为 $a_w>0.8$ (图 2-21)。一些耐渗透压微生物除外(表 2-8)。

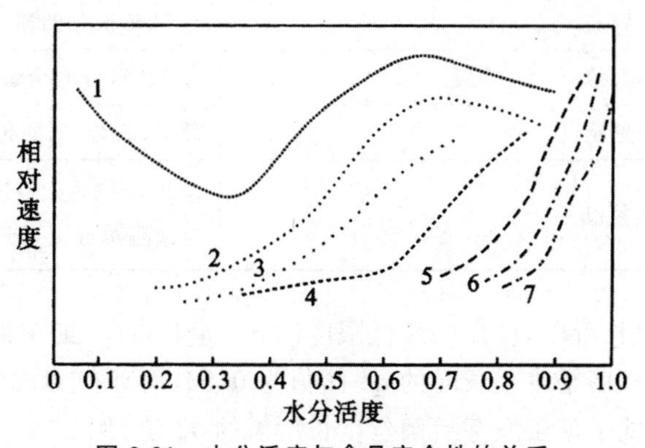

图 2-21　水分活度与食品安全性的关系

1—脂质氧化作用；2—美拉德反应；3—水解反应；
4—酶活力；5—霉菌生长；6—酵母生长；7—细菌生长

表 2-8 食品中水分活度与微生物生长之间的关系

a_w	此范围内的最低 a_w 一般能抑制的微生物	食品
1.0～0.95	大肠杆菌变形菌、假单胞菌、克雷伯氏菌属、志贺氏菌属、产气荚膜梭状芽孢杆菌、一些酵母、芽孢杆菌、	蔬菜、鱼、肉、牛乳、罐头水果，香肠和面包，含有约40%蔗糖或7%食盐的食品、极易腐败的食品
0.95～0.91	肉毒梭状芽孢杆菌、沙门氏杆菌属、乳酸杆菌属、一些霉菌、沙雷氏杆菌、红酵母、毕赤氏酵母	腌制肉、一些干酪、水果浓缩汁、含有55%蔗糖或12%食盐的食品
0.91～0.87	许多酵母(球拟酵母、假丝酵母、汉逊酵母)、小球菌	干的干酪、发酵香肠、人造奶油、含有65%蔗糖或15%食盐的食品
0.87～0.80	金黄色葡萄球菌、大多数霉菌(产毒素的青霉菌)、德巴利氏酵母菌、大多数酵母菌属	甜炼乳、大多数浓缩水果汁、糖浆、面粉、米、含有15%～17%水分的豆类食品、家庭自制的火腿
0.80～0.75	产真菌毒素的曲霉、大多数嗜盐细菌	糖渍水果、果酱、杏仁酥糖
0.75～0.65	二孢酵母、嗜旱霉菌	果干、含10%水分的燕麦片、坚果、棉花糖、粗蔗糖、牛轧糖块
0.65～0.60	耐渗透压酵母(鲁酵母)、少数霉菌(刺孢曲霉、二孢红曲霉)	含有15%～20%水分的果干、太妃糖、焦糖、蜂蜜
0.50	微生物不繁殖	含12%水分的酱、含10%水分的调料
0.40	微生物不繁殖	含5%水分的全蛋粉
0.30	微生物不繁殖	饼干、曲奇饼、面包硬皮
0.20	微生物不繁殖	含2%～3%水分的全脂奶粉、含5%水分的脱水蔬菜或玉米片、家庭自制饼干

微生物在不同的生长阶段，所需的最低限度的 a_w 也不一样，细菌形成芽孢时比繁殖生长时要高，例如魏氏芽孢杆菌繁殖生长时的 a_w 阈值为0.96，而芽孢形成的 a_w 阈值为0.97。霉菌孢子发芽的 a_w 阈值低于孢子发芽后菌丝生长所需的 a_w 值，例如灰绿曲霉发芽时的 a_w 值为0.73～0.75，而菌丝生长所需的 a_w 值在0.85以上，最适宜的 a_w 值必须在0.93～0.97。有些微生物在繁殖中还会产生毒素，微生物产生毒素时所需的 a_w 阈值则高于生长时所需的 a_w 值，例如黄曲霉生长时所需的 a_w 阈值为0.78～0.80，而产生毒素时要求的现 a_w 阈值是0.83。

据上所述，当食品的水分活度降低到一定的限度以下时，就会抑制要求 a_w 阈值高于此值的微生物生长、繁殖或产生毒素，使食品的安全性得以保证。当然，在发酵食品的加工中，就必须把水分活度提高到对有利于有益微生物生长、繁殖、分泌代谢产物所需的水分活度以上。

2.6.2　水分活度与食品化学反应的关系

食品在加工或贮藏过程中，食品组分容易发生一些酶促和非酶变化而影响食品的品质。而水分活度对这些变化有很大的影响。

1. 脂类氧化

脂类氧化反应速率随 a_w 的变化曲线如图 2-22(c)所示。在极低的 a_w 范围内，脂类氧化速率随 a_w 增加而降低，因为最初添加到干燥样品中的水可以与来自自由基反应生成的氢过氧化物结合，并阻止其分解，从而使脂类自动氧化的初始速率减小，$a_w \approx 0.2 \sim 0.3$ 时脂类氧化速率最小。另外，在反应的初始阶段，这部分水还能与催化油脂氧化的金属离子发生水合作用，明显降低金属离子的催化活性。当向食品中添加的水超过工区间和Ⅱ区间的边界时，随 a_w 的增加氧化速率增大，因为在等温线这个区间内增加水能增加氧的溶解度和大分子溶胀，使大分子暴露出更多的反应位点，从而使氧化速率加快。$a_w > 0.85$ 时所添加的水则减缓氧化速率，这种现象是由于水对催化剂的稀释作用或对底物的稀释作用而降低催化效率所造成的。

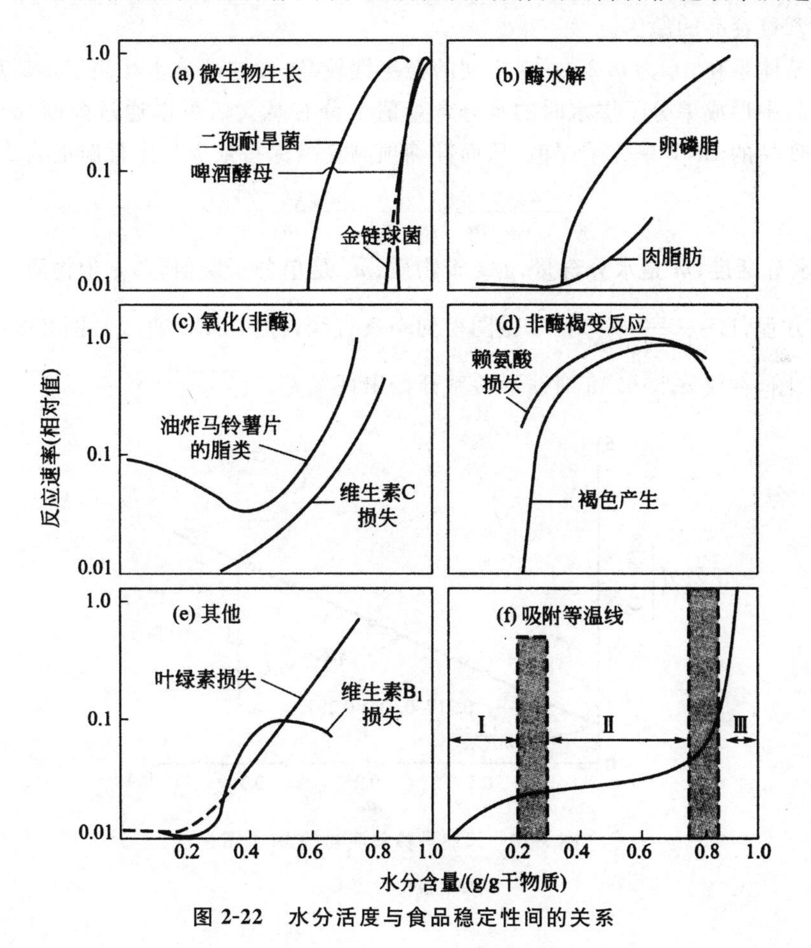

图 2-22　水分活度与食品稳定性间的关系

2. 非酶褐变

非酶褐变反应速率随 a_w 的变化曲线如图 2-22(d)所示。当 a_w 在 0.2 以下时，褐变反应停止；随着 a_w 增加，反应速率随之增加，a_w 增加到 0.6～0.7 之间时褐变速率最快；但 a_w 继续增加，大于褐变反应高峰的水分活度值后，则由于溶质浓度下降而导致褐变速率减慢。

3. 酶促褐变

a_w 和酶引起的反应之间有一定的关系。一般来说，$a_w<0.8$，大多数酶活力受抑制；$a_w=0.25\sim0.30$，淀粉酶、多酚氧化酶和过氧化物酶丧失活力；$a_w=0.1$，脂肪酶有活力。所以，当 a_w 降低到 0.25～0.30 的范围，就能减慢或阻止酶促褐变的进行。

除了以上影响食品品质的化学变化与水分活度有一定关系外，还有一些反应，它们和水分活度之间的关系见图 2-22。

图 2-22 中所示的化学反应的最小反应速率一般首先出现在水分吸附等温线的区间Ⅰ与区间Ⅱ之间的边界（$a_w=0.2\sim0.3$）；当 a_w 进一步降低时，除了氧化反应外全部保持在最小值；在中等和较高 a_w 值（$a_w=0.7\sim0.9$）时，非酶褐变反应、脂类氧化、维生素 B_1 降解、叶绿素损失、微生物的生长和酶促反应等均显示出最大速率。因此，中等水分含量范围（$a_w=0.7\sim0.9$）的食品化学反应速率最大，不利于食品耐储性能的提高，这也是现代食品加工技术非常关注中等水分含量食品的原因。

由于食品体系在 a_w 为 0.2～0.3 之间的稳定性较高，而这部分水相当于形成单分子层水，所以了解食品中形成单分子层水时的水分含量值十分有意义。可以通过前面介绍的 BET 数学方程计算食品的 BET 单分子层值，从而准确预测食品保持最大稳定性时的含水量。

$$\frac{a_w}{(1-a_w)m}=\frac{1}{m_1-1}+\frac{a_w(C-1)}{m_1C}$$

式中，a_w 是水分活度；m 是水分含量，g/g 干物质；m_1 是单分子层值，g/g 干物质；C 是常数。

根据此方程，以 $\frac{a_w}{(1-a_w)m}$ 对 a_w 做图得到一条直线，称为 BET 直线。图 2-23 表示马铃薯淀粉的 BET 图，在仅 $a_w>0.35$ 时线形关系开始出现偏差。

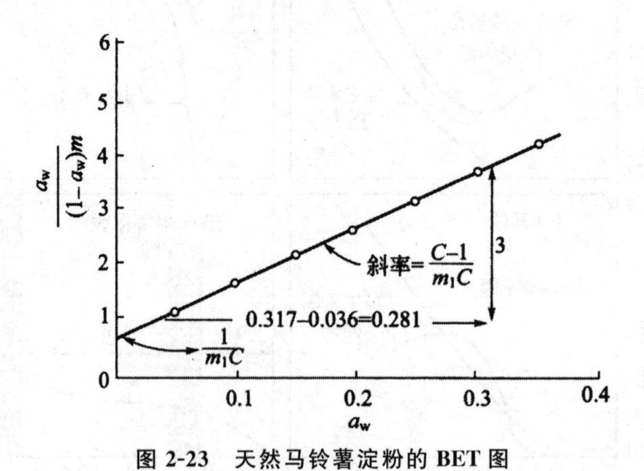

图 2-23　天然马铃薯淀粉的 BET 图

（回吸温度为 20℃）

$$单分子层值(m_1)=\frac{1}{Y_{截距}+斜率}$$

根据图 2-23 查得 $Y_{截距}=0.6$，斜率=10.7，于是可求出 m_1：

$$m_1=\frac{1}{0.6+10.7}=0.088$$

在此特定的例子中，单分子层值相当于 $a_w=0.2$。

水分活度除影响化学反应和微生物的生长以外，还可以影响干燥和半干燥食品的质地，所以欲保持饼干、油炸土豆片等食品的脆性，防止砂糖、奶粉、速溶咖啡等结块，以及防止糖果、蜜饯等黏结，均需要保持适当的水分活度。要保持干燥食品的理想品质，a_w 值不能超过0.35～0.5，但随食品产品的不同而有所变化。对于软质构的食品（含水量高的食品），为了避免不希望的失水变硬，需要保持相当高的水分活度。

总之，低水分活度能够稳定食品质量是因为食品中发生的化学反应是引起食品品质变化的重要原因，降低水分活度可以抑制这些反应的进行，一般作用的机理表现如下。

1）大多数化学反应都必须在水溶液中才能进行。如果降低食品的水分活度，则食品中水的存在状态发生变化，游离水的比例减少，而结合水又不能作为反应物的溶剂，所以降低水分活度能使食品中许多可能发生的化学反应受到抑制，反应速率下降。

2）很多化学反应是属于离子反应，反应发生的条件是反应物首先必须进行离子水合作用，而发生离子水合作用的条件是必须有足够的游离水才能进行。

3）很多化学反应和生物化学反应都必须有水分子参加才能进行（如水解反应）。若降低水分活度，就减少了参加反应的游离水的有效数量，化学反应的速率也就变慢。

4）许多以酶为催化剂的酶促反应，水有时除了具有底物作用外，还能作为输送介质，并且通过水化促使酶和底物活化。当 $a_w<0.8$ 时，大多数酶的活力就受到抑制；若 a_w 值降到0.25～0.30的范围，则食品中的淀粉酶、多酚氧化酶和过氧化物酶就会受到强烈的抑制或丧失其活力（但脂肪酶例外，水分活度在0.1～0.5时仍能保持其活性）。

5）食品中微生物的生长繁殖都要求有最低限度的 a_w，大多数细菌为0.94～0.99，大多数霉菌为0.80～0.94，大多数耐盐细菌为0.75，耐干燥霉菌和耐高渗透压酵母为0.60～0.65。当水分活度低于0.60时，绝大多数微生物无法生长。

2.6.3　冰与食品稳定性

低温是保藏食品的一个好方法，这种保藏技术的优点是在低温情况下微生物的繁殖被抑制、一些化学反应的速率常数降低，保藏性提高与此时水从液态转化为固态的冰无关。食品的低温冷藏虽然可以提高一些食品的稳定性，但是对一些食品冰的形成也可以带来两方面不利的影响。

1）水转化为冰后，其体积会相应增加9%，体积的膨胀就会产生局部压力，使具有细胞组织结构的食品受到机械性损伤，造成食品解冻后汁液流失，或者使得细胞内的酶与细胞外的底物产生接触，导致不良反应的发生。

2）冰冻浓缩效应，这是由于在所采用的商业保藏温度下，食品中仍然存在非冻结相，在非冻结相中非水成分的浓度提高，最终引起食品体系的理化性质等发生改变。在此条件下冷冻给食品体系化学反应带来的影响有相反的两方面：降低温度，减慢了反应速率；溶质浓度增加，加快了反应速率。表2-9中就温度和浓缩两种因素的影响程度进行比较，综合列出了它们对反应速率的最终影响。

表 2-9 冷冻过程中温度和浓缩对化学反应速率的最终影响

情况	化学反应速度变化		两种作用的相对影响程度	冻结对反应速度的最终影响
	温度降低(T)	浓缩的影响(S)		
1	降低	降低	协同	降低
2	降低	略有增加	T＞S	略有降低
3	降低	中等程度增加	T＝S	无影响
4	降低	极大增加	T＜S	增加

表 2-10 给出了食品发生冻结时，反应或变化速率增加的一些具体的例子。

表 2-10 食品冷冻过程中一些化学反应或变化被加速的实例

化学反应或变化	反应物
氧化反应	抗坏血酸、乳脂、油炸马铃薯食品中的维生素 E，脂肪中 p-胡萝卜素与维生素 A 的氧化
酸促反应	蔗糖
蛋白质不溶性	鱼、牛、兔肉中的蛋白质

对牛肌肉组织所挤出的汁液中蛋白质不溶性的研究发现，由于冻结而产生蛋白质不溶性变化加速，一般是在低于冰点几度时最为明显；同时在正常冷冻温度下（－18℃），蛋白质不溶性变化的速率远低于在 0℃时的速率，在这一点上与冷冻还是一种有效的保藏技术结论是吻合的。

在细胞食品体系中，一些酶促反应在冷冻时被加快，这与冷冻导致的浓缩效应无关，一般认为是由于酶被激活，或由于冰体积增加而导致的酶—底物位移。典型的例子如表 2-11 所示。

表 2-11 冷冻过程中酶促反应被加速的例子

反应类型	食品样品	反应加速的温度/℃
糖原损失和乳酸蓄积	动物肌肉组织	－3～－2.5
磷脂的水解	鳕鱼	－4
过氧化物的分解	快速冷冻马铃薯与慢速冷冻豌豆中的过氧化物酶	－5～－0.8
维生素 C 的氧化	草莓	－6

第3章 食品中的碳水化合物

3.1 概述

碳水化合物(carbohydrates),也称糖类(saccharides),在化学组成上,它们中的大多数仅由碳、氢和氧三种元素按化学式 $C_n(H_2O)_m$ 组成,其中 $n \geqslant 3$。从组成上看,好像是碳与水的化合物,因此称为碳水化合物。但有些糖,如鼠李糖($C_6H_{12}O_6$)、脱氧核糖($C_5H_{10}O_4$)、氨基糖等并不符合这一通式,一些非糖物质,如乳酸($C_3H_6O_3$)、醋酸($C_2H_4O_2$)、甲醛(CH_2O)等虽符合这一通式,但不是碳水化合物,因此“碳水化合物”的名称并不确切。1927年,国际化学名词重审委员会曾建议用“糖质”(glucide)一词来代替碳水化合物,但由于“碳水化合物”一词表达了绝大多数这类化合物中的化学组成特征,沿用已久,因此目前仍然被广泛使用。

碳水化合物占植物干重的90%以上,含量丰富,用途广泛而且价格低廉。碳水化合物是食品的常见组分,以天然组分形式或是添加的配料等形式存在。碳水化合物具有许多不同的分子结构、大小和形状以及各种化学及物理性质,它们可通过各种化学和生物化学反应进行改性,商业上采用这两种方法改性以改进它的加工应用性能。

糖类化合物一般分为以下三类。

1. 单糖(monosaccharides)及其衍生物

单糖即不能再被水解为更小的糖分子的糖类。按所含碳原子数目的不同称为丙糖(三碳糖,triose)、丁糖(四碳糖,tetrose)、戊糖(五碳糖,pentose)和己糖(六碳糖,hexose)等,其中以戊糖、己糖最为重要,如葡萄糖(glucose)和果糖(fructose)等,根据单糖分子中所含的羰基的特点又分为醛糖(aldoses)和酮糖(ketoses)。

2. 低聚糖(oligosacchrides)

低聚糖也称寡糖,是由2～10个单糖聚合而成的糖类,按水解后生成单糖数目的不同,低聚糖又分为二糖(disaccharides)、三糖(trisaccharides)、四糖(tetrasaccharides)、五糖(pentasaccharides)等,其中以二糖最为重要,如蔗糖(sucrose)、麦芽糖(maltose)和乳糖(lactose)等。

3. 多糖(polysaccharides)

一般指聚合度大于10的糖类,如淀粉(starch)、纤维素(cellose)和肝糖原(glycogen),根据组成不同,可分为同聚多糖(由相同的单糖分子缩合而成)和杂聚多糖(由不相同的单糖分子缩合而成)两种,纤维素、淀粉、糖原等属于同聚多糖,卡拉胶、半纤维素、阿拉伯胶等属于杂聚多糖。按分子中有无支链,则分为直链、支链多糖。按照功能不同,则可分为结构多糖、贮存多糖、抗原多糖等。

作为食品成分之一的糖类是人类获得能量最经济和最主要的来源,也是构成人体组织的主要成分，同时可以保护肝功能、节约蛋白质、参与脂肪代谢和增强肠道功能等作用。

植物性食品中最普通贮存能量的糖类物质是淀粉，在种籽、根和块茎类食品中最丰富。天然淀粉的结构紧密，在低相对湿度的环境中容易干燥，同水接触又很快变软，并且能够水解成葡萄糖。

动物产品所含的糖类化合物比其他食品少，肌肉和肝脏中的糖原以及结构与支链淀粉相似的葡聚糖，在人体内都以与淀粉代谢相同的方式进行代谢。表 3-1 列出几种食品中所含糖的种类和含量。

表 3-1　几种食品中所含糖的种类和含量

名称	碳水化合物质量分数/%		
	总糖	单糖和二糖	多糖
苹果	14.5	葡萄糖 1.17，果糖 6.04，蔗糖 3.78，甘露糖微量	淀粉 1.5，纤维素 1.0
葡萄	17.3	葡萄糖 5.35，果糖 5.33，蔗糖 1.32，甘露糖 2.19	纤维素 0.6
胡萝卜	9.7	葡萄糖 0.85，果糖 0.85，蔗糖 4.25	淀粉 7.8，纤维素 1.0
洋葱	8.7	葡萄糖 2.07，果糖 1.09，蔗糖 0.89	纤维素 0.71
甜玉米	22.1	蔗糖 12～17	纤维素 0.7
甘蔗汁	14～28	葡萄糖＋果糖 4～8，蔗糖 10～20	—

3.2　单糖

单糖是碳水化合物的最小组成单位，它们不能进一步水解，是带有醛基或酮基的多元醇，有醛基的成为醛糖，有酮基的成为酮糖。单糖的结构是最基本的，也有几种衍生物。其中有羰基被还原的糖醇、醛基被氧化的醛糖酸、羰基对侧末端的—CH_2OH 变成酸的糖醛酸、导入氨基的氨基糖、脱氧的脱氧糖、分子内脱水的脱水糖等。根据构成单糖的碳原子数目多少，分别叫丙糖、丁糖、戊糖、己糖、庚糖。食品中单糖含有 5 或 6 个碳原子。

3.2.1　单糖的结构

几乎全部天然存在的单糖都没有支链，其每个碳原子连接一个羟基或一个衍生的功能基。单糖至少含有一个手性（不对称）碳原子，只有二羟基丙酮例外；所以一般单糖皆有旋光活性，其立体异构体数目为 2 行，行为手性碳原子的数目。

实际上，戊糖和多于 5 个碳原子的单糖分子中，除一小部分外，多数分子中的羰基与第 5 个碳原子上的羟基生成半缩醛或半缩酮，使分子成为含氧的环。形成的五元环称呋喃，形成的六元环称吡喃。

单糖具有链式结构和环式结构（五碳以上的糖）。

1. 单糖的链式结构

人们很早就知道了葡萄糖，但它的化学结构直到 1900 年才由德国化学家费歇尔（Fischer)确定。

单糖的链式结构见图 3-1、图 3-2。

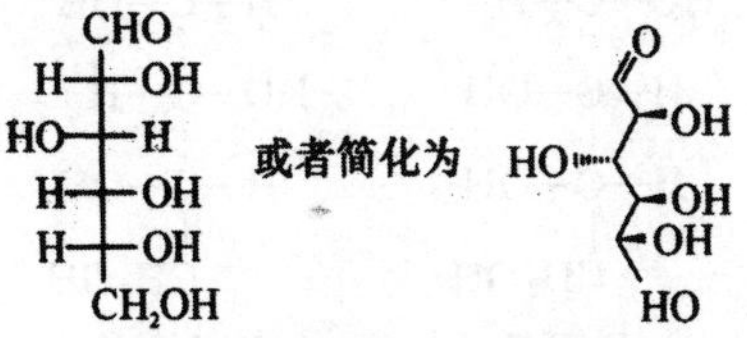

或者简化为

图 3-1　单糖的链式结构

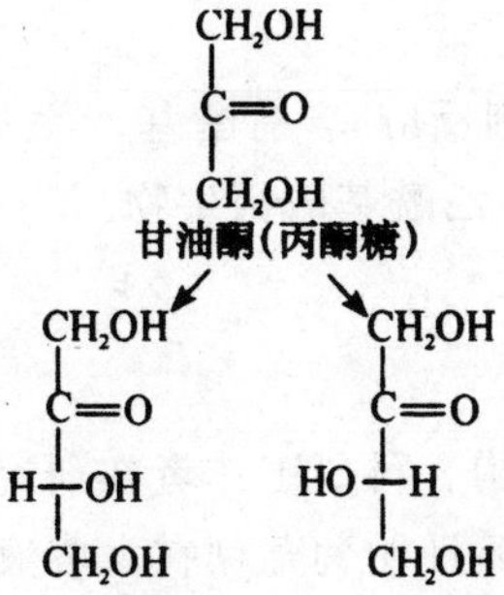

甘油酮(丙酮糖)

D-丁酮糖　L-丁酮糖

图 3-2　单糖的 D-型和 L-型

单糖构型的确定仍沿用 D/L 法。这种方法只考虑与羰基相距最远的一个手性碳的构型,此手性碳上的羟基在右边的 D-型,在左边的 L-型。见图 3-2。

(倒数第二位的羟基即离羰基最远的不对称碳原子上的羟基,在右侧为 D-型,在左侧为 L-型)自然界存在的单糖多属 D-型糖,D-型糖是 D-甘油醛的衍生物。构型与旋光性(用＋或-表示)无关。

常见的重要单糖分子的链状结构见图 3-3、图 3-4。

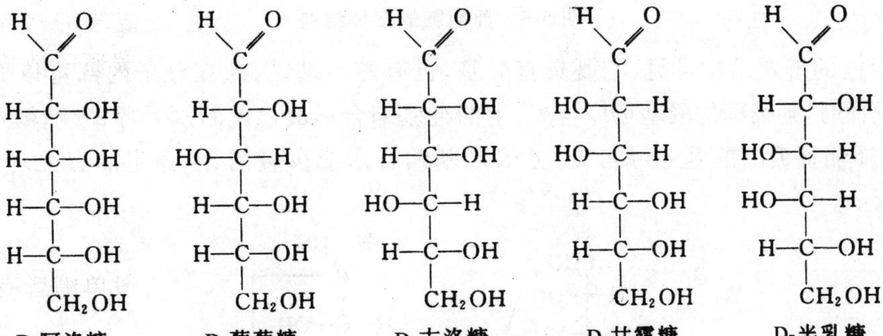

D-阿洛糖　D-葡萄糖　D-古洛糖　D-甘露糖　D-半乳糖

图 3-3　几种 D-醛糖的链式结构(C_6)

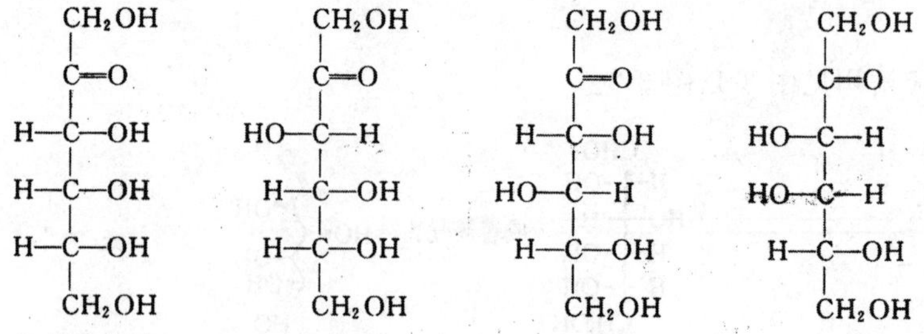

D-阿洛酮糖　D-果糖　D-山梨糖　D-塔罗糖

图 3-4　几种 D-酮糖的链式结构(C_6)

确定链状结构的方法(葡萄糖):

1)与 Fehling 试剂或其他醛试剂反应,含有醛基。

2)与乙酸酐反应,产生具有 5 个乙酰基的衍生物。

3)用钠、汞剂作用,生成山梨醇。

2. 单糖的环式结构

链式结构并不是单糖的唯一结构。科研工作者在研究葡萄糖的性质时,发现葡萄糖有些性质不能用其链状结构来解释。实验证明葡萄糖在水溶液中有三种结构共存:一种链式结构,两种环式结构(图 3-5)。

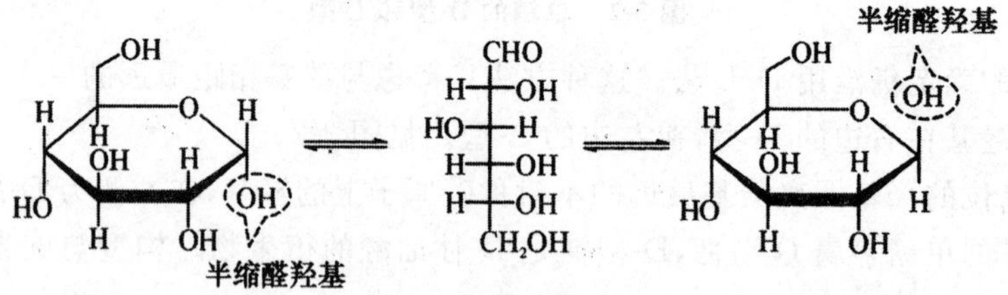

半缩醛羟基　半缩醛羟基

α-D-葡萄糖　直链式葡萄糖　β-D-葡萄糖

中间的链式结构,两侧为哈沃斯的环式结构

图 3-5　葡萄糖的三种结构

从葡萄糖的链式结构可见,它既具有醛基,也有醇羟基,因此在分子内部可以形成环状的半缩醛。成环时,葡萄糖的醛基可以与 C_5 上的羟基缩合形成稳定的六元环(吡喃糖),见图 3-6、图 3-7。此外葡萄糖的醛基还可与 C_4 上的羟基缩合形成少量的、不稳定的五元环(呋喃糖),如图 3-7 所示。

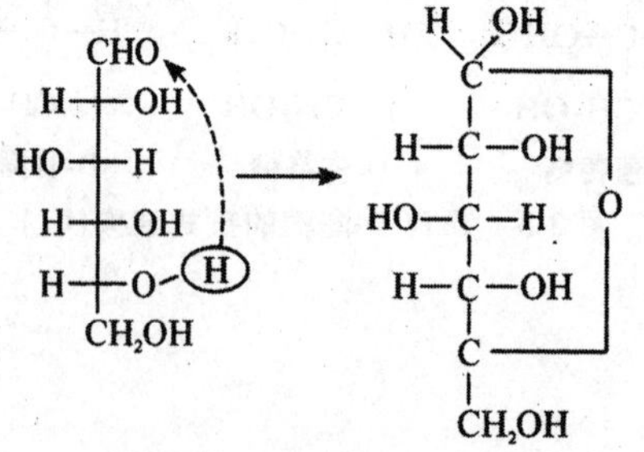

左图:链式结构,右图:费歇尔环式结构

图 3-6　链式结构向环状结构的转化

α-D-吡喃葡萄糖　　α-D-呋喃葡萄糖

(Fischer 的投影式)

图 3-7　葡萄糖的环式结构

实验证明葡萄糖在水溶液中有三种结构共存:即 α-D-葡萄糖(37%)、β-D-葡萄糖(63%)和直链式葡萄糖(<0.1%)。它们在溶液中互相转化。如图 3-5 所示。

单糖的环式结构有费歇尔的投影式和哈沃斯(Haworth)的透视式。费歇尔的投影式见图 3-6、图 3-7。

直立的环状费歇尔投影式,虽然可以表示单糖的环状结构,但还不能确切地反映单糖分子中各原子或原子团的空间排布。为此哈沃斯(Haworth)提出用透视式来表示:糖环为一平面,其朝向读者一面的三个 C—C 键用粗实线表示,连在环上的原子或原子团则垂直于糖平面,分别写在环的上方和下方以表示其位置的排布(图 3-8),书写哈沃斯式时常省略成环的碳原子。

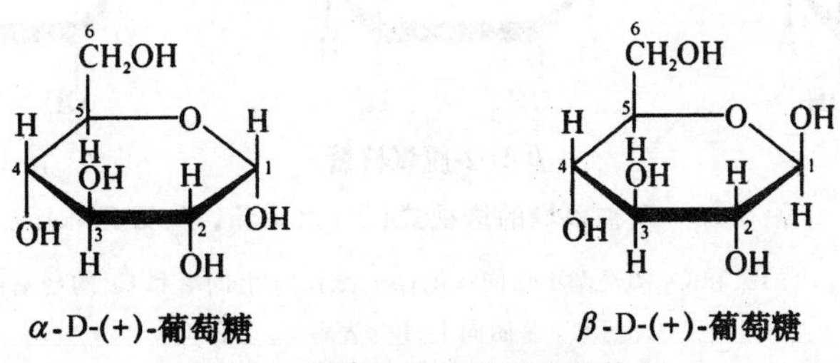

α-D-(+)-葡萄糖　　β-D-(+)-葡萄糖

图 3-8　葡萄糖的哈沃斯式结构图

呋喃环实际上接近平面,而吡喃环略皱起。因为葡萄糖的环式结构是由五个碳原子和一个氧原子组成的杂环,它与杂环化合物中的吡喃相似,故称作吡喃糖。

图 3-9 所示为果糖的三种结构。

由于费歇尔(Fischer)投影式表示环状结构很不方便且 Haworth 结构式比 Fischer 投影式更能正确反映糖分子中的键角和键长度。所以环状结构一般用哈沃斯式结构表示。

葡萄糖的分子式为 $C_6H_{12}O_6$,分子中含五个羟基和一个醛基,是已醛糖。其中 C_2,C_3,C_4 和 C_5 是不同的手性碳原子,有 16 个具有旋光性的异构体,D-葡萄糖是其中之一。存在于自然界中的葡萄糖其费歇尔投影中,四个手性碳原子除 C_3 上的—OH 在左边外,其他的手性碳原子上的—OH 都在右边。

图 3-10 所示为几种单糖的透视式。

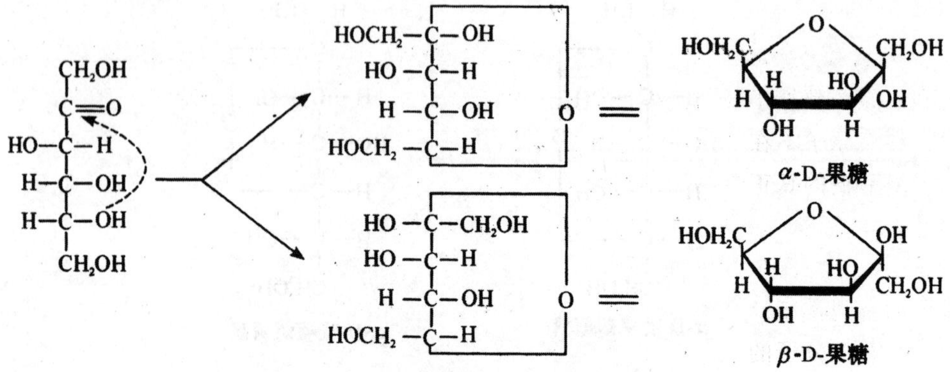

左侧链式结构，中间费歇尔投影式，右侧哈沃斯透视式

图 3-9　果糖的三种结构

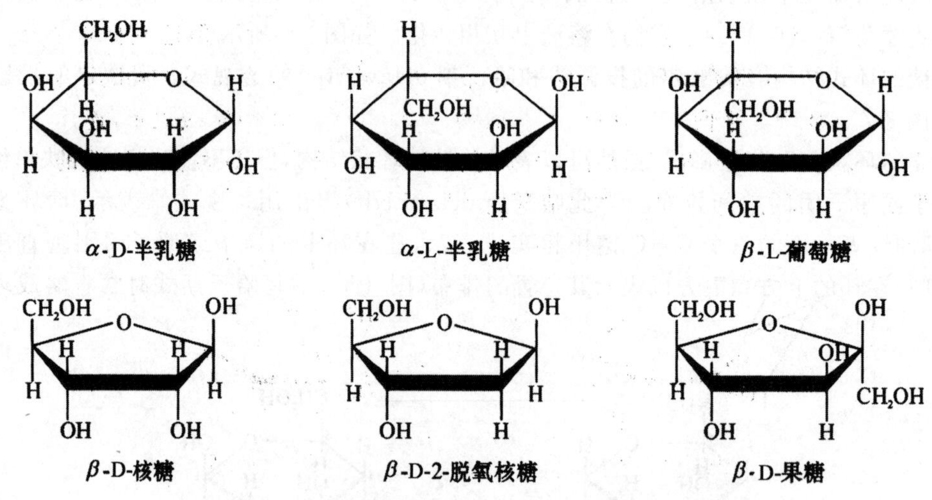

图 3-10　几种单糖的透视式(上：六元环，下：五元环)

α—表示 C_1 上的氧和 C_6 的羟基不在同一侧；β—表示 C_1 上的氧和 C_6 的羟基在同一侧；

D—表示 C_6 基团向上；L—表示 C_6 基团向下

3. 单糖的环状结构与变旋现象

结晶葡萄糖有两种，一种是从乙醇中结晶出来的，熔点 146℃。它的新配溶液的$[\alpha]_D$为 +112°，此溶液在放置过程中，比旋光度逐渐下降，达到 +52.17°以后维持不变；另一种是从吡啶中结晶出来的，熔点 150℃，新配溶液的$[\alpha]_D$为 +18.7°，此溶液在放置过程中，比旋光度逐渐上升，也达到 +52.7°以后维持不变。糖在溶液中，比旋光度自行转变为定值的现象称为变旋现象。

葡萄糖的变旋现象，就是由于链状结构与环状结构形成平衡体系过程中的比旋光度变化所引起的。在溶液中 α-D-葡萄糖可转变为开链式结构，再由链式结构转变为 β-D-葡萄糖(环状结构)；同样 β-D-葡萄糖也变转变为链式结构，再转变为 α-D-葡萄糖(环状结构)。经过一段时间后，三种异构体达到平衡，形成一个互变异构平衡体系，其比旋光度亦不再改变。

不仅葡萄有变旋现象，凡能形成环状结构的单糖，都会产生变旋现象。

4. 单糖的构象

上述透视式也有一定的局限性，因为以五元糖形式存在的糖如果糖、核糖等，分子成环的碳原子和氧原子都处于一个平面内。而以六元糖形式存在的糖如葡萄糖、半乳糖等，分子成环的碳原子和氧原子不在一个平面内。由于六元环不是水平型的，所以透视式不能真实地反映出环状半缩醛糖的真正空间结构。

因此，为了更合理地反映其结构，现在常用构象式来表示。

所谓构象是指一个分子中，不改变共价键结构，仅单键周围的原子或基团旋转所产生的原子和基团的空间排布。一种构象改变为另一种构象时，不要求共价键的断裂和重新形成。构象改变不会改变分子的光学活性。

吡喃糖的构象有两种，即椅式和船式（图 3-11），其中以较稳定的椅式构象占绝对优势。

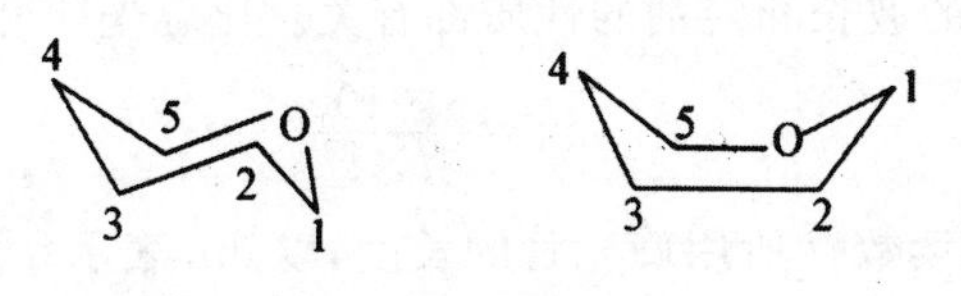

（左图：椅式，右图：船式）

图 3-11　吡喃糖的两种构象图

图 3-12 是葡萄糖的椅式构象。

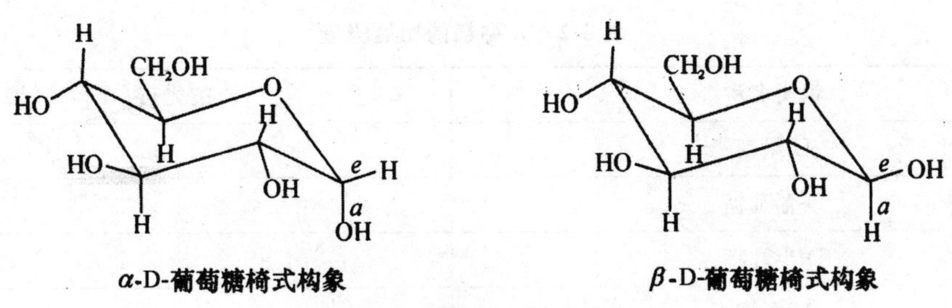

图 3-12　葡萄糖的椅式构象

对 D-型葡萄糖来说，直立环式右侧的羟基，在哈沃斯式中处在环平面下方；直立环式中左侧的羟基，在环平面的上方。成环时，为了使 C_5 上的羟基与醛基接近。C_4—C_5 单键须旋转 120°。因此，D 型糖末端的羟甲基即在环平面的上方了。C_1 上新形成的半缩醛羟基在环平面下方者为 α 型；在环平面上方者称为 β 型。

3.2.2　单糖的物理性质及其在食品（工业）中的应用

单糖的性质是由它的结构决定的。单糖分子具有下列几个特点：有不对称的碳原子；有醇性羟基，环状结构尚有半缩醛羟基；链状结构有自由醛基或自由酮基。因此，单糖具有以下的物理性质。

1. 旋光性

旋光性是物质使偏振光的振动平面发生旋转的一种特性。一切单糖都含有不对称碳原子，所以都有旋光的能力，能使偏振光的平面向左或向右旋转。

以甘油醛为例，分子中的 2 位碳是不对称碳原子，分别与四个互不相同的原子和基团—H、—CH_2OH、—OH、—CHO 连接。这样的结构有两种安排：一种是 D-甘油醛，另一种是 L-甘油醛。把羟基放在右边的称为 D 型结构，羟基放在左边的称为 L 型结构。D-甘油醛的旋光是右旋，L-甘油醛是左旋。D-甘油醛与 L-甘油醛是立体异构体，它们的构型不同。D 型与 L 型甘油醛为对映体，具有对映体的结构又称“手性”结构。

由于旋光方向与程度是由分子中所有不对称原子上的羟基方向所决定，而构型只和分子中离羰基最远的不对称碳原子的羟基方向有关，因此单糖的构型 D 与 L 并不一定与右旋和左旋相对应。单糖的旋光用(+)表示右旋，(−)表示左旋。除丙酮糖外，单糖分子中都含有不对称碳原子，因此其溶液都具有旋光性。

糖的旋光性用比旋光度$[\alpha]_D^{20}$(又称比旋度或旋光率)来表示的。比旋光度是单位浓度的某物质溶液(g/mL)在 1dm 长旋光管内，20℃、钠光下的旋光读数，是物质的一种物理常数，与糖的性质、实验温度、光源的波长和溶剂的性质都有关。比旋光度可按式(3-1)求得。

$$[\alpha]_D^{20}=\frac{\alpha\times 100}{l\times c} \tag{3-1}$$

式中，α 为从旋光仪测得的读数；l 所用旋光管的长度，以 dm 表示；c 糖(光活性的)溶液的浓度(g/100mL)，溶剂为水；20 表示 20℃，因为糖的比旋光度多数是在 20℃测定的；D 为表示所用光源为钠光。

不同种类的糖其比旋光度不同，据此可鉴定糖的种类。表 3-2 列出几种糖的比旋光度。

表 3-2　几种糖的比旋光度

糖类名称	比旋光度$[\alpha]_D^{20}$
D-果糖	−92.4
D-葡萄糖	+52.2
D-半乳糖	+80.2
D-木糖	+8.8
D-甘露糖	+14.2
D-阿拉伯糖	−105.0
L-阿拉伯糖	+104.5

一个旋光体溶液放置后其比旋光度改变的现象，称为变旋现象。糖溶液具有变旋现象。糖刚溶解于水时，其比旋光度是处于变化中的，但糖溶液放置一段时间后就稳定在一恒定的比旋光度上。这是因为刚溶解于水的糖分子从一种 α 型变成另一种 β 型，或相反地从 β 型变成 α 型。因此，对有变旋光性的糖，在测定其比旋光度时，必须使糖液静置一段时间(24h)再测定。

2. 甜味

甜味是由物质分子的构成所决定的，单糖都有甜味，绝大多数双糖和一些三糖也有甜味，多糖则无甜味。甜味是糖的重要物理性质，甜味的强弱用甜度来表示，但甜度目前不能用物理或化学方法定量测定，只能采用感官比较法，因此所获得的数值只是一个相对值，通常以蔗糖(非还原糖)为基准物。

糖甜度的高低与糖的分子结构、相对分子质量、分子存在状态及外界因素有关。单糖有甜味，但甜度大小不同，如以蔗糖为标准定为100度，其他糖类的相对甜度如表3-3所示。

表3-3 糖的甜度

糖类名称	甜度	糖类名称	甜度
果糖	173.3	鼠李糖	32.5
转化糖	130	麦芽糖	32.5
蔗糖	100	半乳糖	32.1
葡萄糖	74.3	棉子糖	22.6
木糖	40	乳糖	16.1

由表3-3可知，果糖甜度最大，乳糖甜度最小，各种糖类的甜度大小次序如下：

果糖＞转化糖＞蔗糖＞葡萄糖＞木糖＞鼠李糖＞麦芽糖＞半乳糖＞棉子糖＞乳糖

转化糖（水解后的蔗糖，含自由葡萄糖和果糖）及蜂蜜糖一般较甜，是因为含有一部分果糖。蜂蜜含有83%的转化糖。糖的甜度与其化学结构有关，是由于糖分子中的某些原子基团对舌尖味觉神经所起的刺激而引起的。多糖无甜味，是因为分子太大，不能透入舌尖的味觉细胞。

3. 溶解度

溶解度指一定温度下每100g水中溶解某物质的克数。溶解度一般随温度升高而加大。单糖分子中含有多个羟基，这增加了它的水溶性，尤其是在热水中的溶解度，但它不能溶于乙醚、丙酮等有机溶剂。各种单糖的溶解度不同，果糖的溶解度最高，其次是葡萄糖（表3-4）。

表3-4 糖的溶解度（20℃）

糖类名称	溶解度/（水）	浓度/%
果糖	374.78	78.94
蔗糖	199.4	66.60
葡萄糖	87.67	46.64

果汁、蜜饯类食品利用糖作保存剂，需要糖具有高溶解度以达到70%以上的浓度，这样才能抑制酵母、霉菌的生长，因为高浓度则有高渗透压和低水分活度。

因此，室温下果糖浓度达到70%以上，具有较好的保存性；葡萄糖仅约50%的浓度，不足以抑制微生物的生长，只有在提高温度以增加溶解度的前提下葡萄糖才具有较好的储藏性；其他溶解度低的糖可与果糖混合使用，达到增加溶解度的效果。

4. 吸湿性、保湿性及结晶性

吸湿性指糖在空气湿度较大的情况下吸收水分的性质。保湿性指糖在空气湿度较大时吸收水分和在较低湿度时散失水分的性质。这两种性质对于保持食品的柔软性、弹性、储藏及加工有着重要意义。

不同种类的糖吸湿性不同，同等条件下，吸湿性高低顺序为果糖、转化糖＞葡萄糖、麦芽糖＞蔗糖。各种食品对糖的吸湿性和保湿性的要求是不同的。例如：硬质糖果要求吸湿性低，储藏时要避免遇潮湿天气因吸收水分而溶化，故宜选用蔗糖为原料；而软质糖果则需要保持一定的水分，避免在干燥天气干缩，应选用转化糖和果葡糖浆为宜；糕点、面包类食品也需要保持松软，应用转化糖和果葡糖浆为宜。

不同种类的糖，其结晶性有所不同。葡萄糖易结晶，但晶体细小；蔗糖也易结晶，且体积较大；淀粉糖浆是葡萄糖、低聚糖和糊精的混合物，不能结晶，并能防止蔗糖结晶。淀粉糖浆由于成分中不含果糖，所以吸湿性较转化糖低，糖果在储藏过程中保存性较好。由于淀粉糖浆中含有糊精，能有效地增加糖果的韧性、强度和黏性，使糖果不易碎裂，保持较好的产品外观。同时，淀粉糖浆的甜度较低，能冲淡蔗糖的甜度，使产品甜味更加圆润、可口。但淀粉糖浆的用量不能过多，若产品中糊精含量过多，则产品韧性过强，影响糖果的脆性。

5．黏度

通常情况下，糖的黏度随着温度的升高而下降，但葡萄糖的黏度则随着温度升高而增大。葡萄糖和果糖溶液的黏度较蔗糖溶液低，淀粉糖浆的黏度较高，淀粉糖浆的黏度随转化程度增高而降低。在食品生产中，可以利用调节糖的黏度来提高食品的稠度和可口性。

在相同浓度下，溶液的黏度有以下顺序：葡萄糖、果糖＜蔗糖＜淀粉糖浆，且淀粉糖浆的黏度随转化度的增大而降低。与一般物质溶液的黏度不同，葡萄糖溶液的黏度随温度的升高而增大，但蔗糖溶液的黏度则随温度的增大而降低。根据糖类物质的黏度不同，在产品中选用糖类时就要加以考虑，如清凉型的就要选用蔗糖，果汁、糖浆等则选用淀粉糖浆。

3.2.3 单糖的化学性质及其在食品(工业)的应用

单糖是多羟基醛或多羟基酮，因此具有醇羟基及羰基的性质。如具有醇羟基的成酯、成醚、成缩醛等反应和羰基的一些加成反应等，另外还有一些特殊的化学反应。

1．与碱的作用

单糖在碱溶液中不稳定，易发生异构化和分解反应。在碱性溶液中糖的稳定性与温度有关，在温度较低时还是比较稳定的，当温度升高，很快发生异构化和分解反应。反应发生的程度和产物的比例受许多因素的影响，如糖的种类和结构、碱的种类和浓度、反应的温度和时间等。

(1)烯醇化和异构化作用

含多个手性碳原子的旋光异构体中，若只有一个手性碳原子的构型不同，而其他手性碳原子的构型完全相同，这样的旋光异构体称为差向异构体。差向异构体间的互相转化称为差向异构化。

用稀碱的水溶液处理单糖时，能形成某些差向异构体的平衡体系。例如，用稀碱处理D-葡萄糖，它将部分转化为D-甘露糖和D-果糖，这3种物质构成一个动态平衡体系。见图3-13。

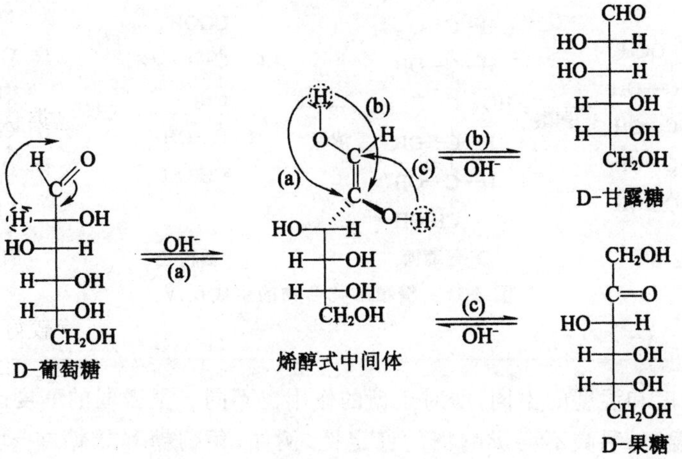

图 3-13　D-葡萄糖的烯醇化和异构化

以上转化是通过烯醇式中间体完成的，所以这种反应又叫稀醇化。用稀碱处理 D-甘露糖或 D-果糖，也得到同样的动态平衡混合物。碱在反应中起催化作用。当用碱处理 D-葡萄糖时，则生成烯醇式中间体，烯醇式中间体很不稳定，已转化为醛酮结构，转化方式有以上(a)、(b)、(c)3 种。

通过异构化，可以把葡萄糖转化为甜度更高的果糖，但是用稀碱进行异构化，转化率低，只有 21%～27%，糖分约损失 10%～15%，同时还会生成有色的副产物，影响颜色和风味，精制也困难，工业上一般不采用稀碱进行异构化，而采用酶催化葡萄糖异构化转变成果糖。

(2)分解反应

在浓碱的作用下，糖分解产生较小分子的糖、酸、醇和醛等分解产物。反应产物与反应体系中有无氧气或其他氧化剂的存在有关。己糖与碱作用，先发生连续的烯醇化反应，在有氧化剂存在时，从双键处裂开，生成含 1,2,3,4 和 5 个碳原子的分解产物。若没有氧化剂存在时，则碳链断裂的位置为距离双键的第二个单键上，如 1,2 烯二醇结构的分解方式如图(3-14)所示。

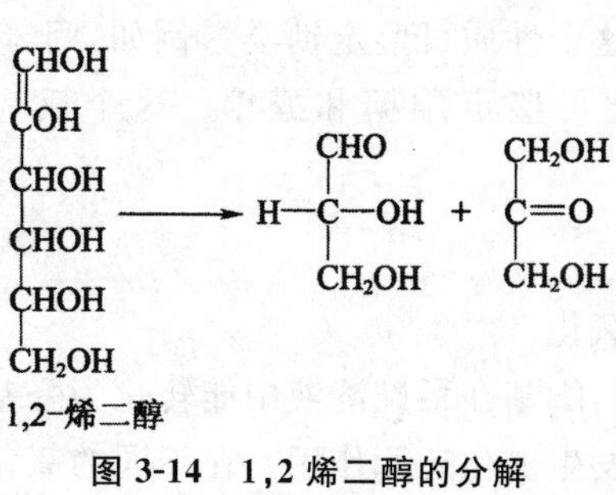

图 3-14　1,2 烯二醇的分解

(3)糖精酸的生成

随着碱浓度的增大、反应温度升高或作用时间延长，单糖便会发生分子内氧化还原反应与重排作用生成羧酸类化合物，羧酸的组成与原来糖的组成没有差异，此酸称为糖精酸类化合物。糖精酸有多种异构体，因碱浓度不同而不同，且不同的单糖生成不同结构的糖精酸，如图 3-15 所示。

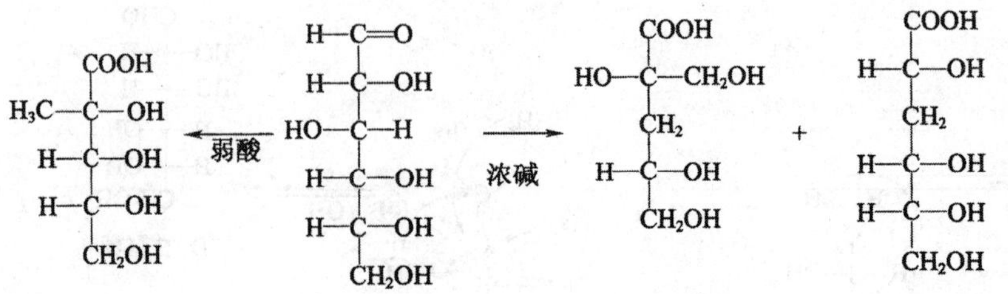

糖精酸　D-葡萄糖　异糖精酸　间糖精酸

图 3-15　糖精酸化合物的生成反应

2. 与酸的作用

酸的种类、浓度和温度的不同，酸对于糖的作用也不同。很微弱的酸度能促进 α 和 β 异构体的转化。在室温下，稀酸不会影响糖的稳定性，例如，葡萄糖和果糖在 pH 为 3～4 时很稳定。但在较高温度下，单糖分子之间会发生复合反应生成低聚糖，或分子内发生脱水反应生成非糖类物质。

(1)稀酸中的反应

在稀酸和热的作用下，一个单糖分子的半缩醛羟基与另一个单糖分子的羟基进行缩合，脱水生成双糖，这种反应称为复合反应。糖的浓度越高，复合反应进行的程度越大，若复合反应进行的程度高，还能生成三糖和其他低聚糖。复合反应的简式为：

$$2C_6H_{12}O_6 \longrightarrow C_{12}H_{22}O_{11} + H_2O$$

复合反应的产物很复杂，可以形成的糖苷键类型较多。除要生成 α-和 β-1,6 键二糖外，还有微量的其他二糖生成，如葡萄糖会生成异麦芽糖和龙胆二糖。不同种类的酸对糖的复合反应催化能力也是不相同的。如对葡萄糖进行复合反应来说，盐酸催化能力最强，硫酸次之。

(2)强酸中的反应

糖受强酸和热的作用，分子内易发生脱水反应生成糖醛。已酮糖较已醛糖更易发生此反应。例如，戊糖经酸作用脱掉 3 个分子的水生成糠醛，且糠醛相当稳定。已糖生成 5-羟甲基糠醛不稳定，进一步分解成甲酸、乙酰丙酸和聚合成有色物质。糠醛和 5-羟甲基糠醛可以与某些酚生成有色的缩合物，利用这个性质可鉴定糖类。例如，间苯二酚加盐酸遇酮糖呈红色，而遇醛糖生成很浅的颜色，因此可鉴定酮糖和醛糖。这个反应也称西利万诺夫实验(Sell-waneff)。

3. 氧化反应

(1)土伦试剂和费林试剂氧化

单糖含有游离醛基或酮基，酮基在稀碱溶液中能转化为醛基(酮式—烯醇式—醛式互变)，所以单糖都具有还原性，都能发生氧化还原作用。在不同的氧化条件下，糖类可被氧化生成各种不同的氧化产物。醛糖与酮糖都能被土伦试剂或费林试剂等弱氧化剂氧化，前者产生银镜，后者生成氧化亚铜的砖红色沉淀，糖分子的醛基被氧化为羧基，反应式如下：

$$C_6H_{12}O_6 + 2[Ag(NH_3)_2]OH \xrightarrow{\triangle} C_6H_{11}O_7NH_4 + 2Ag\downarrow + 3NH_3 + H_2O$$

$$C_6H_{12}O_6 + 2Cu(OH)_2 \xrightarrow[\triangle]{NaOH} C_6H_{12}O_7 + \underset{(棕红色)}{Cu_2O}\downarrow + H_2O$$

(2)溴水氧化

醛糖中的醛基在溴水中可被氧化成羧基而生成糖酸，糖酸加热很容易失水而得到 γ-和 δ-内酯。例如，葡萄糖被溴水氧化生成 D-葡萄糖酸和 D-葡萄糖酸-δ-内酯(DGL)，如图 3-16 所示。葡萄糖酸可与 Ca^{2+}，Fe^{2+} 和 Zn^{2+} 结合分别生成葡萄糖酸钙、葡萄糖酸铁和葡萄糖酸锌，可作为口服矿物质补充剂。D-葡萄糖酸-δ-内酯是一种温和的酸味剂，完全水解需要 3h，随着水解不断进行，质子均匀缓慢地释放出来，pH 逐渐下降，慢慢酸化，适用于肉制品和乳制品，特别在焙烤食品中可以作为膨松剂的一个组分，缓慢释放的 H^+ 与 CO_3^{2-} 结合，缓慢释放 CO_2。另外，在豆制品中可做内酯豆腐。溴水能氧化醛糖，但不能氧化酮糖，因为酸性条件下，单糖分子不会发生异构化作用，可用溴水来区别醛糖和酮糖。

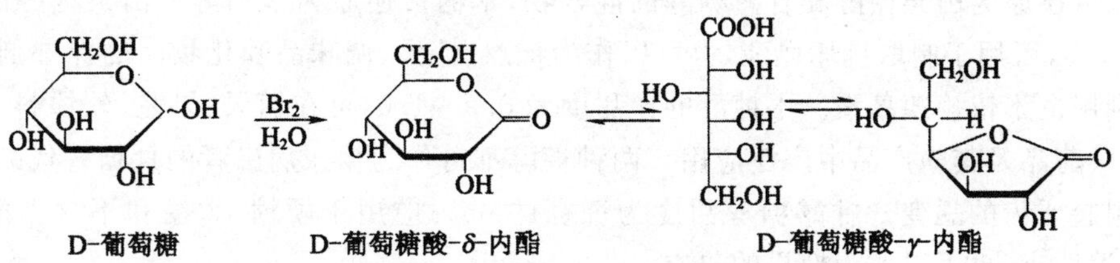

D-葡萄糖　$\xrightarrow[H_2O]{Br_2}$　D-葡萄糖酸-δ-内酯　⇌　D-葡萄糖酸　⇌　D-葡萄糖酸-γ-内酯

图 3-16　葡萄糖的溴化氧化

(3)硝酸氧化

稀硝酸氧化作用比较强，它能将醛糖的醛基和伯醇基都氧化，生成具有相同碳数的二元酸。例如，半乳糖氧化后生成半乳糖二酸。半乳糖二酸不溶于酸性溶液，而其他己醛糖氧化后生成的二元酸都能溶于酸性溶液，利用这个反应可以区别半乳糖和其他己醛糖。例如，葡萄糖在硝酸的氧化下生成 D-葡萄糖二酸，如图 3-17 所示。

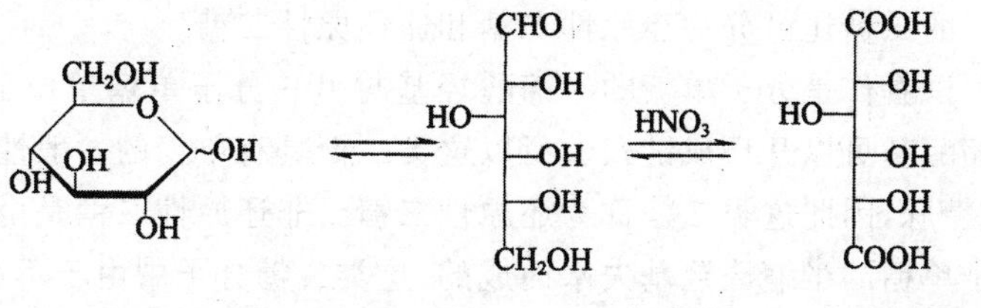

D-葡萄糖　⇌　D-葡萄糖(开链式)　$\xrightarrow{HNO_3}$　D-葡萄糖二酸

图 3-17　葡萄糖的硝酸氧化

(4)其他

酮糖在强氧化剂作用下，在酮基处作裂解，氧化生成草酸和酒石酸。

葡萄糖在氧化酶作用下，可以保持醛基不被氧化，仅是第六碳原于上的伯醇基被氧化生成羧基而形成葡萄糖醛酸。葡萄糖醛酸有重要的生理作用，生物体内某些有毒物质、过多激素和芳香物质，可以和 D-葡萄糖醛酸结合形成苷类，随尿排出体外，从而起到解毒作用。

在强氧化剂如高碘酸作用下，单糖能完全被氧化而生成二氧化碳和水，碳碳键发生断裂。该反应是定量的，每断裂 1 个碳碳键就消耗 1moL 的高碘酸，因此，该反应现在是研究糖类结构的重要手段之一。

4. 还原反应

单糖分子中的醛基或酮基在一定条件下可加氢还原成羟基，产物为糖醇，常用的还原剂有钠汞齐(NaHg)、四氢硼钠($NaBH_4$)。如葡萄糖可还原为山梨糖醇,如图3-18所示。

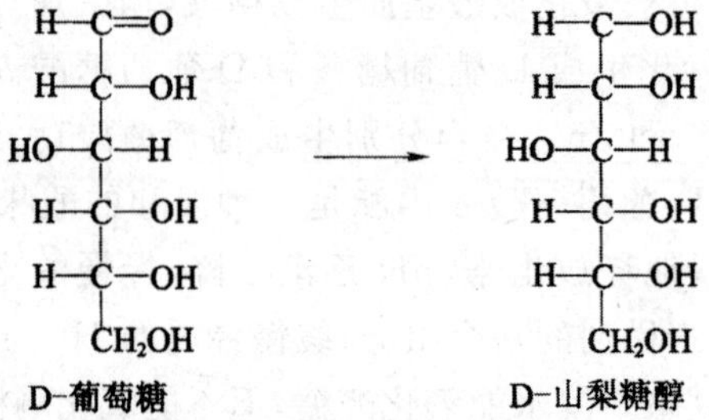

H—C=O
H—C—OH
HO—C—H
H—C—OH
H—C—OH
CH_2OH
D-葡萄糖

→

H—C—OH
H—C—OH
HO—C—H
H—C—OH
H—C—OH
CH_2OH
D-山梨糖醇

图3-18　葡萄糖还原成山梨糖醇

果糖可还原为山梨糖醇和甘露糖醇的混合物,木糖被还原为木糖醇。山梨糖醇的比甜度为0.5~0.6,可用于制取抗坏血酸,也可以作为糕点、糖果、调味品和化妆品的保湿剂,其不被微生物利用也不依赖胰岛素。木糖醇的比甜度为0.9~1.0,可在糖果、果酱、软饮料、口香糖、巧克力、医药品及其他产品中广泛应用。两种糖醇都可作为糖尿病患者的食糖替代品,食用后也不会引起牙齿的龋变。甘露糖醇甜度为蔗糖的65%应用于硬糖、软糖和不含糖的巧克力中,其保湿性小,也可以作为糖果的包衣。

3.3 低聚糖

低聚糖又称为寡糖,普遍存在于自然界中,可溶于水,其中主要的是二糖和三糖。二糖是低聚糖中最重要的一类,由两分子单糖失水形成,其单糖组成可以是相同的,也可以是不同的,故可分为同聚二糖,如麦芽糖、异麦芽糖、纤维二糖、海藻二糖等;和杂聚二糖,如蔗糖、乳糖、蜜二糖等。天然存在的二糖还可分为还原性二糖和非还原性二糖。

还原性二糖可以看作是分子单糖的半缩醛羟基与另一分子单糖单位形成苷,而另一单糖单位仍保留有半缩醛基可以开环成链式。所以这类二糖具有单糖的一般性质:有变旋现象,具有还原性,能形成糖脎,因此这类二糖称为还原性二糖。非还原性二糖是由1分子单糖的半缩醛羟基与另一分子单糖的半缩醛羟基失水而成的,这类二糖分子中由于不存在半缩醛羟基,所以无变旋现象,也无还原性,不能成脎。重要的低聚糖有蔗糖、乳糖、麦芽糖、棉子糖、麦芽三糖等。

在全球性的保健品热潮中,低聚糖由于其功能的多样性和独特性,作为一种功能性食品基料而受到消费者的青睐,这刺激了新型低聚糖的研究和开发,使低聚糖的开发研究成为近几年来食品界的研究热点。

迄今为止,已知的功能性低聚糖有1000多种,自然界中只有少数食品中含有天然的功能性低聚糖,并由于受到生产资源条件的限制,所以除大豆低聚糖等少数几种由提取法制取外,大部分是由来源广泛的淀粉原料经生物技术合成的。

目前,国际上已研究开发成功的低聚糖有70多种,主要有低聚异麦芽糖、大豆低聚糖、低聚果糖、低聚木糖、低聚麦芽糖、帕拉金糖、乳酮糖、低聚半乳糖、海藻糖、偶合糖等。

因为功能性低聚糖不会被人体中的消化酶分解,可以避免吸收过多的糖分,所以过去一般作为低热值甜味剂而被广泛应用。后来研究发现,功能性低聚糖能促进肠道内的有一些低聚糖因其具有显著的生理功能，在机体胃肠道内不被消化吸收而直接进入大肠内优先为双歧杆菌所利用，是双歧杆菌的增殖因子，属于功能性低聚糖。功能性低聚糖近年来备受业内专家的重视和开发应用。

1. 功能性低聚糖的种类与生理活性

通常功能性低聚糖由 2～7 个单糖组成，常见的是由 3～6 个单糖组成的聚合物。

聚合度的多寡不是决定低聚糖品质优劣的标准，其品质主要取决于其所体现出的生理学性质。近年来，常见的应用于食品的功能性低聚糖主要有低聚果糖、异麦芽低聚糖、低聚半乳糖、帕拉金糖、大豆低聚糖、低聚木糖、异构乳糖、低聚壳聚糖、低聚琼脂糖及低聚甘露糖等。

2. 低聚糖的生理学性质

近年来，研究表明功能性低聚糖不但具有良好的物理及感官性质，更引人注目的是它具有（或应该具有）以下优越的生理学功能。

1）改善人体内的微生态环境。人体摄取低聚糖后，可使体内双歧杆菌及其他有益菌增殖，这些有益菌经代谢产生有机酸，使肠内 pH 值降低，抑制肠内沙门氏菌和腐败菌的生长；促进肠胃功能，减少肠内腐败铮质，改变大便性状，防治便秘；增加维生素的合成量，提高人体免疫功能。因此，低聚糖具有很好的保健功能，特别对老年人有良好的抗衰老及抗癌作用。

2）高品质的低聚糖很难被人体消化道唾液酶和小肠消化酶水解，它不仅能抵达大肠，而且发热值低，很少转化为脂肪。

3）类似于水溶性植物纤维，能降低血脂，改善脂质代谢，降低血液中胆固醇和甘油三酯的含量。

4）对牙齿无不良影响，不会被龋齿菌形成基质，也没有菌体凝结作用。

5）难消化低聚糖属非胰岛素依赖型，不易使血糖升高，可供糖尿病人食用。

3. 低聚果糖及其在食品中的应用

低聚果糖（fructooligosaccharide），又称寡果糖或蔗果三糖族低聚糖，是指在蔗糖分子的果糖残基上通过 β-1，2-糖苷键连接 1～3 个果糖基而成的蔗果三糖、蔗果四糖及蔗果五糖组成的混合物。其结构式可表示为 G—F—F_n（G 为葡萄糖，F 为果糖，n=1～3），属于果糖与葡萄糖构成的直链杂低聚糖，结构如图 3-19 所示。

低聚果糖多存在于天然植物中，如：芦笋、大蒜、菊芋、洋葱、西红柿、香蕉、牛蒡、蜂蜜及某些草本植物中。低聚果糖具有卓越的生理功能，包括作为双歧杆菌的增殖因子，属于人体难消化的低热值甜味剂，为水溶性的膳食纤维，可促进肠胃功能及有抗龋齿等诸多优点，因此，近年来备受人们的重视与开发，尤其欧洲、日本对其的开发应用走在世界的前列。目前低聚果糖多采用适度酶解菊芋粉的方法得到。此外也有以蔗糖为原料，采用 β-D-呋喃果糖苷酶（β-D-fructofuranosidase）的转果糖基作用，在蔗糖分子上以 β-1，2-糖苷键与 1～3 个果糖分子连接而成。

在日本和欧洲，低聚果糖已广泛应用于乳酸饮料、乳制品、焙烤食品、糖果、膨化食品及冷饮食品中。

低聚果糖的黏度、吸湿性、保湿性、甜味特性及在中性条件下的热稳定性与蔗糖相似，甜度较蔗糖低。低聚果糖不具有还原性，参与美拉德褐变程度小，但它有明显的抑制淀粉回生的作

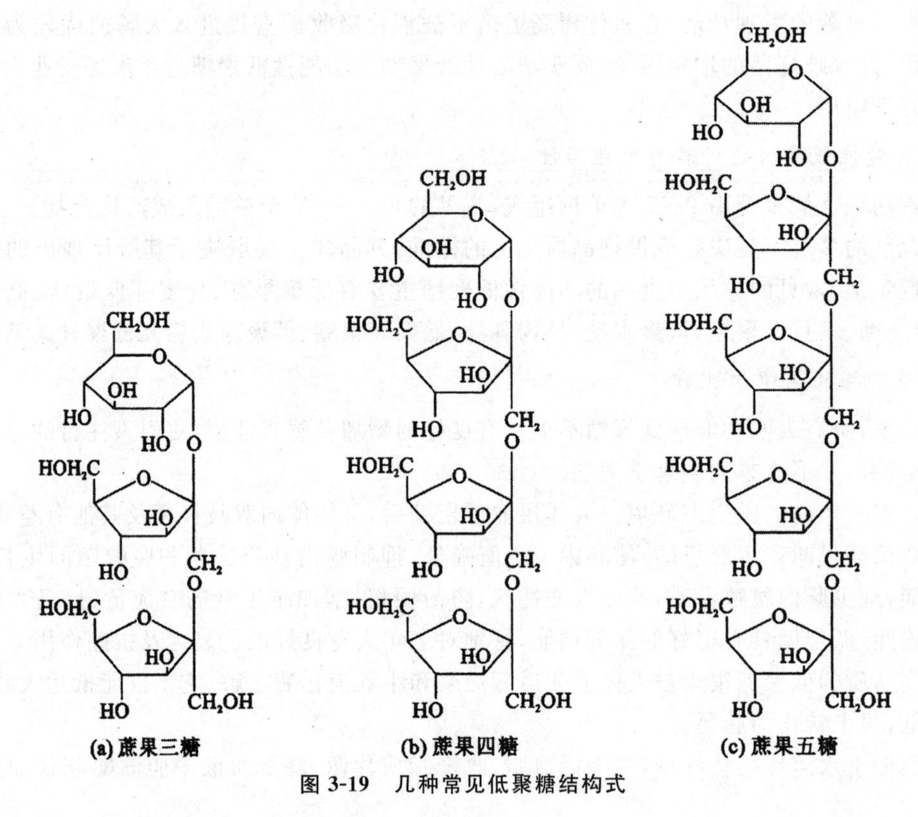
(a) 蔗果三糖　(b) 蔗果四糖　(c) 蔗果五糖

图 3-19　几种常见低聚糖结构式

用，这一特性应用于淀粉质食品时效果非常突出。

4. 低聚木糖及其在食品中的应用

低聚木糖（xylooligosaccharide）是由 2～7 个木糖以 β-1，4-糖苷键连接而成的低聚糖，其中以木二糖为主要有效成分，木二糖含量越多，其产品质量越好。低聚木糖的甜度为蔗糖的 50%，甜味特性类似于蔗糖，其最大的特点是稳定性好，具有独特的耐酸、耐热及不分解性，低聚木糖（包括单糖、木二糖、木三糖）有显著的双歧杆菌增殖作用，它是使双歧杆菌增殖所需用量最小的低聚糖，此外，它对肠道菌群有明显的改善作用，还可促进机体对钙的吸收，并且有抗龋齿作用，它在体内的代谢不依赖胰岛素。

低聚木糖具有稳定的耐酸性，非常适用于酸性饮料及发酵食品。木二糖的化学结构如图 3-20 所示。

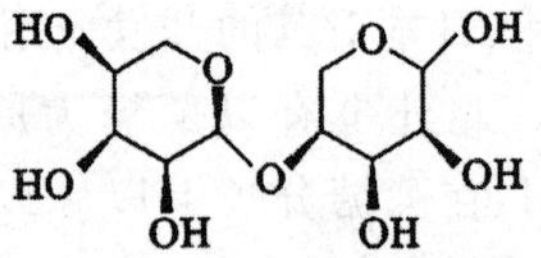

图 3-20　木二糖的结构式

5. 异麦芽酮糖及其在食品中的应用

异麦芽酮糖（isomaltulose），又称为帕拉金糖（palatinose），其结构式为 6-α-D-吡喃葡萄糖基-D-果糖，是一种结晶状的还原性双糖。其结构如图 3-21 所示。

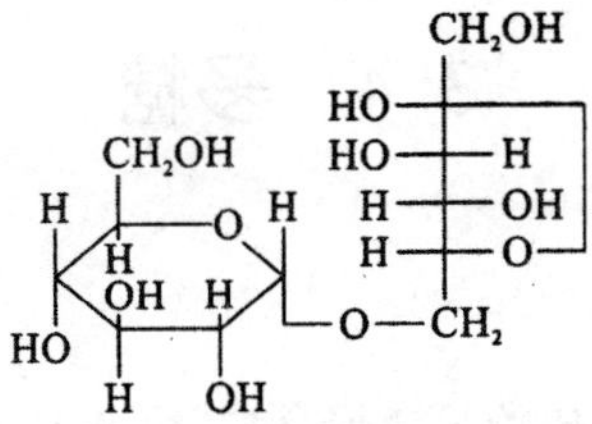

图 3-21　异麦芽酮糖的结构式

异麦芽酮糖具有与蔗糖类似的甜味特性，其甜度为蔗糖的 42%。室温下，其溶解性较小，为蔗糖的 1/2，但随温度的升高，其溶解度急剧增加，80℃时可达蔗糖的 85%。异麦芽酮糖的结晶体含有 1 分子的水，与果糖相同，是正交晶体，有旋光性，比旋光度 $[\alpha]_D^{20}=+97.2°$，它的熔点为 122℃～123℃，还原性为葡萄糖的 52%，没有吸湿性且抗酸水解性强，不为大多数细菌和酵母所发酵利用，故常应用于酸性食品和发酵食品中。异麦芽酮糖的最大生理功能就是具有很低的致龋齿性，它首先发现于甜菜制糖的过程中，目前工业上多以蔗糖为原料，经 α-葡糖基转移酶转化而得。

6. 环糊精及其在食品中的应用

环糊精（cyclodextrin），又名沙丁格糊精（schardinger-dextrin）或环状淀粉，是由 D-葡萄糖以 α-1，4-糖苷键连接而成的环状低聚糖，该糊精是由软化芽孢杆菌作用于淀粉的产物。环糊精为环状结构，如图 3-22 所示。它的聚合度有 6、7、8 三种，依次称为 α-、β-、γ-环糊精。

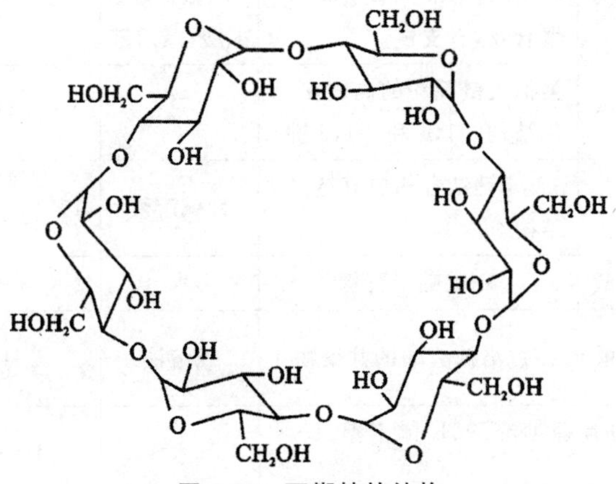

图 3-22　环糊精的结构

α-、β-、γ-环糊精中，环的内侧在性质上相对地比外侧憎水，在水中溶解度为每 100mL 水分别溶解 14.5g、18.5g 和 23.2g。在溶液中同时存在有憎水性物质和亲水性物质时，憎水性物质能被环内侧疏水基吸附，由于环糊精具有这种特性，因此能对油脂起乳化作用；对挥发性的芳香物质有防止挥发的作用；对易氧化和易光解物质有保护作用；对食品的色、香、味也具有保护作用，同时也可除去一些食品中的苦味和异味。

3.4 多糖

3.4.1 多糖的定义

多糖是糖单元连接在一起而形成的长链聚合物，超过 10 个单糖的聚合物称为多糖(表 3-5)。按质量计，多糖约占天然糖类的 90%以上。植物体内由光合作用生成的单糖经缩合生成多糖，作为储存物质或结构物质。动物将摄入的多糖先经消化变为单糖，以供机体的需要，而多余部分则重新构成特有的多糖(肝糖)，储存于肝脏中。

表 3-5 食品中常见的多糖

名称		结构单糖	结构	溶解性	相对分子质量	存在形式
同多糖	直链淀粉	葡萄糖	α-1,4-葡聚糖直链上形成支链	稀碱溶液	$10^4 \sim 10^5$	谷物和其他植物
	支链淀粉	D-葡萄糖	直链淀粉的直链上连有 α-1,6 键构成的支链	水	$10^4 \sim 10^6$	淀粉的主要组成成分
	纤维素	D-葡萄糖	聚 β-1,4 葡聚糖直链，有支链	—	$10^4 \sim 10^5$	植物结构多糖
	几丁质	N-乙酰-D-葡糖胺	β-1,4 键形成的直链状聚合物，有支链	稀、浓盐酸、硫酸，碱溶液	—	甲壳类动物，昆虫的表皮
	糖原	D-葡萄糖	类似支链淀粉的高度支化结构 α-1,4 和 α-1,6 键	水	$3\times10^5 \sim 4\times10^6$	动物肝脏
	木聚糖	D-木糖	β-1,4 键结合构成直链结构	稀碱溶液	$1\times10^4 \sim 2\times10^4$	玉米芯等植物的纤维素
	果胶	D-半乳糖醛酸	α-1,4-D-吡喃半乳糖	水	$2\times10^4 \sim 4\times10^5$	—
杂多糖	海藻酸	D-甘露糖醛酸和 L-古洛糖醛酸的共聚物		碱溶液	10^5	藻类细胞壁的结构多糖
	阿拉伯胶	D-半乳糖、D-葡萄糖醛酸、L-鼠李糖、L-阿拉伯糖组成		水	$10^5 \sim 10^6$	金合欢属植物皮的渗出物
	瓜尔豆胶	D-甘露糖和 D-半乳糖组成的半乳甘露聚糖，组成比 2∶1，甘露糖以 β-1,4 键连接成主链，每隔一个糖单位连接一个 α-1,6-半乳糖		水	$2\times10^5 \sim 3\times10^5$	瓜尔豆种子
	葡甘露聚糖	D-甘露糖和 D-葡萄糖由 2∶1、3∶2 或 5∶3 组成，依植物种类不同而异。甘露糖和葡萄糖以 β-1,4 键连接成主链，在甘露糖 C(3)位上存在 β-1,3 键连接的支链		水	$1\times10^5 \sim 1\times10^6$	魔芋的主要成分
	果胶	β-1,4-D-吡喃半乳糖醛酸单元组成的聚合物，主链上存在 α-L-鼠李糖残基		水	$2\times10^4 \sim 4\times10^5$	植物细胞壁构成多糖

多糖分为直链多糖和支链多糖两种。直链多糖和支链多糖都是单糖分子通过糖苷键相互结合形成的高分子化合物，一般有1,4糖苷键和1,6糖苷键两种。多糖可据其水解后生成相同或不同的单糖而分为均一多糖和混合多糖。还可根据多糖水解后产物，仅产生糖类的称为单纯多糖；水解产物中还有糖以外的成分的多糖称为复合多糖。

多糖广泛存在于动物、植物、微生物中，多糖中的纤维素、半纤维素、果胶、壳质、硫酸软骨素等作为结构物质起着支撑作用；淀粉、糖原等作为储藏物质起着储藏作用。在动物体内，过量的葡萄糖的多糖是以糖原的形式储存，而多数植物葡萄糖的多糖是以淀粉的形式储存，细菌和酵母葡萄糖的多糖是以葡聚糖的形式储存。在不同的情况下，这些多糖是营养的仓库，当机体需要时，多糖被降解，形成的单糖产物经代谢得到能量。

多糖命名时，系统命名法要将单糖名先叫出，后面冠之聚糖即可，如甘露聚糖。不过多用习惯名称，如淀粉、纤维素。

多糖广泛分布于自然界，食品中多糖有淀粉、糖原、纤维素、半纤维素、果胶质和植物胶等。大部分膳食多糖不溶于水，也不易被消化，它主要是蔬菜、水果等的纤维素和半纤维素，但它对健康是有益的。

3.4.2　多糖的性质

1. 多糖的溶解性

多糖分子链是由己糖和戊糖基单位构成，具有大量羟基，每个羟基均可和一个或多个水分子形成氢键。此外，环上的氧原子以及糖苷键上的氧原子也可与水形成氢键，因此，除了高度有序、具有结晶的多糖不溶于水外，大部分多糖不能结晶，易于水合和溶解，每个单糖单位能够完全被溶剂化，使之具有较强的持水能力和亲水性。在食品体系中多糖能控制或改变水的流动性，同时水又是影响多糖物理和功能特性的重要因素。因而，食品的许多功能性质，包括质地都与多糖和水有关。

高度有序的多糖一般是完全线性的，在大分子碳水化合物中只占少数，分子链因相互紧密结合而形成结晶结构，最大限度地减少了同水接触的机会，因此不溶于水。在剧烈的碱性条件下或其他适当的溶剂中，可使分子链间氢键断裂而增溶，例如纤维素，由于它的结构中β-D-吡喃葡萄糖基单位的有序排列和线性伸展，使得纤维素分子的长链和另一个纤维素分子中相同的部分相结合，导致纤维素分子在结晶区平行排列，使得水不能与纤维素的这些部位发生氢键键合，所以纤维素的结晶区不溶于水，而且非常稳定。水溶性多糖和改性多糖通常以不同粒度在食品工业和其他工业中作为胶或亲水性物质应用。

2. 黏度与稳定性

可溶性大分子多糖都可以形成黏稠溶液。在天然多糖中，如果按单位体积中同等质量百分数计，阿拉伯树胶溶液的黏度最小，而瓜尔胶(guargum)或瓜尔聚糖(guaran)及魔芋葡甘聚糖溶液的黏度最大。多糖的增稠性和胶凝性是在食品中的主要功能，此外，还可控制液体食品及饮料的流动性与质地，改变半固体食品的形态及O/W乳浊液的稳定性。在食品加工中，多糖的使用量一般在0.25%～0.50%范围，即可产生很高的黏度甚至形成凝胶。

大分子溶液的黏度取决于分子的大小、形状、所带净电荷和溶液中的构象。多糖分子一般呈无序状态的构象有较大的可变性。多糖的链是柔顺性的，在溶液中为紊乱或无规线团状态（图 3-23）。但是大多数多糖不同于典型的无规线团，所形成的线团是刚性的，有时紧密，有时伸展，线团的性质与单糖的组成和连接方式相关。

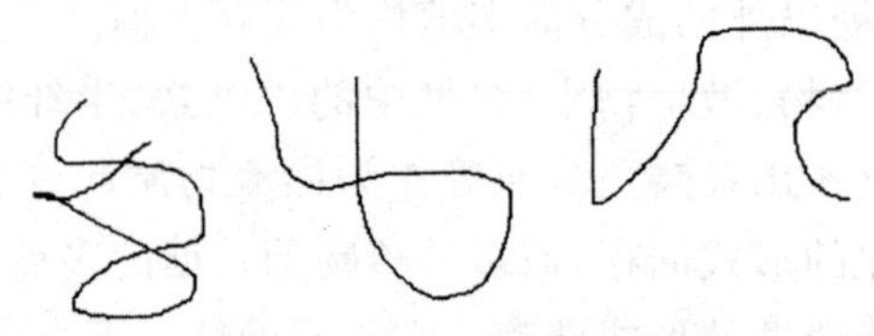

图 3-23　多糖分子无规则线图

线型多糖在溶液中具有较大的屈绕回转空间，其“有效体积”和流动产生的阻力一般都比支链多糖大，分子链段之间相互碰撞的频率也较高。分子间由于碰撞产生摩擦而消耗能量，因此，线型多糖即使在低浓度时也能产生很高的黏度（如魔芋葡甘聚糖）。如果线性多糖带一种电荷，由于产生静电排斥作用，使得分子伸展，链长增加和阻止分子间缔合，这类多糖溶液呈现高的黏度，而且 pH 值对其黏度大小有较显著的影响。含羧基的多糖在 pH 为 2.8 时电荷效应最小，这时羧基电离受到了抑制，这种聚合物的行为如同不带电荷的分子。其黏度大小取决于多糖的聚合度 DP（相对分子质量）、伸展程度和刚性，也与多糖链溶剂化后的形状和柔顺性有关。

支链多糖在溶液中链与链之间的相互作用不太明显，因而分子的溶剂化程度较线性多糖高，更易溶于水。特别是高度支化的多糖“有效体积”的回转空间比分子量相同的线性分子小得多，分子之间相互碰撞的频率也较低，这意味着支链多糖溶液的黏度远低于 DP 相同的线性多糖。

胶体溶液是以水合分子或水合分子的集聚态分散，溶液的流动性与这些水合分子或聚集态的大小、形状、柔顺性和所带电荷多少相关。

多糖溶液包括假塑性流体和触变流体两类。假塑性流体具有剪切稀化的流变学特性，流速随剪切速率增加而迅速增大，此时溶液黏度显著下降。液体的流速可因应力增大而提高，黏度的变化与时间无关。线性高分子通常为假塑性流体。一般而言，多糖分子质量越大则表现出的假塑性越大。假塑性小的多糖，从流体力学的现象可知，称为“长流”，有黏性感觉；而假塑性大的流体为“短流”其口感不黏。

触变流体同样具有剪切稀化的特征，但是黏度降低不是随流速增加而瞬间发生。当流速恒定时，溶液的黏度降低是时间的函数。剪切停止后一定时间，溶液黏度即可恢复到起始值，这是一个胶体—溶液—胶体的转变。换言之，触变溶液在静止时是一种弱的凝胶结构。

3. *凝胶*

胶凝作用是多糖的又一重要特性。在食品加工中，多糖或蛋白质等大分子，可通过氢键、疏水相互作用、范德华引力、离子桥接（ionic cross bridges）、缠结或共价键等相互作用，在多个分子间形成多个联结区。这些分子与分散的溶剂水分子缔合，最终形成由水分子布满的连续的三维空间网络结构（图 3-24）。

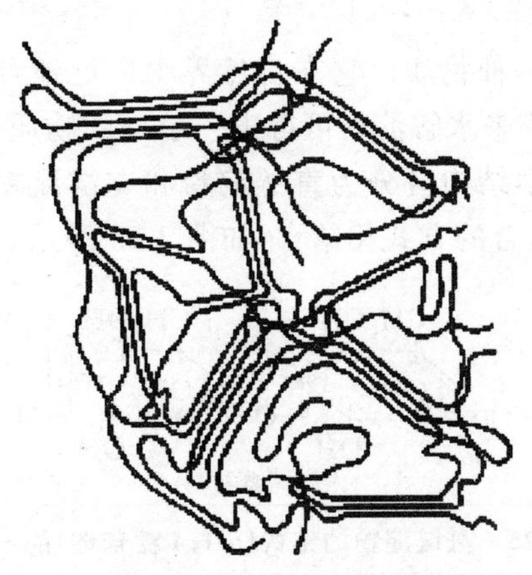

图3-24　典型的三维网络凝胶结构示意图

当大分子链间的相互作用超过分子链长的时候，每个多糖分子可参与两个或多个分子连接区的形成，这种作用的结果使原来流动的液体转变为有弹性的、类似为海绵的三维空间网络结构的凝胶，可显著抵抗外界应力作用。凝胶中含有大量的水，有时甚至高达99%，例如带果块的果冻、肉冻、鱼冻等。

凝胶强度依赖于连结区结构的强度，如果连结区不长，链与链不能牢固地结合在一起，那么，在压力或温度升高时，聚合物链的运动增大，于是分子分开，这样的凝胶属于易破坏和热不稳定凝胶。若连结区包含长的链段，则链与链之间的作用力非常强，足可耐受所施加的压力或热的刺激，这类凝胶硬而且稳定。因此，适当地控制连结区的长度可以形成多种不同硬度和稳定性的凝胶。支链分子、杂聚糖分子或带电荷基团的分子间不能很好地结合，因此不能形成足够大的连接区和一定强度的凝胶，这类多糖分子只形成黏稠、稳定的溶胶。

4. 水解

多糖在食品加工和贮藏过程中不如蛋白质稳定，在酸或酶的催化下，多糖的糖苷键易发生水解，并伴随黏度降低。多糖水解的难易程度，除了同它的结构有关外，还受pH、时间、温度和酶的活力等因素的影响。在某些食品加工和保藏过程中，碳水化合物的水解影响很大，因为它能使食品出现非需宜的颜色变化，并使多糖失去胶凝能力。糖苷键在碱性介质中是相当稳定的，但在酸性介质中容易断裂。在食品加工中常利用酶作催化剂水解多糖。

3.4.3　食品中主要的多糖

1. 淀粉

淀粉主要以颗粒形式分布在植物的种子、根部、块茎和果实中。淀粉颗粒结构比较紧密，因此不溶于水，但在冷水中能少量水合。它们分散于水中，形成低黏度浆料，甚至淀粉浓度增大至35%，仍易于混合和管道输送。当淀粉浆料烧煮时，黏度显著提高，起到增稠作用。例如，将5%淀粉颗粒浆料边搅拌边加热至80℃，黏度大大提高。大多数淀粉颗粒是由两种结构不同的聚合物组成的混合物：一种是线性多糖，称为直链淀粉；另一种是高支链多糖，称为支链淀粉。

(1)淀粉的结构

淀粉是多糖中最重要的一种物质。它在自然界中广泛地存在。组成淀粉的单糖是葡萄糖。在酸性溶液中用麦芽糖酶来水解淀粉可得出一系列的物质:淀粉→各种糊精→麦芽糖→α-D-(+)-葡萄糖。淀粉按化学结构可分为直链淀粉和支链淀粉,它们都是以糖苷键相结合。直链淀粉是以α-1,4糖苷键结合的方式相结合,如图3-25所示。

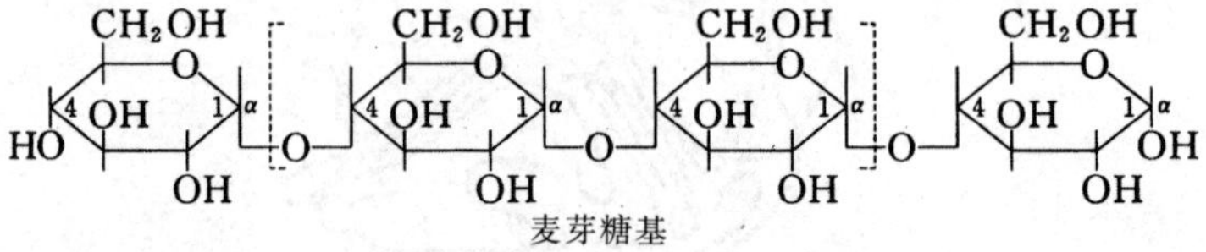

麦芽糖基

图3-25　直链淀粉的结构(α-1,4糖苷键)的一部分

支链淀粉的分子比较复杂。它的结构特点是除α-C(1)-C(4)键外(1,4结合),还有α-C(1)-C(6)键(1,6结合),如图3-26所示。

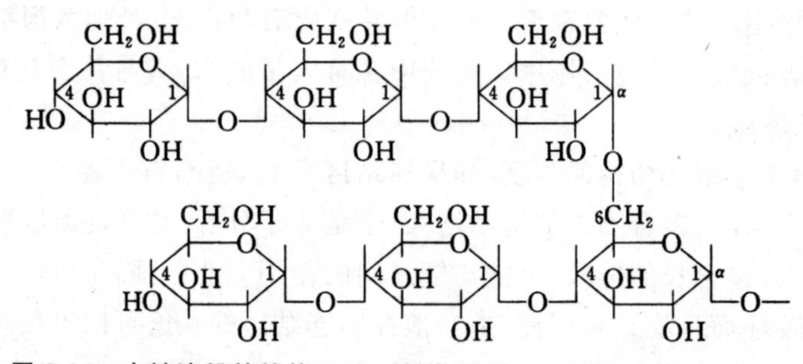

图3-26　支链淀粉的结构(α-1,4糖苷键和α-1,6糖苷键)的一部分

淀粉具有独特的化学与物理性质以及营养功能。淀粉和淀粉的水解产品是人类膳食中可消化的碳水化合物,它为人类提供营养和热量,而且价格低廉。淀粉存在于谷物、面粉、水果和蔬菜中,淀粉消耗量远远超过所有其他的食品亲水胶体。商品淀粉是从谷物(如玉米、小麦、米)以及块根类(如马铃薯、甘薯以及木薯等)制得的。淀粉与改性淀粉在食品工业中应用极为广泛,可作为黏着剂、混浊剂、成膜剂、稳泡剂、保鲜剂、胶凝剂、持水剂以及增稠剂等。

(2)淀粉的糊化

淀粉在常温下不溶于水,但当水温升至53℃以上时,淀粉的物理性能发生明显变化。淀粉在高温下溶胀、分裂形成均匀糊状溶液的现象称为淀粉的糊化。

生淀粉在水中加热至胶束结构全部崩溃,淀粉分子形成单分子,并为水所包围而成为溶液状态。由于淀粉分子是链状甚至分支状,彼此牵扯,结果形成具有黏性的糊状溶液。淀粉糊化必须达到一定的温度,不同淀粉的糊化温度不一样,同一种淀粉,颗粒大小不一样,糊化温度也不一样,颗粒大的先糊化,颗粒小的后糊化。

还可用酶法糊化。例如,双酶法水解淀粉制淀粉糖浆,是以α-淀粉酶使淀粉中的α-1,4糖苷键水解生成小分子糊精,然后再用糖化酶将糊精、低聚糖中的α-1,6糖苷键和α-1,4糖苷键切断,最后生成葡萄糖。

(3)淀粉的老化

热的淀粉糊冷却时,常会产生黏弹性的稳定刚性凝胶,凝胶中连接区的形成表明淀粉分子开始结晶,并失去溶解性。淀粉糊冷却或储藏时,淀粉分子通过氢键相互作用的再缔合产生沉淀或不溶解的现象称为淀粉的老化,俗称"淀粉的返生"。老化是糊化的逆过程,老化过程的实质是:在糊化过程中,已经溶解膨胀的淀粉分子重新排列组合,形成一种类似天然淀粉结构的物质。值得注意的是:淀粉老化的过程是不可逆的,比如生米煮成熟饭后,不可能再恢复成原来的生米。老化后的淀粉,不仅口感变差,消化吸收率也随之降低。

淀粉的老化首先与淀粉的组成密切相关,含直链淀粉多的淀粉易老化,不易糊化;含支链淀粉多的淀粉易糊化不易老化。玉米淀粉、小麦淀粉易老化,糯米淀粉老化速度缓慢。

食物中淀粉含水量为30%～60%时易老化;含水量小于10%时不易老化。面包含水30%～40%,馒头含水44%,米饭含水60%～70%,它们的含水量都在淀粉易发生老化反应的范围内,冷却后容易发生返生现象。淀粉老化的速度也与食物的储存温度有关,一般淀粉变性老化最适宜的温度是2℃～10℃,储存温度高于60℃或低于-20℃时都不会发生淀粉的老化现象。

(4)淀粉的水解

淀粉同其他多糖分子一样,其糖苷键在酸的催化下受热而水解,糖苷键水解是随机的。淀粉分子用酸进行轻度水解,只有少量的糖苷键被水解,这个过程即为变稀,产物也称为酸改性淀粉或变稀淀粉。酸改性淀粉提高了所形成凝胶的透明度,并增加了凝胶强度。它有多种用途,可作为成膜剂和黏结剂。在食品加工中,由于它们具有较好的成膜性和黏结性,通常用作焙烤果仁和糖果的涂层、风味保护剂或风味物质微胶囊化的壁材和微乳化的保护剂。

目前淀粉水解的方法有酸水解法、酶水解法和酸酶水解法。工业上利用此反应生产淀粉糖浆。淀粉水解的程度通常用DE值表示,DE值是指还原糖所占干物质的百分数。DE<20的产品为麦芽糊精,DE值在20～60的为淀粉糖浆。

2. 纤维素和半纤维素

(1)纤维素

纤维素是由葡萄糖组成的大分子多糖,不溶于水及一般有机溶剂,是植物细胞壁的主要成分。纤维素是自然界中分布最广、含量最多的一种多糖,占植物界碳含量的50%以上。棉花的纤维素含量接近100%,为最纯的天然纤维素来源。一般木材中,纤维素占40%～50%,还有10%～30%的半纤维素和20%～30%的木质素。此外,麻、麦秆、稻草、甘蔗渣等,都是纤维素的丰富来源。纤维素是重要的造纸原料。此外,以纤维素为原料的产品也广泛用于塑料、炸药、电工及科研器材等方面。食物中的纤维素(即膳食纤维)对人体的健康也有着重要的作用。

纤维素不溶于水和乙醇、乙醚等有机溶剂,能溶于铜氨$[Cu(NH_3)_4(OH)_2]$溶液和铜乙二胺$\{[NH_2CH_2CH_2NH_2]Cu(OH)_2\}$溶液等。水可使纤维素发生有限溶胀,某些酸、碱和盐的水溶液可渗入纤维结晶区,产生无限溶胀,使纤维素溶解。纤维素加热到约150℃时不发生显著变化,超过这温度会由于脱水而逐渐焦化。纤维素与较浓的无机酸起水解作用生成葡萄糖等,与较浓的苛性碱溶液作用生成碱纤维素,与强氧化剂作用生成氧化纤维素。

(2)半纤维素

半纤维素是由几种不同类型的单糖构成的异质多聚体,这些糖是五碳糖和六碳糖,包括木糖、阿拉伯糖、甘露糖和半乳糖等。半纤维素木聚糖在木质组织中占总量的50%,它结合在纤维素微纤维的表面,并且相互连接,这些纤维构成了坚硬的细胞相互连接的网络。

半纤维素具有亲水性能，这将造成细胞壁的润胀，可赋予纤维弹性。

3. 果胶

果胶是一组聚半乳糖醛酸。它具有水溶性，其相对分子质量为5万～30万。在适宜条件下，其溶液能形成凝胶和部分发生甲氧基化（甲酯化，也就是形成甲醇酯），其主要成分是部分甲酯化的α-1,4-D-聚半乳糖醛酸。残留的羧基单元以游离酸的形式存在或形成钾、钠和钙等盐。

果胶存在于植物的细胞壁和细胞内层，为内部细胞的支撑物质。不同的蔬菜、水果口感有区别，主要是由它们含有的果胶含量及果胶分子的差异决定的。柑橘、柠檬、柚子等果皮中约含30%果胶，是果胶的最丰富来源。

按果胶的组成，可有同质多糖和杂多糖两种类型：同质多糖型果胶如D-半乳聚糖、L-阿拉伯聚糖和D-半乳糖醛酸聚糖等；杂多糖果胶最常见，是由半乳糖醛酸聚糖、半乳聚糖和阿拉伯聚糖以不同比例组成，通常称为果胶酸。不同来源的果胶，其比例也各有差异。部分甲酯化的果胶酸称为果胶酯酸。天然果胶中20%～60%的羧基被酯化，相对分子质量为2万～4万。果胶的粗品为略带黄色的白色粉状物，溶于20份水中，形成黏稠的无味溶液，带负电。

果胶是一种天然高分子化合物，具有良好的胶凝化和乳化稳定作用，已广泛用于食品、医药、日化及纺织行业。适量的果胶能使冰淇淋、果酱和果汁凝胶化。

柚果皮富含果胶，其含量达6%左右，是制取果胶的理想原料。

4. 微生物多糖

微生物多糖是由微生物合成的食用胶，例如葡聚糖和黄原胶。葡聚糖是由α-D-吡喃葡萄糖单位构成的多糖，各种葡聚糖的糖苷键和数量都不相同。葡聚糖可提高糖果的保湿性、黏度，在口香糖和软糖中作为胶凝剂，并可防止糖结晶，在冰淇淋中抑制冰晶的形成，对布丁混合物可提供适宜的黏性和口感。

3.5 糖类在食品加工和贮藏中的变化

食品褐变是食品中比较普遍的一种变色现象，尤其是天然食品在进行加工或贮存，或受到机械损伤时，都会使食品变褐或较原来的色泽变黑。食品褐变反应分为酶促褐变和非酶促褐变两种。酶促褐变是多酚氧化酶催化酚类和氧之间的反应，这是苹果、香蕉、梨及桃子在去皮后，暴露在空气中所发生的普通褐变现象，这种反应与糖类化合物无关。非酶促褐变反应是不需要酶作为催化剂就可以进行的褐变，是食品中常见的一类重要反应，它包括美拉德反应和焦糖化。

3.5.1 美拉德反应

美拉德反应（maillard reaction）是化合物中羰基与氨基的缩合、聚合反应，所以又称为羰氨反应，反应生成类黑色素的化合物引起食品颜色变化。美拉德反应必须有极少量氨基化合物存在（通常是氨基酸、肽、蛋白质）、还原糖和少量水作为反应物。由于此反应最初是由法国化学家美拉德（Maillard，L. C.）于1912年发现的，故以他的名字命名。美拉德反应的产物是棕色可溶和不可溶的高聚物，所以该反应又称为“褐变反应”。几乎所有的食品均含有羰基(来源于糖或油脂氧化酸败产生的醛和酮)和氨基(来源于蛋白质)，因此都可能发生羰氨反应，故在食品加工中由羰氨反应引起食品颜色加深的现象比较普遍。如焙烤面包产生的金黄色，烤肉所产生的棕红色，熏干产生的棕褐色，松花皮蛋蛋清的茶褐色，啤酒的黄褐色，酱油和陈醋的黑褐色等均与其有关。

美拉德反应过程可分为初期、中期、末期 3 个阶段，每一个阶段又包括若干个反应。

1. *初期阶段*

初期阶段包括羰氨缩合和分子重排两种作用。美拉德反应开始于一个非解离氨基(如赖氨酸 ε-NH_2 或 N 端的 NH_2)和一个还原糖的缩合。

羰氨缩合：羰氨反应的第一步是氨基化合物中的游离氨基与羰基化合物的游离羧基之间的缩合反应，然后脱去一分子水生成一个不稳定的亚胺衍生物，称为薛夫碱(schiff's base)，此产物随即环化为 N-葡萄糖基胺，如图 3-27 所示。

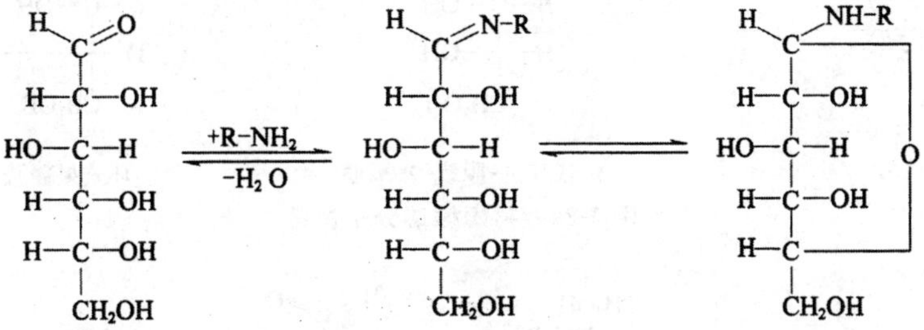

+R-NH_2　-H_2O

薛夫碱　　N-葡萄糖基胺

图 3-27　羰氨缩合反应

羰氨缩合反应是可逆的，在稀酸条件下，该反应产物极易水解。羰氨缩合反应过程中由于游离氨基的逐渐减少，使反应体系的 pH 下降，所以在碱性条件下有利于羰氨反应。反应体系中，如果有亚硫酸根存在，亚硫酸根可与醛基发生加成反应，产物可以和 R—NH_2 缩合，缩合产物不能再进一步生成薛夫碱和 N-葡萄糖基胺(图 3-28)。

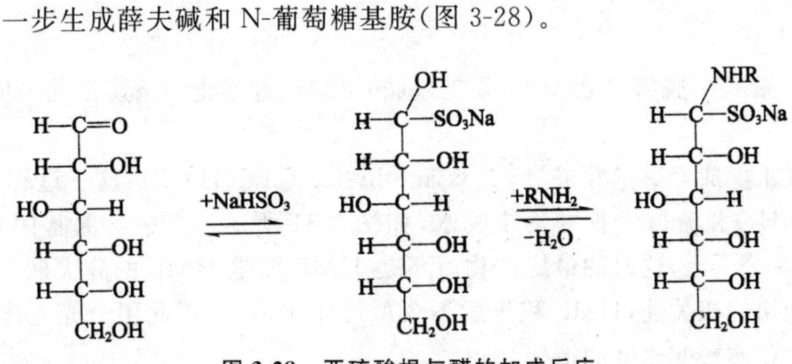

+$NaHSO_3$　+RNH_2　-H_2O

图 3-28　亚硫酸根与醛的加成反应

分子重排：N-葡萄糖基胺在酸的催化下经过阿姆德瑞(Amadori)分子重排作用(图 3-29)，生成氨基脱氧酮糖即单果糖胺；此外，酮糖也可与氨基化合物生成酮糖基胺，而酮糖基胺可经过海因斯(Heyenes)分子重排作用(图 3-30)异构成 2-氨基-2-脱氧葡萄糖。

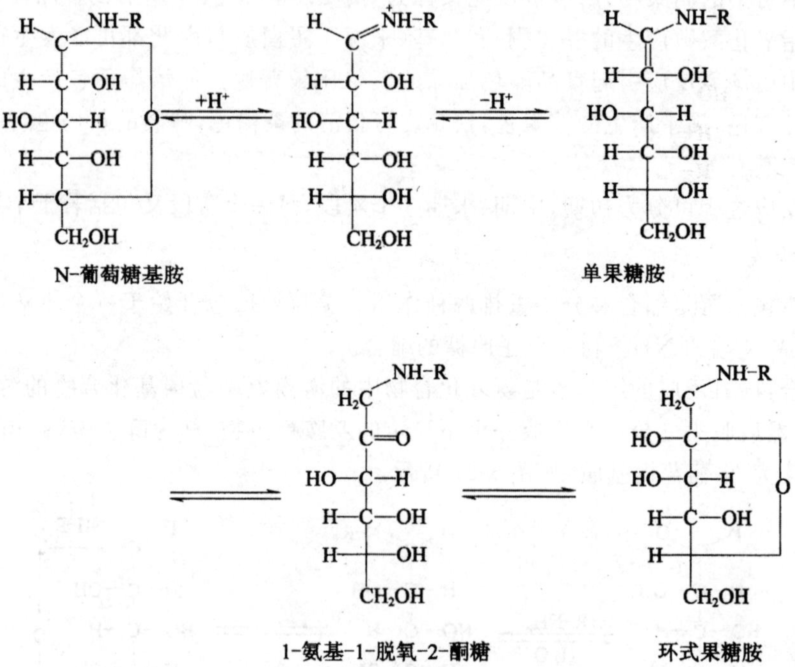

N-葡萄糖基胺　　单果糖胺

1-氨基-1-脱氧-2-酮糖　　环式果糖胺

图 3-29　阿姆德瑞分子重排

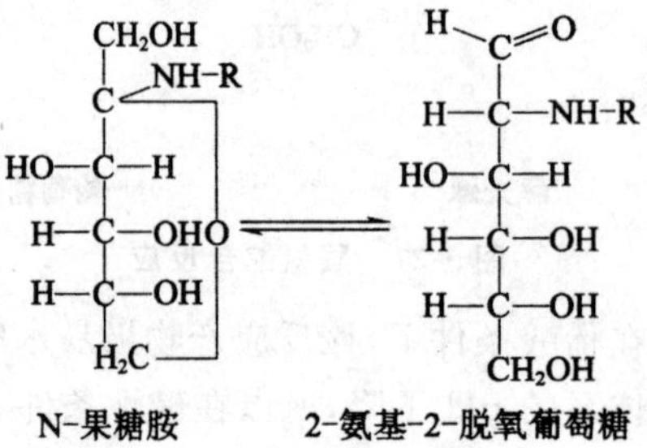

N-果糖胺　　2-氨基-2-脱氧葡萄糖

图 3-30　海因斯分子重排

2. 中期阶段

重排产物 1-氨基-1-脱氧-2-己酮糖(果糖基胺)可能经过不止一条途径进一步降解,生成各种羰基化合物。

果糖基胺脱水生成羟甲基糠醛(hydroxymethylfur fural,HMF):这一过程的总结果是脱去胺残基($R—NH_2$)和糖衍生物的逐步脱水,如图 3-31 所示。其中含氮基团并不一定被消去,它可以保留在分子上,这时的最终产物就不是 HMF 而是 HMF 的薛夫碱。HMF 的积累与褐变速度有密切的相关性,HMF 积累后不久就可发生褐变,因此用分光光度计测定 HMF 积累情况可作为预测褐变速度的指标。

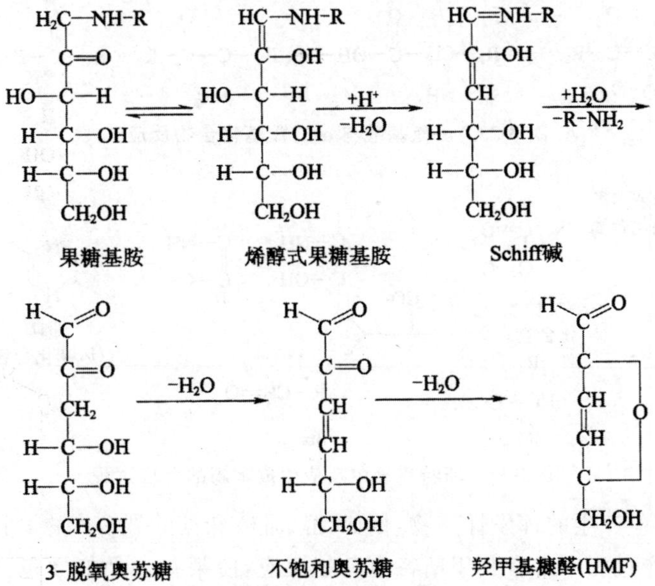

果糖基胺　烯醇式果糖基胺　Schiff碱

3-脱氧奥苏糖　不饱和奥苏糖　羟甲基糠醛(HMF)

图 3-31　果糖基胺脱水生成羟甲基糠醛的反应

果糖基胺脱去胺残基重排生成还原酮：上述反应历程中包括阿姆德瑞分子重排的 1,2-烯醇化作用。此外，还有一条途径是经过 2,3-烯醇化最后生成还原酮类（reductones）化合物。由果糖基胺生成还原酮的历程如图 3-32 所示。

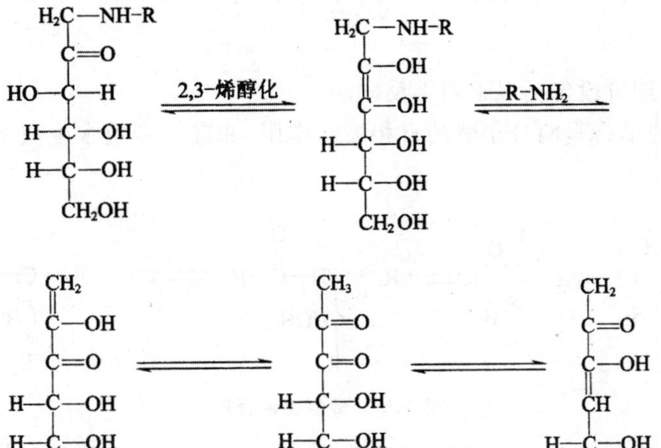

图 3-32　果糖基胺重排反应式

还原酮类是化学性质比较活泼的中间产物，它可能进一步脱水后再与胺类缩合，也可能裂解成较小的分子如二乙酰、乙酸、丙酮醛等。

斯特克勒尔（Strecker）降解反应：α-氨基酸与 α-二羰基化合物反应时，α-氨基酸氧化脱羧生成比原来氨基酸少二个碳原子的醛（图 3-33），胺基与二羰基化合物结合并缩合成吡嗪，进一步形成褐色色素；此外，还可降解生成较小分子的双乙酰、乙酸、丙酮醛等。斯特克勒尔反应生成吡嗪的反应过程如图 3-34 所示。

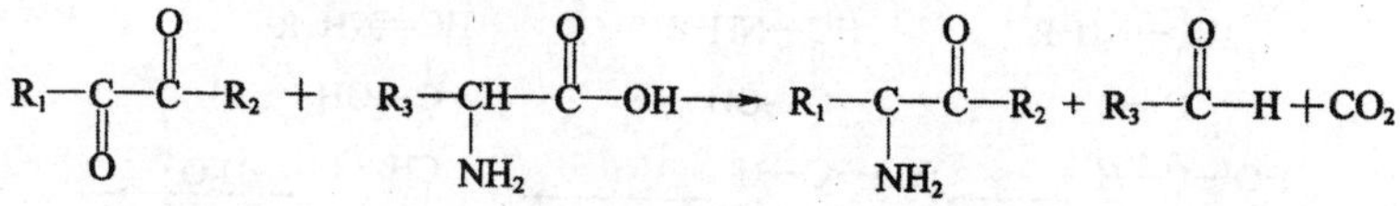

$$R_1-\overset{O}{\overset{\|}{C}}-\overset{O}{\overset{\|}{C}}-R_2 + R_3-\underset{NH_2}{\underset{|}{CH}}-\overset{O}{\overset{\|}{C}}-OH \longrightarrow R_1-\underset{NH_2}{\underset{|}{CH}}-\overset{O}{\overset{\|}{C}}-R_2 + R_3-\overset{O}{\overset{\|}{C}}-H + CO_2$$

图 3-33 α-氨基酸与 α-二羰基化合物反应式

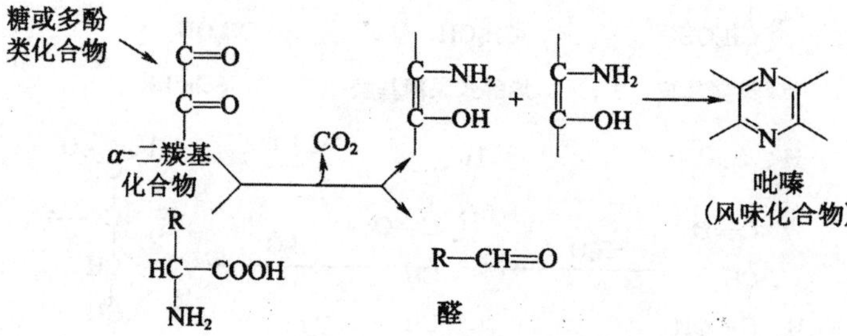

图 3-34 斯特克勒尔反应生成吡嗪的反应过程

斯特克勒尔反应产生的挥发性产物，例如，醛、吡嗪和糖的裂解产物，可以使食品具有香气和风味，在食品生产过程中常常利用斯特克勒尔反应，使某些食品如面包、蜂蜜、枫糖浆、巧克力等产品具有特殊的风味。

美拉德发现在褐变反应中有二氧化碳放出，食品在贮存过程中会自发放出二氧化碳的现象也早有报道。通过同位素示踪法已证明，在羰氨反应中产生的二氧化碳中 90%～100%来自氨基酸残基而不是来自糖残基部分。所以，斯特勒克反应在褐变反应体系中即使不是唯一的，也是主要的产生二氧化碳的来源。

3. 末期阶段

羰氨反应的末期阶段包括以下两类反应。

醇醛缩合：醇醛缩合是两分子醛的自相缩合作用，并进一步脱水生成不饱和醛的过程，如图 3-35 所示。

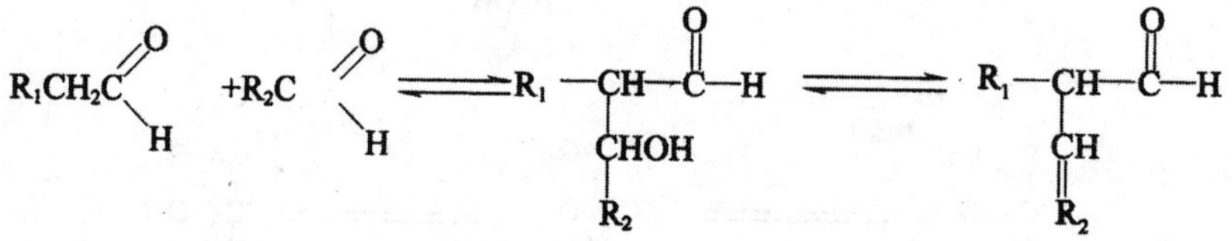

$$R_1CH_2CHO + R_2CHO \rightleftharpoons R_1-\underset{\underset{R_2}{|}}{\underset{CHOH}{\underset{|}{CH}}}-\overset{O}{\overset{\|}{C}}-H \rightleftharpoons R_1-\underset{\underset{R_2}{\|}}{\underset{CH}{\underset{|}{C}}}-\overset{O}{\overset{\|}{C}}-H$$

图 3-35 醇醛缩合反应

生成黑色素的聚合反应：该反应是经过中期反应后，产物中有糠醛及其衍生物、二羰基化合物、还原酮类、由斯特勒克降解和糖裂解所产生的醛等。其中多羰基不饱和衍生物（如二羰基化合物和还原酮）一方面进行裂解反应，产生挥发性化合物，另一方面又进行缩合、聚合反应，产生褐黑色的类黑精，从而完成整个美拉德反应。

3.5.2 焦糖化反应

1. 焦糖化反应的定义

焦糖化反应，又称卡拉蜜尔作用，是糖类尤其是单糖在没有氨基化合物存在的情况下，将糖和糖浆直接加热熔融，在温度超过 100℃时随着糖的分解变化，糖会变成黑褐色的焦糖，即发生了复杂的焦糖化反应。焦糖化反应在酸、碱条件下均可进行，但速度不同，如在 pH 为 8 时要比 pH 为 5.9 时快 10 倍。糖在强热的情况下生成两类物质：一类是糖的脱水产物，即焦糖或酱色；另一类是裂解产物，即一些挥发性的醛、酮类物质，它们进一步缩合、聚合最终形成深色物质。因此，焦糖化反应包括糖脱水和糖裂解两方面产生的深色物质。

2. 焦糖化反应在食品加工中的应用

与美拉德反应类似，对于某些食品如焙烤、油炸食品，焦糖化作用运用得当，可使产品得到悦人的色泽与风味。

利用糖的焦糖化反应产生的焦糖色可作为食品色素被用于食品工业。焦糖色素生产所采用的原料一般为蔗糖、葡萄糖、麦芽糖或糖蜜。高温和弱碱性条件可提高焦糖化反应速度，得到焦糖色素。

常见的有三种商品化焦糖色素：第一种是由亚硫酸氢铵催化产生的耐酸焦糖色素，可用于碳酸饮料、烘焙食品、糖浆、糖果以及调味料中，这种色素的溶液是酸性的（pH 为 2～4.5），它含有带负电荷的胶体粒子；第二种是由蔗糖直接热解产生红棕色并含有带负电荷的胶体粒子的焦糖色素，其水溶液的 pH 为 3～4，应用于啤酒和其他含醇饮料中；第三种是将糖与铵盐加热，产生红棕色并含有带正电荷的胶体粒子的焦糖色素，其水溶液的 pH 为 4.2～4.8，应用于焙烤食品、糖浆及布丁等。

3.6　食品多糖加工化学

3.6.1　变性淀粉

1. 改性淀粉

为了适应各种使用的需要，需将天然的淀粉经化学处理或酶处理，使淀粉原有的物理性质发生一定的变化，如水溶性、黏度、色泽、味道、流动性等。这种经过处理的淀粉总称为改性淀粉（modified starch）。改性淀粉的种类很多，如可溶性淀粉、漂白淀粉、交联淀粉、氧化淀粉、酯化淀粉、醚化淀粉、磷酸淀粉等。

2. 可溶性淀粉

可溶性淀粉（soluble starch）是经过轻度酸或碱处理的淀粉，其淀粉溶液在较高温度时具有良好的流动性，冷凝时能形成坚柔的凝胶。α-淀粉则是由物理处理方法生成的可溶性淀粉。

生产可溶性淀粉的方法一般是在 25℃～35℃温度下，用盐酸或硫酸作用于 40%的玉米淀粉浆，处理的时间可由黏度降低决定，约为 6～24h，用纯碱或者稀 NaOH 中和水解混合物，再经过过滤和干燥即得到可溶性淀粉。

可溶性淀粉可用于制作胶姆糖和糖果。

3. 酯化淀粉

酯化淀粉（esterized starch）：淀粉的糖基单体含有 3 个游离羟基，能与酸或酸酐形成酯，取代度（degree of substitution，DS）能从 0 变化到最大值 3。常见的有醋酸淀粉、硝酸淀粉和磷酸淀粉。

工业上用醋酸酐或乙酰氯在碱性条件下作用于淀粉乳制备淀粉醋酸酯，基本上不发生降解作用。低取代度的淀粉醋酸酯(取代度小于0.2，乙酰基小于5%)凝沉性弱、稳定性高，用醋酸酐和吡啶在100℃进行酯化获得。三醋酸酯含乙酰基44.8%，能溶于醋酸、氯仿和其他氯烷烃溶剂，其氯仿溶液常用于测定黏度、渗透压力、旋光度等。

利用CS_2作用于淀粉得黄原酸酯，用于除去工业废水中的铜、铬、锌和其他许多重金属离子，效果很好。为使产品不溶于水，使用高度交联淀粉为原料制备。

硝酸淀粉为工业上生产很早的淀粉酯衍生物，用于炸药。用N_2O_5在含有NaF的氯仿液中氧化淀粉能得到完全取代的硝酸淀粉，可用于测定分子量。

磷酸为3价酸，与淀粉作用生成的酯衍生物有磷酸一酯、磷酸二酯和磷酸三酯。用正磷酸钠和三聚磷酸钠($Na_5P_3O_{10}$)进行酯化，得磷酸淀粉一酯。磷酸淀粉一酯糊具有较高的黏度、透明度、胶黏性。用具有多官能团的磷化物如三氯氧磷($POCl_3$)进行酯化可得一酯和交联的二酯、三酯混合物。二酯和三酯称为磷酸多酯。因为淀粉分子的不同部分被羟酯键交联起来，淀粉颗粒的膨胀受到抑制，糊化困难，黏度和黏度稳定性均提高。酯化程度低的磷酸淀粉可改善某些食品的冻结-解冻性能，降低冻结-解冻过程中水分的离析。

4. 醚化淀粉

醚化淀粉(etherized starch)：淀粉糖基单体上的游离羟基可被醚化而得醚化淀粉。甲基醚化为研究淀粉结构的常用方法，用二甲硫酸和NaOH或AgI和Ag_2O制备醚，游离羟基被甲基取代，水解后根据所得甲基糖的结构确定淀粉分子中葡萄糖单位间联结的糖苷键。工业生产一般用前法，特别是制备低取代度的甲基醚。制备高取代度的甲基醚则需要重复甲基化操作多次。

低取代度的甲基醚具有较低的糊化温度、较高的水溶解度和较低的凝沉性。取代度为1.0的甲基淀粉能溶于冷水，但不溶于氯仿。随着取代度再提高，水溶解度降低，氯仿溶解度升高。

颗粒状或糊化淀粉在碱性条件下易与环氧乙烷或环氧丙烷反应，生成部分取代的羟乙基或羟丙基醚衍生物。低取代度的羟乙基淀粉具有较低的糊化温度，受热膨胀较快，糊的透明度和胶黏性较高，凝沉性较弱，干燥后形成透明、柔软的薄膜。醚键对于酸、碱、温度和氧化剂的作用都很稳定。

5. 氧化淀粉

氧化淀粉(oxidized starch)：工业上应用次氯酸钠或次氯酸处理淀粉，通过氧化反应改变淀粉的胶凝性质。这种氧化淀粉的糊黏度较低，但稳定性高，较透明，颜色较白，生成薄膜的性质好。氧化淀粉在食品加工中可形成稳定溶液，适用于作分散剂或乳化剂。高碘酸或其钠盐能氧化相邻的羟基成醛基，在研究糖类的结构中有应用。

6. 交联淀粉

交联淀粉(branched starch)：淀粉能与丙烯酸、丙烯氰、丙烯酰胺、甲基丙烯酸甲酯、丁二烯、苯乙烯和其他人工合成的高分子单体起接枝反应，生成共聚物。所得共聚物有两类高分子(天然和人工合成)的性质，依接枝百分率、接枝频率和平均分子量而定。接枝百分率为接枝高分子占共聚物的质量百分率；接枝频率为接枝链之间平均葡萄糖单位数目，由接枝百分率和共聚物平均分子量计算而得。

淀粉链上连接合成高分子(CH_2 ══CHX)支链的结构不同。其性质也有所不同。若X=—COOH、—CO(CH_2)$_n$H、—N^+ R^3Cl，所得共聚物溶于水，能用作增稠剂、吸收剂、上浆料、胶黏剂和絮凝剂等；若 X=—CN、——COOR 和苯基等，则所得共聚物不溶于水，能用于树脂和塑料。

3.6.2　改性纤维素

纤维素不溶于水，对稀酸、稀碱稳定，聚合度大，化学性质稳定，可通过控制反应条件生产出多种纤维素衍生物。商品化的纤维素主要有羧甲基纤维素(carboxymethylcellulose，CMC)、甲基纤维素(MC)、乙基纤维素(EC)、甲乙基纤维素(MEC)、羟乙基纤维素(HEC)、羟丙基纤维素(HPC)、羟乙基甲基纤维素(HEMC)、羟乙基乙基纤维素(HEEC)、羟丙基甲基纤维素(HPMC)、微晶纤维素(MCC)等。纤维素衍生物常用的有羧甲基纤维素、甲基纤维素和微晶纤维素。

1. 羧甲基纤维素钠

羧甲基纤维素钠(sodium carboxylmethylcellulose，CMC-Na)：利用氢氧化钠-氯乙酸处理纤维素，就可得到 CMC-Na。经过改性，分子上带上负电荷的羧甲基，因此性质变得很像亲水性多糖胶。CMC 是食品界中使用最为广泛的改性纤维素，取代度为 0.7～1.0 时易溶于水，形成无色无味的黏液，溶液为非牛顿液体，黏度随温度升高而降低。溶液在 pH 值 5～10 时稳定，在 pH 值 7～9 时有最高的稳定性。在有 2 价金属离子存在的情况下，溶解度降低，形成不透明的液体分散体系，3 价阳离子存在下能产生凝胶沉淀。CMC-Na 水溶液的黏度也受 pH 值影响。当 p H 值为 7 时，黏度最大；通常 pH 值为 4～11 较合适；而 pH 值在 3 以下，则易生成游离酸沉淀，其耐盐性较差。但因其与某些蛋白质发生胶溶作用，生成稳定的复合物，从而扩展蛋白质溶液的 pH 值范围。此外，现已有耐酸耐盐的产品。

CMC-Na 在食品工业中应用广泛。我国规定本品可用于速煮面和罐头中，最大用量为 5.0g/kg；用于果汁牛乳，最大用量为 1.2g/kg；用于冰棒、雪糕、冰淇淋、糕点、饼干、果冻、膨化食品，可按正常生产需要使用。

在果酱、番茄酱或乳酪中添加 CMC-Na，不仅增加黏度，而且可增加固形物的含量，还可使其组织柔软细腻。在面包和蛋糕中添加 CMC-Na，可增加其保水作用，防止老化。在方便面中添加 CMC-Na，较易控制水分，而且可减少面条的吸油量，还可增加面条的光泽，一般用量为 0.36%。在酱油中添加 CMC-Na，可以调节酱油的黏度，使酱油具有滑润口感。CMC-Na 对于冰淇淋的作用类似于海藻酸钠，但 CMC-Na 价格低廉，溶解性好，保水作用也较强，所以 CMC-Na 常与其他乳化剂并用，以降低成本，而且 CMC-Na 与海藻酸钠并用有相乘作用，通常 CMC-Na 与海藻酯钠混用时的用量为 0.3%～0.5%，单独使用时用量为 0.5%～1.0%。

2. 甲基纤维素

甲基纤维素(methylcellulose，MC)：使用氢氧化钠和一氯甲烷处理纤维素，就可得到 MC，这种改性属于醚化。食用 MC 的取代度约 1.5 左右，取代度为 1.69～1.92 的 MC 在水中有最高的溶解度，而黏度主要取决于分子的链长。

MC 除有一般亲水性多糖的性质外，比较突出和特异之处有 3 点。一是它的溶液在被加热时起初黏度下降与一般多糖相同，然后黏度很快上升并形成凝胶，凝胶冷却时又转变为溶液。这个现象是由于加热破坏了个别分子外面的水层而造成聚合物间疏水键增加的缘故。电解质(如氯化钠)和非电解质(如蔗糖或山梨醇)可降低形成凝胶的温度，也许是因为它们争夺水的缘故。二是 MC 本身是一种优良的乳化剂，而大多数多糖胶仅是乳化剂或稳定剂。三是 MC 在一般的食用多糖中有最优的成膜性。

3. 羟乙基纤维素

羟乙基纤维素(hydroxyethylcellulose，HEC)是一种水溶性纤维素醚，是用相当数量的羟乙基醚支链代替原纤维素分子中的羟基生成的产品。HEC 是白色粉末状固体。不同级别的 HEC 产品分子量不同，黏度也不一样，可按纯度或摩尔取代度(MS)分为若干等级。所有出售的不同级别的 HEC 产品均溶于热水和冷水，并形成完全溶解的透明、无色溶液。这种溶液可以冷冻后融化，或加热至沸腾后冷却，均不发生胶凝作用或沉淀现象。HEC 溶于少数有机溶剂，具有成膜性。HEC 水溶液可以与阿拉伯胶、瓜尔豆胶、黄原胶、甲基纤维素、海藻酸钠等联合使用。HEC 常用作改性剂和添加剂。HEC 在整个配方中一般占很小的比例，但却可以对产品性质产生明显的影响。HEC 在低浓度时有增稠作用；对分散体系有稳定的作用；有良好的抗油脂性和优良的胶黏性、可渗透性等；有良好的保水力。HEC 广泛应用于各种型号的乳胶漆中。

4. 微晶纤维素

利用稀酸长时间水解纤维素，纤维素中无定形区的糖苷键被打断，保留的结晶区即微晶纤维素(microcrystalline cellulose，MCC)。它不溶于酸，直径约为 0.2μm。纤维素分子是由 3000 个 β-D-吡喃葡萄糖基单位组成的直链分子，非常容易缔合，具有长的接合区。但是长而窄的分子链不能完全排成一行，结晶区的末端是纤维素链的交叉，不再是有序排列，而是随机排列。当纯木浆用酸水解时，酸穿透密度较低的无定形区，使这些区域中的分子链水解断裂。得到单个穗状的分子链具有较大的运动自由度，因而分子可以定向，使结晶长得越来越大。

已制得的两种 MCC 都是耐热和耐酸的。第一种 MCC 为粉末，是喷雾干燥产品，喷雾干燥使微晶聚集体附聚，形成多孔的类海绵状结构。微晶纤维素粉末主要用于风味载体，以及作为干酪的抗结块剂。第二种 MCC 为胶体，它能分散在水中，具有与水溶性胶相似的功能性质。为了制造 MCC 胶体，在水解后施加很大的机械能将结合较弱的微晶纤维拉开，使主要部分成为胶体颗粒大小的聚集体。为了阻止干燥期间聚集体重新结合，加入羧甲基纤维素给 MCC 提供稳定的带负电的颗粒，因此将 MCC 隔开，防止 MCC 重新缔合，有助于重新分散。

MCC 胶体主要的功能为：特别在高温加工过程中能稳定泡沫和乳状液；形成似油膏质构的凝胶；提高果胶和淀粉凝胶的耐热性；提高黏附力；替代脂肪和控制冰晶生长。MCC 所以能稳定乳状液与泡沫，是由于 MCC 吸附在界面上并加固了界面膜，因此 MCC 是低脂冰淇淋和其他冷冻甜食产品的常用配料。

第4章　食品中的脂质

4.1　概述

4.1.1　脂类的定义与分类

脂类化合物(又称脂质)是生物体内一大类不溶于水而溶于有机溶剂(如氯仿、乙醚、丙酮、苯等)的化合物。所有的脂类化合物都由生物体产生并能为生物体所利用。在化学结构上,脂类化合物是脂肪酸与醇类所形成的化合物及其衍生物、萜类、类固醇类及其衍生物的总称。根据其结构特点,脂类化合物可分为五类,如表4-1所示。

表4-1　脂类化合物的分类

类别		组成	举例
单纯脂类(简单脂类):由脂肪酸和醇所形成的酯	油脂(脂肪)	脂肪酸与甘油所成的酯	花生油、大豆油、猪脂等
	蜡	脂肪酸与高级一元醇所成的酯	蜂蜡、羊毛蜡等
复合脂类		由脂肪酸、醇和其他物质所成的酯	卵磷脂(由脂肪酸、甘油、磷酸和胆碱组成)
萜类、类固醇类及其衍生物		此类化合物一般不含脂肪酸,都是非皂化性物质	胆固醇、麦角固醇等
衍生脂类		上述脂类物质的水解产物	甘油、脂肪酸等
结合脂类		由脂类物质和其他物质(如糖、蛋白质等)结合而成的化合物	糖脂、脂蛋白等

食用油脂是生物体中最重要的一类脂类化合物。人们日常食用的动物油脂(如猪油、牛羊油脂、奶油等)和植物油(如菜油、豆油、芝麻油、花生油、茶油、棉子油等)等都属于食用油脂。一方面,食用油脂为人体提供热量(1g油脂含热量38kJ)和必需脂肪酸,具有重要营养价值;另一方面,食用油脂是食品加工(如焙烤食品)的重要原料,它能使食品具有润滑的口感、光润的外观以及香酥的风味,对改善食品的口味具有重要的作用。

4.1.2 脂质的结构和组成

1. 脂肪酸的结构和命名

(1)脂肪酸的结构

饱和脂肪酸:天然食用油脂中的饱和脂肪酸(saturated fatty acid)主要是长链(碳数>14)、直链、具有偶数碳原子的脂肪酸,但在乳脂中也含有一定数量的短链脂肪酸,而奇数碳原子及支链的饱和脂肪酸则很少见。

不饱和脂肪酸:天然食用油脂中的不饱和脂肪酸(unsaturated fatty acid)常含有一个或多个烯丙基($—CH═CH—CH_2—$)结构,两个双键之间夹有一个亚甲基(共轭双键)。双键多为顺式,在油脂加工和贮藏过程中部分双键会转变为反式,目前研究多认为这种形式的不饱和脂肪酸对人体无营养。人体内不能合成亚油酸和α-亚麻酸,但它们具有特殊的生理作用,属必需脂肪酸,其最好来源是植物油。

(2)脂肪酸的命名

1)系统命名法。选择含羧基的最长的碳链为主链,根据其碳原子数命名为某酸,若是含两个羧基的酸,选择含两个羧基最长的碳链为主链。

主链的碳原子编号从羧基碳原子开始,顺次编为1、2、3、…也可以用甲、乙、丙、丁……表示。

主链碳原子编号除上法外,也常用希腊字母把原子的位置定位为α、β、γ、…以此表示碳原子的位置。

若含双键(叁键),则选择含羧基和双键(叁键)的最长碳链为主链,命名为某烯(炔)酸,并把双键(叁键)的位置写在某烯(炔)酸前面。如下面所示:

$$CH_3(CH_2)_7CH═CH(CH_2)_7COOH \quad \text{9-十八碳一烯酸}$$

2)数字命名法。$n:m$命名法:以脂肪酸碳原子数(n)和双键数(m)对其进行命名。

如$n:m$为18:1即指十八碳一烯酸。有时还需标出双键的顺反结构及位置,c表示顺式,t表示反式。位置可以从羧基端编号,如$5t,9c$-18:2;也可从甲基端开始编号,记作ω数字或n-数字,该数字为编号最小的双键的碳原子位次,此法仅用于顺式双键结构和五碳双烯结构,即具有非共轭双键结构,其他结构的脂肪酸不能用ω法或n法表示。因此,第一个双键定位后,其余双键的位置也随之而定,只需标出第一个双键碳的位置即可。

3)俗名或普通名称。许多脂肪酸最初是从某种天然产物中得到的,因此通常根据其来源命名,9-十八碳一烯酸的俗名就为油酸(18:1ω9)。其他如花生酸(20:0)、油酸(18:1)、棕榈酸(16:0)、月桂酸(12:0)、酪酸(4:0)。

4)英文缩写。9-十八碳一烯酸的英文全名为oleic acid,英文缩写名为O。

常见脂肪酸的各种命名总结见表4-2。

表 4-2 常见脂肪酸的命名

分类	分子结构式	系统命名	数字命名	俗名或普通名	英文缩写
饱和脂肪酸	$CH_3(CH_2)_2COOH$	丁酸	4：0	酪酸	B
	$CH_3(CH_2)_4COOH$	己酸	6：0	己酸	H
	$CH_3(CH_2)_6COOH$	辛酸	8：0	辛酸	Oc
	$CH_3(CH_2)_8COOH$	癸酸	10：0	癸酸	D
	$CH_3(CH_2)_{10}COOH$	十二酸	12：0	月桂酸	La
	$CH_3(CH_2)_{12}COOH$	十四酸	14：0	肉豆蔻酸	M
	$CH_3(CH_2)_{14}COOH$	十六酸	16：0	棕榈酸	P
	$CH_3(CH_2)_{16}COOH$	十八酸	18：0	硬脂酸	St
	$CH_3(CH_2)_{18}COOH$	二十酸	20：0	花生酸	Ad
不饱和脂肪酸	$CH_3(CH_2)_5CH{=}CH(CH_2)_7COOH$	9-十六碳烯酸	16:1	棕榈油酸	Po
	$CH_3(CH_2)_7CH{=}CH(CH_2)_7COOH$	9-十八碳烯酸	18:1w9	油酸	O
	$CH_3(CH_2)_4CH{=}CHCH_2CH{=}CH(CH_2)_7COOH$	9,12-十八碳二烯酸	18:2w6	亚油酸	L
	$CH_3CH_2CH{=}CHCH_2CH{=}CHCH_2CH{=}CH(CH_2)_7COOH$	9,12,15-十八碳三烯酸	18:3w3	α-亚麻酸	α-Ln
	$CH_3(CH_2)_4CH{=}CHCH_2CH{=}CHCH_2CH{=}CH(CH_2)_4COOH$	6,9,12-十八碳三烯酸	18:3w6	γ-亚麻酸	γ-Ln
	$CH_3(CH_2)_4(CH{=}CHCH_2)_4(CH_2)_2COOH$	5,8,11,14-二十碳四烯酸	20:4w6	花生四烯酸	An
	$CH_3CH_2(CH{=}CHCH_2)_5(CH_2)_2COOH$	5,8,11,14,17-二十碳五烯酸	20:5w3	二十碳五烯酸	EPA
	$CH_3(CH_2)_7CH{=}CH(CH_2)_{11}COOH$	13-二十二碳烯酸	22：1w9	芥子酸	E
	$CH_3CH_2(CH{=}CHCH_2)_6CH_2COOH$	4,7,10,13,16,19-二十二碳六烯酸	22：6w3	二十二碳六烯酸	DHA

(3)常见动植物油的脂肪酸组成

常见动物油的脂肪酸组成见表 4-3。常见植物油的脂肪酸组成见表 4-4。

表 4-3　常见动物油中脂肪酸的组成　　单位:g/100g

动物油	*n*-3 多不饱和脂肪酸的含量	*n*-6 多不饱和脂肪酸的含量	单不饱和脂肪酸的含量	饱和脂肪酸的含量
青鱼油	15	5	55～60	20～25
鲑鱼油	20～25	5～10	40	30
沙丁鱼油	25～30	5～10	30～35	30～35
鸡油	≤3	15～20	45～50	30～35
蛋黄油	≤5	10	50～55	35～40
猪油	≤3	<10	50	40
牛油	≤2	5	45～55	40～50
羊油	5	5	30～40	50～60
奶油	≤2	≤5	23～25	60～70

表 4-4　常见植物油中脂肪酸的组成　　单位:g/100g

植物油	*n*-3 多不饱和脂肪酸的含量	*n*-6 多不饱和脂肪酸的含量	单不饱和脂肪酸的含量	饱和脂肪酸的含量
菜子油	10	20	60	10
核桃油	10～15	60	15	10～15
葵花子油	0	65～70	20	10～15
玉米油	≤1	50～55	30	15～20
大豆油	10	45	25～30	15～20
橄榄油	≤1	≤4	80	15
花生油	0	40～45	35	20～25
可可油	≤1	≤4	25～35	60～70

2. 脂肪的结构和命名

(1)脂肪的结构

天然脂肪是甘油与脂肪酸酯化的一酯、二酯和三酯,分别称为一酰基甘油、二酰基甘油和三酰基甘油。食用油脂中最丰富的是三酰基甘油类,它是动物脂肪和植物油的主要组成。

中性的酰基甘油是由一分子甘油与三分子脂肪酸酯化而成,见图 4-1。

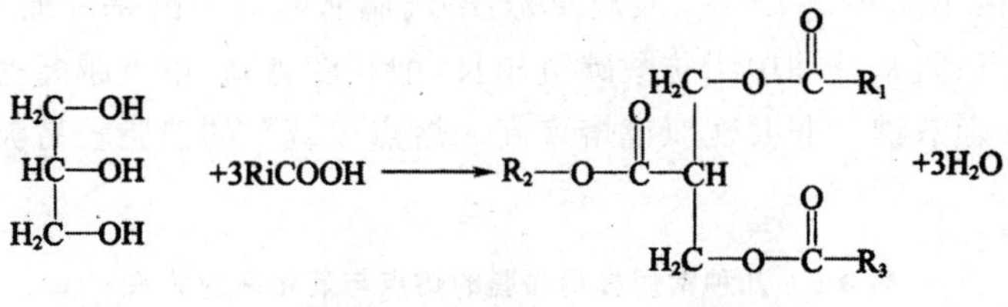

$$\begin{array}{l} H_2C-OH \\ HC-OH \\ H_2C-OH \end{array} + 3RiCOOH \longrightarrow \begin{array}{l} H_2C-O-\overset{O}{\overset{\|}{C}}-R_1 \\ R_2-O-\overset{O}{\overset{\|}{C}}-CH \\ H_2C-O-\overset{O}{\overset{\|}{C}}-R_3 \end{array} + 3H_2O$$

甘油　　脂肪酸　　三酰基甘油

图 4-1　生成酰基甘油酯的反应

如果 R_1,R_2 和 R_3 相同则称为单纯甘油酯,橄榄油中有 70%以上的三油酸甘油酯;当 R_n 不完全相同时,则称为混合甘油酯,天然油脂多为混合甘油酯。当 R_1 和 R_3 不同时,则 C_2 原子具有手性,且天然油脂多为 L 型。

(2)酰基甘油的命名

酰基甘油的命名比较常用的是立体有择位次编排体系(即 Sn-系统命名),是由赫尔斯曼提出的,可应用于合成脂肪和天然脂肪。这种命名系统规定甘油的费歇尔平面投影式中位于中间的羟基写在中心碳原子的左边,碳原子以 1-3 按自上而下的顺序编排:

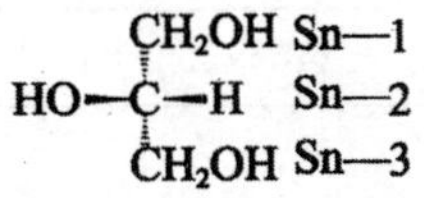

$$\begin{array}{lcl} & CH_2OH & Sn-1 \\ HO- & C-H & Sn-2 \\ & CH_2OH & Sn-3 \end{array}$$

例如,如果硬脂酸在 Sn-1 位置酯化,油酸在 Sn-2,肉豆蔻酸在 Sn-3 位置酯化,可能生成的酰基甘油是:

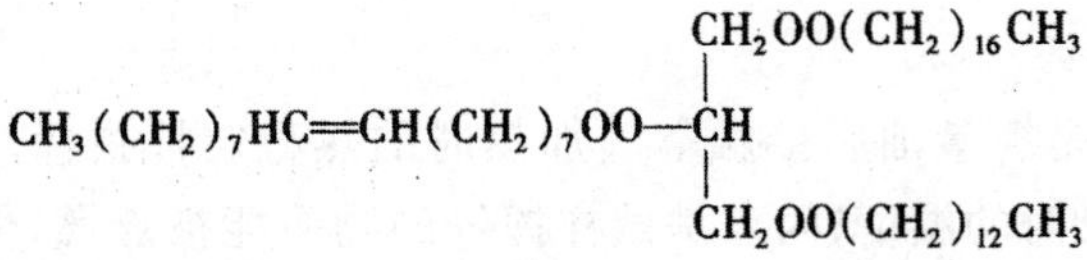

$$\begin{array}{rl} & CH_2OO(CH_2)_{16}CH_3 \\ CH_3(CH_2)_7HC=CH(CH_2)_7OO- & CH \\ & CH_2OO(CH_2)_{12}CH_3 \end{array}$$

上述甘油酯可称为:中文命名为 1-硬酯酰-2-油酰-3-肉豆蔻酰-Sn-甘油或 Sn-甘油-1-硬脂酸酯-2-油酸酯-3-肉豆蔻酸酯;英文缩写命名为 Sn-StOM;数字命名为 Sn-18∶0-18∶1-14∶0。

4.2　脂类的理化性质

4.2.1　油脂的一般物理性质

1. 气味和色泽

纯净的油脂是无色无味的,天然油脂中略带黄绿色,是由于含有一些脂溶性色素(如类胡萝卜素、叶绿素等)所致;多数油脂无挥发性,少数油脂含有短链脂肪酸,会引起臭味。油脂的气味大多是由非脂成分引起的。

2. 熔点和沸点

由于天然油脂是各种酰基甘油的混合物并且还存在着同质多晶现象,所以无敏锐的熔点和沸点,而是只有一定的温度范围。

油脂熔点最高在40℃～55℃。一般规律是：游离脂肪酸＞一酰基甘油＞二酰基甘油＞三酰基甘油油脂的熔点；酰基甘油中脂肪酸碳链越长，饱和度越高，熔点越高；脂肪酸反式结构熔点高于顺式结构；共轭双键比非共轭双键熔点高。熔点＜37℃的油脂较易被人体消化吸收，见表4-5。

表4-5　几种常用食用油脂的熔点与消化率的关系

脂肪	熔点/℃	消化率/%
大豆油	－8～－18	97.5
花生油	0～3	98.3
向日葵油	－16～19	96.5
棉籽油	3～4	98
奶油	28～36	98
猪油	36～50	94
牛脂	42～50	89
羊脂	44～55	81
人造黄油	—	87

油脂沸点一般180℃～200℃；脂肪酸碳链增长，沸点升高；碳链长度相同，饱和度不同的脂肪酸沸点相差不大。

3. 烟点、闪点、着火点

烟点、闪点、着火点是衡量油脂接触空气加热时的热稳定性指标。烟点是在不通风情况下，观察到油脂试样发烟时的温度；闪点是试样挥发的物质能被点燃，但不能维持燃烧时的温度；着火点是试样挥发的物质能被点燃，并能维持燃烧超过5s时的温度。各类油脂的烟点差异不大，精炼后的油脂烟点一般在240℃，但未精炼的油脂，特别是游离脂肪酸含量高的油脂，其烟点、闪点和着火点大大降低。

4.2.2　油脂的同质多晶现象

1. 油脂的结晶特性

通过X-射线衍射测定，当脂肪固化时，三酰基甘油分子趋向于占据固定位置，形成一个重复的、高度有序的三维晶体结构，称为空间晶格。如果把空间晶格点相连，就形成许多相互平行的晶胞，其中每一个晶胞含有所有的晶格要素。一个完整的晶体被认为是由晶胞在空间并排堆积而成。在图4-2所给出的简单空间晶格的例子中，在18个晶胞的每一个晶胞中，每个角具有1个原子或1个分子。但是，由于每个角被8个相邻的其他晶胞所共享，因此，每个晶胞中仅有1个原子（或分子），由此看出空间晶格中每个点类似于周围环境中所有其他的点。轴向比a∶b∶c以及晶轴OX，OY以及OZ间角度是恒定的常数，用于区别不同的晶格排列。

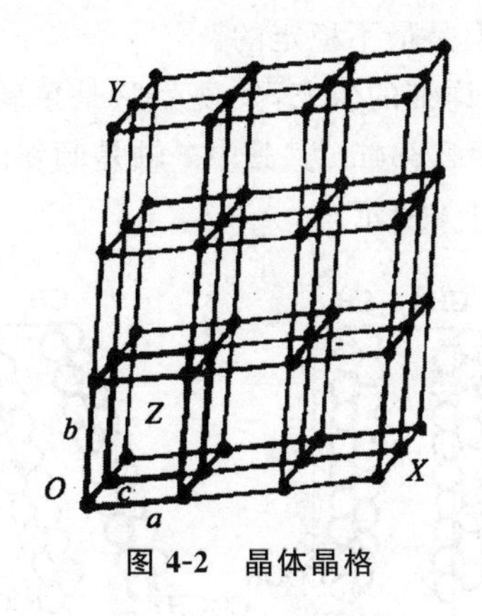

图 4-2　晶体晶格

2. 油脂的同质多晶现象

(1)同质多晶

同质多晶现象是指具有相同的化学组成但晶体结构不同的一类化合物，这类化合物在熔化时得到相同的液相。不同形态的固体晶体称为同质多晶晶体。某化合物结晶时，产生的同质多晶型物与纯度、温度、冷却速率、晶核的存在以及溶剂的类型等因素有关。

对于长链化合物，同质多晶是与烃链的不同的堆积排列或不同的倾斜角度有关，这种堆积方式可以用晶胞内沿着链轴的最小的空间重复单元——亚晶胞来描述。亚晶胞是指主晶胞内沿着链轴的最小的重复单元。如图 4-3 中脂肪酸晶体的亚晶胞晶格，每个亚晶胞含有一个乙烯基（—CH ═══CH_2—），甲基和羧基并不是亚晶胞的组成部分。

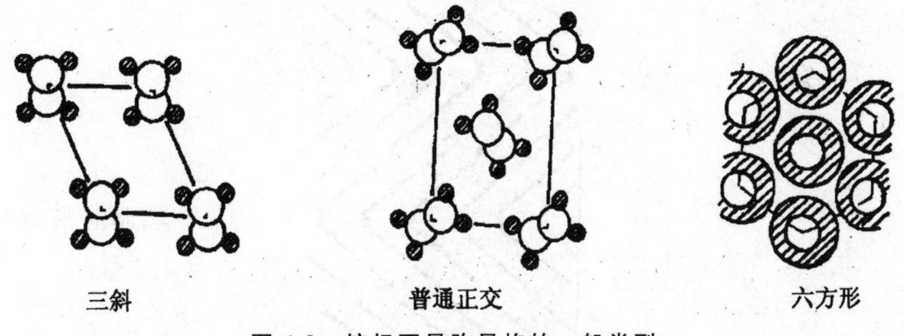

图 4-3　烷烃亚晶胞晶格的一般类型

同质多晶物质在形成结晶时可以形成多种晶型。在多数情况下，多种晶型可以同时存在，而且各种晶型之间可以相互转化。

已经知道烃类亚晶胞有 7 种堆积类型。最常见的类型如图 4-4 所示的 3 种类型。三斜堆积（T∥）常称为 β 型，其中两个亚甲基单位连在一起组成乙烯的重复单位，每个亚晶胞中有一个乙烯，所有的曲折平面都是相互平行的。在正烷烃、脂肪酸以及三酰基甘油中均存在亚晶胞堆积，同质多晶型物中 β 型最为稳定。

普通正交（O⊥）堆积也被称为 β' 型，每个亚晶胞中有两个乙烯单位，交替平面与它们相邻平面互相垂直。正石蜡、脂肪酸以及其脂肪酸酯都呈现正交堆积。β' 型具有中等程度稳定性。

六方形堆积（H）一般称为 α 型，当烃类快速冷却到刚刚低于熔点以下时往往会形成六方形堆积。分子链随时定向，并绕着它们的长垂直轴而旋转。在烃类、醇类和乙酯类中可观察到六方形堆积，同质多晶型物中 α 型是最不稳定的。

研究者对 β 型硬脂酸进行了详细的研究，发现晶胞是单斜的，含有 4 个分子，其轴向大小为 $a=0.554\text{nm}$，$b=0.738\text{nm}$，$c=4.884\text{nm}$。其中 c 轴是倾斜的，与 a 轴的夹角为 $63°38'$，这样产生的长间隔为 4.376am，如图 4-4 所示。

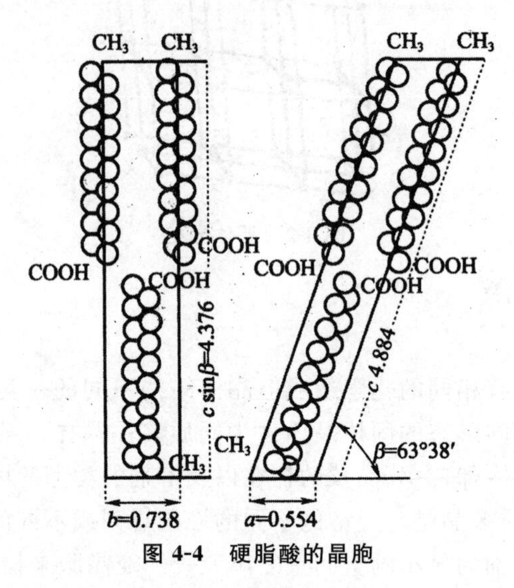

图 4-4　硬脂酸的晶胞

油酸是低熔点型，每个晶胞长度上有 2 个分子长，在分子平面内顺式双键两侧的烃链以相反方向倾斜，如图 4-5 所示。

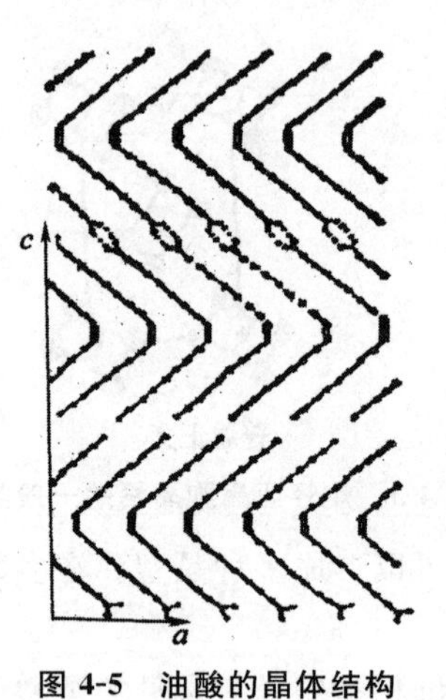

图 4-5　油酸的晶体结构

一般三酰基甘油的分子链相当长，具有许多烃类的特点，除了某些例子外，它们具有 3 种主要的同质多晶型物：α、β' 及 β。

(2)晶型转变

同质多晶物质在形成结晶时可以形成多种晶型，多种晶型可以同时存在，也会发生转化。同酸甘三酯(如 StStSt)从熔化状态开始冷却：先结晶成 α 型，α 型进一步冷却，慢慢转变成 β 型；将 α 型加热到熔点，冷却，能快速转变成 β 型；通过冷却熔化物和保持在 α 型熔点以上几度的温度，可以直接得到 β' 型，β' 型加热至熔点，开始熔化，冷却，能转变成稳定的 β 型。

以上这些转变均是单向转变，也就是由不稳定的晶型向稳定的晶型转变。

$$\text{熔化状态} \xrightarrow{\text{冷却}} \alpha \longrightarrow \beta' \longrightarrow \beta$$

(3)影响同质多晶晶型形成的因素

①降温条件：熔体冷却时，首先形成不稳定的晶型，因为其能量差最小，形成一种晶型后晶型的转化需要一定的条件和时间。降温速度快，分子很难良好定向排列，因此形成不稳定的晶型。②晶核：优先生成已有晶核的晶型，添加晶种是选择晶型的最易手段。③搅拌状态：充分搅拌有利于分子扩散，对形成稳定的晶型有利。④工艺手段：适当的工艺处理会选择适当的晶型形成。

在单酸三酰甘油的晶格中，分子排列一般是双链长的变型音叉或椅式结构，如图 4-6 所示的三月桂酸甘油的分子排列那样，1,3 位上的链与 2 位上的链的方向是相反的。因为天然的三酰基甘油含有许多脂肪酸，与上面所述的简单的同质多晶型物有所不同，一般来说，含有不同脂肪酸的三酰基甘油的 β' 型比 β 型熔点高，混合型的三酰基甘油的多晶型结构就更复杂。

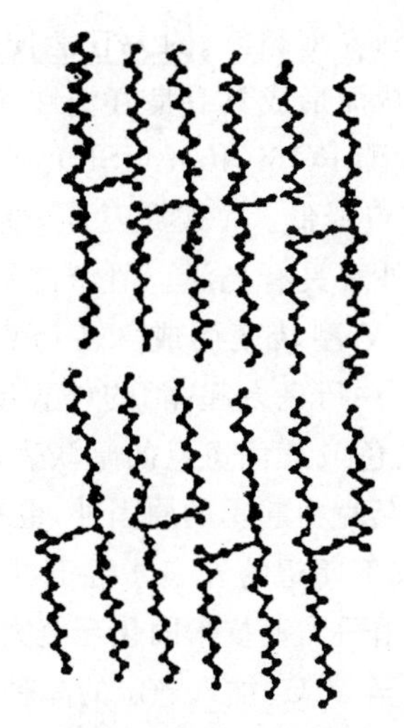

图 4-6　月桂酸甘油酯晶体的排列方式

3. 油脂的同质多晶现象在食品加工中的应用

天然油脂一般都是不同脂肪酸组成的三酰基甘油，其同质多晶性质很大程度上受到酰基甘油中脂肪酸组成及其位置分布的影响。由于碳链长度不一样，大多存在 3～4 种不同晶型，根据 X-衍射测定结果，三酰基甘油晶体中的晶胞的长间隔大于脂肪酸碳链的长度，因此认为脂肪酸是交叉排列的，其排列方式主要有两种，即“二倍碳链长”排列形式和“三倍碳链长”排列形式，如图 4-7 所示，并在三种主要晶型(α,β',β)后用阿拉伯数字表示，如：两倍碳链长的 β 晶型为 β-2，三倍碳链长的 β 晶型为 β-3，在此基础上，根据长间距不同还可细分为多种类型，并用Ⅰ，Ⅱ，Ⅲ，Ⅳ，Ⅴ等罗马数字表示，如可可脂可形成 α-2，β'-2，β-3 Ⅴ，β-3 Ⅵ等晶型。

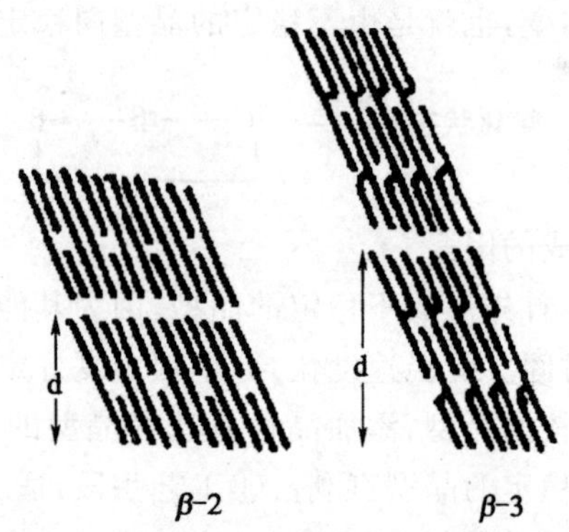

图 4-7　三酰基甘油 β 晶型的两种排列形式

一般来说，同酸三酰甘油易形成稳定的 β 结晶，而且是 β-2 排列；不同酸三酰甘油由于碳链长度不同，易停留在 β′型，而且是 β′-3 排列。天然油脂中倾向于结晶成 β 型的脂类有豆油、花生油、玉米油、橄榄油、椰子油、红花油、可可脂和猪油。另一方面，棉籽油、棕榈油、菜籽油、牛乳脂肪、牛脂以及改性猪油倾向于形成 β′晶型，该晶体可以持续很长时间。在制备起酥油、人造奶油以及焙烤产品时，期望得到 β′型晶体，因为它能使固化的油脂软硬适宜，有助于大量的空气以小的空气泡形式被搅入，从而形成具有良好塑性和奶油化性质的产品。

已知可可脂含有 3 种主要甘油酯 POSt(40%)，StOSt(30%)和 POP(15%)以及 6 种同质多晶型(Ⅰ-Ⅵ)。Ⅰ型最不稳定，熔点最低。Ⅴ型最稳定，能从熔化的脂肪中结晶出来，它是所期望的结构，因为后者使巧克力的外表具有光泽。Ⅵ型比Ⅴ型熔点高，但不能从熔化的脂肪中结晶出来，它仅以很缓慢的速度从 Ⅴ 型转变而成。在巧克力贮存期间，Ⅴ-Ⅵ型转变特别重要，这是因为这种晶型转变同被称为“巧克力起霜”的外表缺陷的产生有关。这种缺陷一般使巧克力失去期望的光泽以及产生白色或灰色斑点的暗淡表面。

除了依据多晶型转变理论解释巧克力起霜的原因外，也有人认为，熔化的巧克力脂肪移动到表面，一旦冷却时，产生重结晶，造成不期望的外表。由于可可脂的同质多晶性质在起霜中起了重要的作用，为了推迟外表起霜，采用适当地技术固化巧克力是必需的。这可通过下列调温过程完成：可可脂-糖-可可粉混合物加热至 50℃，加入稳定的晶种，当温度下降到 26℃～29℃，通过连续搅拌慢慢结晶，然后将它加热到 32℃。如不加稳定的晶种，一开始就会形成不稳定的晶型，这些晶型很可能会熔化、移动并转变成较稳定晶型(起霜)。此外，乳化剂已成功地应用于推迟不期望的同质多晶晶型转变或熔化脂肪移动至表面的过程。

4.2.3　油脂的熔融

天然的油脂没有确定的熔点，仅有一定的熔点范围。这是因为：第一，天然油脂是混合三酰基甘油，各种三酰基甘油的熔点不同；第二，三酰基甘油是同质多晶型物质，从 α 晶型开始熔化到 β 晶型熔化终了需要一个温度阶段。

图 4-8 显示了简单三酰基甘油酯的同质多晶稳定体(β 型)和不稳定体(α 型)在熔化过程中热量吸收、热焓变化的情况。固态油脂吸收适当的热量后转变为液态油脂，在此过程中油脂的热焓增大或比容增加，称做熔化膨胀(相变膨胀)。然而同体熔化时需吸收热量，系统温度将保持不变(熔化热)，直到固体全部转变成液体为止。曲线 *ABC* 代表 β 型的热焓随温度升高而

增加，但达到熔点时它吸收大量的热量(熔化热)，温度却不增加，只有当全部固体转变成液体时(B 点)温度才继续升高。另一方面，不稳定的同质多晶型体 α 型(理论曲线 $DEFBC$)在熔化过程中会发生晶型的转变(E 点)现象，此时由不稳定的同质多晶型体 α 型转变到稳定的同质多晶型体 β 型伴随有热的放出，其熔化过程转变为 $DEBC$。

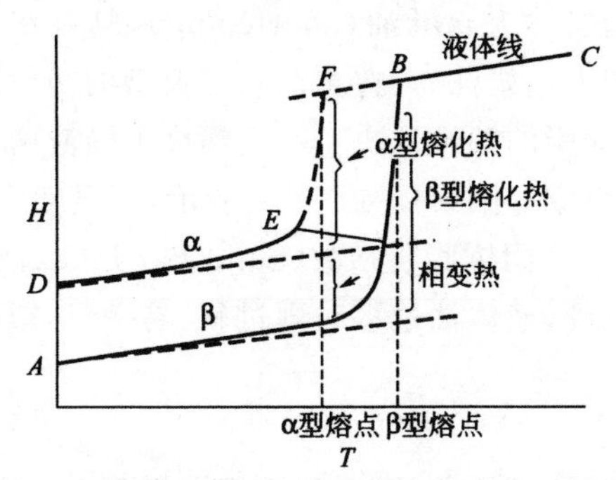

图 4-8　油脂 α 型和 β 型同质多晶体的热焓变化曲线

脂肪在熔化时除热焓变化外，其体积也会相应变化。固体脂在由不太稳定的同质多晶体转化为更稳定的同质多晶体时体积收缩(后者密度更大)，因此研究脂类的同质多晶体时可以用膨胀计测量液体油与固体脂的比容(比体积)随温度的变化。所得到的测量结果可以用图 4-9 表示。熔化膨胀度相当于比热容，而且测量膨胀的仪器很简单，它比量热法更为实用，已广泛用于测定脂肪的熔化性质。

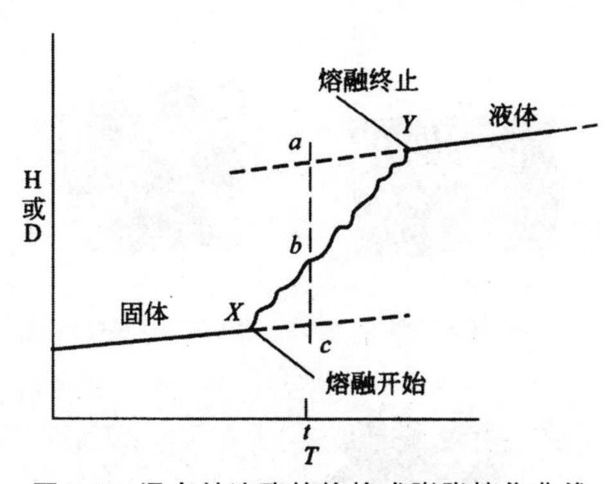

图 4-9　混合甘油酯的热焓或膨胀熔化曲线

图 4-9 中，随着温度的升高，固体脂的比容缓慢增加，至 X 点为单纯固体脂的热膨胀，即在 X 点以下体系完全是固体。X 点代表熔化开始，在 X 点以上发生部分固体脂的相变膨胀。Y 点代表熔化终点，在 Y 点以上固体脂全部熔化为液体油。ac 长为脂肪的熔化膨胀值。曲线 XY 代表体系中固体组分逐步熔化过程。如果脂肪熔化温度范围很窄，熔化曲线的斜率是陡的。相反，如果熔化开始与终了的温度相差很大，则该脂肪具有“大的塑性范围”。于是，脂肪的塑性范围可以通过在脂肪中加入高熔点或低熔点组分进行调节。

由图 4-9 还可看出，在一定温度范围内(XY 区段)液体油和固体脂同时存在，这种固液共存的油脂经一定加工可制得塑性脂肪(plastic fat)。油脂的塑性是指在一定压力下脂肪具有抗变形的能力，这种能力的获得是许多细小的脂肪固体被脂肪的液体包围，固体微粒的间隙很小，液体油无法从固体脂肪中分离出来，固液两相均匀交织在一起而形成塑性脂肪。塑性脂肪具有良好的涂抹性(涂抹黄油等)和可塑性(用于蛋糕的裱花)。用在焙烤食品中,则具有起酥作用。在面团揉制过程加入塑性脂肪,可形成较大面积的薄膜和细条,使面团的延展性增强,油膜的隔离作用使面筋粒彼此不能黏合成大块面筋,降低面团的吸水率,使制品起酥;塑性脂肪的另一作用是在面团揉制时能包含和保持一定数量的气泡,使面团体积增加。在饼干、糕点、面包生产中专用的塑性脂肪称为起酥油(shortening),具有在40℃不变软、在低温下不太硬、不易氧化的特性。其他如人造奶油、人造黄油均是典型的塑性脂肪,其涂抹性、软度等特性取决于油脂的塑性大小。而油脂的塑性取决于一定温度下固液两相比、脂肪的晶型(β'塑性最好)、熔化温度范围和油脂的组成等因素。如图4-9所示,当温度为t时,ab/ac代表固体部分,bc/ac代表液体部分,固液比称为固体脂肪指数(Solid Fat Index,SFI)。当油脂中固液比适当时塑性好;固体脂过多时则过硬,液体油过多时则过软、易变形,塑性均不好。

4.2.4 油脂的介晶相(液晶)

油脂有多种相态,处在固态(晶体)时在空间形成高度有序排列,处在液态时则为完全无序排列。此外在某些特定条件如加热或存在乳化剂情况下,油脂的极性基团(如酯基、羧基)由于有较强的氢键而保持有序排列,而非极性区(烃链)由于分子间作用力小变为无序状态,这种同时具有固态和液态两方面物理特性的相称为介晶相(mesomorphic phase)或液晶(liquid crystal)。介晶结构取决于两亲化合物的浓度、化学结构、含水量、温度以及混合物中存在的其他成分。在脂类—水体系中,液晶结构主要有3种,分别是层状结构、六方结构及立方结构(图4-10)。

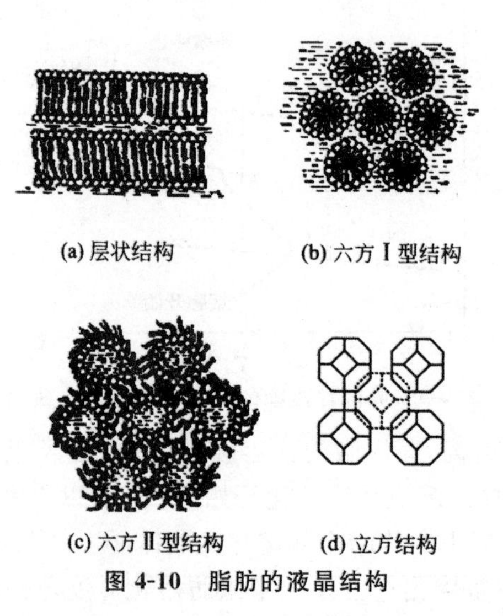

图4-10 脂肪的液晶结构

3类介晶相结构的特点如下。

1)层状结构类似生物双层膜。排列有序的两层脂中夹一层水,这种结构的黏度、透明性较其他结构差。当层状液晶加热时,可转变成立方或六方Ⅱ型液晶。但如果温度降低至Krafft温度(非极性区熔化温度以上)以下,就会形成亚稳态的"凝胶",水仍保留在双层脂膜中,而非极性区重新结晶,进一步冷却则水被排出,凝胶相转化为微结晶并分散在水中。

2)在六方Ⅰ型结构中脂肪以桶形排列成六方柱,非极性基团朝着六方柱内,极性基团朝外，水处在六方柱之间的空间中，用水稀释会形成球状胶束；而在六方Ⅱ型结构中，水被包裹在六方柱内部，油的极性端包围着水，非极性的烃区朝外，用水很难将其稀释。

3)立方结构在长链化合物中常见，但不如前两种构型有清楚的特征。Larsson 提出其结构模式为空间填充体心立方格子多面体，该种液晶完全透明且非常黏稠。

在生物体系中，液晶态对于许多生理过程都是非常重要的。例如，液晶会影响细胞膜的可渗透性，对乳浊液的稳定性也起着重要的作用。

4.2.5　油脂的乳化特性

1. 乳浊液

油与水不相溶，但油与水能形成乳浊液，即其中一相以直径 0.1～50μm 的小滴分散于另一相中，前者称为分散相，后者称为连续相。乳浊液传统地分为水包油型(oil in water，O/W)和油包水型(water in oil，W/O)，前者如牛乳，后者如奶油。

乳浊液是热力学不稳定体系，在一定条件下会出现分层、絮凝甚至聚结。

乳浊液失稳的主要因素如下。

1)重力导致沉降或分层：因为相的密度不同，所受重力不同，因而分层或沉降，沉降速度遵循 Stokes 定律。

2)分散相表面静电荷不足而导致絮凝：如脂肪球表面静电荷不足，因而斥力不足，脂肪球互相接近而絮凝。

3)两相间界面膜破裂而导致聚结：脂肪球经过絮凝等过程发生界面膜破裂，界面面积减小，脂肪球互相结合变为大液滴，严重时发生油相与水相的完全分相。这是乳浊液失稳的最重要的途径。

2. 乳化剂的作用

乳浊液体系在食品中随处可见，牛奶、奶油、冰激凌均属于 O/W 型乳浊液，黄油和人造奶油为 W/O 型乳浊液。图 4-11 为人造奶油乳浊液低温扫描电镜照片。

如何阻止乳浊液聚结是食品加工过程中非常重要的问题。添加乳化剂可防止乳浊液聚结。乳化剂是乳浊液的稳定剂，是一类表面活性剂。

乳化剂的乳化作用机理如下：

1)当它分散在分散质的表面时，使表面张力降低，使乳浊液稳定。

2)形成双电层，增加静电荷，可使分散相带静电，斥力增大，能阻止分散相的小液滴互相凝结。

3)形成薄膜或增加连续相黏度。如明胶和树胶能使乳浊液黏度增加，稳定性提高；蛋白质能在分散相周围成膜，可抑制絮凝和聚结。

4)形成液晶相，此作用使分散相间的范德瓦尔斯力减弱，可抑制絮凝和聚结。

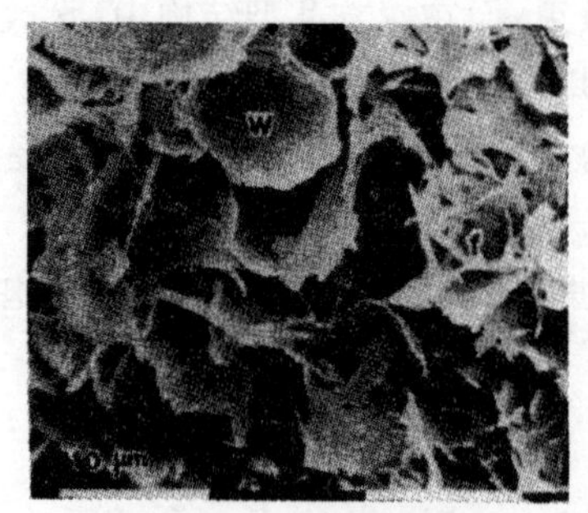

(a) 脂肪结晶网络电镜扫描图

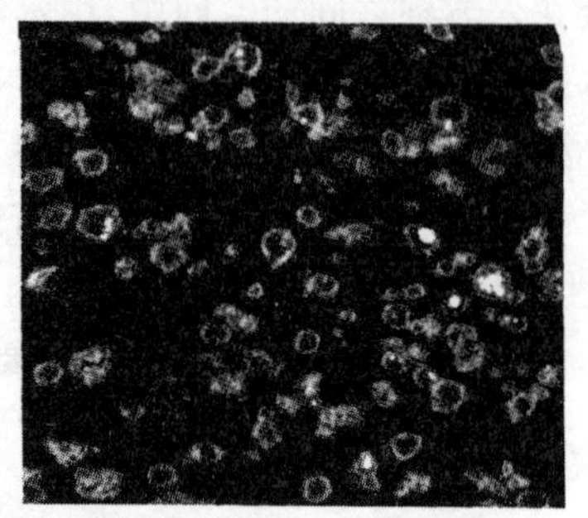

(b) 经水珠染色后的电镜扫描图

(c) 去除油后的电镜扫描图

图 4-11　人造奶油乳浊液低温扫描电镜照片

4.3　油脂在储藏加工过程中的化学变化及评价

4.3.1　油脂的水解和皂化

油脂的水解与酯键有关，油脂中的脂肪与其他所有的酯一样，能在酸、加热或酶的作用下发生水解，生成甘油和脂肪酸。在碱性条件下水解出的游离脂肪酸与碱结合生成脂肪酸盐。高级脂肪酸盐通常称作肥皂，所以脂肪在碱性条件下的水解反应称作皂化反应。

反应式如下所示：

$$\begin{array}{l} CH_2-O-\overset{\displaystyle O}{\overset{\|}{C}}-R_1 \\ | \\ CH-O-\overset{\displaystyle O}{\overset{\|}{C}}-R_2 \\ | \\ CH_2-O-\overset{\displaystyle O}{\overset{\|}{C}}-R_3 \end{array} + 3H_2O \xrightarrow{\text{脂酶或酸、蒸汽}} \begin{array}{l} CH_2OH \\ | \\ CHOH \\ | \\ CH_2OH \end{array} + R_1COOH + R_2COOH + R_3COOH$$

在活体动物组织中的脂肪中并不存在游离的脂肪酸，一旦动物被宰杀后，由于组织中脂酶的作用可使其水解生成游离脂肪酸，动物脂肪在加热精炼过程中使脂肪水解酶失活，可减少游离脂肪酸的含量，延长其储藏时间。

与动物脂肪相反，成熟的油料种子在收获时油脂会发生明显的水解，并产生游离的脂肪酸，因此大多数植物油在精炼时需用碱中和。

在消化过程中脂肪的水解反应有利于人体对油脂的乳化和吸收。而脂肪的水解反应对油脂的储存是不利的，油脂中游离脂肪酸的增多是油脂变质的前提。水、空气、光照、加热、酶及其他作用都能加快水解反应的速率。所以在储存油脂时应注意避光，防高温、防水和密封。对已使用过的油脂，要尽可能的缩短储存期。在夏天，更要防止它们由于含杂质、水分、环境温度高而水解变质。

4.3.2　氧化反应

脂类氧化是食品变质的主要原因之一，它能导致油脂及油基食品产生各种不良风味和气味，一般称为酸败。酸败会降低食品的营养价值，有些氧化产物还具有毒性。在某些情况下，对于一些特殊的食品如油炸食品，脂类的轻度氧化是期望的。因此，脂类的氧化对于食品行业是至关重要的。脂类氧化以自动氧化最具代表性。除此之外，不同的氧化条件下还有其他的氧化途径，如脂类的光敏氧化、酶促氧化等。

1. 自动氧化

(1)自动氧化的基本机理

自动氧化(autoxidation)是脂类与分子氧接触的反应，是脂类氧化变质的主要原因。多不饱和脂肪酸以游离脂肪酸、甘油三酸酯、磷脂等形式通过自动氧化过程发生氧化变质。含一个或多个非共轭戊二烯单位($-CH=CH-CH_2-CH=CH-$)的脂肪酸对氧分子特别敏感。

自动氧化过程复杂，涉及许多中间反应物。大量的研究证明，脂肪的自动氧化遵循自由基链式反应历程，它具有如下特征：①干扰自由基反应的化学物质也能显著地抑制氧化速率；②光和产生自由基的物质对反应有催化作用；③产生大量的氢过氧化物 ROOH；④由光引发的氧化反应量子产额超过 1；⑤用纯底物时，存在一个较长的诱导期。

脂类的自动氧化历程包括引发、传递和终止 3 个阶段，如图 4-12 所示。

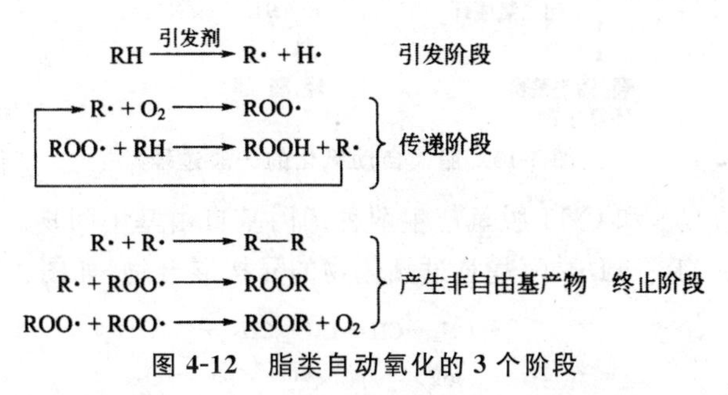

图 4-12　脂类自动氧化的 3 个阶段

通常整个反应过程的焓比引发反应阶段的焓低，而且 $RH+O_2 \longrightarrow$ 自由基的反应是热力学上难以反应的一步(活化能约 146kJ/mol)，所以通常靠催化方法产生最初几个引发传递反应所必需的自由基，如氢过氧化物的分解、金属催化或光等的活化作用可导致第一步的引发反应。当有足够的自由基形成时，反应物 RH 的双键 α-碳原子上的氢被除去，生成烷基自由基R·，开始链反应传递，氧在这些位置(R·)发生加成，生成过氧自由基 ROO·，ROO·又从另一些 RH 分子的 α-亚甲基上去氢，形成氢过氧化物(ROOH)和新的自由基(R·)，然后新的 R·与氧反应，重复上述步骤。由于 R·的共振稳定性，反应的结果一般伴随双键位置的移动，生成含有共轭双二烯基的异构化氢过氧化物(对于未氧化的天然酰基甘油是不正常的)。

脂类自动氧化的主要初始产品氢过氧化物不稳定，无挥发性，而且没有气味，它们经历无数的裂解和相互作用等复杂反应，产生很多具有不同分子量、风味阈值以及生物价值的化合物。

(2)氢过氧化物的形成

氢过氧化物是脂类自动氧化的主要初级产物，其结构与底物(不饱和脂肪酸等)的结构有关。现代分析技术已对油酸、亚油酸及亚麻酸自动氧化过程中产生的异构氢过氧化物做了定性和定量分析，如图 4-13 所示。

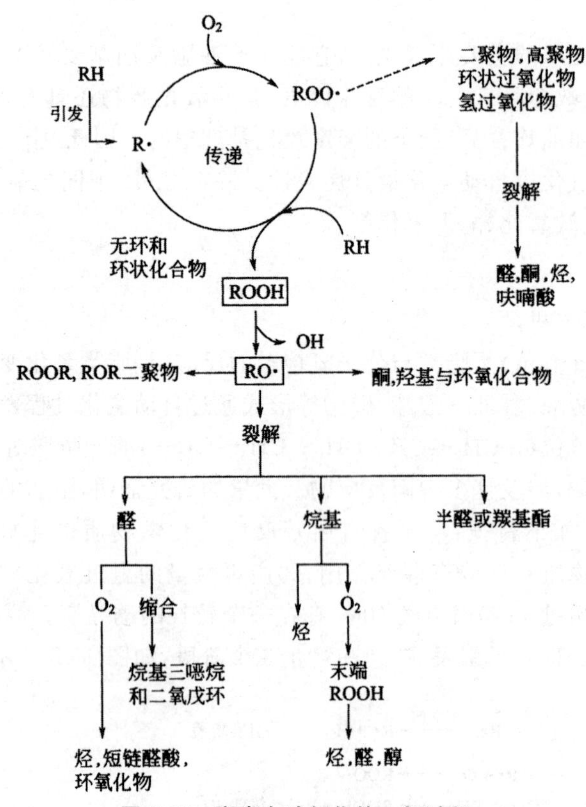

图 4-13 脂类自动氧化的一般过程

油酸：油酸分子的 C-8 和 C-11 脱氢产生两种烯丙基自由基中间物。氧在每个自由基的末端碳上进攻生成，8-、9-、10-、11-烯丙基氢过氧化物的异构混合物，如图 4-14 所示。

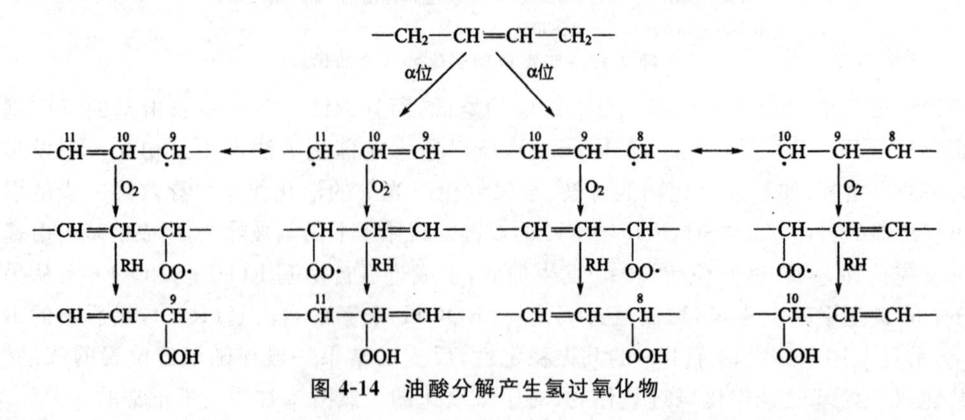

图 4-14 油酸分解产生氢过氧化物

反应中形成的 8-、11-氢过氧化物略多于 9-、10-异构物。在 25℃时，顺式和反式的 8-、11-氢过氧化物的数量是相近的，但 9-、10-异构体主要是反式。

亚油酸：亚油酸分子中 1，4-戊二烯结构使其对氧化的敏感性远远超过亚麻酸中的丙烯体系（约为 20 倍），而且 11 位的氢原子特别活泼，受到相邻两个双键的双重活化。11 位自由基只产生两种氢过氧化物，而且产生的 9-、13-氢过氧化物的量是相等的。同时，由于异构化现象的发生，这个反应过程中存在（顺，反）-和（反，反）-异构体，如图 4-15 所示。

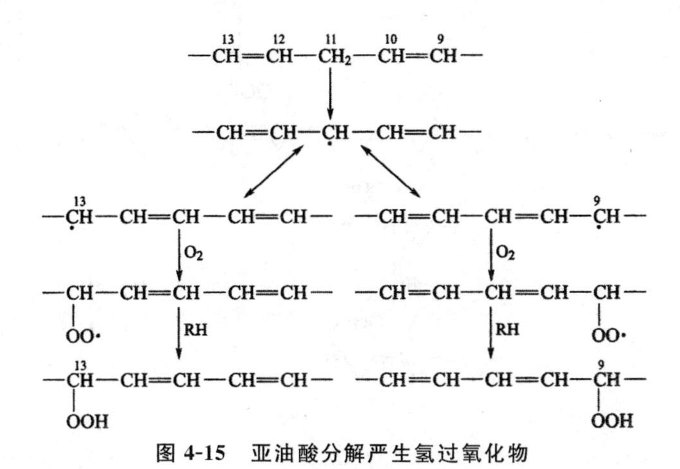

图 4-15　亚油酸分解严生氢过氧化物

亚麻酸：亚麻酸分子中存在两个 1，4-戊二烯结构。C-11 和 C-14 的两个活化的亚甲基脱氢后生成两个戊二烯自由基。氧攻击每个自由基的端基碳，生成 9-、12-、13-、16-氢过氧化物的混合物，这 4 种氢过氧化物都存在几何异构体，每种都具有（顺，反）-或（反，反）-构型的共轭二烯体系，而隔离键总是顺式的。反应中形成的 9-、1 6-氢过氧化物明显多于 12-、13-异构体，这是因为：①氧优先与 C-9 和 C-16 反应；②12-、13-氢过氧化物分解较快；③12-、1 3-氢过氧化物通过 1，4-环化生成六环过氧化物的氢过氧化物，或通过 1，3-环化生成类前列腺素桥环过氧化物。如图 4-16 所示。

2. 光敏氧化

单线态氧与脂肪酸中的双键反应引起的油脂氧化称为光敏氧化（photosensitizedoxidation）。

通常情况下脂肪与基态氧直接作用生成氢过氧化物所需的活化能很大，所以脂肪酸与氧作用直接生成自由基是比较困难的。但是，在光的照射下，油脂中存在的一些物质，如色素（天然的叶绿素、血红蛋白，人工合成的赤藓红等）、稠环芳香化合物（蒽、红荧烯等）和染料（曙光红、亚甲基蓝、红铁丹等），能吸收可见光和近紫外光而活化，这些物质称为光敏剂（sensitizer，简写 Sen）。光敏剂能将基态氧（三线态氧$^3O_2$）转化为反应活性更强的激发态氧（单线态氧$^1O_2$），如图 4-17 所示。

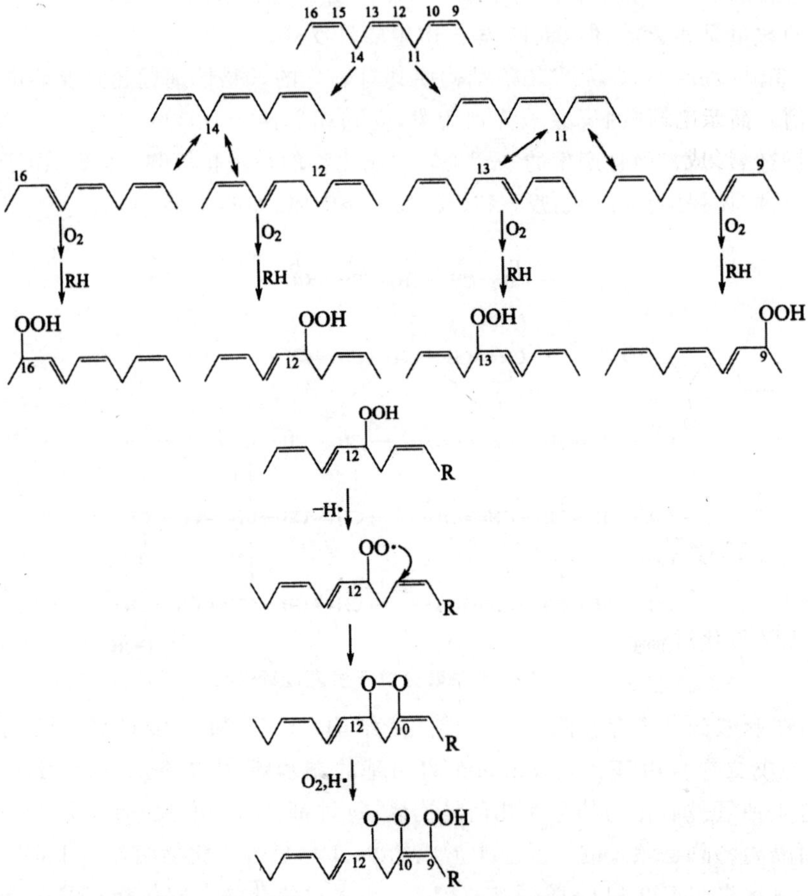

图 4-16　亚麻酸分解产生氢过氧化物及类前列腺素桥环过氧化物的生成

$$\text{Sen(基态)} + h\upsilon \longrightarrow \text{Sen}^{*}\text{(激发态)}$$

$$\text{Sen}^{*}\text{(激发态)} + {}^{3}O_2\text{(基态氧)} \longrightarrow \text{Sen(基态)} + {}^{1}O_2\text{(激发态氧)}$$

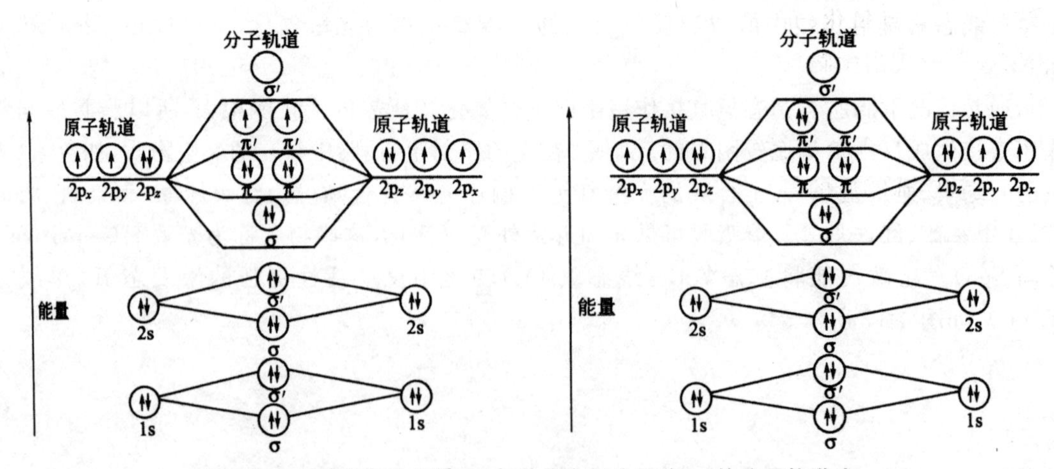

图 4-17　三线态氧分子($^{3}O_2$)与单线态氧分子($^{1}O_2$)的分子轨道式

单线态氧能迅速和高电子密度部分即油脂中的不饱和双键反应，速度比基态氧大约快 1500 倍。

光敏氧化的机理与自动氧化不同，它是通过“烯”反应进行氧化的，图 4-18 以亚油酸酯的光敏氧化为例。高亲电性的单线态氧可以直接进攻双键部位上的任一碳原子，进攻的点数是 $2n$（n 为双键数），形成六元环过渡态，然后双键位移，形成反式构型的氢过氧化物，生成的氢过氧化物种类为 $2n$。

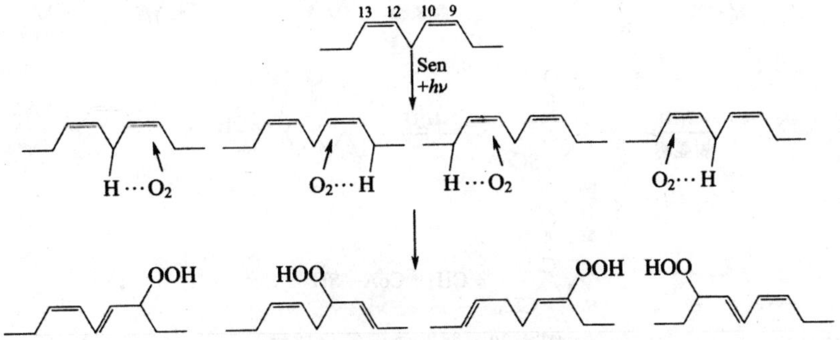

图 4-18　亚油酸酯光敏氧化机理

在脂类光敏氧化过程中单线态氧是自由基活性引发剂，根据单线态氧产生的氢过氧化物的分解特点可用来解释脂类氧化生产的某些产物。一旦形成初始氢过氧化物，自由基反应将成为主要反应历程。

3. 酶促氧化

脂肪在酶参与下发生的氧化反应称为酶促氧化（enzymatic oxidation）。

油脂的酶促氧化与食品中的脂肪氧合酶（lipoxygenase，Lox）有关。脂肪氧合酶的相对分子质量约 10^5，等电点为 5.4，是一种含有 Fe^{2+} 的结合蛋白，被氢过氧化物作用而激活，Fe^{2+} 转化为 Fe^{3+}，并在 0～20℃ 范围内有很高的反应活性。Lox 专一地作用于顺，顺-1，4-戊二烯酸结构（$—CH═CHCH_2CH═CH—$）的脂肪酸并生成相应的氢过氧化物，因此，亚油酸和亚麻酸是植物脂肪氧合酶的优先底物，花生四烯酸是动物脂肪氧合酶的优先底物，油酸不被酶促氧化。与自动氧化、光敏氧化不同的是，酶促氧化生成的氢过氧化物是光学活性体，而不是外消旋体，表现出生物反应的特征。脂肪氧合酶的专一性不仅要求底物脂肪酸具有的 1，4-戊二烯是顺、顺结构，而且要求其中心的亚甲基（$—CH_2—$）处于 ω-8 位置上。反应时，首先是 ω-8 亚甲基脱去一个 H· 并生成相应的自由基，然后自由基通过异构化使双键移位并转变成反式构型，随后生成相应的氢过氧化物（ω-6 或 ω-10）。脂肪氧合酶酶促氧化机理及产物结构如图 4-19 所示。

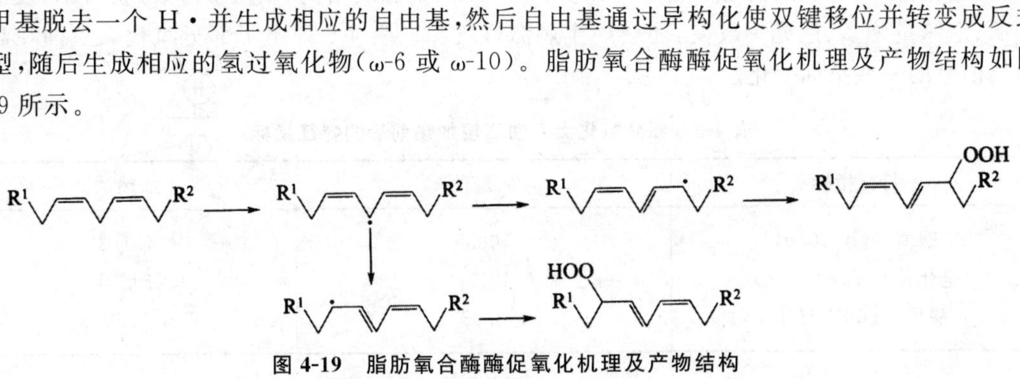

图 4-19　脂肪氧合酶酶促氧化机理及产物结构

此外，通常所称的酮型酸败也属酶促氧化，是由某些微生物如灰绿青霉、曲霉等繁殖时产生的酶（如脱氢酶、脱羧酶、水合酶）的作用引起的。该氧化反应多发生在饱和脂肪酸的β-碳位上，因而又称为β-氧化作用，而且氧化产生的最终产物酮酸和甲基酮具有令人不愉快的气味，故称为酮型酸败。其反应过程如图 4-20 所示。

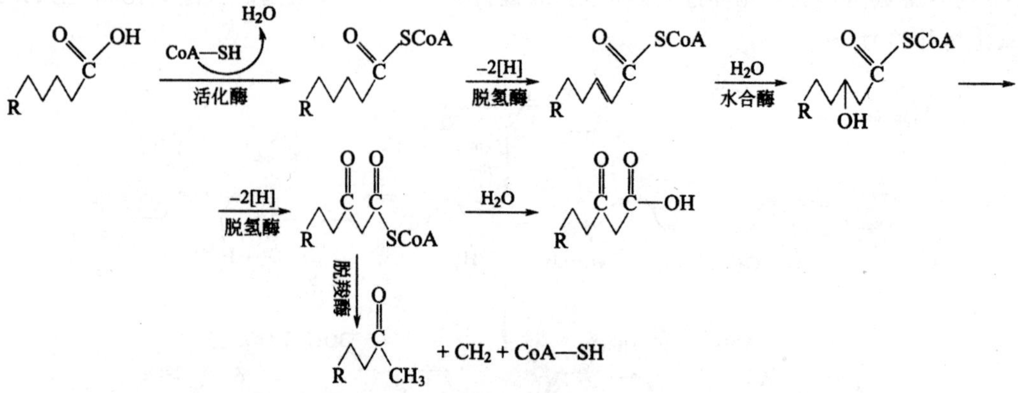

图 4-20　脂肪酶促氧化过程

不同来源的脂肪氧合酶对固定底物作用时，由于专一性，所形成的氢过氧化物的结构不同。大豆在加工中产生的豆腥味与脂肪氧合酶的作用有密切关系，植物中的己醛、己醇、己烯醛是脂肪氧合酶作用下生成的典型青嫩叶臭味物质。亚油酸的酶促氧化如图 4-21 所示。

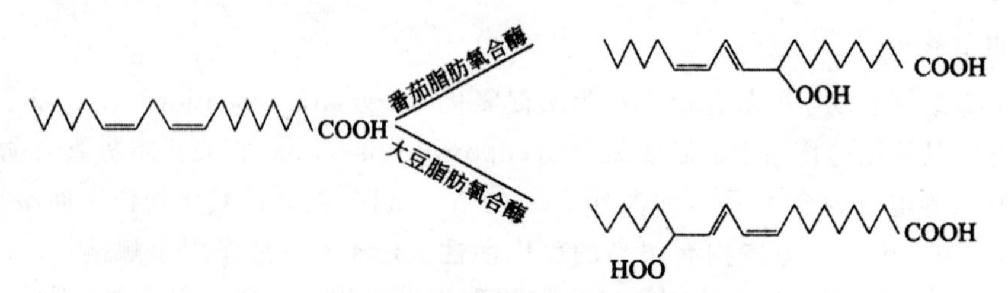

图 4-21　亚油酸酶促氧化过程

4.3.3　热分解

油脂在高温下的反应十分复杂，在不同条件下会发生聚合、缩合、氧化、分解、热氧化聚合等反应。长时间高温烹调的油脂自身品质也会降低，如黏度增高、碘值下降、酸价升高、发烟点降低、泡沫量增多、遮光率改变，还会产生刺激性气味。表 4-6 列出了部分氢化大豆油在高温加热前后的一些指标变化。

表 4-6　部分氢化大豆油高温加热前后的特征指标

特征指标	新鲜油	加热油
碘值/(gI_2/100g)	108.9	101.3
皂化值/(mgKOH/g)	191.4	195.9
酸价/(mgKOH/g)	0.03	0.59

在高温下，脂类发生复杂的化学变化，包含热降解和氧化两种类型反应。在氧存在下加热，饱和脂肪酸与不饱和脂肪酸均发生化学降解，其反应历程如图 4-22 所示。

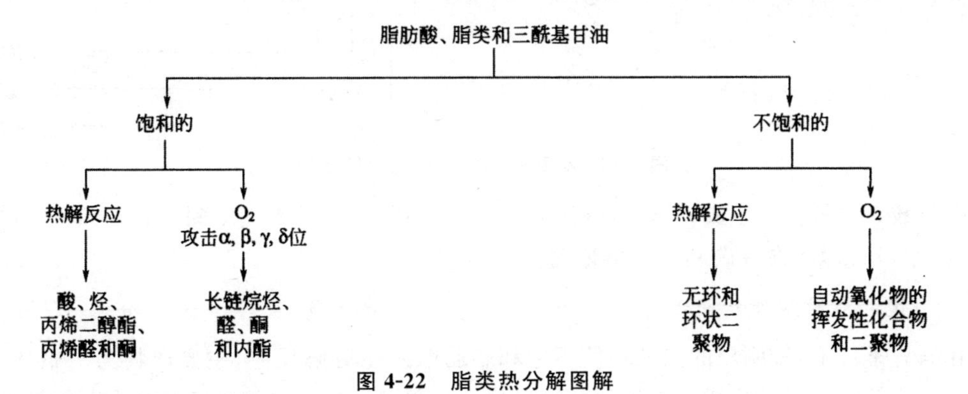

图 4-22　脂类热分解图解

1. 饱和脂肪类非氧化热分解反应

饱和脂肪酸在很高温度下加热才会进行大量的非氧化分解，金属离子(Fe^{3+} 等)的存在可催化热分解反应的发生。对三酰基甘油高温真空加热发现，分解产物包括醛、酸、酮，主要反应如图 4-23 所示。

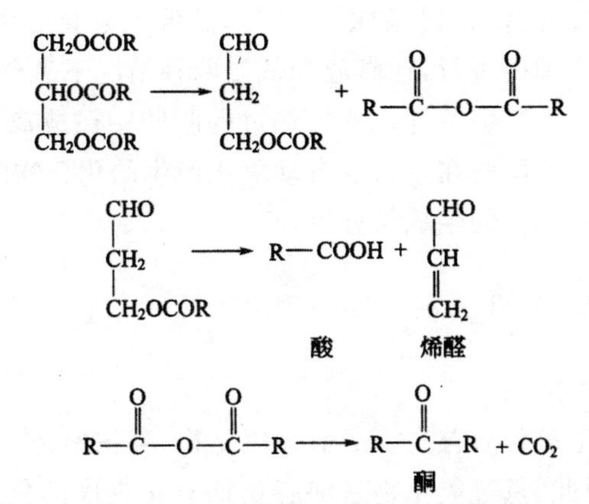

图 4-23　饱和脂肪的非氧化热分解反应

其中，1-氧代丙酯分解生成丙烯酸和 C_n 脂肪酸，酸酐中间体脱羧即形成对称酮，是与三酰基甘油辐射分解相似的自由基历程。这在热解产物的生成过程中同样起着重要的作用，特别是在较高温度下加热油脂。

2. 饱和脂肪类的热氧化反应

饱和脂肪酸及其脂类在常温下较稳定，但加热至高温(>150℃)也会发生氧化，并生成多种产物，如同系列的羧酸、2-链烷酮、直链烷醛内酯、正烷烃和 1-链烯。

饱和脂肪酸加热氧化首先形成氢过氧化物，脂肪酸的全部亚甲基都可能受到氧的攻击，一般在 α、β、γ 位优先被氧化。氢过氧化物再进一步分解，生成烃、醛、酮等化合物。图 4-24 所示为氧进攻 β 位置时生成一系列化合物。

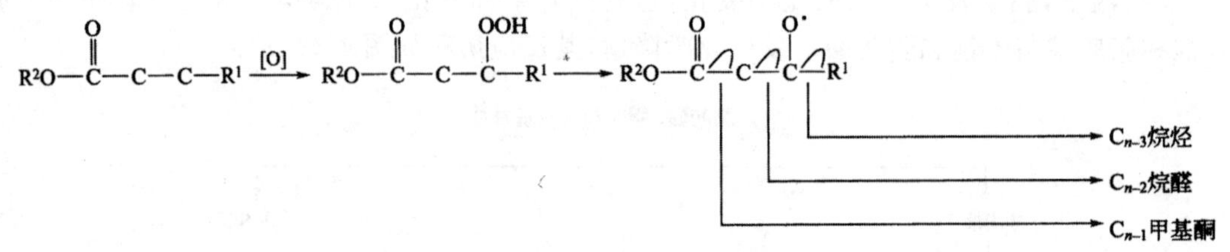

图 4-24　饱和脂肪的氧化热分解反应

脂肪酸 β-碳氧化可生成 β-酮酸，脱羧后形成 C_{n-1} 甲基酮，烷氧基中间体在 α-碳和 β-碳间裂解生成 C_{n-2} 链烷烃，在 β-碳和 γ-碳间断裂则生成 C_{n-3} 烃。

3. 不饱和脂肪酸酯非氧化反应

在隔氧条件下，较剧烈的热处理使不饱和脂肪酸发生分解反应，主要产物为二聚化合物，并生成一些低分子量的物质。二聚化合物包括无环单烯和二烯二聚物以及具有环戊烷结构的饱和二聚物，它们都是通过双键的 α-亚甲基脱氢后形成的烯丙基产生的，这类自由基通过歧化反应可形成单烯烃或二烯酸，或是 $>C=C<$ 发生分子间或分子内加成反应。

4. 不饱和脂肪酸酯热氧化反应

不饱和脂肪酸比相对应的饱和脂肪酸更易氧化，高温下氧化分解反应进行得很快。由于这些反应能在较宽的温度范围内进行，在高温和低温两种情况下氧化反应途径是相同的，但两种温度条件下的氧化产物存在某些差异。从加热过的脂肪中已分离出很多分解产物，脂肪在高温下生成的主要化合物具有脂肪在室温下自动氧化产生的化合物的典型特征。根据双键的位置可以预测氢过氧化物中间体的生成与分解。

4.3.4　油脂质量评价

1. 过氧化值(POV)

油脂与空气中的氧发生氧化后首先生成氢过氧化物，当积累到一定程度后，会逐渐分解为醛、酮、醇、酸等化合物。因此，氢过氧化物是油脂初期氧化程度的标志。氢过氧化物无味，但对人体健康有害。过氧化值是用来表征油脂氧化初期氢过氧化物含量的一个指标，它是指1kg 油脂中氢过氧化物的毫摩尔数，单位为 mmol/kg。测定原理是被测油脂与碘化钾作用生成游离碘，以硫代硫酸钠标准溶液滴定析出的碘分子，以消耗硫代硫酸钠的 mmol 数来确定氢过氧化物的 mmol 数。一般新鲜的精制油过氧化值低于 1。过氧化值升高，表示油脂开始氧化。过氧化值超标的油脂不能食用。

氢过氧化物为油脂自动氧化的主要初始产物，油脂氧化初期，POV 值随氧化程度加深而增高，而当油脂深度氧化时，氢过氧化物的分解速度超过其生成速度，导致 POV 值下降。因此，POV 值仅适合油脂氧化初期的测定。

2. 碘值

油脂中的不饱和键可与卤素发生加成作用，生成卤代脂肪酸，这一作用称为卤化作用。碘值是指 100g 脂肪所能吸收的碘的克数，用来表示脂肪酸或脂肪的不饱和程度。碘值越高，不饱和程度越高；反之，碘值越低，不饱和程度越低。例如，大豆油（饱和脂肪酸 12%～15%，不饱和脂肪酸 85%～88%）的碘值为 124～139，而猪油（饱和脂肪酸 38%～48%，不饱和脂肪酸 52%～62%）的碘值为 46～66。

3. 酸值

酸值（价）指中和 1g 油脂中的游离脂肪酸所消耗的的毫克 KOH 数。酸值用来表示油脂中游离脂肪酸的含量。油脂的酸值高，表明油脂中的游离脂肪酸高，易于发生氧化酸败。为了保障食用油脂的品质和食用价值，我国食用植物油质量标准中都对酸值作了规定：食用植物油的酸值不得超过 5。

4. 皂化值

油脂在酸、碱或酶的作用下可水解成甘油和脂肪酸。油脂在碱性溶液中水解的产物不是游离脂肪酸而是脂肪酸的盐类（习惯上称为肥皂）。因此，把油脂在碱性溶液中的水解称为皂化作用。

$$\underset{\text{脂肪}}{\begin{array}{l} CH_2O-\overset{O}{\overset{\|}{C}}-R \\ | \\ CHO-\overset{O}{\overset{\|}{C}}-R \\ | \\ CH_2O-\overset{O}{\overset{\|}{C}}-R \end{array}} + 3H_2O \xrightarrow[\text{（或酸、蒸汽）}]{\text{酯酶}} \underset{\text{甘油}}{\begin{array}{l} CH_2OH \\ | \\ CHOH \\ | \\ CH_2OH \end{array}} + \underset{\text{脂肪酸}}{3R-COOH}$$

$$\underset{\text{脂肪}}{\begin{array}{l} CH_2O-\overset{O}{\overset{\|}{C}}-R \\ | \\ CHO-\overset{O}{\overset{\|}{C}}-R \\ | \\ CH_2O-\overset{O}{\overset{\|}{C}}-R \end{array}} + \underset{\text{（或NaOH）}}{3KOH} \longrightarrow \underset{\text{甘油}}{\begin{array}{l} CH_2OH \\ | \\ CHOH \\ | \\ CH_2OH \end{array}} + \underset{\text{肥皂}}{3R-COOK}$$

皂化值指完全皂化 1g 油脂所消耗的氢氧化钾的毫克数。皂化值可用来判断油脂相对分子质量的大小。油脂相对分子质量越大，皂化值越低；反之，油脂相对分子质量越小，皂化值越高。例如，椰子油皂化值为 250～260，是所有油脂中皂化值最高的，这是由于椰子油中的脂肪酸组成为辛酸 5%～10%，癸酸 5%～11%，十二酸 50%，十四酸 13%～18%，其低级脂肪酸含量较高，高级脂肪酸中十二酸和十四酸含量很高，十六酸以上的脂肪酸几乎没有，因此其平均相对分子质量较低，皂化值较高。又如，牛乳脂肪的低级脂肪酸含量也较高（5%～14%），平均相对分子质量较低，皂化值 218～235，仅次于椰子油。其他油脂中，猪油为 193～200，大豆油为 189～194。

5. 酯值

皂化 1g 纯油脂所需要的氢氧化钾的毫克数称为酯值，这里不包括游离脂肪酸的作用。因此，酯值等于皂化值减去酸值。

4.4 油脂加工化学

4.4.1 油脂精炼

未精炼的油脂中含有磷脂、色素、蛋白质、纤维质、游离脂肪酸及有异味的杂质，还有少量的水、色素（主要是胡萝卜素和叶绿素），甚至存在有毒成分（如花生油中可能存在的污染物黄曲霉毒素及棉子油中的棉酚等）。对油脂进行精炼可除去这些杂质，提高油脂的品质，改善风味，延长油脂的货架期。油脂的精炼包括沉降和脱胶、中和、漂白、脱臭等工序。

1. 沉降和脱胶

沉降包括加热脂肪、静置和分离水相。可除去油脂中的水分、蛋白质、磷脂和糖类物质。

脱胶通常是指在一定温度下用水去除毛油中磷脂和蛋白质的过程，从而可以防止脂在高温时的起泡、发烟、变色发黑等现象。脱胶的原理是依据磷脂及部分蛋白质在无水状态下可溶于油，但与水形成水合物后则不溶于油的原理，向粗油中加入2%～3%的水，并在温度约50℃下搅拌混合，然后静置沉降或离心分离水化磷脂。

2. 中和

中和是指用碱中和毛油中的游离脂肪酸形成皂脚而去除的过程。加入的碱量可通过测定酸价确定。中和反应生成的脂肪酸盐（皂脚）进入水相，分离水相后，再用热水洗涤中性油，然后静置或离心以除去残留的皂脚。同时也可将胶质、色素等吸附除去。副产物皂脚可作为生产脂肪酸的原料。

3. 漂白

粗油中含有叶绿素、类胡萝卜素等色素，通常呈黄赤色。叶绿素是光敏化剂，会影响油脂的稳定性，同时色素也影响油脂的外观。脱色的方法很多，一般采用吸附剂进行吸附。常用的吸附剂是活性白土、活性炭等。吸附剂在吸附色素的同时还可将磷脂、残留的皂脚及一些氧化产物一同吸附，最后过滤除去吸附剂。

4. 脱臭

油脂中挥发性的异味物质多半是油脂氧化时产生的，因此，需要进行脱臭以除去异味物质。脱臭是用减压蒸汽蒸馏的方法除去游离脂肪酸、油脂氧化产物和其他一些异味物质的过程。通常在脱臭过程中加入柠檬酸以螯合微量的重金属离子。

油脂精炼后品质明显提高，但在精炼过程中也会造成油脂中的脂溶性维生素，如维生素A、维生素E、类胡萝卜素和一些天然抗氧化物质的损失等。胡萝卜素是维生素A的前体物，胡萝卜素和维生素E（即生育酚）也是天然抗氧化剂。

4.4.2 油脂氢化

1. 油脂氢化的机理

油脂中不饱和脂肪酸在催化剂（铂、镍、铜）的作用下，在不饱和键上加氢，使碳原子达到饱和或比较饱和，从而把在室温下呈液态的油变成固态的脂，这种过程称为油脂的氢化。氢化工艺在油脂工业中具有极大的重要性，因为它能达到以下几个主要目的：

1)能够提高油脂的熔点，使液态油转变为半固体或塑性脂肪，以满足特殊用途的需要，例如生产起酥油和人造奶油。

2)增强油脂的抗氧化能力。

3)在一定程度上改变油脂的风味。

油脂氢化是在油中加入适量催化剂，并向其中通入氢气，在 140℃～225℃条件下反应 3～4h，当油脂的碘值下降到一定值后反应终止(一般碘值控制在 18)。油脂氢化的机理见图 4-25，首先金属催化剂在烯键的任一端形成碳—金属复合物(a)，接着这个中间复合物再与催化剂所吸附的氢原子相互作用，形成不稳定的半氢化状态(b)或(c)。在半氢化状态时，烯键被打开，烯键两端的碳原子其中之一与催化剂相连，原来不可自由旋转的 C—C 键变为可自由旋转的 C—C 键。半氢化复合物(a)能加上一个氢原子生成饱和产品(d)，也可失去一个氢原子，恢复双键，但再生的双键可以处在原来的位置，也可以是原有双键的几何异构体(e)和(f)，且均有反式异构体生成。

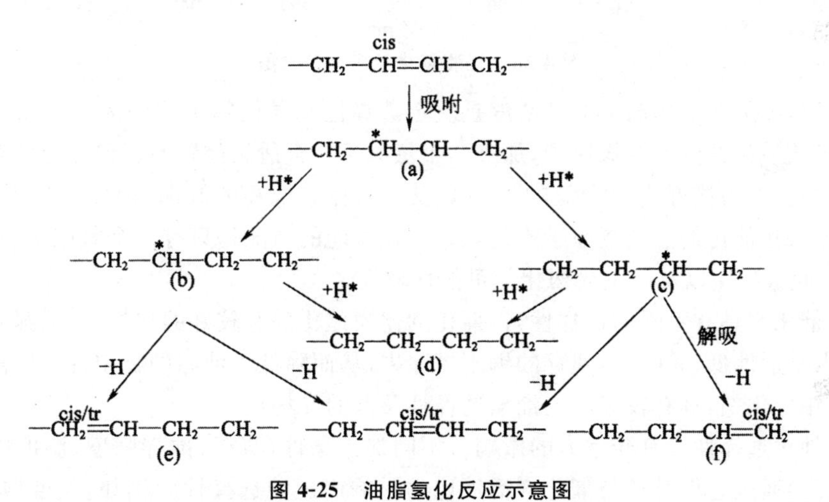

图 4-25　油脂氢化反应示意图

2. 氢化的选择性

在氢化过程中，不仅一些双键被饱和，而且一些双键也可重新定位和(或)从通常的顺式转变成反式构型，所产生的异构物通常称为异酸。部分氢化可能产生一个较为复杂的反应产物的混合物，这取决于哪一个双键被氢化、异构化的类型和程度以及这些不同的反应的相对速率。油脂氢化的程度不一样，其产物不一样，如亚麻酸(18∶3)的氢化产物按不断加氢的顺序有：

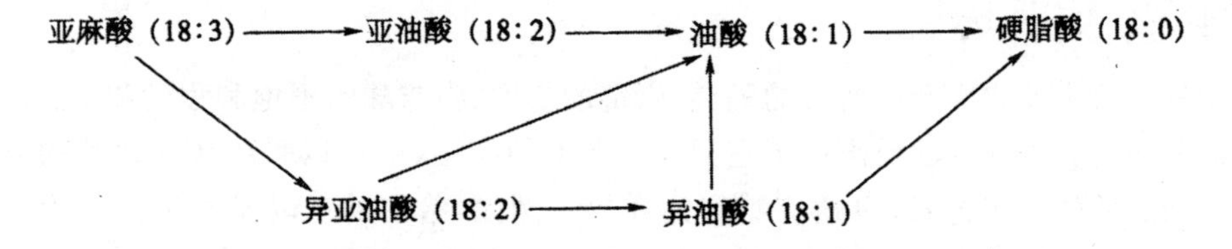

天然脂肪的情况就更为复杂了，这是因为它们都是极复杂的混合物。

油脂氢化选择性是指不饱和程度较高的脂肪酸的氢化速率与不饱和程度较低的脂肪酸的氢化速率之比。由起始和终了的脂肪酸组成以及氢化时间计算出反应速率常数。例如，豆油氢化反应中(见图 4-26)，亚油酸氢化成油酸的速率与油酸氢化成硬脂酸的速率之比(选择比，SR)为：$K_2/K_3=0.519/0.013=12.2$，这意味着亚油酸氢化比油酸氢化快 12.2 倍。

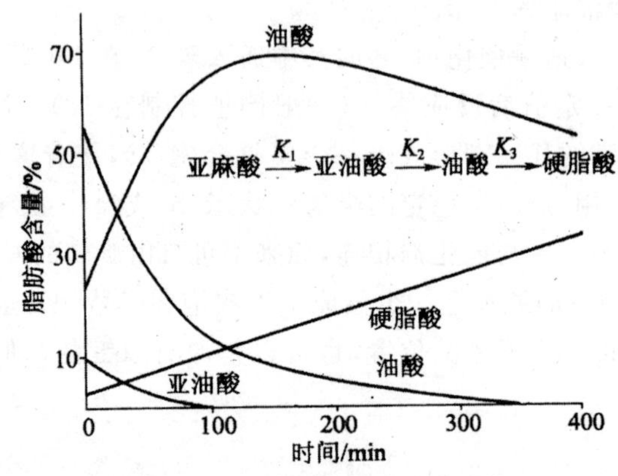

图 4-26　豆油氢化反应速率常数

一般来说，吸附在催化剂上的氢浓度是决定选择性和异构物生成的因素。如果催化剂被氢饱和，大多数活化部位持有氢原子，那么两个氢原子在合适的位置与任何靠近的双键反应的机会是很大的。因为接近这两个氢的任一个双键都存在饱和的倾向，因此产生了低选择性。另一方面，如果在催化剂上的氢原子不足，那么，较可能的情况是只有一个氢原子与双键反应，导致半氢化-脱氢顺序以及产生异构化的可能性较大。

不同的催化剂具有不同的选择性，铜催化剂比镍催化剂有较好的选择性，对孤立双键不起作用，其缺点是活性低、易中毒，残存的铜不易除去，从而降低了油脂的稳定性。以离子交换树脂为载体的铂催化剂，具有较高的亚油酸选择性及低的异构化。

加工条件对选择性也有非常大的影响。不同加工条件(氢压、搅拌强度、温度以及催化剂的种类和浓度)通过它们对氢与催化剂活性比的影响而影响选择性。例如，温度增加，提高了反应速度以及使氢较快地从催化剂中除去，从而使选择性增加。

通过改变加工条件来改变 SR，这样能使加工者在很大程度上控制最终油的性质。例如，选择性较高的氢化能使亚油酸减少，并提高了稳定性。同时，可使完全饱和化合物的生成降低到最少和避免过度硬化。另一方面，反应的选择性越高，反式异构物的生成就越多，这从营养的观点来讲是非常不利的。许多年来，食品脂肪制造者设计了不少氢化方法以尽量使异构化降到最低，同时又避免生成过量的完全饱和的物质。

4.4.3　酯交换

油脂的性质主要取决于脂肪酸的种类、碳链的长度、脂肪酸的不饱和程度和脂肪酸在甘油三酯中的分布。有时这种性质限制了它们在工业上的应用，但可以采用化学改性的方法如酯交换改变脂肪酸的分布模式，以适应特定的需要。例如，猪油的三酰基甘油酯多为 Sn-SUS，该类酯结晶颗粒大，口感粗糙，不利于产品的稠度，也不利于用在糕点制品上，但经过酯交换后,改性猪油可结晶成细小颗粒,稠度改善,熔点和黏度降低,适合于作为人造奶油和糖果用油。酯交换就是指三酰基甘油酯上的脂肪酸酯与脂肪酸、醇、自身或其他酯类作用而进行的酯基交换或分子重排的过程。酯-酯交换可发生于甘三酯分子内也可发生于分子间。

分子内酯-酯交换

$$R_2\text{-}[R_1, R_3] \rightleftharpoons R_1\text{-}[R_2, R_3] \rightleftharpoons R_3\text{-}[R_1, R_2]$$

分子间酯-酯交换

$$R_1\text{-}[R_1, R_1] + R_2\text{-}[R_2, R_2] \rightleftharpoons R_2\text{-}[R_1, R_1] + R_1\text{-}[R_2, R_2] \rightleftharpoons R_1\text{-}[R_1, R_2] + R_2\text{-}[R_2, R_1]$$

通过酯交换,可以改变油脂的甘油酯组成、结构和性质,生产出天然没有的、具有全新结构的油脂,或人们希望得到的某种天然油脂,以适应某种需要。也可生产单甘酯、双甘酯以及甘三酯外的其他甘三酯类。目前,酯交换已被广泛应用于表面活性剂、乳化剂、植物燃料油以及各种食用油脂等各个生产领域。酯交换可在高温下发生,也可在催化剂甲醇钠或碱金属及其合金等的作用下在较温和的条件下进行。酯交换一般采用甲醇钠作催化,通常只需在50.70℃下,不太长的时间内就能完成。

1. 化学酯交换

(1)酯交换反应机理

以 S_3,U_3 分别表示三饱和甘油酯和三不饱和甘油酯。首先是甲醇钠与三酰基甘油反应,生成二脂酰甘油酸盐。

$$U_3 + NaOCH_3 \longrightarrow U_2ONa + U - CH_3$$

这个中间产物再与另一分子三酰甘油分子发生酯交换,反应如此不断继续下去,直到所有脂肪酸酰基改变其位置,并随机化趋于完全为止。

(2)酯交换种类

随机酯交换:当酯化反应在高于油脂熔点进行时,脂肪酸的重排是随机的,产物很多,这种酯交换称为随机酯交换。随机酯交换可随机地改组三酰基甘油,最后达到各种排列组合的平衡状态。例如,将 Sn-SSS,Sn-SUS 为主体的脂变为 Sn-SSS、Sn-SUS、Sn-SSU、Sn-SUU、Sn-USU、Sn-UUU6 种酰基甘油的混合物。如 50%的三棕榈酸酯和 50%的三油酸酯发生随机酯交换反应:

$$\text{PPP}(50\%) + \text{OOO}(50\%) \xrightarrow{NaOCH_3} \text{PPP}(12.5\%)\ \ \text{POP}(12.5\%)\ \ \text{OPP}(25\%)\ \ \text{POO}(25\%)\ \ \text{OPO}(12.5\%)\ \ \text{OOO}(12.5\%)$$

油脂的随机酯交换可用来改变油脂的结晶性和稠度，如猪油的随机酯交换增强了油脂的塑性，在焙烤食品可作起酥油用。

定向酯交换：定向酯交换是将反应体系的温度控制在熔点以下，因反应中形成的高饱和度、高熔点的三酰基甘油结晶析出，并从反应体系中不断移走。从理论上讲，该反应可使所有的饱和脂肪酸都生成为三饱和酰基甘油，从而实现定向酯交换为止。混合甘油酯经定向酯交换后，生成高熔点的 S_3 产物和低熔点的 U_3 产物，如：

$$\mathrm{POP} \xrightarrow{\mathrm{NaOCH_3}} \mathrm{PPP}(33.3\%) + \mathrm{OOO}(66.7\%)$$

2. 酶促酯交换

近年来，以酶作为催化剂进行酯交换的研究已取得可喜进步。以无选择性的脂水解酶进行的酯交换是随机反应，但以选择性脂水解酶作催化剂，则反应是有方向性的，如以 Sn-1，3 位的脂水解酶进行脂合成也只能与 Sn-1，3 位交换，而 Sn-2 位不变。这个反应很重要，此种酯交换可以得到天然油脂中所缺少的甘油三酰酯组分。如棕榈油中存在大量的 POP 组分，但加入硬脂酸或三硬脂酰甘油以 1，3 脂水解酶作交换可得到：

$$\mathrm{O}\!\left[\begin{matrix}\mathrm{P}\\ \mathrm{P}\end{matrix}\right. + \mathrm{St} \xrightarrow{1,3\ \text{脂水解酶}} \mathrm{O}\!\left[\begin{matrix}\mathrm{P}\\ \mathrm{P}\end{matrix}\right. + \mathrm{O}\!\left[\begin{matrix}\mathrm{P}\\ \mathrm{St}\end{matrix}\right. + \mathrm{O}\!\left[\begin{matrix}\mathrm{St}\\ \mathrm{St}\end{matrix}\right. + \cdots\cdots$$

其中，Sn-POSt 和 Sn-StOSt 为可可脂的主要组分，这是人工合成可可脂的方法。这种可控重排适用于含饱和脂肪酸的液态油（如棉子油、花生油）的熔点的提高和稠度的改善，因此无需氢化或向油中加入硬化脂肪，即可转变为具有起酥油稠度的产品。

目前，酯交换的最大用途是生产起酥油，由于天然猪油中含有高比例的二饱和三酰基甘油（其中二位是棕榈酸），导致制成的起酥油产生粗的、大的结晶，因此烘焙性能较差。而经酯交换后的猪油由于在高温下具有较高的固体含量，从而增加了其塑性范围，使它成为一种较好的起酥油。除此之外，酯交换还广泛应用于代可可脂和稳定性高的人造奶油以及具有理想熔化质量的硬奶油生产中，浊点较低的色拉油也是棕榈油经定向酯交换后分级制得的产品。

第5章　食品中的蛋白质

5.1　概述

5.1.1　食品中蛋白质的定义

蛋白质是一类结构复杂的大分子物质，相对分子质量在几万至几百万之间。它是由多种不同的α-氨基酸按照不同的排列顺序通过肽键相互连接而成的高分子有机物质。

蛋白质是构成生物体细胞的基本物质之一，在维持正常的生命活动中具有重要作用。如：具有生物催化功能的酶蛋白，调节代谢反应的激素蛋白（胰岛素），具有运动功能的收缩蛋白（肌球蛋白），具有运输功能的转移蛋白（血红蛋白），具有防御功能的蛋白（免疫球蛋白），贮存蛋白（种子蛋白）和保护蛋白（毒素）等。有些蛋白质还具有抗营养性质，如胰蛋白酶抑制剂。总之，正常机体的基本生命运动都和蛋白质息息相关，没有蛋白质就没有生命。

蛋白质是一种重要的产能营养素，能提供人体所需的必需氨基酸。蛋白质是食品的主要成分，鱼、禽、肉、蛋、乳等是优质蛋白质的主要来源。蛋白质还对食品的质构、风味和加工产生重大影响。因此，了解和掌握蛋白质的理化性质和功能性质以及食品加工工艺对蛋白质的影响，对于改进食品蛋白质的营养价值和功能性质具有很重要的实际意义。

5.1.2　蛋白质的化学组成

蛋白质种类繁多，有成千上万种，但是蛋白质的基本组成元素却很相近。根据元素分析，蛋白质主要含有C，H，O，N。有些蛋白质还含有P，S，少数蛋白质含有Fe，Zn，Mg，Mn，Co，Cu等。多数蛋白质的元素组成如下：C约为50%～56%，H为6%～7%，O为20%～30%，N为14%～19%，S为0.2%～3%，P为0～3%。大多数蛋白质含氮量比较接近，平均含量为16%，氮元素容易用凯氏定氮法进行测定，所以只要测出样品中的含氮量就能估算出样品中蛋白质的大致含量。

$$蛋白质的含量=氮的含量\times(100/16)=氮的含量\times 6.25$$

5.1.3　氨基酸

1. 氨基酸的结构

氨基酸是带有氨基的有机酸，分子结构中至少含有一个氨基和一个羧基。天然蛋白质在酸、碱或酶的作用下，完全水解的最终产物是性质各不相同的一类特殊的氨基酸，即L-α氨基酸。L-α-氨基酸是组成蛋白质的基本单位，其结构通式如图5-1所示。分子结构中均含有一个α-H，一个α-COOH，一个α-NH_2和一个α-R，均以共价键和α-C相连接，除甘氨酸外这种碳原子常为手性碳原子，大多数天然氨基酸的构型为L-氨基酸。

H | $R—C_{\alpha}—COOH$ | NH_2	H | $R—C_{\alpha}—COO^-$ | NH_3^+
非解离形式	两性离子形式

图 5-1　氨基酸的结构通式

2. 氨基酸的分类

自然界中氨基酸种类很多，但组成蛋白质的氨基酸仅 20 余种，其具体分类如表 5-1 所示。

表 5-1　组成蛋白质的主要氨基酸

分类	名称	常用缩写符号		R 基结构
		三字符号	单字符号	
中性氨基酸	甘氨酸	Gly	G	$—H$
	丙氨酸	Ala	A	$—CH_3$
	缬氨酸	Val	V	$—CH(CH_3)_2$
	亮氨酸	Leu	L	$—CH_2—CH(CH_3)_2$
	异亮氨酸	Ile	I	$—CH(CH_3)—CH_2—CH_3$
	蛋氨酸	Met	M	$—CH_2—CH_2—S—CH_3$
	脯氨酸	Pro	P	(环) $\overset{+}{N}H$—COO^-
	苯丙氨酸	Phe	F	$—CH_2—$(苯环)
	色氨酸	Trp	W	(吲哚环) NH
	丝氨酸	Ser	S	$—CH—OH$
	苏氨酸	Thr	T	$—CH(OH)—CH_3$
	半胱氨酸	Cys	C	$—CH_2—SH$
	酪氨酸	Tyr	Y	$—CH_2—$(苯环)$—OH$
	天冬酰胺	Asn	N	$—CH_2—CO—NH_2$
	谷氨酰胺	Gln	Q	$—CH_2—CH_2—CO—NH_2$

续表

分类	名称	常用缩写符号		R基结构
		三字符号	单字符号	
碱性氨基酸	赖氨酸	Lys	K	$-CH_2-CH_2-CH_2-CH_2-NH_3^+$
	精氨酸	Arg	R	$-CH_2-CH_2-CH_2-NH-C(=NH_2^+)-NH_2$
			H	
	组氨酸	His		$-CH_2-$ $H-N$　NH^+
酸性氨基酸	天冬氨酸	Asp	D	$-CH_2-COO^-$
	谷氨酸	Glu	E	$-CH_2-CH_2-COO^-$

①根据侧链基团R的化学结构不同可分为芳香族氨基酸、杂环氨基酸、脂肪族氨基酸三类。其中芳香族氨基酸包括苯丙氨酸、酪氨酸两种；杂环氨基酸包括色氨酸、组氨酸和脯氨酸三种；其余十五种基本氨基酸均为脂肪族氨基酸。

②根据侧链基团R的酸碱性不同可分为中性氨基酸、酸性氨基酸、碱性氨基酸三类。

③根据氨基酸侧链基团R的极性的不同，可将氨基酸分为4类：一是具有非极性或疏水的氨基酸：丙氨酸、缬氨酸、亮氨酸、异亮氨酸、蛋氨酸、脯氨酸、苯丙氨酸、色氨酸，它们在水中的溶解度比较小。二是极性但不带电荷的氨基酸：具有中性基团，能与适宜的分子加水形成氢键，如丝氨酸、苏氨酸、酪氨酸中的羟基，半胱氨酸的巯基，天冬酰胺、谷氨酰胺中的酰胺基，都与它们的极性有关。甘氨酸有时也属于此类氨基酸。三是带正电荷的氨基酸：赖氨酸、精氨酸、组氨酸。四是带负电荷的氨基酸：天冬氨酸、谷氨酸，通常含有两个羧基。

人体所需的氨基酸，大多数是可以自身合成或者能由另一种氨基酸在体内转变而成，但有8种氨基酸是人体自身不能合成的，只能通过食物供给，称为必需氨基酸。人体必需氨基酸有：亮氨酸、异亮氨酸、赖氨酸、蛋氨酸、色氨酸、缬氨酸、苏氨酸、苯丙氨酸。对于正在发育中的婴儿，必需氨基酸还包括组氨酸。蛋白质中所含必需氨基酸的数量及其有效性可用来评价食品中蛋白质的营养价值。动物蛋白的必需氨基酸含量比植物蛋白高，因此动物蛋白的营养价值要高于植物蛋白。在体内能自行合成的氨基酸称为非必需氨基酸。

3. 氨基酸的性质

(1)氨基酸的物理性质

①溶解度。各种常见的氨基酸均为白色结晶，在水中的溶解度差别很大，如胱氨酸、酪氨酸、天冬氨酸、谷氨酸等在水中的溶解度很小，而精氨酸、赖氨酸的溶解度很大；一般都能溶解于稀酸或稀碱溶液中，在盐酸溶液中，所有氨基酸都有不同程度的溶解度；不溶或微溶于有机溶剂，可用乙醇将氨基酸从溶液中沉淀析出。

②熔点。氨基酸的熔点极高，一般在200℃～300℃之间。

③旋光性。除甘氨酸外其他氨基酸分子内至少含有一个不对称碳原子，因此都具有旋光性，可用旋光法测定氨基酸的纯度。

④味感。氨基酸的味感与氨基酸的种类和立体结构有关，如D-氨基酸多数带有甜味，甜味最强的是D-色氨酸，甜度是蔗糖的40倍；L-氨基酸具有甜、苦、鲜、酸四种不同的味感。

⑤光学性质。组成蛋白质的氨基酸都不吸收可见光，但在紫外光区酪氨酸、色氨酸和苯丙氨酸有显著地吸收，最大吸收波长分别为278nm、279nm和259nm，利用此性质可对这三种氨基酸进行定量测定。酪氨酸、色氨酸残基同样在280nm处有最大的吸收，同时由于大多数蛋白质都含有酪氨酸残基，因此可用紫外分光光度法测定蛋白质在280nm下对紫外光的吸收程度，快速测定蛋白质的含量。

(2)氨基酸的化学性质

氨基酸分子中的反应基团主要是指分子中含有的氨基、羧基和侧链的反应基团。其中有些反应可用作氨基酸的定量分析。

①氨基酸的酸碱性质。氨基酸分子中同时含有羧基和氨基，因此它们既有酸的性质也有碱的性质，是两性电解质。氨基酸在溶液中的存在形式与溶液的pH值有关，受pH的影响可能有三种不同的离解状态。就某种氨基酸而言，调节其溶液至一定的pH值，使氨基酸在此溶液中净电荷为零，此时溶液的pH值为该氨基酸的等电点，简写为pI。氨基酸以不带电的偶极离子的形式存在，在电场中既不向阳极移动，也不向阴极移动。在高于等电点的任何pH溶液中，负离子占优势，氨基酸带净负电荷；而在低于等电点的pH溶液中，正离子占优势，氨基酸带净正电荷。在一定pH范围内，pH离等电点越远，氨基酸所带的净电荷越大(图5-2)。

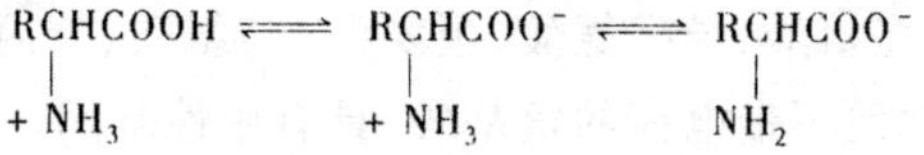

$$\underset{+NH_3}{\underset{|}{RCHCOOH}} \rightleftharpoons \underset{+NH_3}{\underset{|}{RCHCOO^-}} \rightleftharpoons \underset{NH_2}{\underset{|}{RCHCOO^-}}$$

图5-2 氨基酸的两性电离

由于各种氨基酸中的羧基和氨基的相对强度和数目不同，导致各种氨基酸的等电点也不相同，等电点是每种氨基酸的特定常数。一般中性氨基酸等电点pH为5～6.3，酸性氨基酸的等电点pH为2.8～3.2，碱性氨基酸的等电点为pH为7.6～10.8。在等电点时净电荷为零，由于缺少同种电荷的排斥作用，因此容易沉淀，溶解度最小。所以可用调节溶液pH值的方法来分离几种氨基酸的混合物。

在电场中，中性偶极离子不向任一电极移动，而带净电荷的氨基酸则向某一电极移动。由于各种氨基酸的等电点不同，所以在同一pH值的溶液中所带净电荷不同，导致在同一电场中的移动方向和速度也不相同，以此可以分离和鉴别各种氨基酸。这种带电粒子在电场中发生移动的现象称为电泳，这种分离和鉴别氨基酸的方法称为电泳法。

②氨基酸与金属离子的螯合作用。许多金属离子如Ca^{2+}，Mn^{2+}，Fe^{2+}等可和氨基酸作用产生螯合物。

③与醛类化合物反应。氨基酸的氨基与醛类化合物反应生成类黑色物质，是美拉德反应的中间产物，与褐变反应有关。很多食品加工过程中都会发生褐变反应，赋予食品的色香味。

④氨基酸的脱氨基、脱羧基反应。氨基酸经脱氨基反应生成相应的酮酸。氨基酸在高温或细菌及酶的作用下，脱去羧基反应生成胺。肉类产品和海产品等含丰富的蛋白质，氨基酸的脱羧基反应是导致这类食物变质的原因之一，生成的胺类物质赋予食品不良的气味和毒性。

⑤与茚三酮反应。α-氨基酸与茚三酮在酸性溶液中共热，产生紫红、蓝色或紫色物质，在

570nm 波长处有最大吸收值。脯氨酸和羟脯氨酸与茚三酮反应形成黄色化合物，在 440nm 波长处有最大吸收值。利用这个颜色反应，可对氨基酸进行定量测定。

⑥与荧光胺反应。α-氨基酸和一级胺反应生成强荧光衍生物，因而，可用来快速定量测定氨基酸、肽和蛋白质，此法灵敏度较高。

5.2　食品中常见的蛋白质

食品中的蛋白质按来源分为动物来源食品中的蛋白质、植物来源食品中的蛋白质及蛋白质新资源。动物来源食品中的蛋白质又分为禽畜水产动物肉类蛋白质、牛乳蛋白质和蛋类蛋白质；植物来源食品中的蛋白质有蔬菜蛋白质、谷类蛋白质、油料种子蛋白质；蛋白质新资源包括单细胞蛋白、微生物蛋白、水产动物蛋白、植物叶蛋白等。

5.2.1　动物来源食品中的蛋白质

1. 肌肉蛋白质

肌肉蛋白质是重要的蛋白质来源。肌肉蛋白质一般指牛肉、羊肉、猪肉和鸡肉中的蛋白质，其蛋白质占湿重的 20%左右。肌肉蛋白质可分为肌原纤维蛋白质、肌浆蛋白质和肌基质蛋白质。这 3 类蛋白质在溶解性质上存在着显著的差异。采用水或低离子强度的缓冲液（0.15mol/L 或更低溶度）能把肌浆蛋白质提取出来，提取肌原纤维蛋白质需要采用更高浓度的盐溶液，而肌基质蛋白质是不溶解的。

主要的肌肉蛋白质的性质可以简单总结如下。

①肌原纤维蛋白质（亦称肌肉的结构蛋白质）占肌肉蛋白质总量的 51%～53%。肌球蛋白的等电点为 5.4 左右，在温度达到 50℃～55℃时发生凝固，具有 ATP 酶的活性。肌动蛋白的等电点为 4.7，可与肌球蛋白结合为肌动球蛋白。肌球蛋白、肌动蛋白间的作用决定肌肉的收缩。

②肌浆蛋白质中含有大量糖解酶和其他酶，还含有肌红蛋白和血红蛋白。肌红蛋白为产生肉类色泽的主要色素，它的等电点为 6.8，性质不稳定，在外来因素影响下所含的 Fe^{2+} 转化为 Fe^{3+}，可导致肉制品色泽异常。存在于肌原纤维间的清蛋白（肌溶蛋白）性质也不稳定，在温度达到 50℃就可以变性。

③肌基质蛋白质形成肌肉的结缔组织骨架，包括胶原蛋白、网硬蛋白和弹性蛋白。胶原蛋白中含有丰富的羟脯氨酸（10%）和脯氨酸，甘氨酸含量更丰富（约 33%），这种特殊的氨基酸组成是胶原蛋白三股螺旋结构形成的重要基础。胶原蛋白经过加热发生部分水解转化为明胶，而明胶的重要特性就是可溶于热水并形成热可逆凝胶。

2. 牛乳蛋白质

牛乳中含有大约 33g/L 蛋白质，主要可分为酪蛋白、乳清蛋白两大类。其中酪蛋白约占总蛋白质的 80%，包括 α_{S1}-酪蛋白、α_{S2}-酪蛋白、β-酪蛋白、κ-酪蛋白；乳清蛋白约占总蛋白质的 20%，包括 β-乳球蛋白、α-乳清蛋白、免疫球蛋白和血清清蛋白等。

(1)酪蛋白

酪蛋白是一种磷蛋白，含 0.86%的磷，是一种非均相蛋白质。酪蛋白属于疏水性最强的一类蛋白质，在牛乳中聚集成胶团形式。酪蛋白胶束的直径在 30～300nm 之间，在 1mL 液体乳中胶束的数量在 10^{14} 左右，只有小部分胶束直径在 600nm 左右，故可以认为牛乳中的蛋白质主要是以纳米形式存在。

酪蛋白可简单地采用酸沉淀分离法(调节 pH 至 4.6 附近)得到，也可以利用凝乳酶的作用得到，最终产品的性能随处理方法的差异而有所不同。酪蛋白是食品加工中的重要配料，其中以酪蛋白钠盐的应用最广泛。酪蛋白钠盐在 pH＞6 时稳定性好，在水中有很好的溶解性及热稳定性，是良好的乳化剂、保水剂、增稠剂、搅打发泡剂和胶凝剂。

(2)乳清蛋白

牛乳中的酪蛋白沉淀下来后，保留在上层的清液含有乳清蛋白。乳清蛋白主要成分按含量递减依次为 β-乳球蛋白、α-乳清蛋白等。

乳清蛋白在宽广的 pH、温度和离子强度范围内具有良好的溶解度，甚至在等电点附近即 pH 为 4～5 时仍然保持溶解，这是天然乳清蛋白最重要的物理化学和功能性质。此外，乳清蛋白溶液经热处理后形成稳定的凝胶。乳清蛋白的表面性质在它们应用于食品时也是很重要的。

3. 鸡蛋蛋白质

鸡蛋蛋白质有蛋清蛋白与蛋黄蛋白两种，它的特点是具有较高的生物学价值。

蛋清蛋白中至少含有 8 种不同的蛋白质，其中存在的溶菌酶、抗生物素蛋白、免疫球蛋白和蛋白酶抑制剂等都能有效抑制微生物生长，保护蛋黄。蛋清中的蛋白质主要包括：①卵清蛋白，占蛋清蛋白总量的 54％～69％，属于磷糖蛋白，耐热，如在 pH9 和 62℃下加热 3.5min 仅 3％～5％的卵清蛋白有显著改变；②伴清蛋白，即卵转铁蛋白，是一种糖蛋白，占蛋清蛋白的 9％，在 57℃加热 10min 后 40％的伴清蛋白变性，当 pH 为 9 时在上述条件下加热，伴清蛋白性质未见明显改变；③卵类黏蛋白，占蛋清蛋白总量的 11％，在糖蛋白质酸性和中等碱性的介质中能抵抗热凝结作用，但是在有溶菌酶存在的溶液中加热到 60℃以上时蛋白质便凝结成块；④溶菌酶，占蛋清蛋白总量的 3％～4％，等电点为 10.7，比蛋清中的其他蛋白质的等电点高得多，而其相对分子质量(14600)却最低；⑤卵黏蛋白，是一种糖蛋白，占蛋清蛋白总量的 2.0％～2.9％，有助于浓厚蛋清凝胶结构的形成。

蛋清是食品加工中重要的发泡剂，它的良好起泡能力与蛋清中卵黏蛋白和球蛋白的发泡能力有关。它们都是分子量很大的蛋白质，卵黏蛋白具有高黏度。在焙烤过程中发现，由卵黏蛋白形成的泡沫易破裂，而加入少量溶菌酶后可大大提高泡沫的稳定性。

蛋黄是食品加工中重要的乳化剂。蛋黄中含有丰富的脂类。蛋黄蛋白有卵黄蛋白、卵黄磷蛋白和脂蛋白 3 种。蛋黄的乳化性质很大程度上取决于脂蛋白。蛋黄的发泡能力稍大于蛋清，但是它的泡沫稳定性远不如蛋清蛋白。

蛋清还是食品加工中重要的胶凝剂。

5.2.2 植物来源食品中的蛋白质

1. 谷类蛋白质

谷类蛋白质含量在 6％～20％之间，含量随种类不同而不同。谷类蛋白质主要有小麦蛋白质、玉米蛋白和稻米蛋白 3 种。

(1)小麦蛋白质

小麦蛋白质可按它们的溶解度分为清蛋白(溶于水)、球蛋白(溶于 10%NaCl 溶液,不溶于水)、麦醇溶蛋白(溶于 70%～90%乙醇)和麦谷蛋白(不溶于水或乙醇,溶于酸或碱)。

清蛋白和球蛋白共约占小麦胚乳蛋白质的 10%～15%。它们含有游离的巯基(—SH)及较高比例的碱性和其他带电氨基酸。清蛋白的相对分子质量很低,约在 12000～26000 范围;球蛋白的相对分子质量可高达 100000,但多数低于 40000。

麦醇溶蛋白和麦谷蛋白是面筋蛋白质的主要成分,它们约占面粉蛋白质的 85%。在面粉中麦醇溶蛋白和麦谷蛋白的量大致相等,两者结构都是非常复杂的。这两种蛋白质的氨基酸组成特征是高含量的 Gln 和 Pro、非常低含量的 Lys 和离子化氨基酸,属于最少带电的一类蛋白质。面筋蛋白质中含硫氨基酸的含量低,然而这些含硫基团对于它们的分子结构以及在面包面团中的功能是重要的。

小麦蛋白质的含量、蛋白质的组成对焙烤产品的品质影响很大。例如强力粉是含有较多蛋白质的面粉,在制作面包时具有很好的气体滞留能力,同时使产品具有良好的外观和质地。一般不同蛋白质含量的面粉其用途也不一。

(2)玉米胚乳蛋白

玉米胚乳蛋白是湿法加工玉米时,先脱去胚芽以及玉米皮等组织,然后再部分提取淀粉后获得的产物。玉米胚乳蛋白中富含叶黄素,缺乏赖氨酸和色氨酸两种必需氨基酸。

(3)稻米蛋白

稻米蛋白主要存在于内胚乳的蛋白体中,在碾米过程中几乎全部保存,其中 80%为碱溶性蛋白——谷蛋白。稻米是唯一具有高含量谷蛋白和低含量醇溶谷蛋白(5%)的谷类,因此其赖氨酸含量也较高(约占 3.5%～4.0%)。过分追求精白面和精白米,不但损失粮食,而且也损失大量蛋白质。

2. 油料种子蛋白质

目前油料蛋白质的利用主要是大豆蛋白质。大豆含有 42%蛋白质、20%油和 35%碳水化合物(按干基计算)。大豆蛋白质对于物理和化学处理非常敏感,例如加热(在含有水分的条件下)和改变 pH 能使大豆蛋白的物理性质产生显著的变化,这些性质包括溶解度、黏度和分子量。

大豆蛋白质可分为两类:清蛋白和球蛋白。球蛋白约占大豆蛋白质的 90%(以粗蛋白计)。大豆球蛋白可溶于水、盐、碱溶液,加酸调节 pH 至等电点 4.5 或加入饱和硫酸铵溶液则沉淀析出。大豆蛋白质在 pH 为 3.75～5.25 时溶解度最低,而在等电点的酸性一侧和碱性一侧具有最高溶解度。在 pH 为 6.5 时,脱脂大豆粉中的蛋白质约 85%能被水提取出来,加入碱能再增加提取率 5%～10%。所以工业上一般采取碱溶酸沉的工艺分离制备大豆蛋白质。

根据超离心的沉降系数可将水可提取的大豆蛋白质分为 2S、7S、11S、15S 等组分。其中 7S 和 11S 最重要,7S 占总蛋白质的 37%,11S 占总蛋白质的 31%。商业上重要的大豆蛋白质制品是大豆浓缩蛋白和大豆分离蛋白,它们的蛋白质含量分别高于 70%和 90%。

5.3 蛋白质的理化性质

蛋白质是由氨基酸组成的高分子化合物，理化性质一部分与氨基酸相似，如两性电离及等电点、呈色反应、成盐反应等，但也有一部分理化性质不同于氨基酸，如高分子量、胶体性、沉淀、变性等。

5.3.1 蛋白质的胶体性质

蛋白质是天然高分子化合物，相对分子质量很大，分子体积也很大，分子直径达到了胶体微粒的大小，所以溶于水的蛋白质能形成稳定的亲水胶体，通称为蛋白质溶胶，常见的豆浆、牛奶、肉冻汤等都是蛋白质溶胶。蛋白质溶胶的吸附能力较强。

在一定条件下，蛋白质发生变性，原来处于分子内部的一些非极性基团暴露于分子的表面，这些伸展的肽链互相聚集，又通过各种化学键发生了交联，形成空间网状结构，而溶剂小分子充满在网架的空隙中，成为失去流动性的半固体状体系，称为凝胶。这种凝胶化的过程称为胶凝。

蛋白质的凝胶化过程是变性的蛋白质分子聚集并形成有序的蛋白质网络结构的过程，是蛋白质分子中氢键、二硫键等相互作用以及疏水作用、静电作用、金属离子的交联作用的结果。在此过程中，凝胶体由展开的蛋白质多肽链相互交织、缠绕，并以部分共价键、离子键、疏水键及氢键键合而成为三维空间网状结构，且通过蛋白质肽链上的亲水基团结合大量的水分子，还将无数的小水滴包裹在网状结构的“网眼”中。在凝胶体中蛋白质的三维网状结构是连续相，水是分散相。凝胶体保持的水分越多，凝胶体就越软嫩，如明胶凝胶含水量最高可达99%以上。

一定浓度的蛋白质溶液冷却后能生成凝胶。蛋白质凝胶可以看成是水分散在蛋白质中的一种胶体状态，具有一定的形状和弹性，具有半固体的性质。

在生物体系内，蛋白质以凝胶和溶胶的混合状态存在。在肌肉组织中，蛋白质的凝胶状态是肌肉能保持大量水分的主要原因。肌肉组织含有多种蛋白质，它们以各种方式交联在一起，形成一个高度有组织的空间网状结构。由于蛋白质分子未结合部位的水化作用和空间网状结构的毛细管作用，使得肌肉能保持大量的水分。在很大的压力下都不能把新鲜猪肉中的水分压挤出来的原因就在于其蛋白质胶体的持水力。果冻、豆腐、面筋、香肠、重组肉制品等都是蛋白质凝胶化作用在食品加工中的应用。

很多食品加工需要利用蛋白质的胶凝作用来完成，如蛋类加工中水煮蛋、咸蛋、皮蛋，乳制品中的干酪，豆类产品中的豆腐、豆皮等，水产品中的鱼丸、鱼糕等，肉类中的肉皮冻、水晶肉、芙蓉菜等。

在烹饪中采用旺火、高温、快速加热的烹调方法，如爆、炒、熘、涮等，由于原料表面骤然受到高温，表面蛋白质变性胶凝。细胞孔隙闭合，因而可保持原料内部营养素和水分不致外溢。因此，采用爆、炒、熘、涮等烹调方法，不仅可使菜肴的口感鲜嫩，而且能保留较多的营养素不受损失。

对食品加热时间过长，则会因对蛋白质的加热超过了凝胶体达到最佳稳定状态所需的加热温度和加热时间，引起凝胶体脱水收缩、变硬，保水性变差，嫩度降低。肉类烹饪中嫩肉加热过久会变老变硬，鱼类烹饪中为防止鱼体碎散而在下锅后多烹一段时间才能翻动，也是这个道理。另外，豆制品加工中也应用了上述原理。不同品种的豆制品质地软硬要求不同，如豆腐干应比豆腐硬韧一些，所以在制豆腐干时，添加凝固剂时的豆浆温度应比制豆腐时高些，这时大豆蛋白质分子间的结合会较多、较强，水分排出较多，生成的凝胶体（豆制品）也较为硬韧。

5.3.2　蛋白质的沉淀作用

使蛋白质从溶液中析出的现象称为蛋白质沉淀作用。蛋白质胶体溶液的稳定性是有条件的、相对的。蛋白质胶体溶液具有两种稳定因素——胶体中蛋白质分子表面的水化层和电荷，若无外加条件，蛋白质分子不会互相凝集。然而除掉这两个稳定因素（如调节溶液 pH 至等电点和加入脱水剂），蛋白质便容易凝集、沉淀而析出。沉淀出来的蛋白质有时是变性的，也可得到不变性的蛋白质。所以蛋白质的沉淀有可逆性沉淀与不可逆性沉淀两种。

可逆性沉淀是指用无机离子使蛋白质分子失去电荷或用有机溶剂使蛋白质分子脱水，造成蛋白质分子沉淀。当上述条件失去时，蛋白质分子的沉淀又能溶解到原来的水溶液中，其特点是，蛋白质分子没有发生显著的化学变化。常用无机离子来源于一些中性盐类：硫酸铵、硫酸钠、氯化钠等。因为它们是强电解质，能以更强的水化作用来破坏蛋白质表面的水化层，从而使蛋白质沉淀下来，这种现象称为盐析。提取酶制剂时常用此法。盐析时溶液 pH 在蛋白质的等电点时效果更好。常用的有机溶剂有乙醇、甲醇、丙酮等。在常温下有机溶剂易引起蛋白质变性。适当的 pH 值和低温快速处理有利于防止变性。

不可逆性沉淀是指用化学方法（重金属、生物碱试剂或某些酸类）或物理方法（加压、加热和光照），使蛋白质发生永久性变性而形成的蛋白质分子的沉淀。常用的重金属有汞、银、铅、铜等；沉淀条件要偏于碱性，即 pH＞pI，这样可以使蛋白质分子有较多的负离子，以便与重金属离子结合成盐。常用的化学试剂有苦味酸、钨酸、鞣酸、碘化钾等；常用的酸有三氯醋酸、水杨磺酸、硝酸等。上述两类化学试剂的沉淀条件是要偏于碱性，即 pH＞pI，这样可以使蛋白质分子有较多的正离子，易与酸根结合成盐。蛋白质加热凝固，首先在于加热使蛋白质变性，有规则的肽链结构打开，呈松散状不规则的结构，分子不对称性增加，疏水基团暴露，进而凝聚成凝胶状的蛋白质块。

5.3.3　蛋白质的水解和分解

蛋白质能在酸、碱或酶（蛋白酶）的作用下发生水解作用，变性了的蛋白质更易发生水解反应，在加热时也能发生水解。蛋白质的水解产物，随着反应程度和蛋白质的组成不同而变化。单纯蛋白质水解的最终产物是 α-氨基酸；结合蛋白质水解的最终产物除了 α-氨基酸外，还有相应的非蛋白物质，如糖类、色素、脂肪等。不论是单纯蛋白质还是结合蛋白质，在生成氨基酸之前都生成一些小分子肽即低肽。水解生成的低肽和氨基酸增加了食品的风味，同时肽和氨基酸与食物中其他成分反应，进一步形成各种风味物质，所以蛋白质也属于原料中的风味前体物质之一。

蛋白质在高温下变性后易水解，也易发生分解，形成一定的风味物质。所以蛋白质的加热过程不仅是变性成熟过程，也是水解、分解产生风味的过程。但是过度地加热可使蛋白质分解产生有害的物质,甚至产生致癌物质,有害人体健康。

蛋白质还能在腐败菌作用下发生分解,产生对人体有害的 NH_3、H_2S、胺类、含氮杂环化合物、含硫有机物及低级酸等物质。这些物质有的有毒,有的具有强烈的臭味,使食物失去营养和食用价值。例如,鸡蛋变臭、鱼肉的腐败,都是细菌作用于蛋白质造成的。

5.3.4 蛋白质的颜色反应

蛋白质分子具有某些特殊的化学结构,能与多种化合物发生特异的化学反应,生成具有特定色泽的产物,可以应用于定性和定量测定蛋白质。例如,蛋白质溶液中加入茚三酮并加热至沸腾则显蓝色;蛋白质在碱性溶液中与硫酸铜作用呈现紫红色(此反应被称为双缩脲反应),而且肽链越长显色越深,由粉红直到蓝紫色。该反应常用于蛋白质的定性、定量及水解进程鉴别。

5.4 蛋白质的功能特性及应用

蛋白质的某些物理、化学以及生物化学性质,在食品加工、储运和消费期间,影响到含有蛋白质成分的食品的性能,食品科学中将蛋白质的这些性质称为蛋白质的功能性质。蛋白质的功能性质通常包括蛋白质的水合、膨润、乳化性与发泡性等。

5.4.1 蛋白质的水合

蛋白质的许多功能性质都取决于蛋白质和水的作用。蛋白质和水的作用主要表现为其水化和持水性。

1. 蛋白质的水化

大多数食品是蛋白质水化的固态体系,蛋白质中水的存在及存在方式直接影响着食物的质构和口感。干燥的蛋白质原料并不能直接用来加工,须先将其水化后使用。干燥蛋白质遇水逐步水化,在其不同的水化阶段,表现出不同的功能特性。蛋白质的水化过程如图 5-3 所示。

干蛋白→极性部位与水分子结合(吸附)→多层水吸附→液态水凝聚→溶胀→溶剂分散→溶液
↓
溶胀的不溶性粒子或块

图 5-3 蛋白质的水化过程

吸收、溶胀、润湿性、持水能力、黏着性与水化过程的前四个阶段相关,而蛋白质的溶解度、速溶性、黏度与蛋白质溶胀以后的溶剂分散有关。蛋白质的最终存在状态,与蛋白质和蛋白质之间是否存在较强的相互作用有关。如果蛋白质间存在较强的相互作用,蛋白质分子间有较多的相互交联,这样的蛋白质水化后,往往以不溶性的充分溶胀的固态蛋白质块存在,如水发后的大豆蛋白肉等。

影响蛋白质水化的因素首先是蛋白质自身的状况,如蛋白质形状、表面积大小、蛋白质粒子表面基团数目及蛋白质粒子的微观结构是否多孔等。蛋白质比表面积大、表面极性基团数目多、多孔结构都有利于蛋白质的水化。其次,蛋白质所处的环境因素会影响蛋白质的水化程度。蛋白质所处环境的pH会影响蛋白质分子的离子化作用和所带净电荷数目,从而改变蛋白质分子间作用力及与水结合的能力。当原料的pH处于其等电点时,蛋白质与蛋白质之间的相互吸引作用最大,蛋白质的水化及溶胀最低,不利于蛋白质与水结合和干燥蛋白质的膨润。温度对蛋白质的水化作用也有影响。一方面,温度升高会导致氢键数量减少,造成蛋白质结合水的数量下降,并且加热使蛋白质产生变性和凝聚作用,导致蛋白质的比表面积减少,使蛋白质结合水的能力下降。另一方面,加热也会使那些原来结合较紧密的蛋白质分子发生离解和开链,导致原先埋藏在蛋白质分子内部的极性基团暴露出来,这样也会使蛋白质结合水的能力提高。究竟哪种因素占优势,取决于加热的温度和时间。对蛋白质进行适度加热,往往不会损害蛋白质的水化能力,而高温较长时间的加热会损害蛋白质的水化能力。低浓度的盐溶液往往增加蛋白质的水化程度,即发生所谓的盐溶,而在高浓度的盐溶液中由于盐与水的相互作用大于蛋白质与水的相互作用,使蛋白质发生脱水,即发生盐析。

2. 蛋白质的持水性

蛋白质的持水性是指水化了的蛋白质将水保留在蛋白质组织中而不丢失的能力。蛋白质保留水的能力与许多食品的质量,特别是肉类菜肴的质量有重要关系。加工过程中肌肉蛋白质持水性越好,制作出的食品口感越鲜嫩。要做到这一点,除了避免使用老龄的动物肌肉外,还要注意使肌肉蛋白质处于最佳的水化状态。比较有实际意义的操作方法之一是尽量使肌肉远离等电点,如用经过排酸的肌肉进行加工,这时肌肉的pH值较高,或使用食盐调节肌肉蛋白质的离子强度,使肌肉蛋白质充分水化。另外,在加工过程中还要避免蛋白质受热过度导致水的流失,可以在肌肉表面裹上一层保护性物质,或采用在较低油温中滑熟的方法处理。

5.4.2　蛋白质的膨润

蛋白质的膨润是指蛋白质吸水后不溶解,在保持水分的同时赋予制品以强度和黏度的一种重要功能特性。加工中有大量的蛋白质膨润的实例,如以干凝胶形式保存的干明胶、鱿鱼、海参、蹄筋的发制等。

通常,蛋白质干凝胶的膨润与蛋白质水化过程的前四个阶段相似。一、二阶段蛋白质吸收的水量有限,每克干物质吸水0.2～0.3g,所以这个阶段蛋白质干凝胶的体积不会发生大的变化,这部分水是依靠原料中的亲水基团吸附的结合水。三、四阶段吸附的水是通过渗透作用进入凝胶内部的水,这些水被凝胶中的细胞物理截留,这部分水是体相水。由于吸附了大量的水,膨润后的凝胶体积膨大。干凝胶发制时的膨化度越大,出品率越高。

蛋白质干凝胶的膨润与凝胶干制过程中蛋白质的变性程度有关。在干制脱水过程中,蛋白质变性程度越低,发制时的膨润速度越快,复水性越好,更接近新鲜时的状态。真空冷冻干燥得到的干制品对蛋白质的变性作用最低,所以,复水后产品的质量最好。膨润过程中的pH对干制品的膨润及膨化度的影响也非常大。由于蛋白质在远离其等电点的情况下水化作用较大,所以,基于这样的原理,许多原料采用碱发制。但碱性蛋白质容易产生有毒物质,所以对碱发的时间及碱的浓度都要进行控制,并在发制后充分漂洗。碱是强的氢键断裂剂,所以膨润过度会导致制品丧失应有的黏弹性和咀嚼性。可见,碱发过程中的品质控制是非常重要的。还有一些干货原料,用水或碱液浸泡都不易涨发,这就需要先进行油发或盐发。这是因为,这类蛋白质干凝胶大都是由以蛋白质的二级结构为主的纤维状蛋白如角蛋白、胶原蛋白、弹性蛋白组成，所以结构坚硬、不易水化。用热油（120℃左右）及热盐处理，蛋白质受热后部分氢键断裂，水分蒸发使制品膨大多孔，利于蛋白质与水发生相互作用而水化。

5.4.3 蛋白质的乳化性与发泡性

1. 蛋白质的乳化性

由蛋白质稳定的食品乳状液体系是很多的，如乳、奶油、冰淇淋、蛋黄酱和肉糜等。由于蛋白质有良好的亲水性，更适宜乳化成油包水型乳状液。

蛋白质是既含有疏水基团又含有亲水基团，甚至带有电荷的大分子物质。如果蛋白质能在油-水界面充分伸展，一方面可以降低油-水界面的界面张力，增加油-水之间的静电斥力，起到乳化剂的作用；另一方面，可以在油-水界面之间形成一定的物理障碍，有助于乳状液的稳定。

蛋白质能否形成良好的乳状液，取决于蛋白质的表面性质。如蛋白质表面亲水基团与疏水基团的比例与分布、蛋白质的柔性等。柔性蛋白质与脂肪表面接触时容易展开和分布，并与脂肪形成疏水相互作用，这样，在界面可以产生良好的单分子膜，能很好地稳定乳状液。表面性质良好的蛋白质有酪蛋白（脱脂乳粉）、肉和鱼中的肌动蛋白、大豆蛋白、血浆及血浆球蛋白。

一般来说，蛋白质的溶解度越高就越容易形成良好的乳状液。可溶性蛋白的乳化能力高于不溶性蛋白的乳化能力。能够提高蛋白质溶解度的措施有助于提高蛋白质的乳化能力。在肉制品加工中，在肉糜中加入适宜浓度的氯化钠溶液能提高肌纤维蛋白的乳化能力。

大多数蛋白质在远离其等电点的 pH 值条件下乳化作用更好。这时，蛋白质有高的溶解度并且蛋白质带有电荷，有助于形成稳定的乳状液，这类蛋白有大豆蛋白、花生蛋白、酪蛋白、乳清蛋白及肌纤维蛋白。少数蛋白质在等电点时具有良好的乳化作用，同时蛋白质和脂肪的相互作用增强，这样的蛋白质有明胶和蛋清蛋白。

对蛋白质乳状液进行加热处理，通常会损害蛋白质的乳化能力。但对那些已高度水化的界面蛋白质膜，加热产生的凝胶作用提高了蛋白质表面的黏度和硬度，阻碍油滴相互聚集，反而稳定了乳状液。最常见的例子是冰淇淋中的酪蛋白和肉肠中的肌纤维蛋白的热凝胶作用。在对冰淇淋配料的杀菌过程中，酪蛋白发生适度变性，在油滴周围形成一层有一定黏弹性的膜，稳定了冰淇淋中的油脂。要形成良好的蛋白质乳状液，一定的蛋白质浓度是必需的，这样，蛋白质才能在界面上形成足够厚度及有一定弹性的膜。

2. 发泡性

食品泡沫是指气泡（空气、二氧化碳气体）分散在含有可溶性表面活性剂的连续液态或半固体相中的分散体系，表面活性剂起稳定泡沫的作用。

常见的食品泡沫有：蛋糕、打擦发泡的加糖蛋白、蛋糕的顶端饰料、面包、冰淇淋及啤酒泡沫等。

泡沫不稳定，有自动聚集、气泡变大、破裂、液相排水等倾向。要形成稳定的食品泡沫，可采用降低气-液界面张力、提高主体液相的黏度（如加糖或大分子亲水胶体）及在界面间形成牢固而有弹性的蛋白质膜等方法。

蛋白质在食品泡沫中吸附到气-液界面并形成有一定强度的保护膜，起到稳定气泡的作用。蛋清和明胶蛋白虽然表面活性较差，但它可以形成具有一定机械强度的薄膜，尤其是在等电点附近，蛋白质分子间的静电相互吸引使吸附在空气-水界面上的蛋白质膜的厚度和硬度增加，泡沫的稳定性提高。

提高泡沫中主体液相的黏度，有利于气泡的稳定，但同时也会抑制气泡的膨胀。所以，在打擦加蛋白泡沫时，糖应在打擦起泡后加入。

脂类会损害蛋白质的起泡性，所以，在打擦蛋白时，应避免接触到油脂。

泡沫形成前对蛋白质溶液进行适度的热处理可以改进蛋白质的起泡性能，但过度的热处理会损害蛋白质的起泡能力。对已形成的泡沫加热，泡沫中的空气膨胀，往往导致气泡破裂及泡沫解体。只有蛋清蛋白在加热时能维持泡沫结构。

蛋清蛋白具有良好的发泡能力，通常作为比较各种蛋白起泡能力的参照物。

5.4.4 蛋白质的风味结合

蛋白质本身是没有气味的，然而它们能结合风味化合物，影响食品的感官品质。

一些蛋白质，尤其是油料种子蛋白质和乳清浓缩蛋白质，能结合不期望风味物，这些不期望风味物主要是不饱和脂肪酸经氧化生成的醛、酮类化合物，一旦形成，这些羰基化合物就影响它们的风味特性。例如，大豆蛋白的豆腥味和青草味被归之于乙醛的存在。

蛋白质结合风味物的性质也有其有利的一面，在制作食品时，蛋白质可以用作风味物的载体和改良剂，如在加工含植物蛋白质的仿真肉制品时，蛋白质的这个性质特别有用，成功地模仿肉类风味是这类产品能使消费者接受的关键。

温度对风味结合的影响很小；盐对蛋白质风味结合性质的影响与它们的盐溶和盐析性质有关，例如，盐溶类型的盐降低风味结合，而盐析性质的盐提高风味结合；pH 对风味结合的影响是：通常在碱性条件下更能促进风味结合。

化学改性会改变蛋白质的风味结合性质。蛋白质与亚硫酸盐结合通常会提高蛋白质风味结合的能力；蛋白质经酶催化水解后会降低蛋白质的风味结合能力，这也是油料种子蛋白质除去不良风味的一个方法。

5.4.5 食品加工中蛋白质功能特性的应用

各种蛋白质有不同的功能性质，在食品加工过程中发挥出不同的功能。根据其功能性质不同，选定适宜的蛋白质，加入到食品中，使之与其他成分如糖、脂肪和水反应，可加工成理想的成品，这一做法在食品加工中得到广泛的应用。

(1)以乳蛋白作为功能蛋白质

在生产冰淇淋和发泡奶油点心过程中，乳蛋白起着发泡剂和泡沫稳定剂的作用，乳蛋白冰淇淋还有保香作用。

在焙烤食品中加入脱脂奶粉，可以改善面团的吸水能力，增大体积，阻止水分的蒸发，控制其他逸散速度，加强结构性。

乳清中的各种蛋白质，具有较强的耐搅打性，可用作西式点心的顶端配料，稳定泡沫。脱脂乳粉可以作为乳化剂添加到肉糜中去，增加其保湿性。

(2)以卵类蛋白作为功能蛋白质

卵类蛋白主要由蛋清蛋白和蛋黄蛋白组成。卵清蛋白的主要功能是促进食品的凝结、胶凝、发泡和成形。

在搅打适当黏度的卵类蛋白质的水分散系时,其中蛋清蛋白重叠的分子部分伸展开,捕捉并且滞留住气体,形成泡沫。卵类蛋白对泡沫有稳定作用。

用鸡蛋作为揉制糕饼面团混合料时,蛋白质在气—液界面上形成弹性膜,这时已有部分蛋白质凝结,把空气滞留在面团中,有利于发酵,防止气体逸散,面团体积加大,稳定蜂窝结构和外形。

蛋黄蛋白的主要功能是乳化及乳化稳定性。它常常吸附在油水界面上,促进产生并稳定水包油乳状液。卵类蛋白能促进油脂在其他成分中的扩散,从而加强食品的黏稠度。

鸡蛋在调味汁和牛奶糊中不但起增稠作用,还可作为黏结剂和涂料,把易碎食品黏连在一起,使它们在加工时不致散裂。

(3)以肌肉蛋白作为功能蛋白质

肌肉蛋白的保水性是影响鲜肉滋味、嫩度和颜色的重要功能性质,也是影响肉类加工质量的决定因素。肌肉中的水溶性肌浆蛋白和盐溶性肌纤蛋白的乳化性,对大批量肉类的加工质量影响极大。肌肉蛋白的溶解性、溶胀性、黏着性和胶凝性,在食品加工中也很重要。如胶凝性可以提高产品强度、韧性和组织性。蛋白的吸水、保水和保油性能,使食品在加工时减少油水的流失量,阻止食品收缩;蛋白的黏着性有促进肉糜结合,免用黏着剂的作用。

(4)以大豆蛋白质作为功能蛋白质

大豆蛋白质具有广泛的功能性质,如溶解性、吸水和保水性、黏着性、胶凝性、弹性、乳化性和发泡性等。每一种性质都给食品加工过程带来特定的效果。如将大豆蛋白加入咖啡内,是利用其乳化性;涂在冰淇淋表面,是利用其发泡性;用于肉类加工,是利用它的保水性、乳化性和胶凝性。加在富含脂肪的香肠、大红肠和午餐肉中,是利用它的乳化性,提高肉糜间的黏性。因其价廉,故应用得非常广泛。

表 5-2 列出了几种蛋白质在不同食品中的功能作用。

表 5-2 几种食品蛋白质在不同食品中的功能作用

蛋白质	食品
乳清蛋白	饮料
明胶	汤、肉汁、色拉调味料、甜食
肌肉蛋白、鸡蛋蛋白	肉、香肠、蛋糕、面包
肌肉蛋白、鸡蛋蛋白、乳蛋白	肉、凝胶、蛋糕、焙烤食品、奶酪
肌肉蛋白、鸡蛋蛋白、乳清蛋白	肉、香肠、面条、焙烤食品
肌肉蛋白、谷物蛋白	肉、焙烤食品
肌肉蛋白、鸡蛋蛋白、乳蛋白	香肠、大红肠、汤、蛋糕、调味料
鸡蛋蛋白、乳蛋白	搅打起泡的浇头、冰淇淋、蛋糕、甜食
乳蛋白、鸡蛋蛋白、谷物蛋白	低脂焙烤食品

5.5 蛋白质在食品加工和贮藏中的变化

食品的加工和贮藏常涉及加热、冷却、干燥、化学试剂处理、辐照或其他各种处理，在这些处理中不可避免地引起蛋白质的物理性质、化学性质和功能性质及营养价值的变化，对食品的品质、安全性等产生一定影响。因而对此必须有全面的了解，以便在食品加工和贮藏中选择适宜的处理条件，避免蛋白质发生不利的变化，促进蛋白质发生有利的变化。

5.5.1 热处理的变化

在食品加工和贮藏过程中，热处理是最常用的加工方法。热处理涉及的蛋白质的化学反应有变性、分解、氨基酸氧化、氨基酸键之间的交换、氨基酸新键的形成等。

加热（适度的热处理）对蛋白质的影响有有利的一面。适度的热处理使蛋白质发生变性伸展，肽键暴露，利于蛋白酶的催化水解，有利于蛋白质的消化吸收；适度的热处理（热烫或蒸煮）可使一些酶如蛋白酶、脂肪氧合酶、淀粉酶、多酚氧化酶失活，防止食品色泽、质地、气味的不利变化；适度的热处理可使豆类和油料种子中的胰蛋白酶抑制剂、胰凝乳蛋白酶抑制剂抗营养因子变性失活，提高植物蛋白质的营养价值；适度的热处理可消除豆科植物性食品中凝集素对蛋白质营养的影响；适度的热处理还会产生一定的风味物质，有利于食品感官质量的提高。

但过度热处理会对蛋白质产生不利的影响。对蛋白质或蛋白质食品进行高强度热处理，会引起氨基酸的脱氨、脱硫、脱二氧化碳、脱酰胺和异构化等化学变化，有时甚至产生有毒化合物，从而降低蛋白质的营养价值，这主要取决于热处理条件。例如，在115℃加热27h，把有50%～60%的半胱氨酸破坏，并产生硫化氢（下式中Pr代表蛋白质分子主体）。

$$2Pr—CH_2—SH \rightarrow Pr—CH_2—S—CH_2—Pr + H_2S$$

半胱氨酸残基　　　羊毛硫氨酸基残基

$$Pr—CH_2—SH + H_2O \rightarrow Pr—CH_2—OH + H_2S$$

半胱氨酸残基　　　丝氨酸残基

蛋白质在超过100℃时加热，会发生脱酰胺反应。例如，来自谷氨酰胺和天冬酰胺的酰胺基会释放出氨，氨会导致蛋白质电荷和功能性质变化。

蛋白质在超过200℃的剧烈热处理下会导致氨基酸残基异构化，使L-氨基酸转变成D-氨基酸。大多数D-氨基酸不具有营养价值，还具有毒性。

在热处理过程中，蛋白质还容易与食品中的其他成分如糖类、脂类、食品添加剂反应，产生各种有利的和不利的变化。由此可见，食品加工中选择适宜的热处理条件，对保持蛋白质营养价值具有重要意义。

5.5.2 低温处理的变化

食品的低温贮藏可延缓或阻止微生物的生长，并抑制酶的活性和化学变化。低温处理主要有冷却和冷冻。食品被冷却时，微生物生长受到抑制，蛋白质较稳定；食品被冷冻时，一般对蛋白质营养价值无影响，对风味有些影响，对蛋白质的品质往往有严重影响。鱼蛋白质很不稳定，经冷冻或冻藏后肌球蛋白变性，与肌动球蛋白结合，使肌肉变硬，持水性降低，解冻后鱼肉变得干而强韧。肉类食品经冷冻、解冻，组织及细胞膜被破坏，并且蛋白质间产生的不可逆结合代替了蛋白质和水的结合，使蛋白质的质地发生变化，持水性也降低。

蛋白质在冷冻条件下变性程度与冷冻速度有关。一般来说，冷冻速度越快，形成的冰晶越小，挤压作用较小，变性程度就小。食品工业根据此原理常采用快速冷冻法，以避免蛋白质变性，保持食品原有的风味。

5.5.3 脱水处理的变化

蛋白质食品脱水的目的是降低水分活度，增加食品稳定性，以便于保藏。脱水方法有以下几种。

(1)热风干燥脱水法

采用自然的温热空气干燥食品，结果脱水后的肉类蛋白、鱼类蛋白会变得坚硬、萎缩且回复性差，烹饪后感觉坚韧而无其原有风味。

(2)真空干燥脱水法

由于真空时氧气分压低，氧化速度慢，而且温度低，可减小非酶褐变及其他化学反应的发生，较热风干燥对肉类品质影响小。

(3)冷冻干燥脱水法

冷冻干燥脱水法的食品可保持原有形状，具有多孔性，回复性较好。但这种方法仍会使部分蛋白质变性，肉质坚韧，持水性下降。

(4)薄膜干燥脱水法

薄膜干燥脱水法是将食品原料置于蒸汽加热的旋转鼓表面，脱水形成薄膜。这种方法往往不易控制，而使产品略有焦味，同时会使蛋白质的溶解度降低。

(5)喷雾干燥脱水法

液体食品以雾状进入快速移动的热空气中，水分快速蒸发而成为小颗粒，颗粒物的温度快速下降。此法对蛋白质性质影响较小，是常用的脱水方法。

5.5.4 碱处理的变化

对食品进行碱处理，尤其是与热处理同时进行时，对蛋白质的营养价值影响很大。如蛋白质经过碱处理后能发生很多变化，生成各种新的氨基酸。首先半胱氨酸或磷酸丝氨酸残基经β-消去反应形成脱氢丙氨酸(DHA)，DHA的反应活性很强，导致它与赖氨酸、鸟氨酸、半胱氨酸残基发生缩合反应，形成赖氨丙氨酸、鸟氨丙氨酸和羊毛硫氨酸。DHA还能与其他氨基酸残基通过缩合反应生成不常见的衍生物。在碱性热处理下，氨基酸残基也发生异构化，由L型变为D型，营养价值降低。

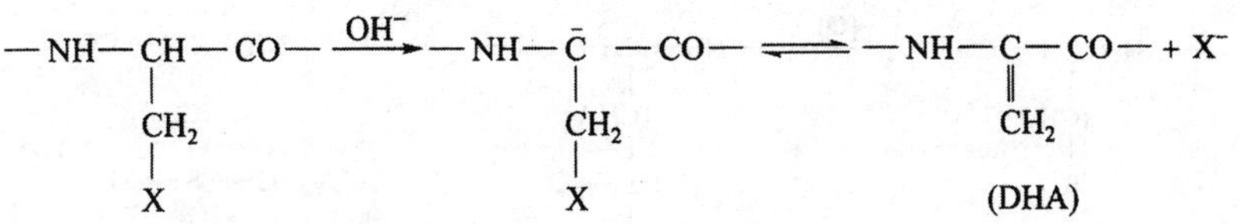

$$-NH-CH(CH_2X)-CO- \xrightarrow{OH^-} -NH-\bar{C}(CH_2X)-CO- \rightleftharpoons -NH-C(=CH_2)-CO-\ (DHA) + X^-$$

$X=SH$ 或 OPO_3H_2

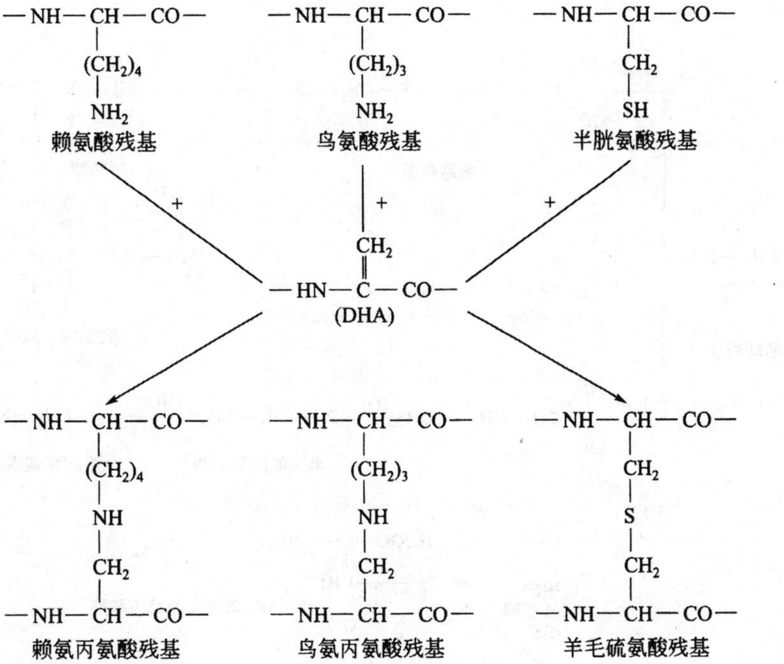

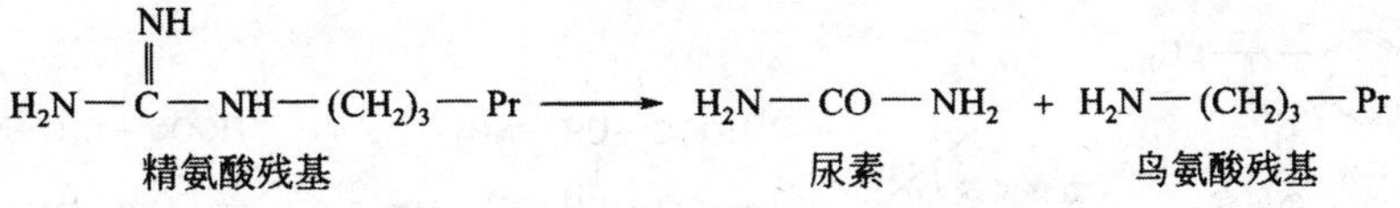

赖氨酸残基：$-NH-CH[(CH_2)_4NH_2]-CO-$

鸟氨酸残基：$-NH-CH[(CH_2)_3NH_2]-CO-$

半胱氨酸残基：$-NH-CH(CH_2SH)-CO-$

以上残基分别 + (DHA) $-HN-C(=CH_2)-CO-$ →

赖氨丙氨酸残基：$-NH-CH-CO-$ 与 $-NH-CH-CO-$ 经 $-(CH_2)_4-NH-CH_2-$ 相连

鸟氨丙氨酸残基：$-NH-CH-CO-$ 与 $-NH-CH-CO-$ 经 $-(CH_2)_3-NH-CH_2-$ 相连

羊毛硫氨酸残基：$-NH-CH-CO-$ 与 $-NH-CH-CO-$ 经 $-CH_2-S-CH_2-$ 相连

$$H_2N-C(=NH)-NH-(CH_2)_3-Pr \longrightarrow H_2N-CO-NH_2 + H_2N-(CH_2)_3-Pr$$

精氨酸残基　　　　尿素　　　　鸟氨酸残基

5.5.5　氧化处理的变化

有时利用过氧化氢、过氧化乙酸、过氧化苯甲酰等氧化剂处理含有蛋白质的食品，在此过程中可引起蛋白质发生氧化，导致蛋白质营养价值降低，甚至还产生有害物质。对氧化反应最敏感的氨基酸是含硫氨基酸（如蛋氨酸、半胱氨酸、胱氨酸）和芳香族氨基酸（色氨酸）。其氧化反应可用下式表示。

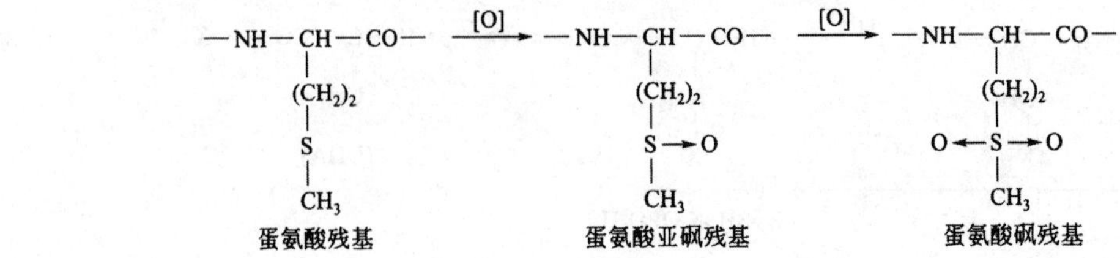

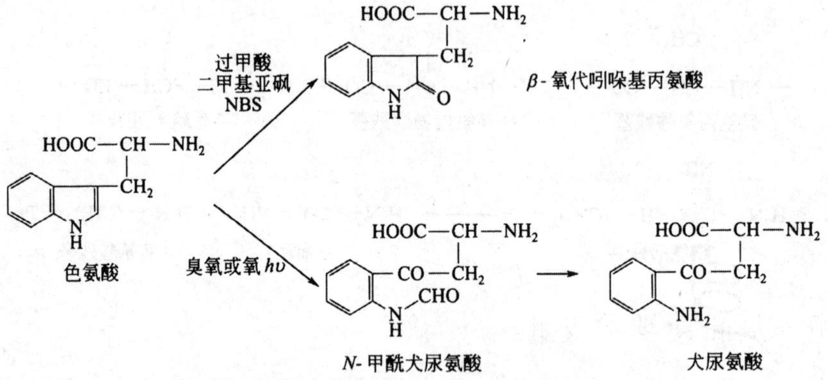

$$-NH-CH(CH_2CH_2SCH_3)-CO- \xrightarrow{[O]} -NH-CH(CH_2CH_2S(\rightarrow O)CH_3)-CO- \xrightarrow{[O]} -NH-CH(CH_2CH_2S(\rightarrow O)_2CH_3)-CO-$$

蛋氨酸残基　蛋氨酸亚砜残基　蛋氨酸砜残基

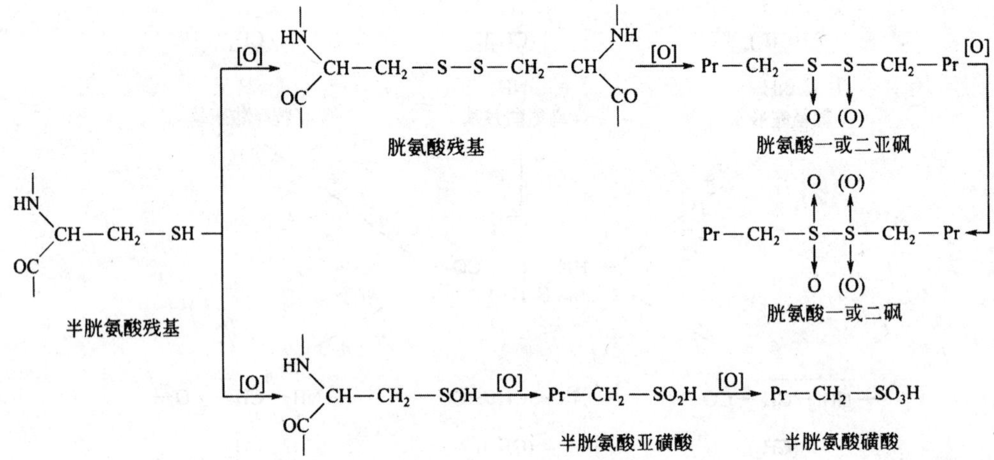

半胱氨酸残基 $-HN-CH(-CO-)-CH_2-SH$：

$\xrightarrow{[O]}$ $-HN-CH(-OC-)-CH_2-S-S-CH_2-CH(-NH-)(-CO-)$（胱氨酸残基）$\xrightarrow{[O]}$ $Pr-CH_2-S(\rightarrow O)-S(\rightarrow (O))-CH_2-Pr$（胱氨酸一或二亚砜）$\xrightarrow{[O]}$ $Pr-CH_2-S(O)(O)-S(O)(O)-CH_2-Pr$（胱氨酸一或二砜）

$\xrightarrow{[O]}$ $-HN-CH(-OC-)-CH_2-SOH \xrightarrow{[O]} Pr-CH_2-SO_2H$（半胱氨酸亚磺酸）$\xrightarrow{[O]} Pr-CH_2-SO_3H$（半胱氨酸磺酸）

色氨酸（$HOOC-CH-NH_2$，CH_2）$\xrightarrow{\text{过甲酸、二甲基亚砜、NBS}}$ β-氧代吲哚基丙氨酸

色氨酸 $\xrightarrow{\text{臭氧或氧 }h\upsilon}$ N-甲酰犬尿氨酸（$HOOC-CH-NH_2$，$CO-CH_2$，$N-CHO$，H）$\longrightarrow$ 犬尿氨酸（$HOOC-CH-NH_2$，$CO-CH_2$，NH_2）

5.6 蛋白质的变性和改性

5.6.1 蛋白质的变性

1. 蛋白质变性的概念与原理

蛋白质变性是指在一定条件下，天然蛋白质分子特定的高级结构（空间构象）被破坏的过程。蛋白质变性不涉及肽键的断裂，它只涉及维持蛋白质高级结构作用力的改变及由此引起的结果（二级、三级、四级结构的变化）。就蛋白质变性的原理来看，实际上是由于各种外界条件导致维持天然蛋白质高级结构的力平衡被破坏，蛋白质为达到新的力平衡而结构发生改变

的过程。处于特定溶液中的天然蛋白质，之所以能够维持其特定的构象，实际是在该条件下蛋白质分子内部的斥力与引力刚好达到平衡的结果。随蛋白质肽链的加长，蛋白质分子的自由能增加，多肽链变得越不稳定。为降低自由能，肽链发生折叠而形成高级结构。蛋白质的天然状态的构象是热力学最稳定的状态，具有最低的吉布斯自由能。由于维持蛋白质高级结构的非共价作用力具有环境敏感性（表 5-3 的破坏条件和增强条件），因此，当环境相关因素一旦发生改变，维持蛋白质高级结构作用力中的一种或几种会发生强烈的改变，这会导致维持天然蛋白质的力平衡被破坏。在非平衡力的作用下，蛋白质多肽链在空间上发生明显移动形成新的空间取向与定位，蛋白质高级结构因此而发生改变，这种改变即表现为蛋白质变性（图 5-4）。从蛋白质伸展或折叠的角度来看，维持蛋白质高级结构的作用力可分为引力（氢键、疏水相互作用、范德华力、盐键等）与斥力（构象熵、水合作用、共价键弯曲与伸展、同性粒子斥力等），前者推动蛋白质折叠而后者推动蛋白质伸展。往往某一种外界因素会同时对这两种作用力产生影响，因此蛋白质发生伸展还是收缩决定于二者之间改变的相对程度。但通常情况下，蛋白质变性的结果是外界因素使斥力增加（引力减小）的幅度高于引力增加（斥力减少）的幅度，蛋白质变性往往表现为肽链的伸展。

表 5-3　维持蛋白质高级结构的作用力

类型	键能（kJ/mol）	作用距离/nm	作用基团	破坏条件	增强条件
静电相互作用	42～84	0.2～0.3	$—NH_3^+$、$—COO^-$ 等	高或低 pH、盐	—
氢键	8～40	0.2～0.3	—NH、—OH、—CO—、—COOH 等	脲、胍、去污剂	冷冻
疏水相互作用	4～12	0.3～0.5	长链烷基、苯基等	有机溶剂、去污剂	加热
范德华力	1～9	—	极性基团与非极性基团	—	
二硫键	330～380	0.1～0.2	—SH	还原剂（Cys）	—

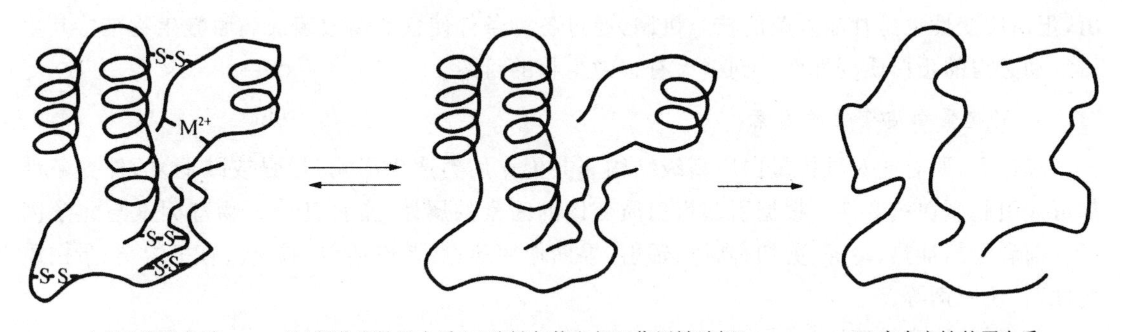

图 5-4　蛋白质变性过程示意图

蛋白质变性有时是可逆的，而有时是不可逆的。前者在引起变性的环境条件解除后蛋白质能回复到天然蛋白质的构象，将此过程称为复性；而后者一旦发生蛋白质构象不可再回复。温和条件下，蛋白质多发生可逆变性，而剧烈条件下，蛋白质多发生不可逆变性。这主要由于剧烈条件下变性蛋白质聚集、肽键构型改变、二硫交换反应、氨基酸残基脱氨、亚基交联以及伴侣蛋白的缺失等因素导致。对大多数蛋白质而言，其变性过程实际是变性与复性同时发生的过程,蛋白质总体的变化决定于变性速率(即肽链伸展速率 k_U)与复性速率(即肽链回折速率 k_F)的相对高低,即蛋白质变性的平衡常数 $K=\frac{k_F}{k_U}=\frac{[N]}{[U]}$,[N]和[U]分别为溶液中变性蛋白质和复性蛋白质分子的数量。

2. 变性对蛋白质的影响

变性可引起蛋白质结构的改变。按照结构决定功能(活性)的理论,变性蛋白质的理化性质、食品工艺学性质以及生物活性都和天然蛋白质有差异。概括起来,变性对蛋白质的影响主要体现在以下几点。

(1)变性对蛋白质理化性质的影响

变性后的蛋白质由于疏水基团的对外暴露,直接导致蛋白质的溶解性降低,甚至发生凝集而沉淀。在较高蛋白质浓度下,变性会导致蛋白质溶液黏度增大甚至凝胶化,如蛋清的加热。此外,变性也会导致蛋白质的等电点、旋光特性、表面疏水性、荧光特性、表面疏水性、荧光特性、结晶特性、紫外吸收强度等理化性质发生改变。

(2)变性对蛋白质食品工艺学特性的影响

变性常会导致蛋白质的持水力下降,如肉类的烹调,但很多研究表明加热可能会改善蛋白质的乳化特性与起泡特性,但不同的蛋白质表现是不一致的。

(3)变性对蛋白质化学反应特性的影响

由于变性,蛋白质分子趋于伸展,更多的肽键或官能基团暴露于分子表面,这一方面增加了蛋白质对蛋白酶的敏感性,使蛋白质易于被水解、消化吸收;另一方面也大幅度提升了蛋白质参与各类化学反应的效率,这在蛋白质改性中有充分的体现。

(4)变性对蛋白质生物活性的影响

变性往往会导致具有生物活性的蛋白质失去其生物活性。如酶蛋白分子发生变性就使其催化活性大幅下降甚至完全丧失;而变性的免疫球蛋白就失去了其免疫活性。同时,必须指出,蛋白质变性也是食品杀菌的核心机制,通过各种条件使食品腐败菌或病原微生物维持其生命活动必需的蛋白质变性而达到杀灭有害微生物的目的。

3. 引起蛋白质变性的因素

理论上,所有能对维持蛋白质高级结构非共价作用力产生影响(加强或减弱)的外界条件都可能引起蛋白质变性。根据引起蛋白质变性的因素的属性,常将其分为物理因素与化学因素。前者包括加热、冷冻、剪切、高压、辐射、界面作用等;后者包括酸、碱、盐、有机溶剂、蛋白质变性剂、还原剂等。

(1)蛋白质变性的物理因素

1)加热。热处理是食品加工常用的方法,也是引起蛋白质变性最普通的物理因素。蛋白质热变性的机理非常复杂,主要涉及以下几个方面。

①加热对维持蛋白质高级结构非共价作用力的去稳定化。维持蛋白质高级结构的氢键、静电相互作用和范德华力具有放热效应(焓驱动),即这些作用力随体系温度的升高而减弱,而随温度的降低而加强。在水环境中,蛋白质极性基团、荷电基团受到水分子巨大的引力,驱动蛋白质肽链尽可能伸展而为水所结合。因此,水环境中蛋白质高级结构的稳定主要靠疏水相

互作用。可以这样说，在水溶液中加热时，蛋白质结构稳定主要靠疏水相互作用，其他稳定力贡献很小。与上述作用力不同，疏水相互作用属于吸热反应（熵驱动），即随温度增高加强，而随温度降低弱化。而研究发现，水溶液中蛋白质分子内部的疏水相互作用在 70～80℃时最高，但超过一定温度，迅速弱化。其原因是当温度达到一定水平后，水的有序结构被破坏，焓的驱动下蛋白质分子中的疏水性基团更多地进入水，使原来结合的两个疏水性基团相互分离而分别发生疏水水合作用。热对疏水相互作用的加强以及促进疏水性基团的水合同时发生，因此也就不难理解为什么蛋白质分子中疏水相互作用随温度升高会出现一个最大值。而高温作用下，疏水相互作用的降低是蛋白质热变性的实质。

②加热对蛋白质分子焓（ΔH）、熵（ΔS）和吉布斯自由能（Gibbs energy，ΔG）的影响。蛋白质分子变性前后的焓变（$\Delta_{N\to U}H$）、熵变（$\Delta_{N\to U}S$）和自由能变化（$\Delta_{N\to U}G$）的关系为：$\Delta_{N\to U}G/RT=\Delta_{N\to U}H/RT-\Delta_{N\to U}S/R=\ln([N]/[U])=\ln K$。天然蛋白质分子亚基的自由度（$\Omega$）为 4，而侧链基团的自由度会更高。如果假定每个氨基酸残基中侧链基团的自由度为 6～8，按照 $\Delta S=R\ln(\Omega)^{100}$ 计算每个氨基酸残基的构象熵（ΔS）约为 1500～1700J·$mol^{-1}K^{-1}$。可以肯定的是，蛋白质分子的构象熵是驱动蛋白质构象去稳定的重要条件。随温度的升高，多肽链热运动增加，这促进了蛋白质分子伸展。图 5-5 给出了蛋白质分子在变性过程中的焓变、熵变和自由能变化情况。

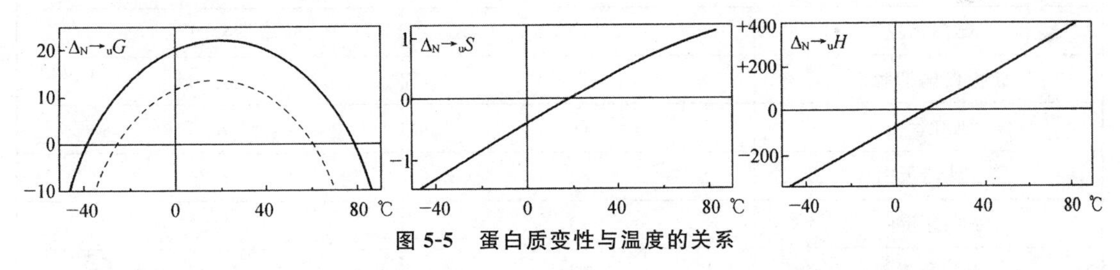

图 5-5 蛋白质变性与温度的关系

根据上述对蛋白质热变性机理的描述，可以得知，蛋白质在加热时变性存在一个临界温度点，在该温度下蛋白质分子的总吉布斯自由能 $\Delta G=0$，[N]=[U]，将该温度点称为蛋白质的变性温度（denaturation temperature，T_d）。

影响蛋白质热变性的因素主要包括加热温度、氨基酸组成、分子柔性、体系的水分含量以及添加物等。

①温度。加热温度对蛋白质热变性速率有显著影响，一般，温度每上升 10℃，变性速率可增加 600 倍左右。这正是食品中如高温瞬时杀菌和超高温杀菌技术的工作原理。

②氨基酸组成。富含疏水氨基酸残基（尤其是缬氨酸，异亮氨酸、亮氨酸和苯丙氨酸）的蛋白质的热稳定性高于富含亲水氨基酸残基的蛋白质。蛋白质分子中天冬氨酸、半胱氨酸、谷氨酸、赖氨酸、精氨酸、色氨酸和酪氨酸残基的含量与其 T_d 呈正相关（$R=0.980$）。而丙氨酸、甘氨酸、谷氨酰胺、丝氨酸、苏氨酸、缬氨酸等氨基酸残基的含量是与 T_d 呈负相关（$R=-0.975$）。其他氨基酸残基对蛋白质 T_d 的影响很小。总体来看，蛋白质分子的疏水性越高，其变性温度也越高（表 5-4）。

表 5-4 常见蛋白质的变性温度与疏水性

蛋白质	变性温度/℃	疏水性
胰蛋白酶原	55	3.68
胰凝乳蛋白酶原	57	3.76
弹性蛋白酶	57	
胃蛋白酶原	60	4.02
核糖核酸酶	62	3.24
羧肽酶	63	
乙醇脱氢酶	64	
牛血清白蛋白	65	4.22
血红蛋白	67	3.98
溶菌酶	72	3.72
胰岛素	76	4.16
卵白蛋白	76	4.01
胰蛋白酶抑制剂	77	
肌红蛋白	79	4.33
α-乳清蛋白	83	4.26
β-乳球蛋白	83	4.50
细胞色素 C	83	4.37
抗生物素蛋白	85	3.81
大豆球蛋白	92	
蚕豆 11S 球蛋白	94	
向日葵 11S 球蛋白	95	
燕麦球蛋白	108	

注:疏水性指氨基酸残基的平均疏水性,单位为 kJ/mol。

③分子柔性。蛋白质的热稳定性还依赖于各类氨基酸在肽链中的分布,当这些氨基酸以有利于加强蛋白质分子内相互作用的方式分布时,蛋白质分子的吉布斯自由能将最低,蛋白质分子刚性加强,处于稳定状态。因此,蛋白质的柔性越高,其热稳定性越差。

④水。水由于其极强的极性,能使维持蛋白质高级结构的氢键破坏,从而促进蛋白质的热变性(图 5-6)。干燥的蛋白质具有相对静止的结构,多肽链的分子运动性很低。当干燥蛋白质被润湿时,水渗透到蛋白质表面的不规则空隙或进入蛋白质分子之间的毛细管,并与之发生水合作用,引起蛋白质溶胀。这使得多肽链的淌度和分子柔性提升,为热变性提供了有利条件,使蛋白质的 T_d 降低。

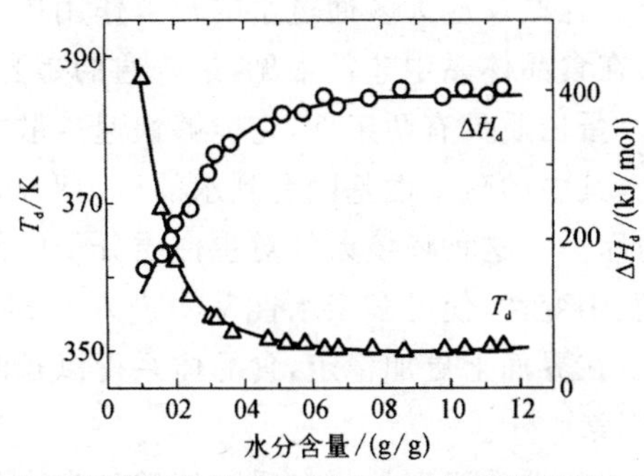

图 5-6　水分对卵清蛋白的变性温度(T_d)和变性热焓(ΔH_d)的影响

⑤添加物。低浓度的盐(如 0.05mol/L NaCl)和糖类(如蔗糖、乳糖、葡萄糖、甘油等)能显著提升蛋白质的热稳定性。

2)冷冻。通常认为温度越低,蛋白质越稳定。然而事实却并非如此。对于那些维持其高级结构的主要作用力是疏水相互作用的蛋白质来说,在常温下比在冷冻(冷藏)条件下更稳定。对于稳定高级结构作用力中极性相互作用强于非极性相互作用的蛋白质,其在低温下的稳定性高于高温下。低温导致蛋白质变性原因:一是降低了疏水相互作用。二是改变了水的结构,破坏了蛋白质表面的水化膜,影响了蛋白质与水的相互作用。三是由于冷冻引起的浓缩效应使体系中的盐浓度、pH 等大幅度改变,引起了蛋白质变性。如溶菌酶的稳定性随温度的下降而提高。肌红蛋白和突变型噬菌体 T_4 溶菌酶分别在约 30℃和 12.5℃时显示最高稳定性,低于或高于这些温度时它们的稳定性都会降低。

3)剪切。揉捏、振动或搅打等高速机械剪切,都能引起蛋白质变性。剪切使蛋白质变性的主要原因是引起 α-螺旋的破坏。剪切速率越高,蛋白质变性程度越大。在高温下对蛋白质溶液进行高速剪切处理会导致蛋白质不可逆变性。如将 10%～20%pH 3.4～3.5 的乳清蛋白在 80℃～120℃下以 7500～10000s^{-1}的剪切速率处理后就可以形成直径约 1μm 不溶于水的胶体。商品名为 Simplesse 的脂肪模拟物就是这样制造的。当然,如果蛋白质溶液在剪切时伴有乳化或起泡现象,则蛋白质还会发生界面变性。

4)高压。在常温下(25℃),如果蛋白质受到的压力足够高,它就可能发生变性。对大多数蛋白质来说,高压诱导变性的压力范围为 100～1200MPa。蛋白质的柔性和可压缩性是压力诱导蛋白质变性的主要原因。蛋白质分子的柔性越高,分子内部空隙体积越大,蛋白质越容易发生高压变性,这也是球状蛋白质易发生高压变性而纤维状蛋白质对高压的抵抗力相对较强的原因。高压诱导的蛋白质变性是高度可逆的。当压力达到 0.1～200MPa 时就可能引起蛋白质四级结构的亚基解离,解离后的亚基在更高的压力下发生变性。当压力解除后,解离的亚基会重新缔合,经过较长时间后蛋白质结构几乎完全恢复。高压灭菌和凝胶化等现代食品加工技术就是利用上述原理完成的。一般 200～1000MPa 的压力可用于食品灭菌,100～700MPa 的压力可用于食品凝胶化,而 100～300MPa 的压力可用于牛肉嫩化。

5)辐射。辐射对蛋白质结构的影响因波长和能量大小而异。一般可见光的波长较长、能量较低,对蛋白质的构象影响较小。蛋白质分子中的芳香族氨基酸残基(色氨酸、酪氨酸和苯丙氨酸)是紫外辐射变性的物质基础。如果辐射能量水平很高,还可使二硫键断裂。X 射线和 γ 射线等能改变蛋白质的构象,同时还会引起氨基酸残基氧化、共价键断裂、离子化、形成蛋白质自由基、重组、聚合等反应。这些反应大多通过水的辐解作用传递。

6)界面作用。界面现象在食品体系中非常常见,最普遍的是乳化食品体系中的油/水界面和泡沫食品中的水/气界面。蛋白质具有两亲性,它能够快速扩散并吸附定位于上述界面。一旦蛋白质分子扩散到界面上,其中的疏水性基团受到水的斥力和油或气的引力,而亲水性基团则受到水的引力和油或气的斥力。这种环境条件对蛋白质分子的作用力使维持蛋白质高级结构的力平衡被破坏,蛋白质发生变性,使更多亲水性基团进入水相,更多疏水性基团进入油相或气相。经过变性后,蛋白质在界面上更加稳定,食品体系得以长时间保持。

(2)蛋白质变性的化学因素

1)酸碱。酸碱导致蛋白质变性的机理是蛋白质溶液酸碱度或 pH 的改变会导致多肽链中某些基团的荷电状况发生改变,即 pH 升高导致一些基团去质子化($—COOH \rightarrow —COO^-$、$—NH^+{}_3 \rightarrow —NH_2$ 等),而 pH 的降低导致一些基团质子化($—COO^- \rightarrow —COOH$、$—NH_2 \rightarrow —NH_3^+$ 等)。基团荷电状况的改变使蛋白质分子内部的氢键和静电相互作用发生了改变,从而打破了维持蛋白质高级结构的力平衡,最终导致蛋白质变性。大多数蛋白质在 pH4~10 范围内比较稳定,而超出此 pH 范围时,蛋白质内的离子基团产生静电排斥作用,促进蛋白质分子的伸展和溶胀(变性)。

2)盐与金属离子。盐以两种截然不同的方式影响蛋白质的稳定性,这决定于盐与蛋白质的结合能力以及对体相水有序结构的影响。凡是与蛋白质相互作用不强,能提高体相水氢键强度,增加其有序结构,促进蛋白质水合作用的盐均能提高蛋白质结构的稳定性;而凡是能与蛋白质发生强烈相互作用,破坏体相水有序结构,促进蛋白质从水中析出的盐均是蛋白质的去稳定剂。低浓度时,盐离子与蛋白质之间为非特异性静电相互作用。当盐的异种电荷离子中和了蛋白质的电荷时,有利于蛋白质的结构稳定,这种作用与盐的性质无关,只依赖于离子强度。一般离子强度≤0.2mol/L 时即可完全中和蛋白质的电荷。在较高浓度时(>1mol/L),不同的盐对蛋白质稳定性有不同的影响,这种影响同时具有离子强度和离子种类依赖性(图 5-7)。在离子强度相同的情况下,阴离子对蛋白质的影响强于阳离子,并遵循如下顺序:$F^- < SO_4^{2-} < Cl^- < Br^- < I^- < ClO_4^- < SCN^- < Cl_3COO^-$,这个顺序称为感胶离子列。顺序中左侧的离子能稳定蛋白质的天然构象;而右侧的离子则使蛋白质分子伸展、解离,为去稳定剂。

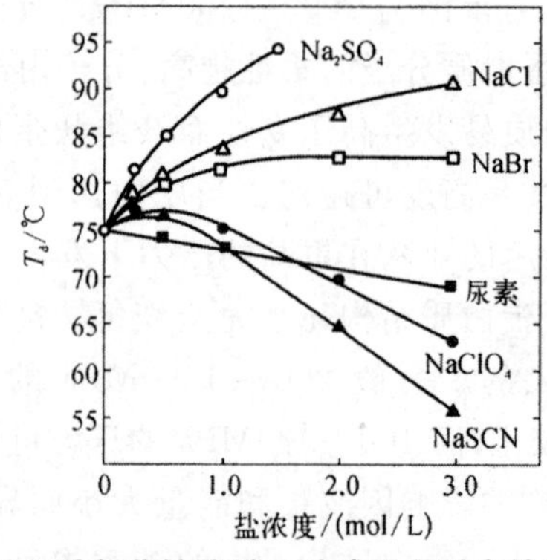

图 5-7　pH 7 时各种钠盐对 β-乳球蛋白质变性温度的影响

碱金属(例如 Na^+ 和 K^+)只能有限度地与蛋白质结合,Ca^{2+}、Mg^{2+} 与蛋白质的结合效率略高，而诸如 Cu^{2+}、Fe^{2+}、Hg^{2+}、Pb^{2+} 和 Ag^{3+} 等离子则很容易与蛋白质结合，其中许多能与巯基形成稳定的复合物，导致蛋白质变性。Ca^{2+}（还有 Fe^{2+}、Cu^{2+} 和 Mg^{2+}）可成为某些蛋白质分子的组成部分，对蛋白质构象稳定起着重要作用。金属螯合剂的使用会使这类蛋白质的稳定性明显降低。

3)非极性溶剂。大多数有机溶剂是蛋白质变性剂。非极性有机溶剂渗入蛋白质分子内部的疏水区，可破坏疏水相互作用，促使蛋白质变性。另一方面，非极性有机溶剂能改变介质的介电常数，从而使保持蛋白质稳定的静电相互作用发生变化。另外，处于水相中的卵清蛋白的二级结构中有 31% 为 α-螺旋，而处于 2-氯乙醇中这一数值可达到 85%，这说明有机溶剂通过多种方式改变蛋白质的构象。

4)蛋白质变性剂和还原剂。某些有机化合物例如尿素和盐酸胍的高浓度（4～8mol/L）水溶液能断裂氢键，从而使蛋白质发生不同程度的变性。同时，还可通过增大疏水氨基酸残基在水中的溶解度，降低疏水相互作用。表面活性剂，如十二烷基磺酸钠（SDS）能通过破坏蛋白质内部的疏水相互作用，使天然蛋白质伸展变性并与变性蛋白质强烈结合。还原剂（半胱氨酸、抗坏血酸、β-巯基乙醇、二硫糖醇）可以使维持蛋白质高级结构的二硫键断裂而引起蛋白质变性。

(3)蛋白质变性因素的交互作用

蛋白质可因上述物理因素或化学因素中的某一种因素而导致变性，但在食品体系中很多时候是上述的两种或两种以上因素复合作用而导致蛋白质变性的，称为蛋白质变性因素的交互作用。研究发现，两种不同的因素在诱导蛋白质变性中往往具有协同效应。由于这方面的研究较少，在此以列举方式加以简述。

由图 5-8(a)可以看出，在偏离中性 pH 的方向降低或提高蛋白质溶液的 pH 可使蛋白质的变性温度显著降低。这一规律在不同 pH 食品的杀菌条件选择上得以充分体现。即酸度越高的产品可以选择较为温和的杀菌条件，而产品的 pH 越接近于中性，杀菌的条件就越苛刻。这说明高酸性能提高微生物蛋白质对热的敏感性，即酸与热在蛋白质变性上有协同效应。而图 5-8(b)说明溶菌酶可以在高变性剂浓度与低温下发生变性，也可以在低变性剂浓度与高温下发生变性。同样的现象在压力与温度、压力与 pH 之间得到了验证。

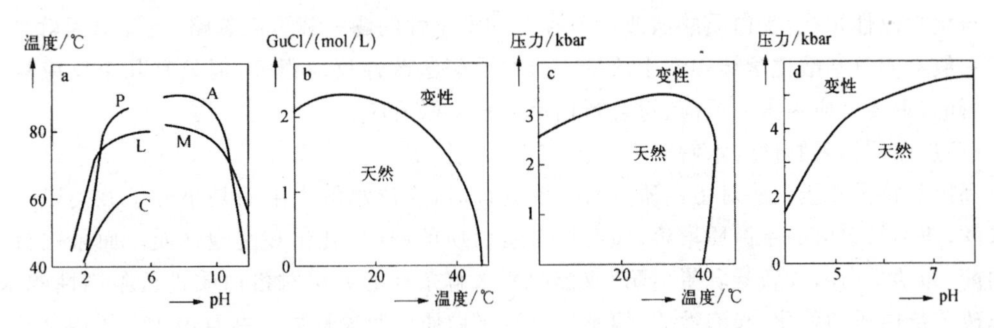

a:变性温度与 pH 的关系（P 为木瓜蛋白酶；L 为溶菌酶；C 为细胞色素；A 为小清蛋白；M 为血红蛋白）；b:氯化胍与温度在 pH1.7 时对溶菌酶变性的交互作用；c:压力（1bar＝10^8Pa）与温度对胰凝乳蛋白酶原变性的交互作用；d:压力与对 20℃下血红蛋白变性的交互作用

图 5-8　球蛋白变性的因素交互作用

5.6.2 蛋白质的改性

食品科学家一直在采用物理、化学、酶学和基因方法改变蛋白质的物理、化学性质，改进它们的功能性质。蛋白质结构中含有一些可以反应的侧链，可以通过化学或酶法修饰，改变其结构，使之达到需要的营养性或功能性。下面主要介绍蛋白质的化学改性和酶法改性。

1. 化学改性

蛋白质分子侧链上的活性基团可以通过化学反应改变或连接一些基团，这样可以对蛋白质的功能性质产生明显影响。蛋白质分子上导入基团的反应很多，常见的反应包括以下几种。

(1)水解反应

采用酸或碱处理蛋白质，使之部分降解，蛋白质分子侧链基团发生改变。例如，将面筋蛋白用稀酸处理，可使其谷氨酰胺和天冬酰胺残基去酰胺化，增加蛋白质表面的负电荷，导致蛋白质变性和疏水性残基暴露，增强蛋白质表面的疏水性，从而提高其乳化性质。

(2)烷基化

用卤代乙酸盐或卤代烷基酰胺试剂可使蛋白质的氨基、巯基、酚羟基、吲哚基、咪唑基等烷基化。例如，与碘乙酸反应导致赖氨酸残基的正电荷消去，而引入负电荷，造成蛋白质变性展开，并能改变 pH-溶解度关系曲线。

(3)酰化

在碱性条件下，蛋白质分子中的羟基、氨基、巯基等基团可与乙酸酐或琥珀酸酐作用，发生酰基化反应。蛋白质分子中引入乙酰基或琥珀酰基后蛋白质的净负电荷增加，将导致蛋白质展开，所以蛋白质的溶解度、乳化性和脂肪吸收容量都将得到改善。

(4)磷酸化

蛋白质分子中羟基、氨基、羧基等可与三氯氧磷或三聚磷酸钠反应而磷酸化。引入的磷酸基具有高度亲水性，因此可增加蛋白质的水化能力，改善乳化性和起泡性。磷酸化蛋白质对钙离子诱导的凝结是高度敏感的，这个性质在仿制的干酪中是理想的。

2. 酶法改性

与化学改性相比，蛋白质酶法改性所存在的安全性问题一般可以忽略，主要原因就是酶法改性一般不使氨基酸化学结构产生改变。蛋白质酶法改性反应很多，但只有几个反应具有应用的可能，重要反应为水解反应、胃合蛋白反应和交联反应。

(1)蛋白质的限制性酶水解

利用非特异性蛋白酶对蛋白质进行水解处理时，广泛水解产生的是小分子肽类以及游离氨基酸，使不易溶解的蛋白质增溶，但会损害蛋白质的胶凝、乳化和起泡性质。而采用特异性蛋白酶(如胰蛋白酶或胰凝乳蛋白酶)或控制酶水解条件的方法对蛋白质进行限制性酶水解，可以改善蛋白质的乳化、起泡性质，但不能改进蛋白质的胶凝性质。并且由于分子内部疏水基团暴露，其溶解性有时下降。例如，通过限制性酶水解将大豆蛋白水解至水解度为4%附近时，水解物的起泡、乳化性能得到明显的改善，但是存在稳定性问题，因为此时形成的蛋白质吸附膜不足以维持泡沫或乳化液的稳定性。又如，在生产干酪时，凝乳酶对酪蛋白的水解导致酪蛋白聚集，从而可以分出凝块。

此外，水解对蛋白质品质的影响还表现在感官质量方面，一些疏水氨基酸含量较高的蛋白质在水解时会产生具有苦味的肽分子(苦味肽)，苦味强度取决于蛋白质中氨基酸的组成和所使用的蛋白酶。一般来讲，平均疏水性大于5.85kJ/mol的蛋白质容易产生苦味，而非特异性蛋白酶较特异性蛋白酶更容易水解产生苦味肽。

(2)胃合蛋白反应

胃合蛋白反应不是单一的反应，它实际上包括一系列反应。在改制蛋白反应中，首先是蛋白质酶部分水解蛋白质，接着是在蛋白酶(木瓜蛋白酶或胰凝乳蛋白酶)催化下蛋白质的再合成反应。蛋白酶催化所生成的肽链重新结合，形成新的多肽链，此时甚至可以通过加入氨基酸的方式对蛋白质中的某种氨基酸进行强化，改变蛋白质的营养特性。由于最后形成的多肽分子与原来蛋白质分子的氨基酸序列不同、组成也不同，蛋白质的功能性质得到改变。

(3)蛋白质交联

在转谷氨酰胺酶催化下，赖氨酸残基和谷氨酰胺残基间发生交联反应，形成肽键共价交联，产生新形式的蛋白质，以满足食品加工的要求。

5.7 新型蛋白质资源的开发与利用

5.7.1 昆虫蛋白资源

全世界的昆虫可能有1000万种，约占地球所有生物物种的一半。我国昆虫的种类约有15万种，估计可食用的昆虫也有1000多种。昆虫体内干蛋白质含量很高，一般含量在20%～80%。昆虫中不仅蛋白质含量高，而且氨基酸组成比较合理。因此，昆虫是一类高品质的动物蛋白质资源。

人类开发昆虫蛋白质资源有较早的历史，据资料推断，我国早在公元前11世纪的周代，就有食虫的记载。最近几十年来，随着科技的进步，人类对食用昆虫的利用意义与过去相比有了更深刻和更广泛的认识，特别是昆虫作为一类巨大的蛋白质资源，已经取得了许多专家和学者的共识，并已形成了介于昆虫学和营养学之间的边缘交叉学科——“食用昆虫学”、“资源昆虫学”等。

到目前为止，已用蚂蚁、蜂王浆、蜜蜂幼虫以及蜂花粉等开发出多种保健饮料和食品；用蚕蛹制成的复合氨基酸粉、蛋白粉、蛋白肽及其运动饮料，具有独特的保健功效，不但营养价值高，而且别具风味；蚕丝可制成糖果、面条等，因其蛋白质高，具有能增强肝功能、降血脂、补充纤维质等功效，尤其适合老年人食用；以黄粉虫为主要原料制备的“汉虾粉”、虫酱、罐头、酒、蛋白功能饮料以及氨基酸口服液等产品已经引起人们的不断关注。

5.7.2 单细胞蛋白

单细胞蛋白(SCP)是指利用各种基质大规模培养酵母菌、细菌、真菌和微藻等而获得的微生物蛋白。通常情况下SCP的蛋白含量高达40%～80%。酵母是最早广泛用于生产单细胞蛋白的微生物，其蛋白质含量达45%～55%，是一种接近鱼粉的优质蛋白。细菌蛋白的蛋白含量占干重的3/4以上，在补充含硫氨基酸以后，它的营养价值与大豆分离蛋白相近。用于生产单细胞蛋白的细菌较多,如光合细菌、小球藻和螺旋藻等。在开发 SCP 方面存在以下优势。

1)单细胞蛋白生产投资少,生产速率高。细菌几十分钟便可增殖一代,重量倍增之快是动植物不能比拟的。有人估计,一头 500kg 的牛每天产蛋白质约 0.4kg,而 500kg 的酵母每天至少生产蛋白质 5000kg。

2)原料丰富,工农业废物、废水,如秸秆、蔗渣、甜菜、木屑、废糖蜜、废酒糟水、亚硫酸纸浆废液等,石油、天然气及相关产品,如原油、柴油、甲烷、甲醇、乙醇、CO_2、H_2 等,都可作为基质原料。

3)可以工业化大量生产,设备简单,容易生产;需要的劳动力少,不受地区、季节和气候的限制。如年产 10 万吨 SCP 的工厂,以酵母计,一年可产蛋白 10 万吨 SCP 的工厂,以酵母 4000 多吨;以大豆计,一年所产蛋白相当于 50 多万亩大豆所含蛋白。

但应用注意的是大部分单细胞蛋白含有较高的核酸含量,限制它们直接用于人类消费。对此,可采用热或碱处理细胞,有利于提高蛋白质的消化率、氨基酸有效性和除去核酸。经过这种处理的酵母和细菌,进行动物饲养试验检验其营养价值和食用安全性,未发现任何毒性。

5.7.3 叶蛋白

叶蛋白亦称植物浓缩蛋白或绿色蛋白浓缩物(简称 LPC),它是以青绿植物的生长组织(茎、叶)为原料,经榨汁后利用蛋白质等电点原理提取的植物蛋白。按照溶解性一般可以将植物茎叶中的蛋白分为两大类,一类为固态蛋白,存在于经粉碎、压榨后分离出的绿色沉淀物中,主要包括不溶性的叶绿体与线粒体构造蛋白、核蛋白和细胞壁蛋白,这类蛋白一般难溶于水。另一类蛋白为可溶性蛋白,存在于经离心分离出的上清液中,包括细胞质蛋白和线粒体蛋白的可溶性部分,以及叶绿体的基质蛋白,这些可溶性蛋白质的凝聚物就是叶蛋白。可用来提取叶蛋白的植物高达 100 多种,主要有野生植物牧草、绿肥类、树叶及一些农作物的废料,科牧草(苜蓿、三叶草、草木樨、紫云英等)、禾本科牧草(黑麦草、鸡脚草等)、叶菜类(苋菜、牛皮菜等)、根类作物茎叶(甘薯、萝卜等)、瓜类茎叶和鲜绿树叶等也是很好的叶蛋白来源。

叶蛋白制品含蛋白质 55%～72%,叶蛋白含有 18 种氨基酸,其中包括 8 种人体必需的氨基酸,且其组成比例平衡,与联合国粮食与农业组织推荐的成人氨基酸模式基本相符,特别是赖氨酸含量较高,这对多以谷物类为主食的第三世界国家尤为重要。叶蛋白的 Ca,P,Mg,Fe,Zn 的含量高,是各类种子的 5～8 倍,胡萝卜素和叶黄素含量比各类种子分别高 20～30 倍和 4～5倍,无动物蛋白所含的胆固醇,具有防病治病,防衰抗老,强身健体等多种生理功能,被 FAO 认为是一种高质量的食品。目前,工业生产的 LPC 主要来源于苜蓿,其蛋白质产量高,凝聚颗粒大、易分离、品质好,广泛应用于饲料工业,是一种具有高开发价值的新型蛋白质资源。

5.7.4 油料蛋白

油料种子制取油脂后,其饼粕常作为饲料或肥料,其蛋白质资源未得到高值化利用。如大豆,蛋白质含量达 40%左右,脱脂大豆蛋白质含量最高可达 50%,除蛋氨酸和半胱氨酸含量稍低外,其他 6 种人体必需氨基酸的组成与联合国粮食与农业组织推荐值接近,还具有降低血清胆固醇的功能,营养价值接近于动物蛋白,是优良的植物蛋白质。

油料蛋白的提取主要有如下方法。

1)酸性水溶液处理。用酸性溶液、水-乙醇混合溶液或热水处理,可除去可溶性糖类(低聚糖)和矿物质,大多数蛋白质在上述条件下保持适宜的不溶解状态。用蛋白质等电点pH的酸性水溶液处理,蛋白质的伸展、聚集和功能性丧失最小,形成的蛋白质浓缩物经干燥后含大约65%～75%的蛋白质、15%～25%的不溶解多糖、4%～6%的矿物质和0.3%～1.2%的脂类。

2)另一种方法是使脱脂大豆粉在碱性水溶液中增溶,然后过滤或离心沉淀,除去不溶性多糖,在等电点(pH4.5)溶液中再沉淀,洗涤蛋白质凝乳,除去可溶性糖类化合物和盐类。干燥(通常是喷雾干燥)后得到含蛋白质90%以上的分离蛋白。

类似的湿法提取和提纯蛋白质成分的方法,可用于花生、棉籽、向日葵和菜籽等脱脂蛋白粉,以及其他低油脂种子例如刀豆、豌豆、鹰嘴豆等豆科植物种子。而空气分级法(干法),适用于低油脂种子磨粉。

目前油料蛋白的利用主要是大豆蛋白,目前大豆蛋白粉在面制品中用量大幅度增加,如面条类、烘焙类以及主食系列产品。随着大豆蛋白粉生产技术及脱腥工艺逐步成熟,产量及用量将超过大豆分离蛋白产品。大豆蛋白将在面制食品中扮演重要角色,如对面粉有增白作用,取代现有的化学增白剂;添加在面条、饺子中可以提高其韧劲,水煮过程中减少淀粉溶出率,不浑汤;添加在烘焙食品中,可以提高饼干的酥脆度,强化面包的韧劲,改善蛋糕的松软度;添加在馒头、包子等蒸制食品中,使其表面光滑;添加在方便面、油条等油炸食品中,可减少油耗,减少食用时的油腻感。

第6章 酶

6.1 概述

酶存在于一切生物体内，在食品的加工及贮藏过程中涉及许多酶催化的反应，对食品的品质产生需宜或不需宜的影响。在食品加工中可以利用原料中原有酶的作用，产生人们所需要的品质，例如，在茶叶加工时利用茶鲜叶中氧化酶可加工出红茶；但对于绿茶的加工来说，氧化酶的作用则产生不需宜的影响，因此在加工过程中要抑制氧化酶的作用。在加工及贮藏过程中也可利用外源酶来提高食品品质和产量，例如以玉米淀粉为原料生产高果糖玉米糖浆，就是利用了淀粉酶和葡萄糖异构酶；牛乳中添加乳糖酶，可解决人群中乳糖酶缺乏的问题。酶的本质和基础理论在生物化学中已有详细介绍，本章着重介绍在食品加工和贮藏过程中常用酶的特点、作用及与此相关的一些基本知识。

6.1.1 酶的化学本质

实际上生物体内除少数几种酶为核酸分子外，大多数的酶类都是蛋白质。酶是球形蛋白质，具有一般蛋白质所具有的一、二、三、四级结构层次，也具有两性电解质的性质。酶受到环境因素的作用结构发生变化，甚至丧失活性。酶与其他蛋白质的不同之处在于，酶分子的空间结构上含有特定的具有催化功能的区域。酶的作用底物大多数是小分子，因此酶分子只有一小部分氨基酸侧链与底物直接发生作用。这些与酶催化活性相关的氨基酸侧链称为酶的活性中心。酶的活性中心是指酶与底物结合并发生反应的区域，一般位于酶分子的表面，大多数为疏水区。酶的活性中心由结合基团和催化基团组成，结合基团负责与底物特异性结合，催化基团直接参与催化。结合基团和催化基团属于酶的必需基团，这些功能基团可能在一级结构上相差较远，但在空间结构上比较接近。对于不需要辅酶的酶来说，酶的活性中心就是指起催化作用的基团在酶的三级结构中的位置；对于需要辅酶的酶来说，辅酶分子或辅酶分子的某一部分结构往往就是活性中心的组成部分。酶活性中心区域出现频率最高的氨基酸主要是 Ser、His、Asp、Cys、Tyr、Glu 等。

酶的相对分子质量一般为 $10^4 \sim 10^6$。酶中的蛋白质有的是简单蛋白，有的是结合蛋白，后者为酶蛋白与辅助因子结合后形成的复合物。根据酶蛋白分子的特点可将酶分为三类，即单体酶，只有一条具有活性部位的多肽链，相对分子质量在 $1.3 \sim 3.5 \times 10^4$ 之间，例如溶菌酶、胰蛋白酶等，属于这一类的酶很少，一般都是催化水解反应的酶；寡聚酶，由几个甚至几十个亚基组成，亚基间不是共价键结合，彼此很容易分开，相对分子质量从 3.5×10^4 到几百万，例如 3-磷酸甘油醛脱氢酶；多酶体系是由几种酶彼此嵌合形成的复合体，相对分子质量一般都在几百万以上，例如用于脂肪酸合成的脂肪酸合成酶复合体。

6.1.2　酶的辅助因子及其在酶促反应中的作用

许多酶并不是纯粹的蛋白质,它们还含有金属离子和/或低分子量非蛋白质的有机小分子,这些非蛋白组分被称为酶的辅助因子,它是酶活不可缺少的组分。失去辅助因子的没有酶活的蛋白质称为脱辅基酶蛋白,含有辅助因子的酶称为全酶。辅助因子包括金属离子和辅酶,辅酶又分为辅基和辅底物。

金属酶是指与金属离子结合较为紧密的酶,在酶纯化过程中,金属离子仍被保留;金属激活酶是指金属原子结合不很紧密的酶,纯化的酶需加入金属离子,才能被激活。例如,细胞内含量最多的 K^+ 能激活许多酶。另外,K^+ 也能促进底物的结合。

辅酶是有机化合物,往往是维生素或维生素衍生物。有时,在没有酶存在的情况下,它们也能作为催化剂,但没有像和酶结合时那样有效。如同金属离子-酶键合情况一样,辅酶-酶的结合也有紧密的或疏松的。与酶结合紧密的称为辅基,不能通过透析除去,在酶催化的过程中保持与酶分子的结合。通常这样的酶将两个作用底物一个接一个转化,而辅基最终被还原成起始状态。与酶可逆结合且结合疏松的称为辅底物,因为在反应开始,它们常与其他底物一起和酶结合,在反应结束以改变的形式被释放。辅底物通常与至少两种酶作用,将氢或功能基团从一种酶转运到另一种酶,所以被称为"转运代谢物"或"中间底物"。由于其在后来的反应中可以再生,因此与真正的底物是有区别的。中间底物的浓度是非常低的。常见的辅酶有:NAD^+(辅酶Ⅰ)和 $NADP^+$(辅酶Ⅱ)是氧化/还原反应的辅酶,由维生素烟酰胺或烟酸衍生而成,与酶结合疏松;FMN 和 FAD 是氧化/还原反应的辅基;参与磷酸转移反应的辅酶 ADP;参与共价催化作用的 TPP(焦磷酸硫胺素)等。

6.1.3　同工酶

同工酶是指不同形式的催化同一反应的酶,它们之间氨基酸的顺序、某些共价修饰或三维空间结构等有所不同。

6.1.4　酶作为催化剂的特点

酶与其他催化剂相比具有显著的特性:高催化效率、高专一性和酶活的可调节性。

酶是一种生物催化剂,除具有一般催化剂的性质外,还显示出生物催化剂的特性:酶的催化效率高,以分子比表示,酶催化反应的反应速率比非催化反应高 $10^8 \sim 10^{20}$ 倍,比其他催化、反应高 $10^7 \sim 10^{13}$ 倍。但酶比其他一般催化剂更加脆弱,容易失活,凡使蛋白质变性的因素都能使酶破坏而完全失去活性。酶催化的最适条件几乎都是温和的温度和非极端 pH 值。

酶的作用具有高度的专一性,只能催化一种或一类化学反应(反应专一性),而且对底物有严格的选择(底物专一性)。另外变构酶还具有调节专一性的作用。

在生命体中酶活性是受多方面调控的,如酶浓度的调节、激素的调节、共价修饰调节、抑制剂和激活剂的调节、反馈调节、变构调节、金属离子和其他小分子化合物的调节等。

6.2 食品中的酶促褐变

6.2.1 酶促褐变的机理

褐变作用按其发生机制分为酶促褐变及非酶褐变两大类。酶促褐变发生在水果、蔬菜等新鲜植物性食物中。水果和蔬菜在采摘后，组织中仍在进行活跃的代谢活动。在正常情况下，完整的果蔬组织中氧化还原反应是偶联进行的，但当发生机械性的损伤(如削皮、切开、压伤、磨浆)及处于异常的环境条件下(如受冻、受热)，便会影响氧化还原作用的平衡，发生氧化产物的积累，造成变色。这类变色作用非常迅速，并需要和氧接触，由酶所催化，因此称为“酶促褐变”。在大多数情况下，酶促褐变是一种不希望出现于食物中的变化，例如香蕉、苹果、梨、茄子、马铃薯都很容易在削皮切开后褐变，应尽可能避免。但像茶叶、可可豆等食品，适当的褐变则是形成良好的风味与色泽所必需的。

植物组织中含有酚类物质，在完整的细胞中作为呼吸传递物质，在酚—醌之间保持着动态平衡，当细胞破坏以后，氧就大量侵入，造成醌的形成和还原之间的不平衡，于是发生了醌的积累，醌再进一步氧化聚合形成褐色色素。

现以马铃薯切开后的褐变为例来说明酚酶的作用。酚酶作用的底物是马铃薯中最丰富的酚类化合物——酪氨酸。

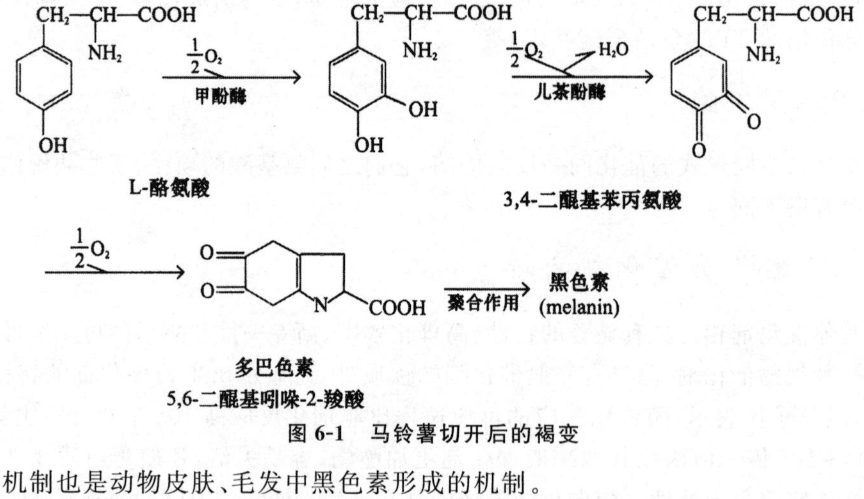

L-酪氨酸 —($\frac{1}{2}O_2$，甲酚酶)→ 3,4-二羟基苯丙氨酸 —($\frac{1}{2}O_2$，H_2O，儿茶酚酶)→ 3,4-二醌基苯丙氨酸 —($\frac{1}{2}O_2$)→ 多巴色素 5,6-二醌基吲哚-2-羧酸 —(聚合作用)→ 黑色素(melanin)

图 6-1 马铃薯切开后的褐变

这一机制也是动物皮肤、毛发中黑色素形成的机制。

在水果中，儿茶酚是分布非常广泛的酚类，在儿茶酚的作用下，酚类较容易氧化成醌。醌的形成是需要氧气和酶催化的，但醌一旦形成以后，进一步形成羟醌的反应则是非酶促的自动反应，羟醌进行聚合，依聚合程度增大而由红变褐最后成褐黑色的黑色素物质。

酚酶的最适 pH 接近 7，比较耐热，在 100℃下钝化此酶需 2～8 分钟之久。

6.2.2 酶促褐变的控制

食品加工过程中发生的酶促褐变，少数是我们期望的，如红茶加工、可可加工、某些干果

(葡萄干、梅干)加工都需要一定程度的褐变。而大多数酶促褐变会对食品特别是新鲜果蔬的色泽造成不良影响,必须设法加以防止。

酶促褐变的发生,需要三个条件,即适当的酚类底物、酚氧化酶和氧。控制酶促褐变的方法主要从控制酶和氧两方面入手,常用的控制酶促褐变的方法主要有以下几种。

(1)热处理法

在适当的温度和时间条件下加热新鲜果蔬,使酚酶及其他相关的酶都失活,是最广泛使用的控制酶促褐变的方法。加热处理的关键是在最短时间内达到钝化酶的要求,否则过度加热会影响质量;相反,如果热处理不彻底,热烫虽破坏了细胞结构,但未钝化酶,反而会加强酶和底物的接触而促进褐变。像白洋葱、韭葱如果热烫不足,变粉红色的程度比未热烫的还要厉害。

水煮和蒸汽处理仍是目前使用最广泛的热烫方法。微波能的应用为热力钝化酶活性提供了新的有力手段,可使组织内外一致迅速受热,对质地和风味的保持极为有利。

(2)酸处理法

利用酸的作用控制酶促褐变也是广泛使用的方法。常用的酸有柠檬酸、苹果酸、磷酸以及抗坏血酸等。一般来说,它们的作用是降低 pH 以控制酚酶的活力,因为酚酶的最适 pH 在6～7之间,低于 pH 3.0 时已无活性。

柠檬酸是使用最广泛的食用酸,对酚酶有降低 pH 和螯合酚酶的 Cu 辅基的作用,但作为褐变抑制剂来说,单独使用的效果不大,通常需与抗坏血酸或亚硫酸联用,切开后的水果常浸在这类酸的稀溶液中。对于碱法去皮的水果,还有中和残碱的作用。

苹果酸是苹果汁中的主要有机酸,在苹果汁中对酚酶的抑制作用要比柠檬酸强得多。

抗坏血酸是更加有效的酚酶抑制剂,即使浓度极大也无异味,对金属无腐蚀作用,而且作为一种维生素,其营养价值也是尽人皆知的。也有人认为,抗坏血酸能使酚酶本身失活。抗坏血酸在果汁中的抗褐变作用还可能是作为抗坏血酸氧化酶的底物,在酶的催化下把溶解在果汁中的氧消耗掉了。据报道,在每千克水果制品中,加入 660mg 抗坏血酸,即可有效控制褐变并减少苹果罐头顶隙中的含氧量。

(3)二氧化硫及亚硫酸盐处理

二氧化硫及常用的亚硫酸盐如亚硫酸钠、亚硫酸氢钠、焦亚硫酸钠、连二亚硫酸钠即低亚硫酸钠等都是广泛应用于食品工业中的酚酶抑制剂,已被应用于蘑菇、马铃薯、桃、苹果等加工中。

用直接燃烧硫黄的方法产生 SO_2 气体处理水果蔬菜,SO_2 渗入组织较快,但亚硫酸盐溶液的优点是使用方便。不管采取什么形式,只有游离的 SO_2 才能起作用。SO_2 及亚硫酸盐溶液在微偏酸性(pH 为 6)的条件下对酚酶抑制的效果最好。

二氧化硫法的优点是使用方便、效力可靠、成本低、有利于维生素 C 的保存,残存的 SO_2 可用炊煮或使用 H_2O 等方法除去。缺点是使食品失去原色而被漂白(花青素破坏),腐蚀铁罐的内壁,有不愉快的嗅感与味感,残留浓度超过 0.064%即可感觉出来,并且破坏维生素 B_1。

(4)驱除或隔绝氧气

具体措施有:将去皮切开的水果蔬菜浸没在清水、糖水或盐水中;浸涂抗坏血酸液,以在表面上生成一层氧化态抗坏血酸隔离层;用真空渗入法把糖水或盐水渗入组织内部,驱出空气,苹果、梨等果肉组织间隙中具有较多气体的水果最适宜用此法。一般在 1.028×10^5Pa 真空度下保持 5～15 分钟，突然破除真空，即可将汤汁强行渗入组织内部，从而驱出细胞间隙中的气体。

(5)加酚酶底物类似物

用酚酶底物类似物如肉桂酸、对位香豆酸及阿魏酸(图 6-2)等酚酸可以有效地控制苹果汁的酶促褐变。在这三种同系物中，以肉桂酸的效率最高，浓度大于 0.5mmoL/L 时即可有效控制处于大气中的苹果汁的褐变达 7 小时之久。

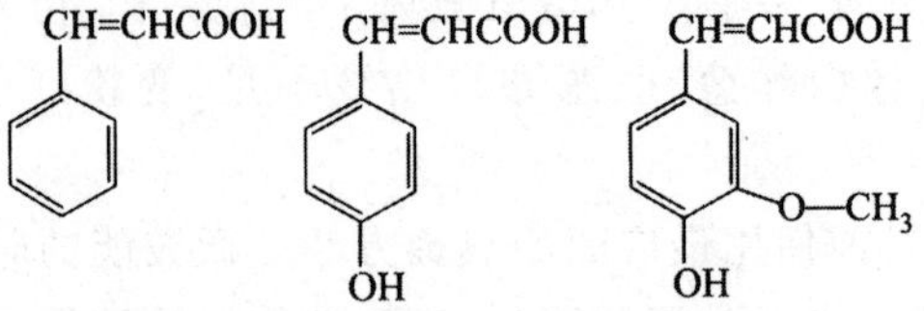

CH=CHCOOH　CH=CHCOOH　CH=CHCOOH

OH　OH

O—CH_3

肉桂酸　对位香豆酸　阿魏酸

图 6-2　肉桂酸、对位香豆酸及阿魏酸

由于这三种酸都是水果蔬菜中天然存在的芳香族有机酸，在安全上无多大问题。肉桂酸钠盐的溶解性好，售价也便宜，控制褐变的时间长。

6.3　酶的分离纯化、改造修饰及固定化

在食品加工过程中使用酶，我们通常比较关心其活力与纯度以及可操作性、酶促反应的连续性、使用成本等。在很多情况下，这些方面是相互关联的，它们与酶的分离纯化、改造修饰及固定化息息相关，下面简单介绍这些方面的内容。

6.3.1　酶的分离纯化

1. 相关概念

用户在选择合适的酶制剂时，在同等条件下，当然是酶活力越高越好，同时对纯度也有一定的要求。

酶活力的高低是以酶活力的单位数来表示的。1961 年国际生物化学与分子生物学联合会规定：在特定条件下(温度可采用 25℃或其他选用的温度，pH 值等均采用最适条件)，每 1min 催化 1μmol 的底物转化为产物的酶量定义为 1 个酶活力单位。在实际生产和研究中，经常需要对酶活力进行测定，以确定酶用量的多少以及储存变化情况等。酶活力测定是在一定条件下测定酶所催化反应的反应速率。一般认为，在外界条件相同的情况下，反应速率越大，意味着酶的活力越高。

测定酶活力的方法很多，有化学测定法、光学测定法、气体测定法等。酶活力测定均包括两个阶段：首先是在一定条件下，酶与底物反应一段时间，然后测定反应体系中底物或产物的变化量。

关于纯度，通常一种食品级酶制剂只要符合相关食品法规，使用时不必要求是纯酶。它可以含有其他杂酶，以及各种非酶的组分，这些杂酶和非酶组分对于食品加工可能带来有益的或

有害的作用，在实际应用的时候必须同时考虑。例如，用于澄清果汁的果胶酶往往是用霉菌相提取物制备的，除了聚半乳糖醛酸酶外，它还含有几种别的水解酶，在这种酶促反应体系中，其他酶种，特别是果胶酯酶实际上对加工工艺是有益的。在另外一些情况下，酶制剂中的杂酶或许会有害于加工工艺，例如，在酯酶制剂中含有脂肪氧合酶，即使活力很低，也会造成脂肪氧化和不良风味的产生。

虽然在食品工业上有时液体酶制剂仅需要经过除去菌体或破碎生物体组织细胞除渣后加以浓缩即可使用，但这毕竟只是少数情况。更多的情况下，需要根据应用目的与要求再进一步对所提取的酶进行分离纯化并制成一定的制剂后方可使用。

酶分离纯化以后，常以酶的比活力作为酶纯度的一个指标。所谓酶的比活力，是指在特定的条件下，每毫克蛋白或 RNA 所具有的酶活力单位数，即

酶比活力＝酶活力（单位）/蛋白或 RNA 质量（mg）

比活力愈高表示酶愈纯，即表示单位蛋白质中酶催化反应的能力愈强。当然，比活力是酶的一个相对纯度的指标，如欲了解酶的实际纯度，尚需采用电泳等方法。

在使用酶制剂的过程中，酶的转换数与催化周期这两个酶催化能力的重要指标也是我们关注的。其中酶的转换数 K_{cat} 是指每个酶分子每分钟催化底物转化的分子数，即每摩尔酶每分钟催化底物转变为产物的物质的量。一般酶的转换数为 $10^3\,min^{-1}$，转换数的倒数称为酶的催化周期。催化周期是指酶进行一次催化所需的时间，单位为（毫秒(ms)或微秒(μs)。

$$K_{cat}=\frac{\text{底物转变的物质的量(mol)}}{\text{酶的物质的量(mol)}\times\text{时间(min)}}=\frac{\text{酶活力单位(IU)}}{\text{酶的物质的量}(\mu\text{mol})}$$

2. 分离纯化方法

酶的分离纯化主要是根据不同物质在物理、化学性质上的差别和对酶制剂的要求而采取相应的方法。目前关于酶的分离纯化已有一系列常用技术，现简单介绍以下几种。

1）基于溶解度的不同的纯化方法。如等电点沉淀法、盐析法、有机溶剂沉淀法、聚乙二醇沉淀法等。

2）基于分子大小、形状不同的纯化方法。如离心分离技术、透析与超过滤技术、过滤、凝胶层析技术等。

3）基于分子带电性不同的纯化方法。如离子交换层析、电泳技术等。

4）基于酶分子专一性结合的纯化方法。如亲和层析、亲和洗脱等。

5）其他纯化方法。如高效液相色谱、染料配体层析、免疫吸附层析、无机吸附层析、疏水吸附层析等。

并非所有这些技术都适合于在工业化规模上应用。至于酶分离和纯化的具体内容，请参阅相关文献资料。

6.3.2　酶分子的改造与修饰

在实际应用中，为了改变酶分子的催化活力、提高酶分子的稳定性、提高或变换催化反应的专一性、增加对新底物的催化活力、改变酶作用的最适 pH 值和最适温度等，从而使酶的应用更加广泛、方便、廉价，我们需要对酶分子的改造、修饰与酶的固定化知识有所了解。

一般来说,酶分子的改造与修饰指的是采用某种生物学或化学方法改变蛋白质的一级结构,以改善蛋白质分子的功能性质和生物活性。它是以酶的化学本质为基础的。

1971 年首届国际酶工程会议曾提出将酶粗分为天然酶和修饰酶,固定化酶属于修饰酶。在修饰酶中,除固定化酶外尚有经过化学修饰的酶和用分子生物学方法在分子水平上改良的酶等。

酶分子的改造与修饰是分子酶工程学方面的内容,本章不做详述。这里只简单介绍酶分子改造与瓣程技术修饰酶。

(1)采用蛋白质工程技术修饰酶

蛋白质工程技术是指通过对蛋白质结构和功能之间规律的了解,按照人们预定的模式人为地改变蛋白质结构,从而创造出有特异性质的蛋白质的技术,它是基因工程和蛋白质结构研究相互融合的产物,这一技术开辟了一条改变蛋白质结构的崭新途径,使酶学研究进入了一个新的发展时期。

在蛋白质工程出现以前,人们改造蛋白质分子的手段有诱发突变、蛋白质化学修饰等。其中,诱发突变随机性大,是否能够获得预期的突变体,只能等待自然界的恩赐;进行蛋白质化学修饰时,在一定程度上可按照人们的意愿对分子局部实施手术,但是由于化学修饰反应存在不专一性以及会由此带来相应的副反应和附加修饰基团,很难对修饰结果作出结论性判断。

在基因工程取得巨大成就的今天,由于限制性内切酶、DNA 聚合酶、末端转移酶、DNA 连接酶等工具酶以及各种载体的运用和发现,人们完全有能力克隆自然界所发现的任何一种已知蛋白质的基因,并通过发酵或者细胞培养生产足量的该种蛋白质。在实际应用中,常常在定位突变和盒式突变等基因定位修饰技术的基础上,改变蛋白质结构,得到所需要的有特异性质的蛋白类酶。例如,枯草杆菌蛋白酶在应用中由于其活性中心 Ser-221 残基邻近的第 222 位甲硫氨酸容易被氧化而导致该酶氧化失活,通过盒式突变法替换第 222 位甲硫氨酸为丙氨酸丝氨酸或亮氨酸后,既能保持酶的活力,又能改善对氧化的稳定性。采用相同的突变方法,用以改变工业用酶的最适 pH、最适温度等,从而使得应用更加广泛、方便、实惠。

(2)酶法有限水解

有些酶蛋白原来没有活性或者酶活力不高,利用蛋白酶对这些酶蛋白进行有限水解,去除一部分氨基酸或肽段,可使酶的空间构型发生某些细微的改变,从而提高酶的催化能力。

在蛋白类酶应用过程中,为了保持酶活力并降低其抗原性,也可采用适当的方法将酶蛋白的肽链进行有限水解。如木瓜蛋白酶由 180 个氨基酸连接而成,若用蛋白酶进行有限水解,除去整个肽链的 2/3,其抗原性大大降低,但活性仍然保持。

此外,也可使用化学方法对蛋白质进行水解修饰,但应注意,作用条件过于剧烈容易导致蛋白质功能特性的改变和生物活性的降低或丧失。

(3)氨基酸置换修饰

将肽链上的某一个氨基酸换成另一个氨基酸,则可能引起酶蛋白空间结构的某些改变。这种修饰方法称为氨基酸置换修饰。通过氨基酸置换修饰,可使酶蛋白的结构发生某些精致的改变,从而提高酶活力或增加酶的稳定性。例如,将络氨酸-tRNA 合成酶中第 51 位的苏氨酸置换为脯氨酸,可使该酶活力提高 25 倍。将 T_4 溶菌酶分子中第三位的异亮氨酸变成半胱氨酸,酶活力保持不变,但该酶对温度的稳定性大大提高。

用化学方法进行氨基酸置换修饰存在许多困难，蛋白质工程为氨基酸置换修饰提供了可靠的手段。

(4)其他修饰方法

除了上述修饰方法，亲和标记修饰、大分子结合修饰、酶分子定向进化等方法也可用于改变酶分子的催化活力、提高酶分子的稳定性、提高或变换催化反应的专一性、增加对新底物的催化活力。

6.3.3　酶的固定化

1. 固定化酶

现代食品工业中使用的许多酶都是固定化酶。

酶的固定化是 20 世纪 50 年代开始发展起来的一项新技术，最初是将水溶性酶与不溶性载体结合起来，成为不溶于水的酶的衍生物，所以曾被称为“水不溶酶”和“固相酶”。但后来发现，如果将酶包埋在凝胶内或置于超滤装置，高分子底物与酶在超滤膜一边，而反应产物可以透过膜，在这种情况下，酶本身仍处于溶解状态，只不过被固定在一个有限的空间内不能自由流动而已，若再使用水不溶酶或固相酶的名称就显得不很恰当。于是在 1971 年首届国际酶工程会议上，学者们正式建议采用“固定化酶”的名称。

所谓固定化酶，是指在一定空间内呈闭锁状态存在的酶，能连续地进行反应，反应后的酶可以回收重复使用。因此，不管用何种方法制备的固定化酶，都应该满足上述对固定化酶的要求。例如，将一种不能透过高分子化合物的半透膜置入容器内，在其中加入酶及高分子底物，使之进行酶促反应，低分子生成物就会连续不断地透过滤膜，而酶因不能透过滤膜而被回收再用，这种酶实质也是一种固定化酶。

固定化酶与游离酶相比，具有下列优点。

1)极易将固定化酶与底物、产物分开。

2)可以在较长时间内进行反复分批反应和装柱连续反应。

3)在大多数情况下，能够提高酶的稳定性。

4)酶促反应过程能够加以严格控制。

5)产物溶液中没有酶的残留，简化了提纯工艺。

6)较游离酶更适合于多酶促反应。

7)可以增加产物的收率，提高产物的质量。

8)酶的使用效率提高，成本降低。

与此同时，固定化酶也存在化学试剂残留、活力损失、只能用于可溶性底物等缺点。尽管如此，固定化酶在食品工业中作出了很大贡献。表 6-1 为食品加工中已应用的和有发展潜力的固定化酶。

表 6-1　食品加工已应用的和有发展潜力的固定化酶

酶	在食品加工中的作用
葡萄糖氧化酶	除去食品中的氧气;除去蛋白质中的糖
过氧化氢酶	牛奶的巴氏杀菌
脂肪酶	乳脂产生风味
α-淀粉酶	淀粉液化
β-淀粉酶	高麦芽糖浆
葡萄糖淀粉酶	由淀粉产生葡萄糖;淀粉去支链
β-半乳糖苷酶	水解乳制品中的乳糖
转化酶	水解蔗糖生成转化糖
橘皮苷酶	除去柑橘汁的苦味
蛋白酶	牛乳的凝聚;改善啤酒的澄清度;制造蛋白质水解液
氨基酰化酶	分离左旋与右旋氨基酸
葡萄糖异构酶	由葡萄糖制果糖

2. 酶固定化的方法

酶的固定化方法很多,但对任何酶都适用的方法是没有的。酶的固定化方法通常按照用于结合的化学反应的类型进行分类(表 6-2)。各种方法具有各自的优缺点(表 6-3)。

表 6-2　酶固定化方法

固定化方法	分类
非共价结合法	结晶法
	分散法
	物理吸附法
	离子结合法
化学结合法	交联法
	共价结合法
包埋法	微囊法
	网格法

表 6-3　酶固定化方法的优缺点

项目	物理吸附法	离子结合法	包埋法	共价结合法	交联法
制备	易	易	易	难	难
结合力	中	弱	强	强	强
酶活力	高	高	高	中	中
底物专一性	无变化	无变化	无变化	有变化	有变化
再生	可能	可能	不可能	不可能	不可能
固定化费用	低	低	中	中	高

固定化酶可以用于两种基本的反应系统中：第一种是将固定化酶与底物溶液一起置于反应槽中搅拌，当反应结束后将固定化酶与产物分开；第二种是利用柱层析方法，将固定有酶蛋白的惰性载体装在柱中或类似装置中，当底物液流经时，酶即催化底物发生反应。

3. 固定化酶的制备原则

已发现的酶有数千种。固定化酶的应用目的、应用环境各不相同，而且可用于固定化制备的物理、化学手段、材料等多种多样。制备固定化酶要根据不同情况（不同酶、不同应用目的和应用环境）来选择不同的方法，但是无论如何选择，确定什么样的方法，都要遵循以下基本原则。

1）须注意维持酶的催化活性及专一性。酶蛋白的活性中心是酶的催化功能所必需的，酶蛋白的空间构象与酶活力密切相关。因此，在酶的固定化过程中，必须注意酶活性中心的氨基酸残基不发生变化，也就是酶与载体的结合部位不应当是酶的活性部位，而且要尽量避免那些可能导致酶蛋白高级结构破坏的情况。由于酶蛋白的高级结构是凭借氢键、疏水键和离子键等弱键维持，所以固定化时要尽量采取温和的条件，尽可能保护好酶蛋白的活性基团。

2）固定化应该有利于生产自动化、连续化。为此，用于固定化的载体必须有一定的机械强度，不能因机械搅拌而破碎或脱落。

3）固定化酶应有最小的空间位阻，尽可能不妨碍酶与底物的接近，以提高产品的产量。

4）酶与载体必须结合牢固，从而使固定化酶能回收储藏，利于反复使用。

5）固定化酶应有最大的稳定性，所选载体不与废物、产物或反应液发生化学反应。

6）固定化酶成本要低，以利于工业使用。

6.4　酶与食品质量的关系

6.4.1　与色泽相关的酶

任何食品，都具有代表自身特色和本质的色泽，多种原因乃至环境条件的改变，即可导致颜色的变化，其中酶是一个敏感的因素。如莲藕由白色变为粉红色后，其品质下降，这是由于莲藕中的多酚氧化酶和过氧化物酶催化氧化了莲藕中的多酚类物质的结果。

绿色常常作为人们判断许多新鲜蔬菜和水果质量的标准之一。在成熟时，水果的绿色减退而代之以红色、橙色、黄色和黑色。青刀豆和其他一些绿叶蔬菜，随着成熟度增加导致叶绿素含量降低。上述的颜色变化都与食品中的内源酶有关，其中最主要的是脂肪氧化酶、叶绿素酶和多酚氧化酶。

(1)脂肪氧化酶

脂肪氧化酶(EC 1.13.11.2)对于食品方面的影响，有些是需宜的，有些是不需宜的。如用于小麦粉和大豆粉的漂白，制作面团时在面筋中形成二硫键等作用是需宜的。然而，脂肪氧化酶对亚油酸酯的催化氧化则可能产生一些负面影响，破坏叶绿素和胡萝卜素，从而使色素降解而发生褪色；或者产生具有青草味的不良异味；破坏食品中的维生素和蛋白质类化合物；食品中的必需脂肪酸，例如亚油酸、亚麻酸和花生四烯酸遭受氧化性破坏。

脂肪氧化酶的上述所有反应结果，都是来自酶对不饱和脂肪酸(包括游离的或结合的)的直接氧化作用，形成自由基中间产物，其反应历程如图 6-3 所示。在反应的第 1、2 和 3 步包括活泼氢脱氢形成顺，顺-烷基自由基、双键转移，以及氧化生成反，顺-烷基自由基与烷过氧自由基；第 4 步是形成氢氧化物。然后，进一步发生非酶反应导致醛类(包括丙二醛)和其他不良异味化合物的生成。自由基和氢过氧化物会引起叶绿素和胡萝卜素等色素的损失、多酚类氧化物的氧化聚合产生色素沉淀，以及维生素和蛋白质的破坏。食品中存在的一些抗氧化剂如VE、没食子酸丙酯、去甲二氢愈创木酸等能有效阻止自由基和氢过氧物引起的食品损伤。

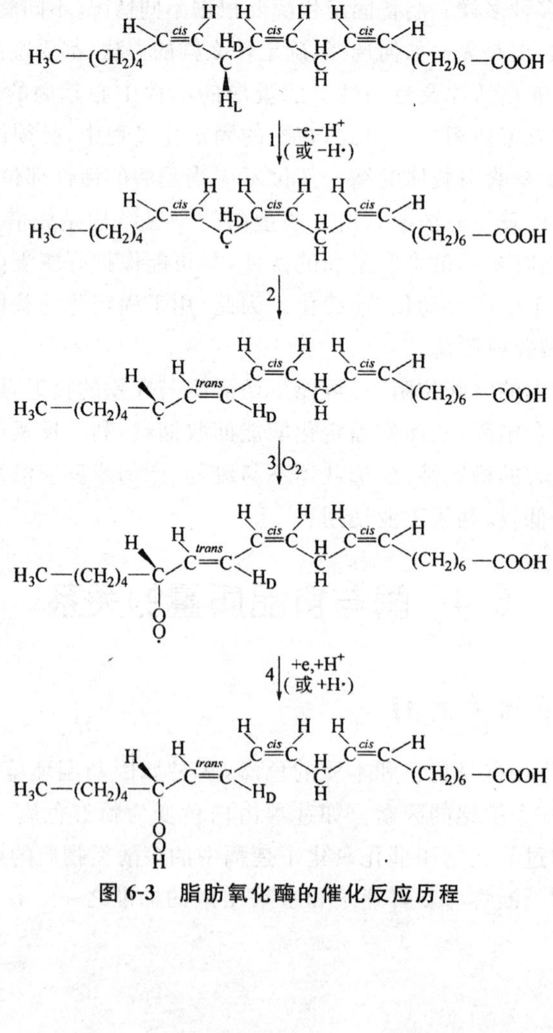

H H H H H H
H C cis C H_D C cis C H C cis C H
$H_3C-(CH_2)_4$ C H $(CH_2)_6-COOH$
H_L

1 -e,-H^+ (或 -H·)

H H H H H H
H C cis C H_D C cis C H C cis C H
$H_3C-(CH_2)_4$ Ċ H $(CH_2)_6-COOH$

2

H H H H
H H trans C cis C H C cis C H
$H_3C-(CH_2)_4-$Ċ C=C H_D H $(CH_2)_6-COOH$

3 O_2

H H H H
H H trans C cis C H C cis C H
$H_3C-(CH_2)_4-$C C=C H_D H $(CH_2)_6-COOH$
O
Ȯ

4 +e,+H^+ (或 +H·)

H H H H
H H trans C cis C H C cis C H
$H_3C-(CH_2)_4-$C C=C H_D H $(CH_2)_6-COOH$
O
H

图 6-3 脂肪氧化酶的催化反应历程

(2)叶绿素酶

叶绿素酶(EC 3.1.1.14)存在于植物和含有叶绿素的微生物中。叶绿素酶是一种酯酶，能催化叶绿素脱镁和叶绿素脱植醇，分别生成脱植基叶绿素和脱镁脱植基叶绿素。叶绿素酶在水、醇和丙酮溶液中均有活性，在蔬菜中的最适反应温度为60℃～82.2℃，因此植物体采收后未经热加工，脱植基叶绿素不可能在新鲜叶片上形成。如果加热温度超过80℃，酶活力降低，达到100℃时则完全丧失活性。从加热至酶失活的时间长短对叶绿素保留量有重要影响。该酶水解产物脱植基叶绿素和脱镁脱植基叶绿素因不含植醇侧链，易溶于水，在含水食品中，使其产生色泽变化。

(3)多酚氧化酶

多酚氧化酶(EC 1.10.3.1)通常又称为酪氨酸酶、多酚酶、酚酶、儿茶酚氧化酶、甲酚酶或儿茶酚酶，这些名称的使用是由测定酶活力时使用的底物，以及酶在植物中的最高浓度所决定。多酚氧化酶存在于植物、动物和一些微生物(特别是霉菌)中，它催化两类完全不同的反应。

这两类反应一类是羟基化，另一类是氧化反应(图6-4)。前者可以在多酚氧化酶的作用下氧化形成不稳定的邻-苯醌类化合物，然后再进一步通过非酶催化的氧化反应，聚合成为黑色素，并导致香蕉、苹果、桃、马铃薯、蘑菇、虾发生非需宜的褐变和黑斑形成。然而对红茶、咖啡、葡萄干和梅干的色素形成则是需宜的，如茶鲜叶中多酚类在多酚氧酶作用下被氧化成茶黄素，进一步自动氧化成茶红素，多酚类是无色有涩味的一类成分，一旦被氧化，涩味减轻，并产生红茶所特有的色泽。

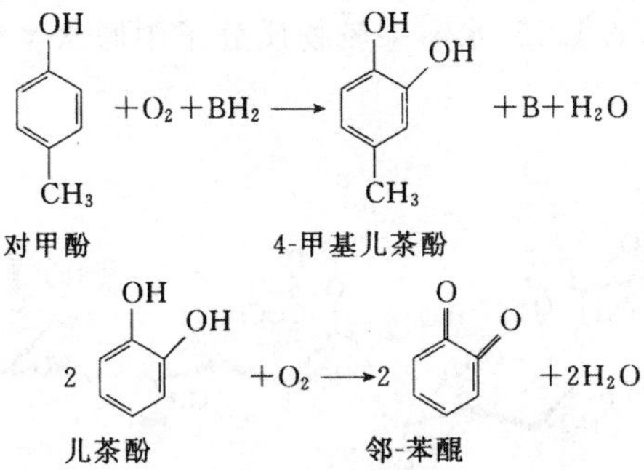

对甲酚 $+O_2+BH_2 \longrightarrow$ 4-甲基儿茶酚 $+B+H_2O$

2 儿茶酚 $+O_2 \longrightarrow 2$ 邻-苯醌 $+2H_2O$

图6-4 多酚氧化酶的催化反应历程

一旦酚类产生非需宜的氧化，不仅对食品色泽产生不利的影响，还会对营养和风味产生影响。如邻苯醌与蛋白质中赖氨酸残基的ε-氨基反应，可引起蛋白质的营养价值和溶解度下降；与此同时，由于褐变反应也会造成食品的质构和风味的变化。据估计，热带水果50%以上的损失都是由于酶促褐变引起的。同时酶促褐变也是造成新鲜蔬菜例如莴苣和果汁的颜色变化、营养和口感变劣的主要原因。因此，科学工作者提出了许多控制果蔬加工和贮藏过程中酶促褐变的方法，例如驱除 O_2 和底物酚类化合物以防止褐变，或者添加抗坏血酸、亚硫酸氢钠和硫醇类化合物等，将初始产物、邻苯醌还原为原来的底物，从而阻止黑色素的生成。另一方面，采取一些使多酚氧化酶失活的方法可有效抑制酶促褐变。

6.4.2 与质构相关的酶

食品质构是食品质量的指标之一，水果和蔬菜的质构主要与复杂的碳水化合物有关，例如果胶物质、纤维素、半纤维素、淀粉和木质素。然而影响各种碳水化合物结构的酶可能是一种或多种，它们对食品的质构起着重要的作用。如水果熟后变甜和变软，就是酶催化降解的结果。蛋白酶的作用也可使动物和高蛋白植物食品的质构变软。

(1)果胶酶

果胶酶主要有3种类型，它们作用于果胶物质都产生需宜的反应。

果胶甲酯酶(EC 3.1.1.11)水解果胶的甲酯键，生成果胶酸和甲醇(图6-5)。果胶甲酯酶又称为果胶酯酶、果胶酶、脱甲氧基果胶酶。当有二价金属离子，例如Ca^{2+}存在时，果胶甲酯酶水解果胶物质生成果胶酸，由于Ca^{2+}与果胶酸的羧基发生交联，从而提高了食品的质构强度。

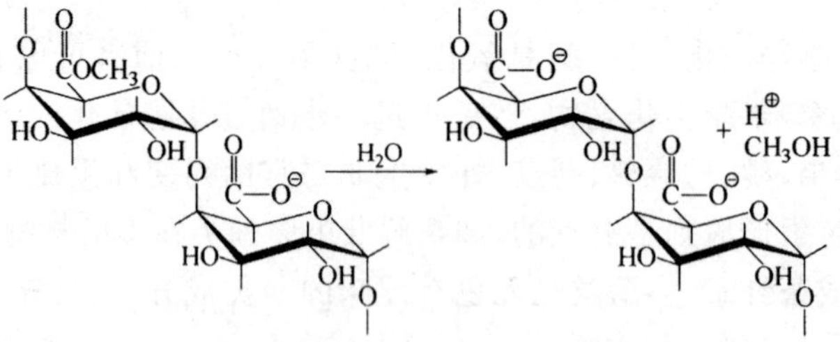

图6-5 果胶甲酯酶水解示意图

聚半乳糖醛酸酶(EC 3.2.1.15)水解果胶物质分子中脱水半乳糖醛酸单位的α-1,4-糖苷键(图6-6)。

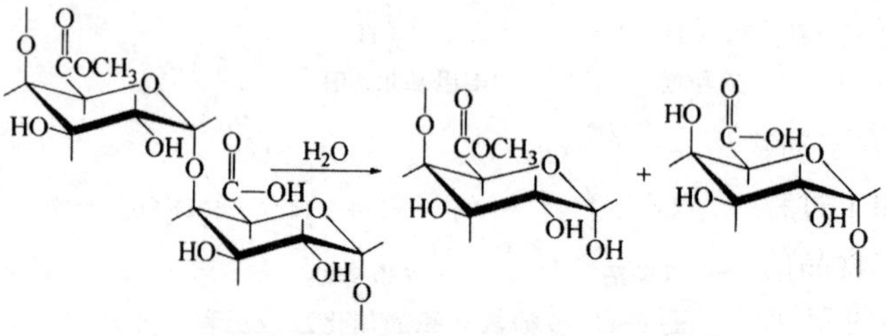

图6-6 聚半乳糖醛酸酶水解示意图

聚半乳糖醛酸酶有内切和外切酶两种类型存在，外切型是从聚合物的末端糖苷键开始水解，而内切型是作用于分子内部。由于植物中的果胶甲酯酶能迅速裂解果胶物质为果胶酸，因此关于植物中是否同时存在聚半乳糖醛酸酶(作用于果胶酸)和聚甲基半乳糖醛酸酶(作用于果胶)，目前仍然有着不同的观点。聚半乳糖醛酸酶水解果胶酸，将引起某些食品原料物质(如番茄)的质构变软。

果胶酸裂解酶[聚-(1,4-α-D-半乳糖醛酸苷)裂解酶，EC 4.2.2.2]在无水条件下能裂解果胶和果胶酸之间的糖苷键，其反应机制遵从β-消去反应(图6-7)。它们存在于微生物中，而在高等植物中没有发现。

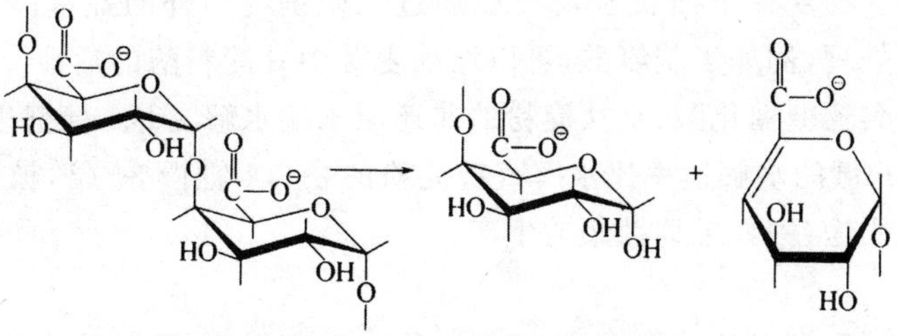

图 6-7　果胶酸裂解酶示意图

原果胶酶是第 4 种类型的果胶降解酶，仅存在于少数几种微生物中。原果胶酶水解原果胶生成果胶。

果胶酶是水果加工中重要的酶，应用果胶酶处理破碎果实，可加速果汁过滤，促进澄清等，如杨辉等将果胶酶应用于苹果酒生产中的榨汁工艺，可提高出汁率 20%，澄清度可达 90%以上。应用其他的酶与果胶酶共同作用，其效果更加明显，如秦蓝等采用果胶酶和纤维素酶的复合酶系制取南瓜汁，大大提高了南瓜的出汁率和南瓜汁的稳定性。并通过扫描电子显微镜观察南瓜果肉细胞的超微结构，显示出单一果胶酶制剂或纤维素酶制剂对南瓜果肉细胞壁的破坏作用远不如复合酶系。又如张倩等提出了一种新型果蔬加工酶——粥化酶(含有果胶酶、纤维素酶、半纤维素酶及蛋白酶等)，可提高果蔬汁的出汁率，增加澄清度，在果蔬加工中有广阔的应用前景。

(2)纤维素酶和戊聚糖酶

水果、蔬菜中纤维素含量很少，但在果蔬汁加工中却常利用纤维素酶改善其品质。

戊聚糖酶存在于微生物和一些高等植物中，能够水解木聚糖、阿拉伯聚糖和木糖与阿拉伯糖的聚合物为小分子化合物。在小麦中存在少数浓度很低的内切和外切水解戊聚糖酶，目前对它们在食品中的应用及特性的了解较少。

(3)淀粉酶

淀粉酶不仅存在于动物中，而且也存在于高等植物和微生物中，能够水解淀粉。因此，食品在成熟、保藏和加工过程中淀粉常常被降解。淀粉在食品中除有营养作用外，主要与食品的黏度等有关，如果在食品的贮藏和加工中淀粉被淀粉酶水解，将显著影响食品的质构。淀粉酶包括 α-淀粉酶、β-淀粉酶和葡糖淀粉酶三种主要类型，此外还有一些降解酶。

α-淀粉酶存在于所有的生物体中，能水解淀粉(直链淀粉和支链淀粉)、糖原和环状糊精分子内的 α-1,4-糖苷键，水解物中异头碳的 α-构型保持不变。由于水解是在分子的内部进行，因此 α-淀粉酶对食品的主要影响是降低黏度，同时也影响其稳定性，例如布丁、奶油沙司等。唾液和胰 α-淀粉酶对于食品中淀粉的消化吸收是很重要的，一些微生物中含有较高水平的 α-淀粉酶，它们具有较好的耐热性。

β-淀粉酶从淀粉的非还原末端水解 α-1,4 糖苷键，生成 β-麦芽糖。因为 β-淀粉酶是外切酶，只有淀粉中的许多糖苷键被水解，才能观察到黏度降低。该酶不能水解支链淀粉的 α-1,6-糖苷键，但能够完全水解直链淀粉为 β-麦芽糖。因此，支链淀粉仅能被 β-淀粉酶有限水解。麦芽糖浆聚合度大约为 10，在食品工业中，应用十分广泛，麦芽糖可以迅速被酵母麦芽糖酶裂解为葡萄糖，因此，β-淀粉酶和 α-淀粉酶在酿造工业中非常重要。β-淀粉酶是一种巯基酶，它能被许多巯基试剂抑制。在麦芽中，β-淀粉酶可以通过二硫键与另外的巯基以共价键连接，因此，淀粉用巯基化合物处理，例如半胱氨酸，可以增加麦芽中 β-淀粉酶的活性。

葡糖淀粉酶又名葡糖糖化酶，是从淀粉的非还原末端水解 α-1,4 糖键生成葡萄糖，其中对支链淀粉中的 α-1,6 键的水解速率比水解直链淀粉的 α-1,4 键慢 30 倍，糖化酶在食品和酿造工业上有着广泛的用途，例如果葡糖浆的生产。

(4)蛋白酶

作用于蛋白质的酶可以从动物、植物或微生物中分离得到，尤其是从动植物的废弃物的制备，可提高其利用途径。目前作用于蛋白质的酶类种类丰富，在食品中应用广泛，并在食品加工中发挥重要作用。例如利用凝乳酶形成酪蛋白凝胶制造干酪。在焙烤食品加工中，将蛋白酶作用于小麦面团的谷蛋白，不仅可以提高混合特性和需要的能量，而且还能改善面包的质量。蛋白酶另外一个显著的作用是在肉类和鱼类加工中分解结缔组织中的胶原蛋白、水解胶原、促进嫩化。动物屠宰后，肌肉将变得僵硬(肌球蛋白和肌动蛋白相互作用引起伸展的结果)，在贮存时，通过内源酶(Ca^{2+} 激活蛋白酶，或许是组织蛋白酶)作用于肌球蛋白-肌动蛋白复合体，肌肉将变得多汁。添加外源酶，例如木瓜蛋白酶和无花果蛋白酶，由于它们的选择性较低，主要是水解弹性蛋白和胶原蛋白，从而使之嫩化。

谷氨酰胺转氨酶(transglutaminase, EC 2.3.2.13, TGase)，可以催化蛋白质分子内的交联、分子间的交联、蛋白质和氨基酸之间的连接以及蛋白质分子内谷氨酰胺基的水解，从而可以改善蛋白质功能性质，提高蛋白质的营养价值。在 TGase 的作用过程中，γ-羧酸酰胺基作为酰基供体，而其酰基受体有以下几种。

1)伯胺基。如式(6-1)所示，通过此方法，可以将一些限制性氨基酸引入蛋白质中，提高蛋白质的额外营养价值。

2)多肽链中赖氨酸残基的 ε-氨基。如式(6-2)所示，通过此方法能形成 ε-赖氨酸异肽链。食品工业中广泛运用此法使蛋白质分子发生交联，从而改变食物的质构，改善蛋白质的溶解性、起泡性等物理性质。

3)水。当不存在伯胺基时，如式(6-3)所示，形成谷氨酸残基，从而改变蛋白质的溶解度、乳化性质和起泡性质。

$$R—Glu—CO—NH_2+NH2—R' \rightarrow R—Glu—CO—NH—R'+NH_3 \quad (6\text{-}1)$$

$$R—Glu—CO—NH_2+NH_2—Lys—R' \rightarrow R—Glu—CO—NH—Lys—R'+NH_3 \quad (6\text{-}2)$$

$$R—Glu—CO—NH_2+H_2O \rightarrow R—Glu—CO—OH+NH_3 \quad (6\text{-}3)$$

TGase 在食品工业中的应用主要在以下方面。

1)改善蛋白质凝胶的特性。由于引入了新的共价键，蛋白质分子内或分子间的网络结构增强，会使通常条件下不能形成凝胶的乳蛋白形成凝胶，或使蛋白质凝胶性能发生改变，如凝胶强度、凝胶的耐热性和耐酸性增强，凝胶的水合作用增强及使凝胶网络中的水分不易析出等。添加 TGase 处理牛乳所制成的脱脂乳粉，在水溶液中形成凝胶的强度比未经处理的形成的凝胶强度大，凝胶持水性也得到提高。在制作鱼香肠时，加入 TGase 处理后，其脱水收缩现象也明显降低，据报道，利用盐和 TGase 可改善鱼香肠的质构。

从图 6-8 可知，在鱼糜制造时加入 TGase 可提高鱼糜制品的硬度，当外加水量为 60%，酶添加量为 0.9%时，鱼糜的硬度达 78.1，比相应的对照提高 95.8%。

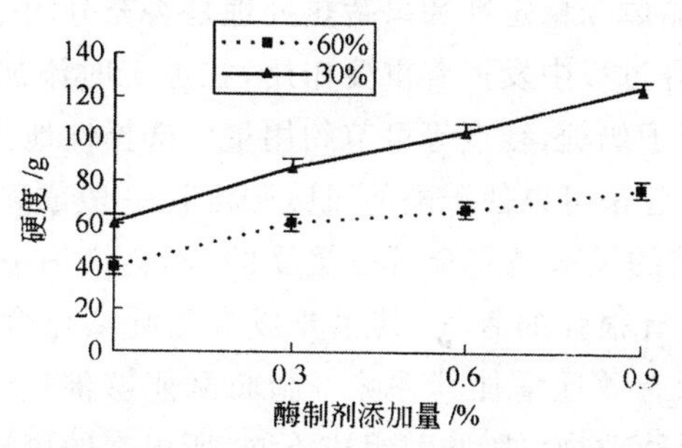

图6-8　转谷氨酰胺酶制剂对带鱼鱼糜制品硬度的影响

2)提高蛋白质的乳化稳定性。经TGase作用后β酪蛋白可形成二聚物、三聚物或多聚物。所形成的乳化体系的稳定性明显提高，乳化液的稳定性随着聚合程度增加而增加。

3)提高蛋白质的热稳定性。加热处理易使蛋白质变性，降低其功能特性。在奶粉生产中，如何防止奶粉在贮藏、销售过程中受热结块，一直是个急需解决的问题。奶粉中的酪蛋白的玻璃化转变温度对奶粉的玻璃化转变温度有重要影响。酪蛋白经TGase催化形成网络结构后，其玻璃化转变温度可明显提高。经TGase催化交联的乳球蛋白也表现出较高的热稳定性，1%的聚合乳球蛋白即使在100℃的条件下也可保持30min不变性，而天然乳球蛋白在70℃时就很快变性。

4)提高蛋白质的营养价值。现已清楚，将限制性氨基酸交联到某种蛋白质上，以提高此种蛋白质的营养价值。如通过TGase作用所形成的富赖氨酸蛋白质比直接添加的游离赖氨酸，不仅可提高赖氨酸的稳定性，还可避免游离赖氨酸更易发生的美拉德反应。另外，TGase还可改善肉制品口感、风味等特性；提高蛋白质的成膜性能等。

6.4.3　与风味相关的酶

影响食品中风味和异味的成分最多，酶对食品风味和异味成分的形成途径也相当复杂。食品在加工和贮藏过程中可以利用某些酶改变食品的风味，如风味酶已广泛应用于改善食品的风味，将奶油风味酶作用于含乳脂的巧克力、冰淇淋、人造奶油等食品，可增强这些食品的奶油风味。

食品在加工和贮藏过程中，由于酶的作用可能使原有的风味减弱或失去，甚至产生异味。例如不恰当的热烫处理或冷冻干燥，由于过氧化物酶、脂肪氧化酶等的作用，会导致青刀豆、玉米、莲藕、冬季花菜和花椰菜等产生明显的不良风味。当不饱和脂肪酸存在时，过氧化物酶能促进不饱和脂肪酸的过氧化物降解，产生挥发性的氧化风味化合物。此外，过氧化物酶在催化过氧化物分解的历程中，同时产生了自由基，它能引起食品许多组分的破坏并对食品风味产生影响。过氧化物酶是一种非常耐热的酶，广泛存在于所有高等植物中，通常将过氧化物酶作为一种控制食品热处理的温度指示剂，同样也可以根据酶作用产生的异味物质作为衡量酶活力的灵敏方法。

青刀豆和玉米产生不良风味和异味主要是脂肪氧化酶催化氧化的作用，而冬季花椰菜却主要是在半胱氨酸裂解酶的作用下形成不良风味。然而，另外的研究表明，尽管过氧化物酶还不是完全决定食品产生异味的酶，但是，它以较高的水平在自然界存在，优良的耐热性能，使之仍能作为判断一种冷冻食品风味稳定性和果蔬热处理是否充分的一项指标。

脂肪酶在乳制品的增香过程中发挥着重要作用，在加工时添加适量脂肪酶可增强干酪和黄油的香味，将增香黄油用于奶糖、糕点等可节约用量。选择性地使用较高活力的蛋白酶和肽酶，再与合适的脂肪酶结合起来可以使干酪的风味强度比一般成熟的干酪的风味要至少提高10倍。使用这种方法，干酪的风味是完全可以接受的，不会增加由于蛋白质酶过分水解产生的苦味。芝麻、花生焙烤后有很强的香气，其主要成分为吡嗪化合物、N-甲基吡咯、含硫化合物。加入脂肪氧化酶后，能有效地增加其香味。脂肪酶能够催化分解甘油，生成甘油和脂肪酸。因牛、羊、猪、禽肉不同种动物中脂肪酸组成不同，所以肉的风味不同。

柚皮苷是葡萄柚和葡萄柚汁产生苦味的物质，可以利用柚皮苷酶处理葡萄柚汁，破坏柚皮苷从而脱除苦味，也有采用生物技术去除柚皮苷生物合成的途径达到改善葡萄柚和葡萄柚汁口感的目的。

在原料中除了游离的香气成分外，还有更多的香气成分是以D-葡萄糖苷形式存在。一些糖苷酶通过水解香气的前体物质，可提高食品的香气。β-葡萄糖苷酶(EC 3.2.1.21)是指能够水解芳香基或烷基葡萄糖苷或纤维二糖的糖苷键的一类酶。利用内源或外源的β-葡萄糖苷酶水解这些前体物质，释放出香气成分，如利用β-葡萄糖苷酶处理桃、红葡萄汁，经GC-MS(气相色谱-质谱联用仪)分析该酶处理前后主要风味成分，结果发现，该酶能明显提高其香气(表6-4)。宛晓春等人用2U/mL的β-葡萄糖苷酶处理柠檬汁样品增香效果最明显；而对于苹果汁、茶汁、干红葡萄酒，用1U/mL的β-葡萄糖苷酶处理样品效果最佳。感官评定结果认为，经β-葡萄糖苷酶处理过的样品，除具有样品本身固有的特征香气外，在香气组成上，更显饱满、柔和、圆润，增强了感官效应。β-葡萄糖苷酶分别处理橙汁和山楂，用GC-MS进行了香气成分的分析，结果表明，β-葡萄糖苷酶可以酶解糖苷键，释放键合态的芳香物质，起到自然增香的作用。

表6-4　β-葡萄糖苷酶处理前后的桃及红葡萄汁中主要风味成分的比较

品种	α-蒎烯		α-松油烯		γ-松油烯		α-松油醇		芳香醇		香叶醇		苯甲醇		苯乙醇	
	对照	处理	对照	处理	对照	处理	对照	处理	对照	处理	对照	处理	对照	处理	对照	处理
桃	0.06	7.1	0.2	0.67	0.06	0.1	0.13	0.26	0.3	0.42	0.05	0.84	0.15	1.12	0.11	0.23
红葡萄汁	0.02	0.1	0.03	0.5	0.02	0.1			0.75	0.9					0.04	0.2

充分利用食品原料中糖苷酶也能提高食品中香气成分。如在茶叶加工时，适当地摊放可提高茶鲜叶中β-葡萄糖苷酶的活性，随着其酶活性的提高，游离态香气成分增加(表6-5)。

表6-5　摊放过程中β-葡萄糖苷酶和游离态香气含量的变化

摊放时间/h	β-葡萄糖苷酶活性(总重)/(U/g)	游离态香气(净重)(μg/g)
0	0.38	3.16
4	0.41	5.91

6.4.4 与营养相关的酶

食品在加工及贮藏室过程中一些酶活性的变化对食品营养影响的研究已有较多报道。已知脂肪氧化酶氧化不饱和脂肪酸，会引起亚油酸、亚麻酸和花生四烯酸这些必需脂肪酸含量降低，同时产生过氧自由基和氧自由基，这些自由基将使食品中的类胡萝卜素（维生素A的前体物质）、生育酚（维生素E）、维生素C和叶酸含量减少，破坏蛋白质中的半胱氨酸、酪氨酸、色氨酸和组氨酸残基，或者引起蛋白质交联。一些蔬菜（如西葫芦）中的抗坏血酸能够被抗坏血酸酶破坏。硫胺素酶会破坏氨基酸代谢中必需的辅助因子硫胺素。此外，存在于一些微生物中的核黄素水解酶能降解核黄素。多酚氧化酶不仅引起褐变，使食品产生不需宜的颜色和味道，而且还会降低蛋白质中的赖氨酸含量，造成营养价值损失。

超氧化物歧化酶（superoxide dismutase，SOD）是广泛存在于动植物体内的一种金属酶：含铜与锌的超氧化物歧化酶（Cu，Zn-SOD）、含锰的超氧化物歧化酶（Mn-SOD）和含铁的超氧化物歧化酶（Fe-SOD）。这3种SOD都有清除超氧化物阴离子自由基的作用。SOD的作用主要表现在：清除过量的超氧化自由基，具有很强的抗氧化、抗突变、抗辐射、消炎和抑制肿瘤的功能，不仅能延缓由于自由基侵害而出现的衰老现象，提高人体对抗自由基诱发疾病的能力，而且对抗疲劳、恢复体力、减肥、美容护肤也有很好的效果。SOD添加到食品中有两方面作用。其一是作为抗氧剂。SOD可作为罐头食品、果汁罐头的抗氧剂，防止过氧化酶引起的食品变质及腐烂现象；其二是作为食品营养的强化剂。由于SOD有延缓衰老的作用，可大大提高食品的营养强度，尤其是作为抗衰老的天然的添加剂，已被国外广泛应用。目前用SOD作为添加剂的有蛋黄酱、牛奶、可溶性咖啡、啤酒、口香糖等。国内添加SOD的有酸牛奶、SOD果汁饮料、冷饮品、SOD奶糖、SOD口服液、SOD啤酒等商品供应市场。

一些水解酶类可将大分子分解为可吸收的小分子，从而提高食品的营养。如植酸酶就可对阻碍矿物质吸收的植酸进行水解，可提高磷等无机盐的利用率。同时由于植酸酶破坏了对矿物质和蛋白质的亲和力，也能提高蛋白质的消化率。

采摘乳熟期的甜玉米脱粒后，加水打浆，经过滤加热糊化。向糊化液中加入α-淀粉酶和糖化酶保温处理，即可得到甜玉米糖化液。在甜玉米糖化液中加入一定量的木瓜蛋白酶，加热保温一定时间，当达到酶解终点后，将酶解液制成产品，经分析可极大提高产品中氨基酸总量及一些必需的含量。

6.5 食品加工中常用的酶

食品加工中所用的酶制剂是从可食用的或无毒的动植物原料和非致病、非毒性的微生物中提取的。与标准的生化试剂相比相当粗糙，大部分酶制剂中仍含有许多杂质及其他的酶。尽管如此，目前已有几十种酶成功地用于食品工业，如淀粉酶、转化酶、葡聚糖-蔗糖酶、乳糖酶、木聚糖酶、纤维素酶、半纤维素酶、果胶酶、脂肪酶、磷酸酯酶、核糖核酸酶、过氧化物酶、葡萄糖氧化酶、脂肪氧合酶、双乙醛还原酶、过氧化氢酶、多酚氧化酶等等。

在食品加工中加入酶有以下作用：提高和稳定食品品质，增加提取食品成分的速度与产量，改良风味，增加副产品的利用率。此外，有一些植物原料在未完全成熟时采收，需经过一段时间催熟才能达到适合食用的品质，实际上是酶控制着成熟过程的变化，如叶绿素的消失、胡萝卜素的生成、淀粉的转化、组织的变软、香味的产生等。如果能了解酶在其中的作用而加以控制，就能利用酶改善食品原料的储藏性能、增进其品质。

表 6-6 列出了一些食品工业中正在利用或将来很有发展前途的酶。从中可以看出：用于食品加工中的酶的总数相对于已发现的酶的种类与数量而言还相当少。用得最多的是水解酶，其中主要是碳水化合物的水解酶；其次是蛋白质和脂肪的水解酶；少量的氧化还原酶类在食品加工中也有应用。

表 6-6　酶在食品加工中的应用

酶	食品	目的与反应
淀粉酶	焙烤食品	增加酵母发酵过程中的糖含量
	酿造	在发酵过程中使淀粉转化为麦芽糖，除去淀粉造成的混浊
	各类食品	将淀粉转化为糊精、糖，增加吸收水分的能力
	巧克力	将淀粉转化成流动状
	糖果	从糖果碎屑中回收糖
	果汁	除去淀粉以增加起泡性
	果冻	除去淀粉，增加光泽
	果胶	作为苹果皮制备果胶时的辅剂
	糖浆和糖	将淀粉转化为低相对分子质量的糊精(玉米糖浆)
	蔬菜	在豌豆软化过程中将淀粉水解
转化酶	人造蜂蜜	将蔗糖转化为葡萄糖和果糖
	糖果	生产转化糖供制糖果点心用
葡聚糖-蔗糖酶	糖浆	使糖浆增稠
	冰淇淋	起增稠剂作用
乳糖酶	冰淇淋	阻止乳糖结晶引起的颗粒和砂粒结构
	饲料	使乳糖转化成半乳糖和葡萄糖
	牛奶	除去牛乳中的乳糖以稳定冰冻牛乳中的蛋白质
木聚糖酶	焙烤工业	增大面包体积及延缓老化
纤维素酶	酿造	水解细胞壁中复杂的碳水化合物
	咖啡	咖啡豆干燥过程中将纤维素水解
	水果	除去梨中的粒状物，加速杏及番茄的去皮
半纤维素酶	咖啡	降低浓缩咖啡的黏度

续表

酶	食品	目的与反应
果胶酶(可利用方面)	巧克力-可可	增加可可豆发酵时的水解活动
	咖啡	增加可可豆发酵时明胶状种衣的水解
	果汁	增加压汁量,防止絮结,改善浓缩过程
	水果	软化
	橄榄	增加油的提取
	酒类	澄清
果胶酶(不利方面)	橘汁	破坏和分离果汁中的果胶物质
	面粉	若酶活性太高会影响空隙的体积和质地
脂肪酶(可利用方面)	干酪	加速熟化、成熟及增加风味
	油脂	使脂肪转化成甘油和脂肪酸
	牛乳	使牛奶巧克力具特殊风味
脂肪酶(不利方面)	谷物食品	使黑麦蛋糕过分褐变
	牛乳及乳制品	水解性酸败
	油类	水解性酸败
磷酸酯酶	婴儿食品	增加有效性磷酸盐
	啤酒发酵	使磷酸化合物水解
	牛奶	检查巴氏消毒的效果
核糖核酸酶	风味增加剂	增加5′-核苷酸与核苷
过氧化物酶(可利用方面)	蔬菜	检查热烫效果
	葡萄糖的测定	与葡萄糖氧化酶综合利用测定葡萄糖
过氧化物酶(不利方面)	蔬菜	产生异味
	水果	促进褐变反应
葡萄糖氧化酶	各种食品	除去食品中的氧气或葡萄糖,常与过氧化氢酶结合使用
脂肪氧合酶	面包	改良面包质地、风味并进行漂白
双乙醛还原酶	啤酒	降低啤酒中双乙醛的浓度
过氧化氢酶	牛乳	在巴氏消毒中破坏 H_2O_2
多酚氧化酶(可利用方面)	茶叶、咖啡、烟草	使其在熟化、成熟和发酵过程中产生褐变
多酚氧化酶(不利方面)	水果、蔬菜	产生褐变、异味及破坏维生素C

下面主要介绍几种水解酶类。

(1)淀粉酶

详细内容参见6.4.2节。

(2)α-1,4-葡萄糖苷酶

α-1,4-葡萄糖苷酶也称葡萄糖淀粉酶,此酶可以攻击1,4-α-D-葡萄糖的非还原性末端,不断地将葡萄糖水解下来,形成的产物只有葡萄糖,这是一种外切酶。此外,它还能攻击支链淀粉中的α-1,6-糖苷键,但水解的速率只有α-1,4-糖苷键的1/30,这意味着淀粉可全部降解成葡萄糖分子。因此在食品工业上可用来生产玉米糖浆和葡萄糖。在生产葡萄糖苷酶时,重要的是要除去其中的葡萄糖苷转移酶,因后者能催化葡萄糖形成麦芽糖或其他寡糖,从而降低淀粉糖化过程中葡萄糖的产量。

(3)α-D-半乳糖

此酶和β-D-半乳糖苷酶、β-D-果糖呋喃糖苷酶和α-L-鼠李糖苷酶都能攻击双糖、寡糖和多糖的非还原性末端并水解末端的单糖。其底物专一性可由酶的名称表现出来,如半乳糖苷酶。

豆科植物中的水苏糖能在胃和肠道内生成气体,这是因为肠道中有一些嫌气性微生物生长,它们能将某些寡糖或单糖水解生成CO_2、CH_4和H_2。但当上述水苏糖被α-D-半乳糖苷酶水解就会消除肠胃中的胀气。

(4)β-D-半乳糖苷酶

β-D-半乳糖苷酶能催化乳糖水解,所以又称乳糖酶。这种酶分布广泛,在高等动物、植物、细菌和酵母中均存在。β-D-半乳糖苷酶存在于人体的小肠黏膜细胞中,有些人体内缺乏乳糖酶,他们不能忍受乳糖,所以不能消化牛乳,故在饮用牛乳的同时应供给β-D-半乳糖苷酶制剂。当有半乳糖存在时可抑制乳糖酶对乳糖的水解,但葡萄糖没有这种作用。此外,乳糖的溶解度很低,因而妨碍脱脂奶粉或冰淇淋的生产。利用这种酶制剂可以将乳糖水解使上述食品的加工品质得以改善。

(5)β-D-果糖呋喃糖苷酶

β-D-果糖呋喃糖苷酶是由特殊酵母菌株生产的一种酶制剂,在制糖或糖果工业上常用来水解蔗糖而生成转化糖。转化糖比蔗糖更易溶解,而且由于含有游离的果糖,故甜度也比蔗糖高。

(6)α-L-鼠李糖苷酶

有些橘汁、李子汁和柚汁中含橘皮苷,具有很苦的味道。用α-L-鼠李糖苷酶和β-D-葡萄糖苷酶的混合物处理橘皮苷可以生成一种无苦味的化合物——柚苷配基,4,5,7-三羟黄烷酮。

(7)糖苷酶混合物

这是一种戊聚糖酶制剂,是糖苷酶的混合物(含纤维素酶,α-甘露糖苷酶、β-甘露糖苷酶和果胶酶等),黑麦粉的焙烤品质和黑麦面包的货架期因其中的戊聚糖可受此酶部分水解而得以改善。

为使植物主成分增溶,可利用这种酶制剂在一种较温和的条件下进行短时间的浸渍。利用糖苷酶的实例有:果泥、菜泥等产品的生产。这种酶还可用来增加对细胞壁的机械破碎,因而防止细胞中胶凝化淀粉过多地受到淋洗,而不致使菜泥等过分地黏稠。

由黑曲霉提取的糖苷酶是一种由纤维素酶、淀粉酶和蛋白酶混合在一起的制剂。在虾的加工中可用来去壳,使虾壳变松,利用水蒸气即可以洗脱掉。

(8)果胶酶

详细内容参见本书6.4.2节。为了保持混浊果汁的稳定性,常用HTST或巴氏消毒法使其中的果胶酶失活,因果胶是一种保护性胶体,有助于维持悬浮溶液中的不溶性颗粒而保持果汁混浊。在番茄汁和番茄酱的生产中,用热打浆法可以很快破坏果胶酶的活性。商业上果胶酶可用来澄清果汁、酒等。大多数水果在压榨果汁时,果胶多则水分不易挤出且榨汁混浊,如以果胶酶处理,则可提高榨汁率而且汁液澄清。加工水果罐头时应先热烫使果胶酶失活,可防止罐头储存时果肉过软。许多真菌和细菌产生的果胶酶能使植物细胞间隙的果胶层降解,导致细胞的降解和分离,使植物组织软化腐烂,在果蔬中称为软腐病。

(9)脂肪酶

脂肪酶能水解油-水界面存在的甘油酯的酯键而生成酸和醇。此酶广泛存在于微生物、动植物中。

脂肪酶能使脂肪生成脂肪酸而引起食品酸败,而在另一种情况下又需要脂肪酶的活性而产生风味,例如干酪生产中牛乳脂肪的适度水解会产生一种很好的风味。

脂肪酶包括磷酸酯酶、固醇酶、羧酸酯酶等,分别水解磷酸酯类、胆固醇酯、甘油三酯如丁酸甘油三酯等。

6.6 酶在食品工业中的应用

食品行业是应用酶制剂最早和最广泛的行业,如α-淀粉酶、β-淀粉酶、糖化酶、异淀粉酶、蛋白酶、右旋糖酐酶和葡萄糖异构酶等(表6-7)。

表6-7 酶在食品方面中的应用

酶	来源	主要用途
α-淀粉酶	枯草杆菌、米曲霉、黑曲霉	淀粉液化,制造糊精、葡萄糖、饴糖、果葡糖浆
β-淀粉酶	麦芽、巨大芽孢杆菌、多黏芽孢杆菌	制造麦芽,啤酒酿造
糖化酶	根酶、黑曲霉、红曲霉、内孢霉	淀粉糖化,制造葡萄糖、果葡糖
异淀粉酶	气杆菌、假单胞杆菌	制造直链淀粉、麦芽糖
蛋白酶	胰、木瓜、枯草杆菌、霉菌	啤酒澄清,水解蛋白、多肽、氨基酸
右旋糖酐酶	霉菌	糖果生产
葡萄糖异构酶	放线菌、细菌	制造果葡糖、果糖
葡萄糖氧化酶	黑曲霉、青霉	蛋白加工、食品保鲜
柑橘苷酶	黑曲霉	水果加工、去除橘汁苦味
天冬氨酸酶	大肠杆菌、假单胞杆菌	由反丁烯二酸制造天冬氨酸
磷酸二酯酶	橘青霉、米曲霉	降解RNA,生产单核苷酸作食品增味剂
纤维素酶	木霉、青霉	生产葡萄糖
溶菌酶	蛋清、微生物	食品杀菌保鲜

下面分别从食品保鲜、果蔬类食品加工、酿酒工业、食品添加剂、乳品工业、焙烤食品和淀粉类食品工业等方面进行简单介绍。

6.6.1 食品保鲜

由于受到各种外界因素的影响，食品在加工、运输和保藏过程中，色、香、味及营养容易发生变化，甚至导致食品败坏，降低食品的食用价值。因此，食品保鲜已是食品加工、运输、保藏中的重要问题，引起食品行业的广泛关注。

利用酶高效专一的催化作用，酶法保鲜技术能防止、降低或消除氧气、温度、湿度和光线等各种外界因素导致食品产生不良影响，进而达到保持食品的优良品质和风味特色，以及延长食品保藏期的技术。目前，葡萄糖氧化酶、溶菌酶等已应用于罐装果汁、果酒、水果罐头、脱水蔬菜、肉类及虾类食品、低度酒、香肠、糕点、饮料、干酪、水产品、啤酒、清酒、鲜奶、奶粉、奶油、生面条等各种食品的防腐保鲜，并取得了较大进展。

1. 酶法除氧保鲜

由于氧气的存在而引起的氧化现象发生是造成食品色、香、味变坏的重要因素，是影响食品质量的主要因素之一。例如，氧的存在极易引起某些富含油脂的食品发生氧化而引起油脂酸败，进而产生异味，降低营养价值，甚至产生有毒物质；氧化作用还会使果汁、果酱等果蔬制品变色以及使肉类褐变。许多研究表明，除氧是解决食品氧化变质、延长食品保藏期的最有效措施。

在食品的除氧保鲜中，较为常用的酶有葡萄糖氧化酶和过氧化物酶。例如，把葡萄糖氧化酶和葡萄糖混合在一起，装于可透空气、不透水的保鲜薄膜袋中，封闭后置于装有需保鲜食品的密闭容器中，通过葡萄糖氧化酶的作用，可达到食品除氧保鲜的目的；把葡萄糖氧化酶直接加到罐装果汁、果酒、水果罐头、色拉调料等食品中，可以避免食品氧化变质。另外，葡萄糖氧化酶添加到果蔬中密封保藏，可有效去除氧气而延长果蔬贮藏期。

2. 酶法脱糖保鲜

目前较多使用葡萄糖氧化酶进行脱糖保鲜的食品是蛋类制品，如蛋白粉、蛋白片、全蛋粉等，这是由于蛋白中含有 0.5%～0.6% 葡萄糖，它与蛋白质发生反应后，制品会出现小黑点或发生褐变，并降低其溶解性，进而影响产品质量。

为了较好保持蛋类制品的色泽和溶解性，必须进行脱糖处理，将蛋白质中含有的葡萄糖除去。可将适量的葡萄糖氧化酶加到蛋白液或全蛋液中，并通入适量的氧气，将蛋品中残留的葡萄糖完全氧化，从而有效保持蛋类制品的色泽。另外，脱水蔬菜、肉类和部分海鲜类食品的脱糖保鲜也需要用到葡萄糖氧化酶。

3. 酶法灭菌保鲜

由微生物污染而引起食品的变质腐败，历来是人们关注的问题。溶菌酶是一种专一性催化细菌细胞壁中的肽多糖水解的酶。溶菌酶作为无毒无害的蛋白质，可以杀菌、抗病毒和抗肿瘤细胞，是一种安全高效的食品杀菌剂。用溶菌酶进行食品保鲜，可有效地杀灭食品中的细菌，有效地防腐。

另外，低度酒、香肠、糕点、饮料、干酪、鲜奶、奶粉、奶油、生面条等的防腐保鲜也需要溶菌酶。

6.6.2 果蔬类食品加工

以各种水果或蔬菜为主要原料加工而成的食品为果蔬类食品。在其加工过程中，加入各种酶，可以保证果蔬类食品的“质”和“量”。

1. 果蔬制品的脱色

由于果蔬大多含有花青素，以致在不同的pH下呈现不同的颜色，对果蔬制品的色泽有影响。例如，在光照或高温下变为褐色，与金属离子反应则呈灰紫色。

能催化花青素水解，生成β-葡萄糖和它的配基的一种β-葡萄糖苷酶即为花青素酶。为了防止果蔬变色和保证产品质量，只需将一定浓度的花青素酶加入果蔬制品，在40℃下保温20～30min，即可达到效果。

2. 果汁生产

由于水果中含有大量果胶，以致在果汁的压榨过程中，不容易压榨、出汁少且果汁浑浊等。在果汁的生产过程中，加入果胶酶、纤维素酶、α-淀粉酶和糖化酶溶菌酶等，就可以使压榨方便、出汁多且果汁澄清。

(1)果胶酶

果胶酶是能催化果胶质分解的酶的统称，主要包括果胶酯酶(PE)、聚半乳糖醛酸酶(PG)、聚甲基半乳糖醛酸酶(PMG)、聚半乳糖醛酸裂合酶(PGL)和聚甲基聚半乳糖醛酸裂合酶(PMGL)等，常用的是PE和PG。

一种能催化果胶甲酯分子水解，生成果胶酸和甲醇的果胶水解酶是果胶酯酶。

一种能催化聚半乳糖醛酸水解的果胶酶是聚半乳糖醛酸酶(polygalacturonase，PG)。根据作用方式不同，分为内切聚半乳糖醛酸酶(endo-PG)和外切聚半乳糖醛酸酶(exo-PG)。

内切聚半乳糖醛酸酶(endo-polygalacturonase，endo-PG，EC3.2.1.15)随机水解果胶酸和其他聚半乳糖醛酸分子内部的糖苷键，生成分子质量较小的寡聚半乳糖醛酸。

外切聚半乳糖醛酸酶(exo-polygalacturonase，exo-PG，EC3.2.1.67)从聚半乳糖醛酸链的非还原端开始，逐个水解α-1，4-糖苷键，生成D-半乳糖醛酸，每次少一个聚半乳糖醛酸。

在果汁生产过程中，经果胶酶的作用，方便压榨、出汁率高，在沉降、过滤和离心分离中，沉淀分离明显，达到果汁澄清效果。经果胶酶处理的果汁稳定性好，在存放过程中可以避免产生浑浊，在苹果汁、葡萄汁和柑橘汁等的生产中已广泛使用。

(2)纤维素酶

天然果品中由于本身含有纤维类和半纤维类物质直接榨汁难度大，出汁率低。在榨汁前，用纤维素酶对原料进行预处理，可较好地解决这类问题。而纤维素酶则是一组包含半纤维素酶、蛋白酶、果胶酶、核糖核酸酶的复合酶，具有很强地降解纤维素和破裂植物及其果实细胞壁的功能，可以将植物纤维素水解为单糖和二糖，从而极大地提高物料的利用率。

(3)α-淀粉酶和糖化酶

在果汁生产过程中，高淀粉含量原料(莲子、马蹄、板栗)制作澄清饮料过程中常出现淀粉颗粒相互结合形成沉淀问题。可以使用α-淀粉酶和糖化酶，这类原料中的淀粉在淀粉酶和糖化酶作用下，可转化为葡萄糖和可溶的小分子糖类，从而解决了此问题。

(4)柚苷酶和柠碱前体脱氢酶

柚皮苷和柠碱是柑橘类果汁产生苦味的主要物质。通过柚苷酶的作用，可将柚皮苷分解为无苦味的鼠李糖、葡萄糖和油皮素，通过柠碱前体脱氢酶的作用，可以使柠碱前体脱氢，可以大大减少苦味。

在果汁的制造中，在添加酶以前，需先确定所要添加酶的种类，并需事先确定该酶添加的时机、添加浓度、反应温度、反应时间等变数。选用适当种类的酶，于适当时机添加，既能发挥预期作用，而又不至于发生太大不良副作用。添加浓度的确定，与成本有很大关系，较高档的酶可以考虑先施以固定化处理，以减少消耗量。反应温度的高低与处理速度的快慢以及酶存活期的长短、香气的保存情况都有关系；反应时间则影响到处理程度及产量。原料水果本性的变异，例如 pH 的升高或降低等，可能影响到上述变数的决定。因此资料库的建立、原料性质的掌握、果汁制造过程中品质数据的及时取得及操作变数的及时修正，也都是酶在果汁生产中成功应用所不可缺少的。

3. 果酒生产

以各种果汁为原料，通过微生物发酵而成的含酒精饮料即为果酒。主要是指葡萄酒，此外还有桃酒、梨酒、荔枝酒等。

在葡萄酒的生产过程中，果胶酶和蛋白酶等酶制剂已广泛使用。

果胶酶用于葡萄酒生产，在葡萄汁的压榨过程中应用，可以方便压榨和澄清、提高葡萄汁和葡萄酒的产量，还可以提高质量。例如，使用果胶酶处理以后，葡萄中单宁的抽出率降低，使酿制的白葡萄酒风味更佳；在红葡萄酒的酿制过程中，葡萄浆经过果胶酶处理后可以提高色素的抽出率，还有助于葡萄酒的老熟，增加酒香。

在各种果酒的生产过程中，还可以通过添加蛋白酶，使酒中存在的蛋白质水解，以防止出现蛋白质浑浊，使酒体清澈透明。

葡萄酒中，如果芳香化合物萜烯和糖结合，葡萄酒的芳香就会大大减弱；如果萜烯能从糖中游离出来，则芳香能完全挥发出来。用β-葡萄糖苷酶作用于各种萜烯葡萄糖苷，能使萜烯游离，增强葡萄酒的香气。

4. 柑橘制品去除苦味

柑橘果实制品，如柑橘罐头、橘子汁、橘子酱等，由于柑橘果实中含有柚苷而具有苦味。

柚苷又称为柚配质-7-芸香糖苷。可以在柚苷酶的作用下，水解生成鼠李糖和无苦味的普鲁宁(柚配质 7-葡萄糖苷)。普鲁宁还可以在β-葡萄糖苷酶的作用下，进一步水解生成葡萄糖和柚配质。

柚苷酶又称为β-鼠李糖苷酶，它催化β-鼠李糖苷分子中非还原端的β-鼠李糖苷键水解，释放出鼠李糖。

柚苷酶可由黑曲霉、米曲霉、青霉等微生物生产，鼠李糖和各种鼠李糖苷对该酶的生物合成有诱导作用。

在柑橘制品的生产过程中，加进一定量的柚苷酶，在 30℃～40℃左右处理 1～2h，即可脱去苦味。

5. 柑橘罐头防止白色浑浊

柑橘中含有橙皮苷,橙皮苷又称为橙皮素-7-芸香糖苷,其溶解度小,所以容易生成白色浑浊。橙皮苷在橙皮苷酶作用下,水解生成鼠李糖和橙皮素-7-葡萄糖苷,从而柑橘类罐头不会出现白色浑浊。橙皮苷酶也是一种鼠李糖苷酶,它催化橙皮苷分子中鼠李糖苷键水解,生成鼠李糖和橙皮素-7-葡萄糖苷。

6. 橘瓣囊衣的酶法脱除

加工橘子砂囊,以往多使用酸碱处理脱去囊衣,排出大量废水,可造成环境的严重污染。目前,从黑曲霉中筛选出来的果胶酶、纤维素酶、半纤维素酶等可代替消耗水量、费工费时的酸碱处理法,已广泛应用于橘瓣去除囊衣。

6.6.3　酿酒工业

酶制剂有对基质作用专一、反应温和和副产物少等优点,用于酿酒,能提高出酒率和生产效率,产品风味和质量也得到改善。

1. 酶在啤酒酿造中的应用

我国生产啤酒的传统工艺,原料大麦芽与辅料大米的配比是 7∶3。由于我国适宜种植大麦的面积不大,产量不高,质量欠佳,达不到啤酒生产的标准,需要进口相当一部分大麦。另外,用于啤酒生产的大麦要经过发芽制成麦芽才能用,制麦芽的设备花费大,工艺复杂,酿制啤酒损耗大麦颇多,成本昂贵,因而可以用微生物产酶代替部分大麦芽酿造啤酒。

在啤酒的生产中,酶主要是在制浆和调理两个阶段使用。啤酒是以麦芽为主要原料,经糖化和发酵而成的含酒精饮料,其工艺流程见图 6-9。麦芽中含有降解原料生成可发酵性物质所必需的各种酶类,主要为淀粉酶、蛋白酶、β-葡聚糖酶、纤维素酶等。当麦芽质量欠佳或大麦、大米等辅助原料使用量较大时,由于受酶活力的限制,糖化不充分,蛋白质降解不足,从而啤酒的风味与产率受影响。使用微生物淀粉酶和蛋白酶等酶制剂,可增强麦芽的酶活力。特别是在用大麦作辅料或麦芽发芽不良时,其中因含 β-葡聚糖(一种黏性分枝多糖),而使麦芽汁的过滤发生困难,特别是由于 β-葡聚糖不溶于酒精,啤酒生成沉淀而不易滤清,用 β-葡聚糖酶处理可使其分解而改善过滤操作,从而稳定啤酒的质量。

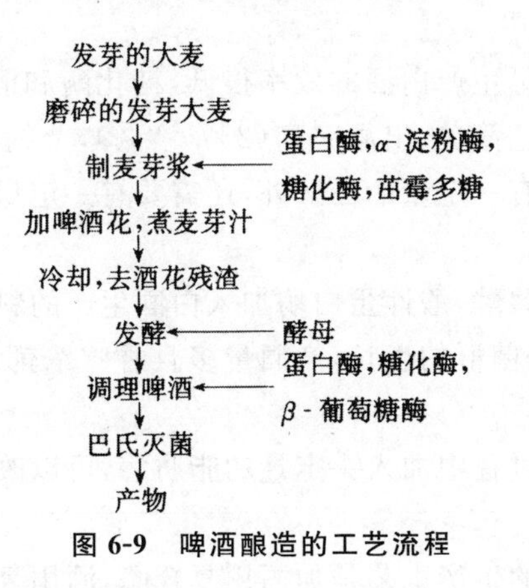

图 6-9　啤酒酿造的工艺流程

在浸泡麦芽浆时，温度约65℃，浓的麦芽浆可以稳定酶。在制浆过程中温度逐渐升高，有利于使蛋白酶、α-淀粉酶和β-葡聚糖酶发挥作用，使麦芽中的多糖及蛋白类物质降解为酵母可利用的合适的营养物质。

在加啤酒花前，应煮沸麦芽汁使上述酶失活。在发酵完毕后，啤酒需要加一些酶处理，以使其口味和外观更易于为消费者所接受。木瓜蛋白酶、菠萝蛋白酶或霉菌酸性蛋白酶都可以降解使啤酒浑浊的蛋白质组分，防止啤酒的冷浑浊，延长啤酒的贮存期；应用糖化酶能够降解啤酒中的残留糊精，这一方面保证了啤酒中最高的乙醇含量，另一方面不必添加浓糖液来增加啤酒的糖度。这种低糖度的啤酒，糖尿病患者也可以饮用。

中性蛋白酶在啤酒中的应用：啤酒工业副产物的80%以上是啤酒槽(BSG)，它又称麦芽糟、麦糟，含蛋白质23%～27%，是一种好的蛋白质资源。随着啤酒规模的日益增大，发酵废渣的处理已成为啤酒工业的重大课题。少数厂家考虑啤酒糟的营养不高，饲用价值低，直接以废弃物形式排放，这既浪费了蛋白质资源，又污染了环境。而以中性蛋白酶水解啤酒糟中的蛋白质，其水解产物为含有多种氨基酸、肽的营养液，这种营养液可作为食品添加剂，广泛应用于各类食品，还可作为保健食品及化工产品的基料。

2. 酶在黄酒生产中的应用

以糯米为原料生产黄酒过程中，可使用淀粉酶、糖化酶、脱脂酶、蛋白酶等多种酶制剂协同作用，可使酒体协调，风味突出，且含游离氨基酸比传统工艺高，酒液清澈透明。

早在1895年，人们就发现从中国小曲中分离出的根霉菌同时具有糖化和发酵酒精的能力，故此命名为淀粉发酵法或译音为阿米诺酶法。而新一代阿米诺酶，是含有多种微生物的复合酶，它既具糖化发酵能力，又具有传统特色，采用现代高新技术，保持东方酿酒的精华，适用于米酒、黄酒、麸曲白酒和大曲白酒等的生产。生产应用结果表明：用于米酒生产，用量为0.5%～0.6%，可提高出酒率5%～6%；用于半固半液态小曲白酒生产，用量为0.4%～0.7%，提高出酒率5%～7%；用于固态小曲生产，用量为0.5%～0.7%，提高出酒率3%～5%；用于麸曲酒生产，用量为0.5%～0.8%，提高出酒率5%～6%；用于大曲酒生产，用量为0.2%左右，替代部分大曲，可提高出酒率5%～8%，酒质稳定；还可用于生料酿酒生产中。

酸性蛋白酶、淀粉酶、果胶酶等也可用于果酒酿造，用以消除浑浊或改善果实压汁操作。

3. 酶在白酒生产中的应用

旧工艺用麸曲和自培酒母生产白酒的效率很低，糖化酶和酒用活性干酵母在白酒生产上的应用，取代了旧工艺，新工艺简单、出酒率高(2%～7%)，节约粮食，生产成本低，简化设备，节省厂房场地。白酒除了要有一定量的乙醇外，还需要有一定量的香味物质，为此人们又研制出专用复合酶用于白酒生产。

白酒生产是多种微生物共酵，酸性蛋白酶加入白酒生产的料醅中，分解料醅中的蛋白质为小肽或氨基酸，促进白酒生产菌群的生长，产酒量多且香味浓郁，因此酸性蛋白酶在白酒生产中起着重要的作用。

如果在酒精饮料的发酵过程中加入一定量的脂肪酶，可以改善稻米和酒精饮料的味道，具有类似奶酪的香味。

目前大部分小曲白酒厂的生产工艺是加酒用复合酶，酒用复合酶是按一定比例由糖化酶、酸性蛋白酶、增香酵母曲和酒用酵母曲等多种生物制品组成的，不同的配比可以生产出不同风味的白酒。这种新工艺方法简单，出酒率高，而且酒的风味好。

4. 酶在酒精生产中的应用

在以玉米、高粱、小麦、燕麦等谷类粮食作物为原料发酵生产酒精的过程中，加入适量的酸性蛋白酶，一能水解原料中的微量蛋白质，破坏原料颗粒质间细胞壁结构，增加醪液中的可利用糖，原料出酒率可提高 1%～2%，二由于蛋白质的水解作用，增加了醪液中可被酵母利用的有机氮源氨基酸，酵母生长繁殖加速，减轻酵母细胞氨基酸合成代谢的负荷，能量消耗降低，使醪液中的糖更多地转化为酒精。

添加酸性蛋白酶还有下列优点：发酵醪中酵母细胞数可提高 10%～30%，提高发酵速率；发酵周期减少 12～20h，提高设备利用率；最适宜浓醪发酵工艺，使用方法简单。

酒精生产中添加酸性蛋白酶使用方法：①用量：按每克原料添加 8～14U 计量，1t 原料加 20000U/g 的酸性蛋白酶 400～700g。②间歇发酵生产酒精：根据一罐用料量和所用酸性蛋白酶制剂活力，计算所需蛋白酶用量，称好放入干净的容器中，按 1∶20 的比例溶于 35～40℃的清水中（最好是灭过菌的水），带上胶皮手套搅拌均匀，不要有结块，待发酵罐进料糖化醪达到罐体的 1/4～1/3，把溶好的酸性蛋白酶一次性全部倒入发酵罐中。③连续发酵生产酒精：利用原来流加尿素或硫酸铵的无机盐罐作为酸性蛋白酶流加罐，按照每小时的进料量，计算一个班（8h）所需的原料量，再根据所用糖化酶的酶活力和工艺上确定的每克原料加酸性蛋白酶多少单位，计算所需酸性蛋白酶数量，称好后投入到酸性蛋白酶流加罐中，流加罐中加水量多少根据流加速度确定，所以酸性蛋白酶流加罐需要有搅拌和计量标记。因酸性蛋白酶最适温度不超过 50℃，故不能添加在糖化罐中，应流加在冷却后的糖化醪中（30℃）或流加在糖化醪的第一发酵罐中。例如某酒精厂采用连续发酵法生产玉米酒精，每小时进料量 2t，使用的酸性蛋白酶活力是 20000U/g，工艺确定每克原料加 12U 酸性蛋白酶，那么可知每小时需加酸性蛋白酶 2000×1000×12/20000＝1200g，一个班需 20000U/g 的酸性蛋白酶 9.6kg。把称好的酸性蛋白酶加到装有 96kg 纯净水的酸性蛋白酶流加罐中，开动搅拌器，每小时流加酸性蛋白酶液 12kg。

在 30℃时，把酸性蛋白酶加入到糖化醪中，在发酵醪中边发酵边水解蛋白质，在使用酸性蛋白酶时要注意质量，含杂菌数越少越好，如果蛋白酶含有大量杂菌，使酒精发酵升酸高，影响使用效果，甚至给生产造成损失。另外，酸性蛋白酶耐热性较差，在使用过程中一定要注意环境温度和存放时间，特别是浓缩剂酸性蛋白酶贮存温度不高于 15℃，否则很快失活。

1997 年，赵华等人研究表明在用玉米生产酒精中加酸性蛋白酶可增加醪液中酵母细胞数，提高发酵速率，增加醪液中氨基酸含量，提高淀粉出酒率。

1999 年，王彦荣等用自己研制生产的食品级酸性蛋白酶与华润金玉酒精公司合作，在酒精一车间间歇发酵，240m^3 发酵罐上做生产试验，连续做 27 罐，平均酒精浓度提高 0.22%，残总糖降低 0.07，升酸差降低 0.16，挥发酸降低 0.02，发酵时间缩短 0.47h。从 2000 年 1 月开始，华润金玉酒精公司长年使用酸性蛋白酶制剂，如 2000 年，该公司生产酒精 22.8 万吨，应用酸性蛋白酶全年平均吨酒耗粮降低 0.059%，吨酒成本降低 56.12 元，节粮 13438.6 吨，增产酒精 4256.3 吨，增加利润 1279.59 元。2001 年，应用酸性蛋白酶生产酒精 24.13 万吨，吨酒耗粮降低 0.126 吨，吨酒成本降低 64.86 元，节省粮食 16173.619 吨，增加利润 1565.18 万元。

经济效益得到提高。

5. 用于解决和防止问题出现的酶

(1)制浆过程中的细菌 α-淀粉酶

制浆过程所引入的最大变化是不可溶的淀粉分子转变成可溶的、能够发酵的糖和不可发酵的。在淀粉转化中起主要作用的是 α-淀粉酶和 β-淀粉酶。α-淀粉酶(E. C. 3. 2. 1. 1)可以将可溶和不可溶的淀粉切成许多可被 β-淀粉酶(E. C. 3. 2. 1. 2)进攻的短链。在全麦芽发酵中，最终即最高的制浆温度是 78℃，这样可以获得麦芽汁与没用的谷粒之间的最好分离。通过添加细菌 α-淀粉酶，在最终的麦芽汁相中温度可以增加到 85℃。外源酶可以将残留的淀粉降解为寡糖，并将这一过程一直延续至过滤环节，由此防止了麦芽汁分离时由于淀粉的凝胶作用而引起的黏度增加。在制浆之前用泵将热稳定性细菌 α-淀粉酶加入到过滤器中，以降解残留的淀粉。由于过滤器中的麦芽汁温度比较高，所以比较稀薄，可以更快、更顺利地穿过过滤介质。

在制浆槽中当高比例的附加物稀释了内源酶的浓度时，添加细菌 α-淀粉酶变得十分重要。因为这一稀释因素适用于所有的内源酶，所以额外的酶制剂和酶混合物被广泛应用，后者除了淀粉酶，还包括如 β-葡聚糖酶和蛋白酶之类的其他酶类。

如果使用了一种热稳定的细菌 α-淀粉酶，那么酿造大师们便倾向于再单独添加 β-葡聚糖酶和蛋白酶，以增加可变性(酶混合物含有固定的组分)来适应他们特殊的麦芽/添加物的状况。

(2)发酵过程中的真菌 α-淀粉酶

缓慢的发酵过程可能是由于制浆过程中不完全的糖化作用所导致。如果在早期就判断出这一问题，那么向发酵罐中直接添加真菌 α-淀粉酶(E. C. 3. 2. 1. 1)将解决这一问题。这种酶在相对低的温度下可以降低稀释极限(稀释的程度是指在麦芽汁提取液中可发酵碳水化合物的百分比)，增加发酵能力，产生更多的酒精。产生一种“更干”、更稀释的啤酒。

(3)制浆过程中的 β-葡聚糖酶

从大麦中得来的 β-葡聚糖酶(E. C. 3. 2. 1. 4)是热不稳定的，在制浆温度下仅能存活非常短的时间。如果没有足够的葡聚糖被降解掉，残存的葡聚糖将会部分溶解，与水结合，增加黏度(并因此延长了麦芽汁的流出时间)和产生浊雾而导致随后的过程出现问题。

通过对不同温度/时间条件进行优化，可以获得最佳的制浆过程，以改善淀粉酶的表现，并提高 FAN 值。如果新的条件降低了 β-葡聚糖酶的活性，这可能导致几个相关的问题，如不易流出；不易回收提取液；不易将无用谷物排出系统；使酵母沉降变慢，导致离心效率下降；啤酒不易过滤，产生雾状物。

经过筛选获得的在制浆条件下热稳定的、来源于真菌的 β-葡聚糖酶，会带来更强劲、更稳定的制浆过程。在未充分修饰或未平衡修饰的谷粒制浆过程中，它们可用通过降低黏度来协助从制浆罐中流出，并改善啤酒的最终性能和滤过性。

(4)半胱氨酸肽链内切酶(后发酵过程)

如果蛋白质(到处都需要蛋白质，比如作为酵母的养分、FAN、产生泡沫)没有通过热沉淀和冷沉淀进行充分的去除，多肽会与多酚在啤酒生产的最后阶段(调温，储藏)发生交叉反应，产生令人讨厌的所谓冷浊雾。可溶的蛋白水解酶，如木瓜蛋白酶(E. C. 3. 4. 22. 2)以及较少被人了解的菠萝蛋白酶(E. C. 3. 4. 22. 32)和无花果蛋白酶(E. C. 3. 4. 22. 3)，经常在最终的过滤步骤前使用[通常与其他稳定剂如聚乙烯吡咯烷酮(PVP)或硅胶联用],以改善啤酒的胶体稳定性,并因此控制了冷雾的形成、增加了包装后啤酒的储存期。从水果番木瓜中提取的木瓜蛋白酶在30℃～45℃的温度范围和4.0～5.5的pH范围内起作用。加入调温罐后,这种非特异性内切蛋白酶在其被巴氏消毒破坏之前,能够降解与多酚反应的高分子量蛋白质。

固定化蛋白酶的使用也进行了研究,但还没有被广泛采用。

(5)制浆过程中的葡糖淀粉酶

如果作为不可发酵糖类的糊精在啤酒中残留量过高,那么在制浆罐中加入外源葡糖淀粉酶(E.C.3.2.1.3)会把寡糖末端的α-1,6-葡萄糖苷键断裂,从而增加麦芽汁中的可发酵糖量。由于葡糖淀粉酶只作用于最多含有10～15个葡萄糖单元的寡糖链,因此这种酶不能防止由于高分子量的直链淀粉和支链淀粉造成的淀粉雾状物的形成。

6. 用于改善过程的酶

(1)添加物发酵

在添加物发酵中,麦芽部分的被其他淀粉源所取代(如玉米、大米),这样做有时是为了经济原因,有时则是为了生产一种口味更淡的啤酒。用麦芽作为酶的单独来源,会使这些酶的工作变得更加困难,这是因为制浆过程中这些酶的相对浓度比较低。当加入更大百分比的添加物时,人们会使用外源酶来进行一个单独的预制浆步骤,以使整个生产过程更简单、更可预测。由于热稳定性淀粉酶比麦芽淀粉酶更稳定,因此可以更容易实现液化、更短的处理时间和整体生产率的提高。将麦芽从附属蒸煮器中去除,意味着较少的附属麦芽浆,并由此带来在平衡制浆过程的体积和温度方面更大的自由度。

传统上,当使用高质量的麦芽时,大麦的用量被限制在总材料的10%～20%之间。更高含量的大麦(>30%,或者使用低质量的麦芽)会使整个过程变得更加困难。如果酿造师在酿造期间使用了未发芽的大麦,那么必须向麦芽浆中添加额外的酶(除了α-淀粉酶,一些额外的β-葡聚糖酶和内切肽酶也是必需的),其他一些含有淀粉的原料作为碳水化合物的来源也被用于部分替代麦芽。向麦芽浆中添加热稳定的细菌α-淀粉酶,可以使来自大米或玉米的淀粉液化温度变得更高。使用大米、玉米或高粱作为淀粉来源或材料的酿造系统,都需要一个单独的原料蒸煮阶段,最好是在高达108℃的温度下进行(喷气蒸煮)。麦芽α-淀粉酶不适于这一过程,因此需要使用热稳定的细菌α-淀粉酶,或者属于蛋白质工程改造过的、热稳定性更好的该类淀粉酶。预先胶化的添加物,如向麦芽浆中添加的超微粉碎谷物需要(非热稳定的)细菌α-淀粉酶,以保证麦芽汁中不残留淀粉。酶会水解麦芽和添加物中的淀粉,释放可溶的糊精。这一作用是对天然麦芽α-淀粉酶和β-淀粉酶作用的补充。

当使用非热稳定的α-淀粉酶时,反应体系中必须存在大约200ppm的Ca^{2+},尤其是当水解发生在较高温度的时候。当温度上升到大约100℃,并保持1～20min的时候,酶会失活。为了实用的目的,酶会在蒸煮麦芽汁的过程中被酿造锅破坏。

作为碳水化合物来源的液体添加物包括甘蔗和甜菜的糖浆,以及由谷物淀粉处理工业生产的基于谷物的DE糖浆。"啤酒糖浆"(一种从谷物中获得的麦芽糖糖浆,其糖谱与甜麦芽汁类似)在英国、南非和一些亚洲国家越来越受到欢迎。玉米淀粉的增溶和部分水解,是在啤酒厂之外由淀粉处理商使用现代的工业酶,如热稳定(蛋白质工程改造)细菌α-淀粉酶、支链淀粉酶和从麦芽或大麦中提取的β-淀粉酶进行处理的。通过使用不同的糖化反应条件(时间、温度、酶)，通过掺和或引入真菌 α-淀粉酶和葡糖淀粉酶，无论是组成上还是经济性上，淀粉处理商现在可以满足任何种类啤酒糖浆的技术要求。

(2)改进了的制浆过程

1)蛋白酶。内源的内切和外切蛋白酶具有很高的热不稳定性，主要在麦芽坊中起作用。羧肽酶对热的敏感程度稍低一些，因此在麦芽浆中也继续发挥着一定作用。蛋白酶(和 β-葡聚糖酶)在 63℃～66℃的浸渍麦芽浆中很快被破坏。当使用煎煮制浆技术和较低的初始麦芽浆温度，在制浆的早期阶段会显示出显著的酶活。因此，用于煎煮制浆的麦芽无需像用于浸渍制浆的麦芽那样进行很好的处理。在所谓的蛋白休止期(30min，40℃～50℃)，蛋白酶降低了高分子量蛋白质(引起泡沫不稳定和浊雾)的总体长度，使其在麦芽浆中转化为低分子量蛋白质。内切蛋白酶通过破坏氨基酸之间的肽键将高分子量蛋白质分解为简单的肽链。内切蛋白酶能将不可溶的球蛋白和已经溶解于麦芽汁中的清蛋白降解为中等大小的多肽。清蛋白和球蛋白含量的降低对于减少由蛋白质和多酚(来源于麦芽壳和啤酒花的单宁类物质)引起的浊雾具有重要作用。有这样一个规律，即减少啤酒中大蛋白分子的数量可以减少形成浊雾的倾向。中等大小的蛋白质不是很好的酵母营养来源，但对于泡沫稳定性以及由此导致的头部残留、瓶体和味觉丰满度有重要影响。一些酿造者倾向于通过限制蛋白休止期的时间来改善啤酒泡沫的质量。目前有多种多样的内切肽酶可供使用；历史上，来源于淀粉液化芽孢杆菌的蛋白酶足够用于帮助麦芽中的淀粉酶进行工作。

2)支链淀粉酶。内源 β-淀粉酶(1，4-α-D-葡萄糖麦芽糖水解酶，E. C. 3. 2. 1. 2)是一种外切酶，能切割多余的葡萄糖键而形成麦芽糖分子和 β-极限糊精。后者包含 α-1，4-糖苷键，并且不能被 α-淀粉酶或 β-淀粉酶切割；β-极限糊精作为不可发酵的糖类，在整个发酵过程中一直保留在麦芽汁中。麦芽汁中的一种天然酶极限糊精酶可以切割这种键(糊精-α-1-6-葡聚糖水解酶，E. C. 3. 2. 1. 142)，是一种热不稳定酶，在制浆温度下就已经失活了。外源支链淀粉酶(支链淀粉-6-葡聚糖酶，E. C. 3. 2. 1. 41)能水解支链多糖(例如支链淀粉)中的 α-1-6-葡萄糖键。这种酶需要在 α-1，6 键的两侧各有两个 α-1，4-葡萄糖单元，因此麦芽糖是主要的最终反应产物。外源支链淀粉酶的活性与稳定性必须与制浆条件相匹配，并不是所有的淀粉工业用酶都符合这一要求。对发酵 pH 的忍耐和有限的热稳定性阻碍了支链淀粉酶的全程作用，并且限制其作用以达到预定的发酵度。

3)植酸酶。在利用未修饰麦芽进行煎煮制浆生产淡啤酒的过程中，传统的酸休止期通常是用来降低麦芽汁的初始 pH。来源于大麦芽的植酸酶在 30℃～53℃具有活性，将不可溶的植酸钙镁分解为植酸(肌醇六磷酸)。植酸酶反应在这一过程中释放氢离子，可以通过添加一种来源于细菌的热稳定性更强的植酸酶来加速或延长该反应。由于高的窖藏温度，高度修饰的麦芽包含非常少的内源植酸酶，因此无论是在酸休止期还是更高温度的初始制浆阶段，必须完全依赖外源植酸酶来实现植酸酶诱导的酸化。然而，高度烘干的麦芽酸度通常可以充分降低麦芽汁的 pH 而无需通过酸休止期。

4)淀粉酶制剂/β-淀粉酶。增加麦芽酶活的最有效方法是添加额外的麦芽酶。由于麦芽的种类和提取过程不同，不同产品的组成(各种酶的浓度)也有所区别。由于经济上的原因，只有在没有高质量的麦芽或使用细菌和真菌酶类的效果不理想时，才添加麦芽或大麦提取物。

(3)货架期的改善

在酿造过程中,酵母吸收了全部的溶解氧气,在随后的过程中,容器和设备中的气体都是纯二氧化碳。一般啤酒中氧气的浓度低于200ppm。包装之后,啤酒中氧气的浓度分布在500~1000ppm之间。微量的残存氧气(以及作为助氧化剂的翠雀素等多酚类物质)会导致啤酒中挥发性醛类物质的生成,使啤酒产生不新鲜的味道。抗氧化剂,例如亚硫酸盐、抗坏血酸和儿茶酸,可以在氧气的存在下防止啤酒变得不新鲜。

各种抗氧化剂被添加到生啤中,以去除氧气或消除氧气的作用。$1.5g \cdot h^{-1} \cdot L^{-1}$浓度的抗坏血酸(维生素C)可以减少氧化浊雾及其影响,同样可以减少溶解的氧气。含硫试剂的还原可以降低冷浊雾的形成。硫代硫酸钠的含量达到20ppm时,对冷浊雾有一定的影响,而焦亚硫酸钠和抗坏血酸(各10~20ppm)在巴氏灭菌过程及灭菌后的储存中对保护啤酒中的木瓜蛋白起协和作用。还原剂的用量要与溶解氧等物质的量,相比之下,酶促脱氧只需要很低浓度的有效葡萄糖作为电子供体以清除氧气。利用葡糖氧化酶(β-D-葡萄糖:氧气1-氧化还原酶,E.C.1.1.3.4)和过氧化氢酶(H_2O_2氧化还原酶,E.C.1.11.1.6)进行氧气脱除是两个反应的总和:葡糖氧化酶将葡萄糖和氧气转换为葡糖酸和过氧化氢,过氧化氢随后被过氧化氢酶转变为水和氧气(净反应:葡萄糖$+1/2O_2 \rightarrow$葡糖酸)。

实际上,单纯的酶促脱氧系统要比酶和化学还原剂的混合使用系统的效率低。啤酒中有效葡萄糖的浓度可能过低以至于无法有效的去除氧气,但却有文献报道只添加葡糖氧化酶和亚硫酸盐就可以成功地抑制啤酒的味道变质。另一种可能是在第一个反应中形成的过氧化物与/或在第二个反应中导致氧气形成的中间产物,有反应活性,从而导致啤酒味道的氧化变质。

(4)加速熟化

储藏会带来剩余可发酵提取物的二次发酵,其发酵温度、酵母数量以及发酵速率都较低。低温促进剩余酵母的沉降和形成浊雾的物质(蛋白质/多酚复合物)的沉淀。熟化阶段或者丁二酮休止期会重新激活酵母菌,使其代谢发酵早期分泌的副产物,如丁二酮和2,3-戊二酮。在熟化期,96%的丁二酮和2,3-戊二酮被活性酵母用于生物合成(尤其是在氨基酸缬氨酸/亮氨酸合成中),啤酒中形成的另外4%的α-乙酰乳酸被氧化为丁二酮。产生丁二酮气味的临界值为$0.10mg \cdot L^{-1}$,这种小分子会产生不愉快的奶油或奶油糖果味道,被认为是浓啤酒的主要臭味。

根据酵母的种类、物理环境等,这一过程在传统储藏中需要5~7周。当使用较多添加物来生产啤酒时,会造成较高含量的丁二酮产生,因此使用丁二酮休止期就尤为重要。这对发酵型浓啤酒也十分重要,因为他们不需要拥有那么重的口味。

加速熟化过程中,啤酒被完全稀释,无法观察到酵母菌,并被储存在较高的温度下以降低能使啤酒产生臭味的连二酮浓度。加速熟化只需要7~14d就可以生产出与冷熟化过程所获得的相似产品,并且具有相同的透明度和气味稳定性。有时候,新鲜的发酵麦芽汁被加入到冷藏的diacetylladen啤酒中以使活性酵母吸收丁二酮。

利用外源酶α-乙酰乳酸脱羧酶[ALDC,(S)-2-羟基-2-甲基-3-氧代丁酸酯羧化酶,E.C.4.1.1.5],过量的α-乙酰乳酸可以直接转化为无害的丁二醇而不产生丁二酮。

ALDC的使用消除了一个需要延长熟化期的主要原因,从而使酿造工人可以扩大他们的储存能力的峰值。

(5)淀粉-浊雾的去除

发酵中的许多问题,例如黏性发酵或者令人无法接受的低发酵极限,只有在制浆后某些可检测的发酵参数没有达到预期值时才会被注意到。那些既不会有用也不会发酵的未降解淀粉或者高分子量碳水化合物,会重组成不可溶的复合物,从而引起啤酒产生淀粉或碳水化合物的浊雾。该状况下,必须立即采取补救措施,以防止产生不合规格的味觉改变。在发酵中大多采用的低温下,真菌 α-淀粉酶能够迅速水解大麦、麦芽和谷物淀粉的内 α-1,4-糖苷键,形成麦芽糖以及与一个类似于天然麦芽淀粉酶作用后形成的碳水化合物分布。

7. 特殊酿造过程

低卡路里啤酒(节食/轻型啤酒)是根据美式风格酿造的。玉米是主要的添加物,大概占到总谷物的50%到65%,用添加的酶进行处理,如葡糖淀粉酶能降解不可发酵的碳水化合物,因此这类啤酒的发酵度要高于通常的啤酒。在细菌和真菌酶类的作用下,干啤酒、超级干啤酒和汽酒都是富二氧化碳的发酵产物,几乎所有的碳水化合物都完全转化成酒精和 CO_2。高粱啤酒(巴土啤酒、非洲粟酒、burukuto、pito)的主要淀粉来源是未出芽的高粱,还添加一些玉米作为补充。使用乳酸进行酸化、将 pH 降低至 4 之后,会添加细菌 α-淀粉酶,加热蒸煮器并煮 90～120min。冷却至 60～62℃后,加入发芽的高粱与/或细菌葡糖淀粉酶以进行部分糖化。粗滤和降温至 30～35℃后加入酵母。浑浊的发酵液被装入敞口瓶、大罐子等容器中,放置 16～24h 后就可以饮用了。IMO 啤酒的生产仍处于实验阶段。异麦芽寡糖(IMO_2 具有 α-1,6-糖苷键的葡萄糖寡聚体)被认为具有激发位于结肠处双歧杆菌属的细菌有利健康的活性,同时会产生一种温和的甜味和较低的成龋因子的性质。含有 IMO 的糖浆通常是利用偶联反应从淀粉中生产出来的,其中一个反应是由微生物来源的(固定化)酶催化的葡萄糖基转移作用,将高麦芽糖含量的糖浆转化为含有 IMO 的糖浆。葡萄糖基转移作用的产物含有 38%的潘塘(4-α-葡糖基麦芽糖)、4%的异麦芽糖、28%的葡萄糖和 23%的麦芽糖。在酿造中用 IMO 糖浆来替代麦芽糖将为传统的食物产品带来功能性质,而在生产技术和产品味道方面的改变却非常的小。通过在酶辅助制浆过程中引入转葡糖苷酶(E. C. 2. 4. 1. X.),也可以实现 IMO 的现场生产。

高比重酿造所使用的甜麦芽汁能达到 18°P 甚至更高。经过发酵和熟化后,啤酒被用冷碳酸水稀释至指定的比重或者规定的酒精浓度。高比重酿造的优势在于啤酒的质量更均一(酒精含量、原始比重等),而且物理性质上更稳定,这是因为那些造成浊雾的化合物在高浓度下更容易沉淀。处理浓缩的甜麦芽汁会使设备的利用率更高,并且能量上的支出较低。与正常比重发酵相比,其缺点在于尚未解决的制浆过程、更长的发酵时间、不同的口味特性以及较差的啤酒花利用率。外源酶被用于辅助制浆(中性蛋白酶、细菌 α-淀粉酶)和发酵(真菌 α-淀粉酶)。

6.6.4 食品添加剂

食品添加剂是指为提高食品品质和色、香、味以及为防腐和加工工艺需要而加入食品中的化学合成或天然物质,现已成为现代食品行业不可缺少的部分。按照添加剂的效用不同,可以分为酸味剂、增味剂、甜味剂、乳化剂、香味剂、护色剂、防腐剂、漂白剂和抗氧化剂等。随着酶工程技术的迅速发展,作为高效、安全的生物催化剂,酶已在食品添加剂的生产中得到较为广泛的应用。

1. 酶在酸味剂生产中的应用

酸味剂是使食品产生酸味的食品添加剂。在食品中添加一定量的酸味剂，给人一种酸爽的感觉，起到增加食欲的效果，有利于钙的吸收，还能防止微生物污染。

采用酶法生产的酸味剂主要是乳酸和苹果酸。

(1)采用乳酸脱氢酶，催化丙酮酸还原为乳酸

用D-乳酸脱氢酶催化丙酮酸还原而成的是D型乳酸，用L-乳酸脱氢酶催化丙酮酸还原而成的是L型乳酸。

(2)采用2-卤代酸脱卤酶，催化2-氯丙酸水解生成乳酸

以L-2-氯丙酸为底物，通过L-2-卤代酸脱卤酶的催化作用，把L-2-氯丙酸水解生成D型乳酸。

(3)采用延胡索酸酶催化反丁烯二酸水合，生成苹果酸

苹果酸又称羟基丁二酸，最早从苹果中分离得到且在苹果中含量最高，故名苹果酸。苹果酸的酸味柔和、持久，可以掩盖蔗糖以外的一些甜味剂的味道，有效提高食品中的水果风味，已在食品生产中得到广泛应用。由于构型不同，苹果酸可以分为L-苹果酸和D-苹果酸。现在国内外主要生产L-苹果酸。

随着酶工程的发展，特别是固定化技术的应用，主要通过酶法生产L-苹果酸。用延胡索酸(反丁烯二酸)作底物。通过延胡索酸酶的催化作用。水合生成L-苹果酸。

2. 酶在增味剂生产中的应用

补充或增强食品原有风味的一类物质称为食品增味剂或食品增强剂，通常又称为鲜味剂。酶在食品增味剂生产中主要用于氨基酸和呈味核苷酸的生产。

(1)L-氨基酸的酶法生产

有些氨基酸，如L-谷氨酸、L-天冬氨酸等具有鲜味，称为氨基酸类增味剂。氨基酸类增味剂是当今世界上产量最大、应用最广的食品增味剂。

通过酶的催化作用生产L-氨基酸类增味剂的途径：蛋白酶催化蛋白质水解生成L-氨基酸混合液，再从中分离得到鲜味氨基酸；谷氨酸脱氢酶催化α-酮戊二酸加氨还原，生成L-谷氨酸；转氨酶催化酮酸与氨基酸进行转氨反应，生成所需的L-氨基酸；谷氨酸合酶催化α-酮戊二酸与谷氨酰胺反应，生成L-谷氨酸；天冬氨酸酶催化延胡索酸(反丁烯二酸)氨基化，生成L-天冬氨酸等。

(2)呈味核苷酸的酶法生产

呈味核苷酸都是5′-嘌呤核苷酸，主要有鸟苷酸和肌苷酸等。通过酶的催化作用生产的核苷酸类增味剂主要有5′-磷酸二酯酶催化RNA水解，生成呈味核酸(4种5′-单核苷酸，即腺苷酸、鸟苷酸、尿苷酸和胞苷酸的混合物)；腺苷酸脱氨酶催化AMP脱氨，生成肌苷酸等。

3. 酶在甜味剂生产中的应用

食品甜味剂在食品中广泛使用，因为它能改进食品的可口性和其他食用性质，满足爱甜食者的口味。利用酶的催化作用可以得到各种甜味剂。

(1)嗜热菌蛋白酶催化天冬氨酸和苯丙氨酸反应生成天苯肽

天苯肽是由L-天冬氨酸和L-苯丙氨酸甲酯缩合而成的二肽甲酯，是一种常用的甜味剂。

其甜度约为蔗糖的150～200倍，但热量低，在相同甜度的情况下，天苯肽的热量仅为蔗糖的1/200，所以在食品、饮料等方面广泛应用。天苯肽可以通过嗜热菌蛋白酶在有机介质中催化L-天冬氨酸与L-苯丙氨酸甲酯反应缩合生成。

(2)葡萄糖基转移酶生产帕拉金糖

帕拉金糖是一种低热值甜味剂，是蔗糖的一种异构体，甜味与蔗糖相似，但甜度较低。可通过葡萄糖基转移酶的催化作用，由蔗糖转化而成。

(3)β-葡萄糖醛酸苷酶生产单葡萄糖醛酸基甘草皂苷

甘草的主要成分是甘草皂苷，甘草皂苷及其钠盐是一种低热值的甜味剂，其甜度约为蔗糖的170～200倍。甘草皂苷的生物活性与其分子中的β-葡萄糖醛酸基有密切关系，通过β-葡萄糖醛酸苷酶的作用，去除甘草皂苷末端的一个β-D-葡萄糖醛酸残基，得到单葡萄糖醛酸基的甘草皂苷，其甜度约为蔗糖甜度的1000倍，是一种高甜度、低热值的新型甜味剂。

4. 酶在乳化剂生产中的应用

食品乳化剂是使食品中互不相溶的液体形成稳定乳浊液的一类食品添加剂。目前广泛使用的乳化剂是甘油单酯及其衍生物和大豆磷脂等。

利用脂肪酶的作用，可以将甘油三酯水解生成甘油单酯，简称为单甘酯，是一种应用广泛的食品乳化剂。目前工业产品主要是经过分子蒸馏含量达90%以上的单甘酯，以及单甘酯含量为40%～50%的单双酯混合物。

6.6.5 乳品工业

用于乳品工业的酶有凝乳酶、乳糖酶、过氧化氢酶、溶菌酶和脂肪酶等，主要用于对乳品质量的控制、改善干酪的成熟速度及对废液乳清的处理。

1. 酶在干酪生产中的应用

干酪又称奶酪，是一种在牛奶或羊奶中加入适量乳酸菌发酵剂和凝乳酶制剂，使乳中蛋白质(主要是酪蛋白)凝固，排出乳清，并经一定时间制成的乳制品。干酪的营养价值很高，内含丰富的蛋白质、乳脂肪等，对人体健康大有益处。干酪中的蛋白质发酵后，因为凝乳酶及蛋白酶的分解作用，形成胨、肽、氨基酸等，很容易被人体消化吸收。与其他动物性蛋白相比，干酪中所含的必需氨基酸质优而量多。干酪的种类不同，所含的蛋白质、脂肪、水分和盐类的含量也不同，但其营养成分总和相当于原料乳中营养成分总和的10倍以上；干酪还含有大量的钙和磷，它们是形成骨骼和牙齿的主要成分。

全世界干酪生产所消耗的牛奶达1亿多吨，占牛奶总产量的25%。在干酪的生产过程中，加入凝乳酶，可以水解κ-酪蛋白，在酸性环境下钙离子使酪蛋白凝固，再经后续工序即可制成干酪。

天然凝乳酶取自小牛的皱胃，全世界一年要宰杀4000多万头小牛，来源不足，价格昂贵。20世纪80年代初，科研人员成功地将天然凝乳酶基因克隆至大肠杆菌和酵母菌中，用发酵法生产凝乳酶。重组凝乳酶商业化生产不但解决了奶酪工业受制于凝乳酶来源不足的问题，而且这种基因工程凝乳酶产品纯度比小牛皱胃酶高，且所制干酪在收率和品质上均更优。

传统上干酪制作过程中成熟时间较长，成熟费用较高，生产成本增加。自20世纪50年代以来，人们就不断寻求加速干酪成熟的方法，大多数干酪促熟都是运用一定方法加快蛋白质分解成肽及各种氨基酸；将脂肪分解成短链脂肪酸和挥发性脂肪酸，从而使干酪质地变得细腻光滑，并赋予干酪特殊的风味，缩短成熟时间。其中添加外源酶的酶促熟是比较成功的，在干酪促熟中应用的酶有蛋白酶、脂肪酶、肽酶及酯酶等。为了使干酪中各种风味物质达到平衡，在促熟过程中应尽量使用含有多种酶的共同体系，目前研究较多的是微胶囊复合酶系（蛋白酶/肽酶/脂酶），可提高酶的稳定性，控制酶释放速度，并保持干酪风味、质地，缩短成熟期。

2. 酶在低乳糖奶生产中的应用

乳糖是哺乳动物乳汁中特有的糖类，牛乳中含乳糖4.6%～4.7%，是哺乳期婴儿的能量供给和大脑发育所需半乳糖的重要来源，对婴儿吸收钙有促进作用。但是乳糖也容易造成乳糖不耐症，这主要是因其肠道缺乏乳糖酶或乳糖酶功能低下，使食入的乳糖不能被分解吸收。除北欧和非洲牧民具有乳糖不耐症外，世界人口中70%的大于3周岁的人都有乳糖不耐症，缺乏乳糖酶或乳糖酶功能低下与种族、地理环境、遗传有关。此外，为改善液态牛奶在通过管道进行超高温瞬时杀菌时，乳糖产生胶状物堵塞管道的情况，可以在牛乳中加入乳糖酶，它可使乳糖水解生成葡萄糖和半乳糖，可改善加工过程，提高效率，克服乳糖不耐症，提高乳糖消化吸收率，改善制品口味。随着固定化技术的兴起与发展，固定化乳糖酶与游离态乳糖酶相比，对酸碱的耐受力增强、热稳定性增强、酶活力提高和保质期更长，并且还可反复使用、生产周期短并显著降低使用成本等优点。固定化载体及固定化方法的不同则使固定化乳糖酶的性质相差很大，如以阳离子交换树脂D151为载体、戊二醛为交联剂，用吸附交联法对黑曲霉乳糖酶进行固定化，结果固定化酶最适温度为60℃，比游离酶低10℃，最适pH较游离酶稍向碱性方向移动；以壳聚糖微球为载体、戊二醛为交联剂固定乳糖酶，确定固定化酶最适温度为40℃左右，最适pH为7.0；以海藻酸钙为载体固定乳糖酶，酶稳定性增强，最适温度较游离酶大，最适pH不变。

固定化乳糖酶作用于脱脂牛奶，不但保持了原有的风味，而且还增加了甜度；采用经固定化乳糖酶处理的牛奶加工酸奶，可以缩短发酵时间，同时可使酸奶的风味更加突出，延长酸奶的货架寿命。

6.6.6 焙烤食品

焙烤食品的种类琳琅满目，且需多种辅料，但许多天然的原材料由于本身的缺陷或者来源有限，其生产和应用受到了限制。近年来酶工程技术在这些方面取得了一些突破，使这一传统行业在原材料、工艺、产品质量等方面有了较大的进展。

在面包烘焙中应用的酶主要有淀粉酶、蛋白酶和木聚糖酶等，这些酶的使用可以增大面包体积，改善面包表皮色泽，改良面粉质量，延缓陈变，提高柔软度，延长保存期限。

(1)淀粉酶

在烘烤过程中，面粉中的β-淀粉酶在60℃左右会迅速失活，因此在烘烤阶段其作用较小。而面粉中α-淀粉酶具有较强耐热性，可使糊化淀粉转换为葡萄糖和糊精。糊精可以使面包产生黏性并增加外皮的色泽，同时在水分子作用下烘烤膨胀会使面包体积增大。有报道称，基因工程菌生产的重组麦芽糖α-淀粉酶可显著延缓面包的老化，在糊化温度下仍可降解直链淀粉和支链淀粉产生α-麦芽糖，提高面包心弹性。

(2)蛋白酶

在饼干制作过程中,以蛋白酶代替偏二硫酸钠可削弱小麦面筋的结构,阻止面团产生过高的弹性。在韧性面团中,蛋白酶的使用能调节面团胀润度和控制面筋的弹性强度。在发酵面团中,可得到不易变形、膨松性适中的产品。

(3)木聚糖酶

小麦面粉中,戊聚糖的含量为2%～3%,其主要成分是阿拉伯木聚糖。研究表明,水溶性的戊聚糖可提高面包品质,而非水溶性的戊聚糖则会产生相反作用。使用戊聚糖酶(或称半纤维素酶)作为面团改良用酶,可提高面团的机械搅拌性能,促进面包在烤炉中的胀发。当加入0.3mL/kg的木聚糖酶时,面团的形成时间可减少一半,面包的体积和比容增大,面包心的弹性增强,面包皮的硬度大为减小,有效地改善了面包焙烤品质。当加入量为0.05～0.18mL/kg时,能增加面包的抗老化作用,延长货架期。

(4)脂肪酶

面团在物理学上是一种脂稳定性泡沫。研究发现,脂肪酶具有一定的防止焙烤食品老化的作用。适量的脂肪酶可强化面团筋力,改善面筋蛋白的流变学特性,增加面团对过度发酵的耐受性以及入炉急胀性能,从而增大焙烤食品的体积、改善焙烤食品心的柔软程度及一致性,但过量的脂肪酶则会导致面团过于僵硬强壮,减小焙烤食品体积增幅。最近研究发现,在添加黄油或奶油的面包制造过程中,加入适量脂肪酶可使乳脂中微量的醇酸或酮酸的甘油酯分解而生成有香味的6-内脂或甲酮等物质,进而增加焙烤面包的香味。

(5)脂肪氧合酶

脂肪氧合酶的适量添加,可氧化分解面粉中的不饱和脂肪酸,生成具有芳香风味的羰基化合物而增加面包香味,并可氧化面粉中天然存在的黄色素——类胡萝卜素而使面粉漂白。据报道,大豆中富含脂肪氧合酶,目前大部分国家在焙烤食品中已广泛添加含有脂肪氧合酶的大豆粉,用于焙烤食品的增白以及筋力和弹性的提高。

(6)转谷氨酰胺酶

人们对烘焙质量、新鲜度要求不断提高,由此产生了新的烘焙技术,即对面团深度冷冻或令其延迟发酵,可以储存一段时间后再进行烘焙。然而,这种技术对面团有负面影响,如果在冷冻面团中添加转谷氨酰胺酶可制成耐冷冻、抗破碎的面皮。转谷氨酰胺酶还能用于压片面团中,其交联作用有助于改善产品的工艺和质量。

(7)乳糖酶

在添加脱脂奶粉的面包制造过程中,加入适量乳糖酶,可促进奶粉中的乳糖分解成可被酵母利用的发酵性糖(葡萄糖和半乳糖),进而有利于发酵度的增加以及面包的色泽与品质的改善。

(8)葡萄糖氧化酶

利用葡萄糖氧化酶良好的氧化性,添加适量的葡萄糖氧化酶,可显著增强面团筋力,使面团不黏、有弹性。醒发后,面团洁白有光泽,组织细腻;烘烤后,体积膨大、气孔均匀、有韧性、不黏牙;面包的抗老化作用增强。但游离葡萄糖氧化酶催化速度快,容易使面团变干、变硬,从而导致面包品质差。另外,该酶在面粉中稳定性差,容易失活。因此,将葡萄糖氧化酶包埋在海藻酸钠-壳聚糖微胶囊中,不仅可以减慢催化速度,还可以提高酶的稳定性。同时,微胶囊化葡萄糖氧化酶可比原酶更好地改善面团特性及面包烘焙品质。

(9)半纤维素酶

添加适量半纤维素酶可将造成焙烤食品体积减少的不溶性戊聚糖分解为有助于焙烤食品体积增加的可溶性戊聚糖，有助于改善面团的机械性能和入炉急胀性能，可获得具有较大体积、较强柔软性以及较长货架期的焙烤食品。但使用半纤维素酶有时会出现面团发黏现象。

(10)复合酶

上述酶虽各有优点，但单独使用多会存在一些不足。各种酶制剂之间往往还存在相互作用，如能按一定比例配制这几种酶，会有意想不到的效果。葡萄糖氧化酶与木聚糖酶结合使用时，能产生协同增效作用，添加15U/100g木聚糖酶时，面包心的弹性提高0.024；与葡萄糖氧化酶结合改善效果更明显，面包心的弹性提高0.907，且面包的比容和高径比都有所提高，面包瓤芯更为柔软，口感更为细腻松软。

6.6.7　淀粉类食品工业

淀粉类食品是指含有大量淀粉或者以淀粉为主要原料加工而成的食品，是世界上产量最大的食品。

淀粉可以在各种淀粉酶的作用下，水解生成糊精、麦芽糖和葡萄糖等产物；或者经过葡萄糖异构酶、环状糊精葡萄糖基转移酶等的作用生成果葡糖浆、环状糊精的产物。主要用酶如表6-8所示。

表6-8　酶在淀粉类食品生产中的应用

酶	用途
α-淀粉酶	生产糊精、麦芽糊精
α-淀粉酶，糖化酶	生产淀粉水解糖、葡萄糖
α-淀粉酶，β-淀粉酶，支链淀粉酶	生产饴糖、麦芽糖，啤酒酿造
支链淀粉酶	生产直链淀粉
糖化酶，支链淀粉酶	生产葡萄糖
α-淀粉酶，糖化酶，葡萄糖异构酶	生产果葡糖浆、高果糖浆、果糖
α-淀粉酶，环状糊精葡萄糖苷酶	生产环状糊精

1. 酶在葡萄糖生产中的应用

葡萄糖是淀粉糖工业中产量最大的一个部门，品种多、形式也多，既有各种不同DE值的淀粉糖浆和各种不同规格的结晶葡萄糖，又有许多以淀粉为原料的发酵工业的水解糖液。此外，果葡糖浆和山梨酥的生产也都是以葡萄糖为基础原料的。所以，葡萄糖的制造是上述工业的基础。

酶法是世界各国生产葡萄糖的主要方法。以淀粉为原料，先经α-淀粉酶液化成糊精，再用糖化酶催化得到葡萄糖。

α-淀粉酶又称为液化型淀粉酶，它作用于淀粉时，从淀粉分子内部随机地切开α-1,4-葡萄糖苷键，使淀粉水解生成糊精和一些还原糖，生成的产物均为 α 型，故称为 α-淀粉酶。

糖化酶也称葡萄糖淀粉酶，它作用于淀粉时，从淀粉分子的非还原端开始逐个地水解 α-1，4-葡萄糖苷键，生成葡萄糖。此外，该酶还有一定的水解 α-1，6-葡萄糖苷键和 α-1，3-葡萄糖苷键的能力。

在葡萄糖的生产过程中，淀粉先配制成淀粉浆，添加一定量的 α-淀粉酶，在一定条件下使淀粉液化成糊精，然后，在一定条件下加入适量的糖化酶，使糊精转化为葡萄糖。

所采用的 α-淀粉酶和糖化酶都要求达到一定的纯度，尤其是糖化酶中应不含葡萄糖苷转移酶。因为葡萄糖苷转移酶会催化葡萄糖生成异麦芽糖等杂质，会严重影响葡萄糖的收率。

2. 酶在果葡糖浆生产中的应用

果葡糖浆是由葡萄糖异构酶催化葡萄糖异构化生成部分果糖而得到的葡萄糖和果糖的混合糖浆。1966 年，日本首先用游离葡萄糖异构酶工业化生产果葡糖浆，1973 年以后，国内外纷纷采用固定化葡萄糖异构酶进行连续化生产。

果葡糖浆生产所使用的葡萄糖，一般是由淀粉浆经 α-淀粉酶液化，再经糖化酶糖化得到的葡萄糖，经过精制获得浓度为 40%～45%的精制葡萄糖液，要求葡萄糖当量值大于 96。精制葡萄糖液在一定条件下，由葡萄糖异构酶催化生成果葡糖浆。异构化率一般为 42%～45%。

钙离子对 α-淀粉酶有保护作用，在淀粉液化时需要添加，但它对葡萄糖异构酶却有抑制作用，所以葡萄糖溶液需用层析等方法精制。

葡萄糖异构酶(glucose isomerase，EC5. 3. 1. 5)的确切名称是木糖异构酶，它是一种催化 D-木糖、D-葡萄糖、D-核糖等醛糖可逆地转化为酮糖的异构酶。

葡萄糖转化为果糖的异构化反应是吸热反应。随着反应温度的升高，反应平衡向有利于生成糖的方向变化，如表 6-9 所示。异构化反应的温度越高，平衡时混合糖液中果糖的含量也越高，但当温度超过 70℃时，葡萄糖异构酶容易变性失活。所以异构化反应的温度以 60～70℃为宜。在此温度下，异构化反应平衡时，果糖可达 53.5%～56.5%。但要使反应达到平衡，需要很长的时间。在生产上一般控制异构化率为 42%～45%较为适宜。

表 6-9　不同温度下反应平衡时生成的葡萄糖组成

反应温度/℃	葡萄糖/%	果糖/%
25	57.5	42.5
40	52.1	47.9
60	46.5	53.5
70	43.5	56.5
80	41.2	58.8

异构化完成后，混合糖液经脱色、精制、浓缩，至固形物含量达 71%左右，即为果葡糖浆。其中含大约 42%的果糖、52%的葡萄糖和 6%的低聚糖。

将异构化后混合糖液中的葡萄糖与果糖分离，并将分离出的葡萄糖再进行异构化，重复进行，可使更多的葡萄糖转化为果糖。由此可得到果糖含量达 70%甚至更高的糖浆，即为高果糖浆。

3. 酶在饴糖、麦芽糖生产中的应用

饴糖是我国传统的淀粉糖制品。是以大米和糯米为原料，加进大麦芽，利用麦芽中的α-淀粉酶和β-淀粉酶，将淀粉糖化而成的麦芽糖浆。其中含麦芽糖30%～40%，糊精60%～70%。

β-淀粉酶又称为麦芽糖苷酶，是一种催化淀粉水解生成麦芽糖的淀粉水解酶。它作用于淀粉时，从淀粉分子的非还原端开始，作用于α-1,4-葡萄糖苷键，顺次切下麦芽糖单位，同时发生沃尔登转位反应生成的麦芽糖由α型转为β型，故称为β-淀粉酶。

饴糖除了用麦芽生产以外，也可以用酶法生产。先用α-淀粉酶使淀粉液化，再加入β-淀粉酶，使糊精生成麦芽糖。酶法生产的饴糖中，麦芽糖的含量可达60%～70%。可以从中分离得到麦芽糖。

4. 酶在糊精、麦芽糊精生产中的应用

淀粉低程度水解的产物为糊精，可以作为食品增稠剂、填充剂和吸收剂使用。葡萄糖当量值在10～20之间的糊精称为麦芽糊精。

淀粉在α-淀粉酶的作用下生成糊精。控制酶反应液的葡萄糖当量值，可以得到含有一定量麦芽糖的麦芽糊精。

5. 酶在环状糊精生产中的应用

环状糊精是由6～12个葡萄糖单位以α-1,4-糖苷键连接而成的具有环状结构的一类化合物，能选择性地吸附各种小分子物质，起到稳定、乳化、缓释、提高溶解度和分散度等作用，广泛应用于食品工业。其中，应用最多的是α-环状糊精（含6个葡萄糖单位），又称为环己直链淀粉；β-环状糊精（含7个葡萄糖单位），又称为环庚直链淀粉；γ-环状糊精（含8个葡萄糖单位），又称为环辛直链淀粉。其中α-环状糊精的溶解度大，制备较为困难；γ-环状糊精的生成量较少，所以目前大量生产的是β-环状糊精。

β-环状糊精通常以淀粉为原料，采用环状糊精葡萄糖苷转移酶为催化剂进行生产。环状糊精葡萄糖苷转移酶又称为环状糊精生成酶。

由于反应液中还含有未转化的淀粉和界限糊精，需要加入α-淀粉酶进行液化，然后经过脱色、过滤、浓缩、结晶、离心分离、真空干燥等工序，获得β-环状糊精产品。

6.6.8　肉类加工

肉类食品营养物质丰富，是人类优质蛋白质的重要来源，现代消费者对于肉类食品口感、风味的要求越来越高。应用于肉品加工中的酶制剂有谷氨酰胺转氨酶、蛋白酶等，主要用来改善组织、肉类嫩化及转化废弃蛋白质使其供人类食用或作为饲料蛋白质浓缩物。

1. 酶在肉类嫩化中的应用

食用肉类由于胶原蛋白的交联作用，形成广泛分布的、粗糙的、坚韧的结缔组织，非常影响口感。食用时，需对肉做嫩化的处理，才能获得良好口感的肉食。在肉类嫩化中广泛使用的酶是木瓜蛋白酶，它是一种半酰氨基蛋白酶，具有广谱的水解活性，主要在烹饪过程中起作用。它在适当温度下，使蛋白质的某些肽键断裂，有效降解肌原纤维蛋白和结缔组织蛋白，特别是对弹性蛋白的降解作用较大，从而提高了肉的嫩度，使肉的品质变得柔软适口。此外，菠萝蛋白酶、胰酶、生姜蛋白酶等也可作为肉的嫩化剂，用生姜蛋白酶作用于猪肉时，在 30℃、pH7 条件下，对猪肉的嫩化效果显著。工业上软化肉的方式有两种：一种是将酶涂抹在肉的表面或用酶液浸肉，另一种较好的方法是肌肉注射，即在动物屠宰前 10～30min，把酶的浓缩液注射到动物颈静脉血管中，随着血液循环，使酶在肌肉中得到均匀分布，从而达到嫩化的效果。

2. 酶对肉的重构作用

谷氨酰胺转氨酶能利用肉制品蛋白质肽链上的谷氨酰胺残基的甲酰胺基为供体，赖氨酸残基的氨基为受体，催化转氨基反应，使蛋白质分子内或分子间发生交联，从而改变蛋白质的凝胶性、持水性、塑性等性质。利用谷氨酰胺转氨酶处理碎牛肉，生产出一种色泽、口感、风味均被人们接受的重组肉干；在碎羊肉中添加 0.05％的谷氨酰胺转氨酶，不仅可以黏合碎羊肉，而且能提高产品的品质，这样就充分利用了肉制品加工中的副产品。

谷氨酰胺转氨酶添加到香肠中可以提高其切片性，并且可避免香肠发生脱水收缩，同时该酶还可用于低盐、低脂肉制品的开发。

3. 酶在动物血加工中的应用

我国猪血资源丰富，有“液体肉”之称，是很好的营养、补血、补钙剂。血液作为肉中的天然营养成分，其组成成分不稳定，容易氧化变质，故很少应用于肉制品中。谷氨酰胺转氨酶结合血红蛋白，添加到肉制品中，不仅改善了肉制品的色泽，还具有抗氧化能力，使产品品质维持稳定、延长货架期，同时也最大限度地保留了肉中的天然营养成分。

动物血中血红蛋白占血液蛋白质的 2/3，其颜色暗红，使血制品呈现不良的感观性质，限制了血粉食品的消费市场，加入碱性蛋白酶对血红蛋白进行脱色，制得无色血粉，效果良好。

4. 其他作用

屠宰场的分割车间，一般在骨头上平均残存 5％的瘦肉，通常这一部分肉是不容易回收的。在欧美肉类工业企业中，采用中性蛋白酶回收骨头上残存的瘦肉，其回收率大大提高。

明胶是一种热可溶性的蛋白质凝胶，在食品加工中有广泛的用途。一般采用含有丰富胶原蛋白的动物的皮或骨生产明胶。天然状态的胶原蛋白为三股螺旋结构，不溶于水，如果采用适当的方法处理，即可使三股螺旋结构解体成为单链而溶解在热水中，得到明胶溶液。目前我国多数工厂仍采用碱法制取明胶，而欧美各国 20 世纪 80 年代初期就使用蛋白酶来制取明胶，使提取时间从几周缩短到不足一天。

美国 Doler 公司采用专门的蛋白酶，用肉类作原料，经过酶法水解、提取、放大、浓缩等系统工艺生产出具有高度浓缩的调味浓缩物，味美、香醇、浓郁，为绝大多数人欢迎，被称为是高纯度、纯天然优质的开胃调味剂。

第7章 食品中的维生素与矿物质

7.1 概述

7.1.1 维生素

维生素是多种不同类型的低分子量有机化合物，它们有着不同的化学结构和生理功能，是动植物源食品的重要组成成分，人体每日需要量较少，但却是机体维持生命所必需的要素。目前已发现有几十种维生素和类维生素物质，但对人体营养和健康有直接关系的约为20种。其主要维生素的分类、功能见表7-1。

表7-1 主要维生素的分类、功能

分类		名称	俗名	生理功能
水溶性维生素	B族维生素	V_{B1}	硫胺素，抗神经类维生素	抗神经类、预防脚气病
		V_{B2}	核黄素	预防唇、舌发炎，促进生长
		V_{PP}	烟酸、尼克酸、抗癞皮病维生素	预防癞皮病、形成辅酶Ⅰ和辅酶Ⅱ的成分
		V_{B6}	吡咯醇、抗皮炎维生素	与氨基酸代谢有关苷
		V_{B11}	叶酸	预防恶性贫血
		V_{B12}	氰钴素	预防恶性贫血
		V_{H}	生物素	预防皮肤病，促进脂类代谢幕
		V_{H1}	对氨基苯甲酸	有利于毛发的生长
	C族维生素	V_{C}	V_{C}、抗干眼病维生素	预防及治疗坏血病、促进细胞间质生长
		V_{P}	芦丁、渗透性维生素、柠檬素	增加毛细血管抵抗力，维持血管正常透过性
脂溶性维生素		$V_{A}(A_1,A_2)$	抗干眼病醇、抗干眼病维生素、视黄醇	替代视觉细胞内感光物质、预防表皮细胞角化、促进生长，防治干眼病
		$V_{D}(D_1,D_3)$	骨化醇、抗佝偻病维生素	调节钙、磷代谢，预防佝偻病和软骨病
		V_{E}	生育酚、生育维生素	预防不育症
		$V_{K}(K_1,K_2,K_3)$	止血维生素	促进血液凝固

7.1.2 矿物质

自然界至今发现的化学元素有115种，天然存在的有92种，根据目前的分析水平，在人体中可以检出81种元素。目前依据生物实验和检测技术水平，将人体中这些元素分类为生命必需元素、有益元素、污染元素和有毒元素。必需元素主要有H、C、N、O、Na、Mg、P、S、C1、K、Ca、Mn、Fe、Co、Cu、Zn、Mo、I、Se、Cr、V、Ni、Sn、F、B和Si等，必需元素的特征是：它们都存在于健康的生物组织中，并和一定的生物和化学功能有关（表7-2）。在各种同一属生物中都有一恒定的浓度范围，缺乏时会引起再生性生理症状，症状早期获取后又可恢复。有益元素是指那些不存在时不会引起再生性生理症状，但在极少量存在时有益于生命健康的元素。污染元素和有毒元素是指那些在极少量存在时对生命体影响不大，它们在生命体中的浓度变化较大，如果其浓度达成可以觉察到的生理或形态症状时，就为有害元素或污染元素。必需元素又简称为生命元素，根据它们在人体内的含量又分为常量元素和微量元素，常量必需元素，约占体重的99.95%；微量必需元素所占质量合起来不超过体重的0.05%。

必需元素中，除碳、氢、氧和氮外，其他元素又统称为矿质元素。矿质元素在人体中发挥着重要作用，它们的功能发挥常涉及复杂的机理和互作关系，很多研究发现矿质元素之间或与“其他营养素之间存在协同、拮抗或既协同又拮抗的复杂互作关系，这种互作关系不但存在于食物饮水中，而且也存在于生命有机体的消化道、组织器官、物质转运和排泄系统中。矿质元素间的这种互作关系不仅与元素本身的含量有关，而且与元素之间的比例也有关系，如饮食中复磷比例为1∶1时双方的吸收效果最好，铁与锌、锌与铜是与健康相关的典型的相互拮抗的例子，膳食中铁/锌比从1∶1到22∶1变动时，对锌吸收的抑制作用逐渐增强，增加膳食中锌的水平，会降低铜的吸收。矿质元素的缺乏肯定会表明出某种症状。诸多的研究表明矿质元素的缺乏和不平衡都对人体健康造成了许多问题。

表7-2 主要矿质元素的功能

矿质元素	符号	主要功能	矿质元素	符号	主要功能
硼	B	促进生长，是植物生长所必需的	铬	Cr	主要起胰岛素加强剂的作用，促进葡萄糖的利用
氟	F	与骨骼的生长有关	镁	Mg	酶的激活、骨骼成分等
铁	Fe	组成血红蛋白和肌红蛋白、细胞色素等	硅	Si	有助于骨骼形成
锌	Zn	与多种酶、核酸、蛋白质的合成有关	磷	P	ATP组成成分
碘	I	甲状腺素的成分	钴	Co	维生素B_{12}组成成分
铜	Cu	许多金属酶的辅助因子，铜蛋白的组成	钙	Ca	骨骼成分，神经传递等

续表

矿质元素	符号	主要功能	矿质元素	符号	主要功能
硒	Se	谷胱甘肽过氧化酶的组成成分，与肝功能及肌肉代谢有关	硫	S	蛋白质组成
锰	Mn	酶的激活，并参与造血过程	钾	K	电化学及信号功能，胞外阳离子
钼	Mo	是钼酶的主要成分	钠	Na	电化学及信号功能，胞外阳离子
			氯	Cl	电化学及信号功能，胞外阴离子

矿质元素与其他有机营养物质不同，它不能在体内合成，全部来自于人类生存的环境，除了排泄出体外，也不能在体内代谢过程中消失，人体的矿质元素主要通过食物饮水获得。因此饮食和膳食结构影响人体中生命元素的组成和比例。

7.2　食品中的维生素

7.2.1　维生素 A

维生素 A（Vitamin A）是一类具有生物活性的不饱和烃，有维生素 A_1（视黄醇，retinol）以及其衍生物（酯、醛、酸），还有维生素 A_2，其结构如图 7-1 所示。

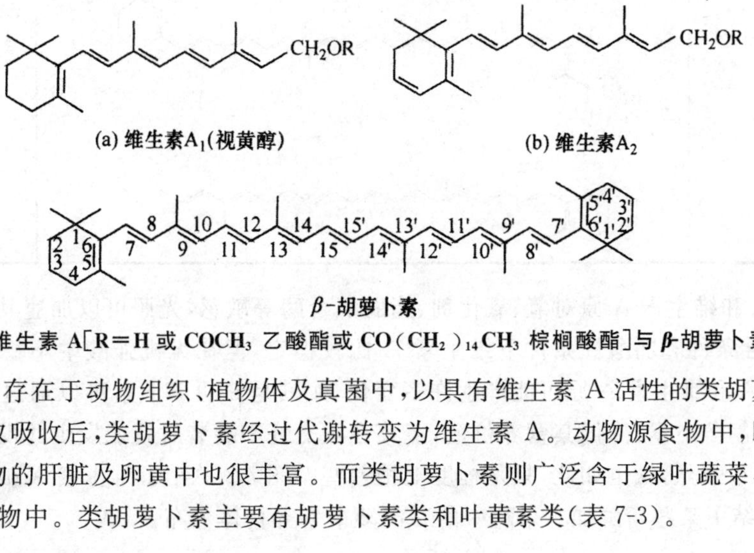

(a) 维生素A_1(视黄醇)　　(b) 维生素A_2

β-胡萝卜素

图 7-1　维生素 A[R＝H 或 $COCH_3$ 乙酸酯或 $CO(CH_2)_{14}CH_3$ 棕榈酸酯]与 β-胡萝卜素的结构

维生素 A 存在于动物组织、植物体及真菌中，以具有维生素 A 活性的类胡萝卜素形式存在，经动物摄取吸收后，类胡萝卜素经过代谢转变为维生素 A。动物源食物中，以鱼肝油含量最多，其他动物的肝脏及卵黄中也很丰富。而类胡萝卜素则广泛含于绿叶蔬菜、胡萝卜、棕榈油等植物性食物中。类胡萝卜素主要有胡萝卜素类和叶黄素类（表 7-3）。

表 7-3　类胡萝卜素结构及维生素 A 前体活性

化合物	结构	相对活性
β-胡萝卜素	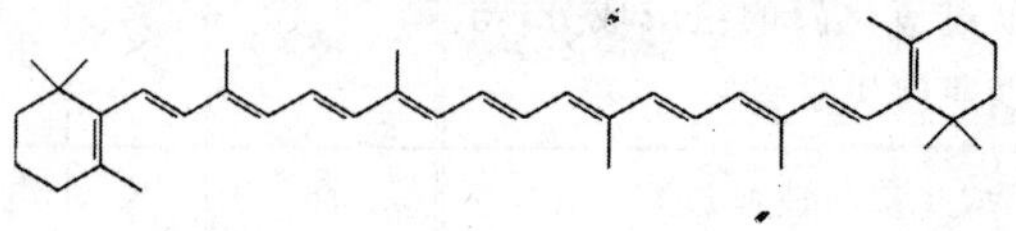	50
α-胡萝卜素	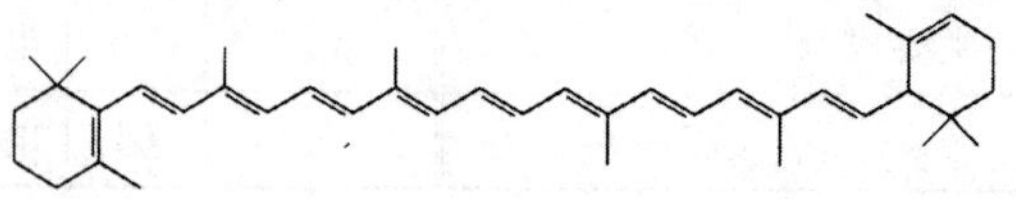	25
β-阿朴-8′-胡萝卜醛	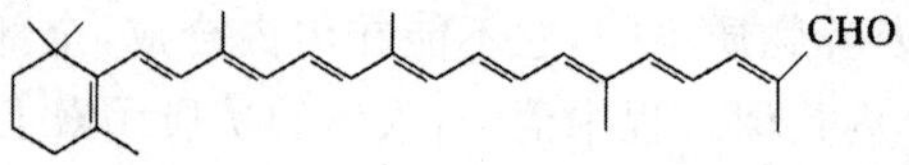 CHO	25～30
玉米黄素	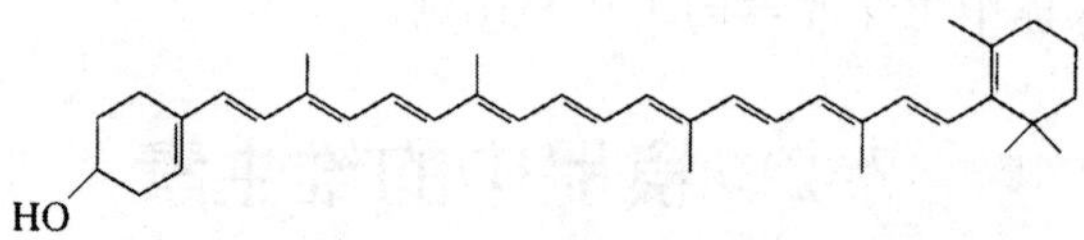 HO	0
角黄素	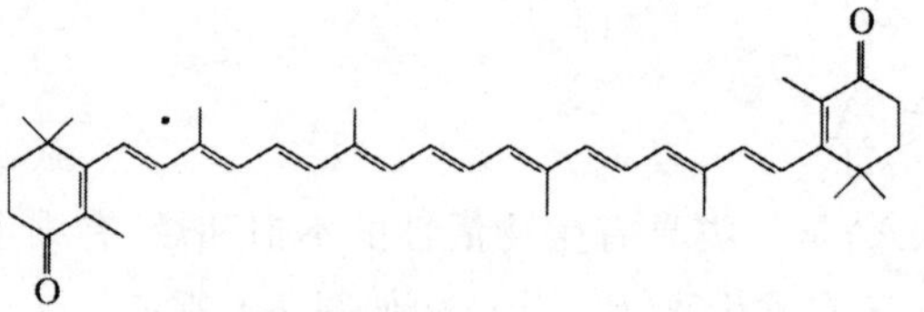 O O	0
虾红素	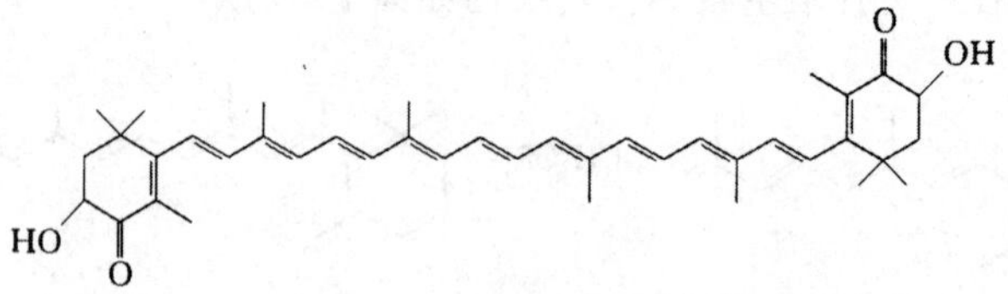 O OH HO O	0
番茄红素	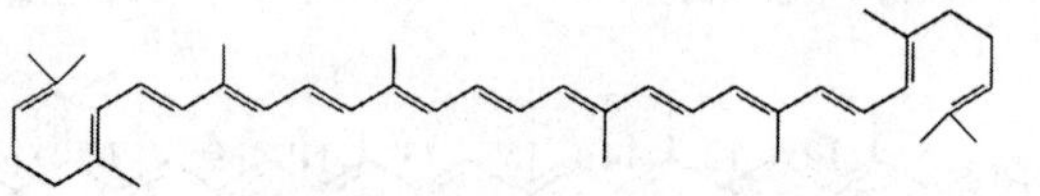	0

维生素 A 和维生素 A 原对氧、氧化剂、脂肪氧合酶等敏感，光照可以加速其氧化反应。一般的加热、碱性条件和弱酸性条件下维生素 A 比较稳定，但在无机强酸中不稳定。在缺氧情况下，维生素 A 和维生素 A 原可能产生许多变化，尤其是 β-胡萝卜素可以通过顺反异构化而转变成为新 β-胡萝卜素，降低其营养价值，蔬菜在被烹饪和罐装时就能发生此反应。金属铜离子对它的破坏很强烈，铁也如此，只是程度上稍差些。图 7-2 总结了维生素 A 被破坏的一些途径。表 7-4 总结了某些新鲜加工果蔬中的 β-胡萝卜素异构体分布。

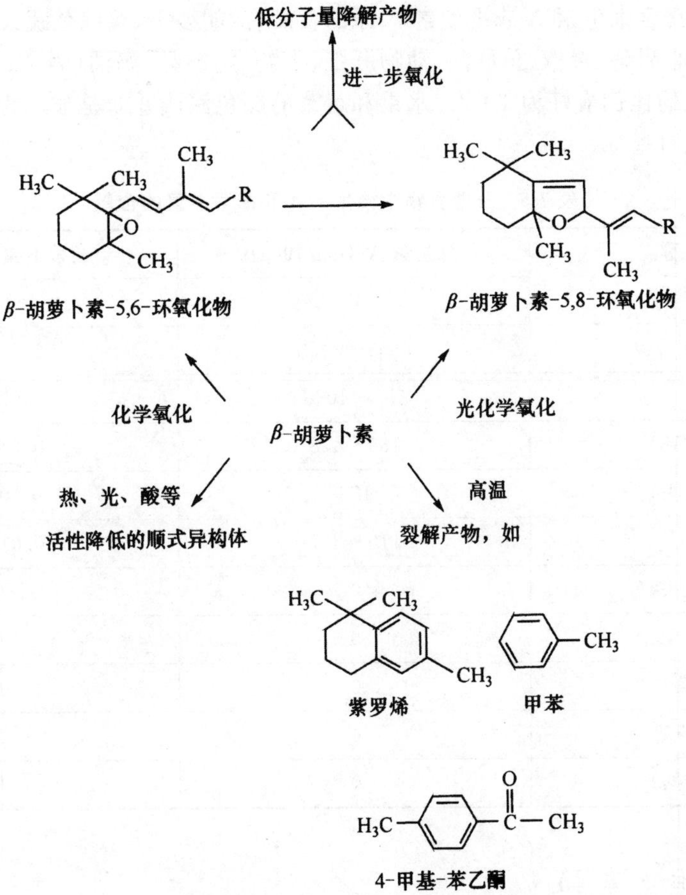

低分子量降解产物

进一步氧化

β-胡萝卜素-5,6-环氧化物

β-胡萝卜素-5,8-环氧化物

化学氧化

β-胡萝卜素

光化学氧化

热、光、酸等

活性降低的顺式异构体

高温

裂解产物，如

紫罗烯

甲苯

4-甲基-苯乙酮

图 7-2　维生素 A 降解的主要途径和产物

表 7-4　某些新鲜加工果蔬中的 β-胡萝卜素异构体分布

产品	状态	占总 β-胡萝卜素的百分数/%			产品	状态	占总 β-胡萝卜素的百分数/%		
		13-顺	反式	9-顺			13-顺	反式	9-顺
红薯	新鲜	0.0	100.0	0.0	黄瓜	新鲜	10.5	74.9	14.5
	罐装	15.7	75.4	8.9	腌黄瓜	巴氏灭菌	7.3	72.9	19.8
胡萝卜	新鲜	0.0	100.0	0.0	番茄	新鲜	0.0	100.0	0.0
	罐装	19.1	72.8	8.1		罐装	38.8	53.0	8.2
南瓜	新鲜	15.3	75.0	9.7	桃	新鲜	9.4	83.7	6.9
	罐装	22.0	66.6	11.4		罐装	6.8	79.9	13.3
菠菜	新鲜	8.8	80.4	10.8	杏	脱水	9.9	75.9	14.2
	罐装	15.3	58.4	26.3		罐装	17.7	65.1	17.2
羽衣甘蓝	新鲜	16.3	71.8	11.7	油桃	新鲜	13.5	76.6	10.0
	罐装	26.6	46.0	27.4	李	新鲜	15.4	76.7	8.0

日常食品中富含维生素A或维生素A原的食品有：胡萝卜、黄绿色蔬菜、蛋类、黄色水果、菠菜、豌豆苗、红心甜薯、青椒、鱼肝油、动物肝脏、牛奶、奶制品、奶油（表7-5）。膳食中维生素A和维生素A原的比例最好为1∶2。水果和蔬菜的颜色深浅并非是显示含维生素A或维生素A原多寡的绝对指标。

表7-5　一些食物中维生素A和胡萝卜素的含量

食物名称	维生素A/(mg/100g)	胡萝卜素/(mg/100g)
牛肉	37	0.04
黄油	2363～3452	0.43～0.17
干酪	553～1078	0.07～0.11
鸡蛋(煮熟)	165～488	0.01～0.15
鲜鱼(罐头)	178	0.07
牛乳	110～307	0.01～0.06
番茄(罐头)	0	0.5
桃	0	0.34
洋白菜	0	0.10
花椰菜(煮熟)	0	2.5
菠菜(煮熟)	0	6.0

7.2.2　维生素D

维生素D又称抗软骨病或抗佝偻病维生素。维生素D是固醇类物质，具有环戊烷多氢菲结构。现已确知的有六种，即维生素D_2、D_3、D_4、D_5、D_6和D_7。各种维生素D在结构上极为相似，仅支链R不同。其中以维生素D_2、D_3最为重要。

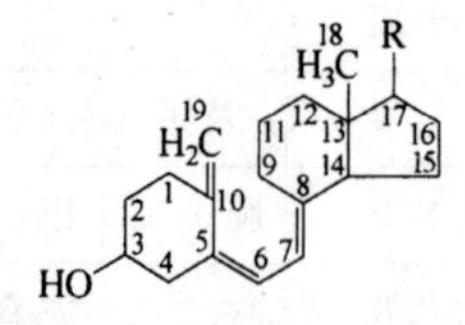

图7-3　维生素D的通式

维生素D是无色晶体，不溶于水，而溶于脂肪溶剂。其性质相当稳定，不易被酸、碱或氧破坏，有耐热性，但可为光及过度的加热（160℃～190℃）所破坏。

维生素D仅存在于动物体内，植物体中不含维生素D。但大多数植物中都含有固醇，不同的固醇经紫外光照射后可变成相应的维生素D，因此这些固醇又可称为维生素D原。各种维生素D原与所形成的维生素D的关系，见表7-6。

维生素 D_2　$R=-CH(CH_3)-CH=CH-CH(CH_3)-CH(CH_3)_2$

维生素 D_3　$R=-CH(CH_3)-CH_2-CH_2-CH_2-CH(CH_3)_2$

维生素 D_4　$R=-CH(CH_3)-CH_2-CH_2-CH(CH_3)-CH(CH_3)_2$

维生素 D_5　$R=-CH(CH_3)-CH_2-CH_2-CH(CH_2CH_3)-CH(CH_3)_2$

维生素 D_6　$R=-CH(CH_3)-CH=CH-CH(CH_2CH_3)-CH(CH_3)_2$

维生素 D_7　$R=-CH(CH_3)-CH_2-CH(CH_3)-CH_2-CH(CH_3)_2$

表 7-6　维生素 D 原与所形成的维生素 D

维生素 D 原的名称	D 原支链 R 的结构	维生素 D 的名称	相对生物效价
麦角固醇(ergoaterol)	CH_3　CH_3　CH_3　CH_3	D_2，麦角钙化醇(ergocalciferol)	1
7-脱氢胆固醇	CH_3　CH_3　CH_3	D_3，胆钙化醇(cholecalciferol)	1
22-双氢麦角固醇(22-dihydroergosterol)	CH_3　CH_3　CH_3　CH_3	D_4，双氢麦角钙化醇(dihydroerg-ocalciferol)	$\frac{1}{2}\sim\frac{1}{3}$
7-脱氢谷固醇(7-drhydrosterol)	C_2H_5　CH_3　CH_3　CH_3	D_5，谷钙化醇(sitocalciferol)	$\frac{1}{40}$
7-脱氢豆固醇(7-drhydrostigmasterol)	C_2H_5　CH_3　CH_3　CH_3	D_6，豆钙化醇(stigmacalciferol)	$\frac{1}{300}$
7-脱氢菜子固醇(7-dehydrocampesterol)	CH_3　CH_3　CH_3　CH_3	D_7，菜子钙化醇(campecalciferol)	1

维生素 D 的生理功能是促进钙、磷吸收和促进骨骼发育。维生素 D 通过对 RNA 的影响，诱导钙的载体蛋白的生物合成，从而促进钙、磷的吸收。维生素 D 缺乏时，可使儿童产生佝偻病，成人产生软骨病。维生素 D 的长期大量使用也可以引起维生素 D 过多症，表现为食欲下降、呕吐、腹泻等典型症状。

维生素 D 在食物中常与维生素 A 伴存。鱼类脂肪及动物肝脏中含有丰富的维生素 D，其中以海产鱼肝油中的含量为最多，蛋黄、牛奶、奶油次之。夏天的牛奶和奶油中维生素 D 的含量比冬天的多，这是由于夏季的阳光较强有利于动物体产生维生素 D 的缘故。

7.2.3 维生素 E

维生素 E 又称生育酚，各种维生素 E 都是苯并三氢吡喃的衍生物，其基本构造如图 7-4 所示。

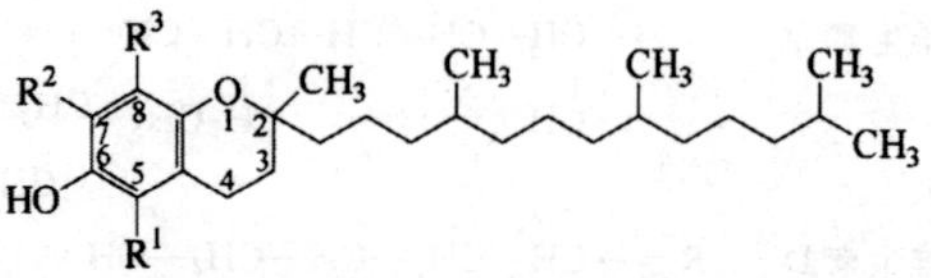

图 7-4 维生素 E 的基本结构

维生素 E 为淡黄色透明的黏稠液体，不溶于水，易溶于脂性溶剂，对氧敏感，极易被氧化。食品在一般的加工过程中，维生素 E 的损失不大，在有氧存在时，维生素 E 的损失增大(图 7-5)。例如，在面粉加工中，对面粉进行增白就会导致大量维生素 E 的损失。

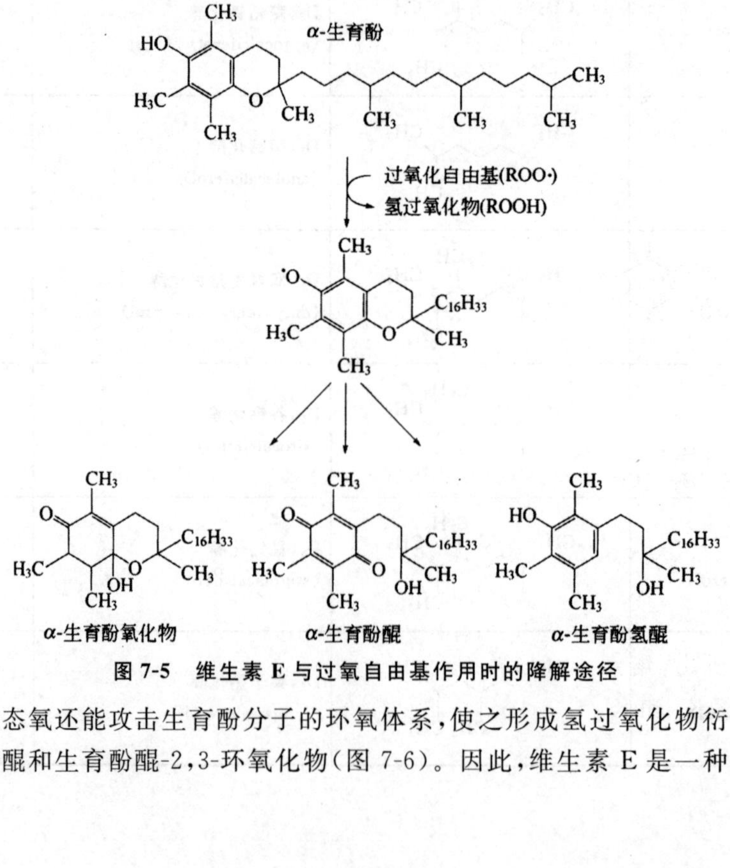

α-生育酚

过氧化自由基(ROO·)

氢过氧化物(ROOH)

α-生育酚氧化物　α-生育酚醌　α-生育酚氢醌

图 7-5 维生素 E 与过氧自由基作用时的降解途径

此外，单重态氧还能攻击生育酚分子的环氧体系，使之形成氢过氧化物衍生物，再经过重排，生成生育酚醌和生育酚醌-2,3-环氧化物(图 7-6)。因此，维生素 E 是一种生物抗氧化剂，能防止磷脂中不饱和脂肪酸被氧化。对动物的生育也起着重要的作用。缺乏维生素E时，会造成不育。

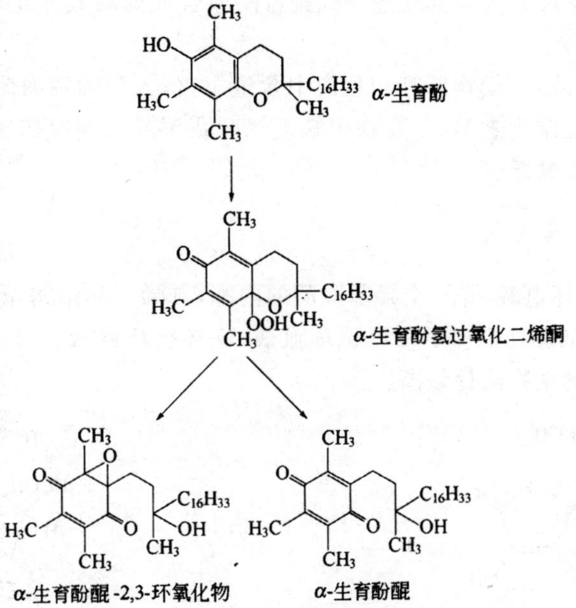

α-生育酚

α-生育酚氢过氧化二烯酮

α-生育酚醌-2,3-环氧化物　　α-生育酚醌

图7-6　α-生育酚与单重态氧反应途径

维生素E的来源丰富，一般食品中都含有。大豆油、玉米油、麦胚油中有含有丰富的维生素E，豆类和绿叶蔬菜中也含量丰富。

7.2.4　维生素K

维生素K又称凝血维生素，是具有异戊二烯类侧链的萘醌类化合物，天然维生素K有K_1和维生素K_2之分。其结构如下：

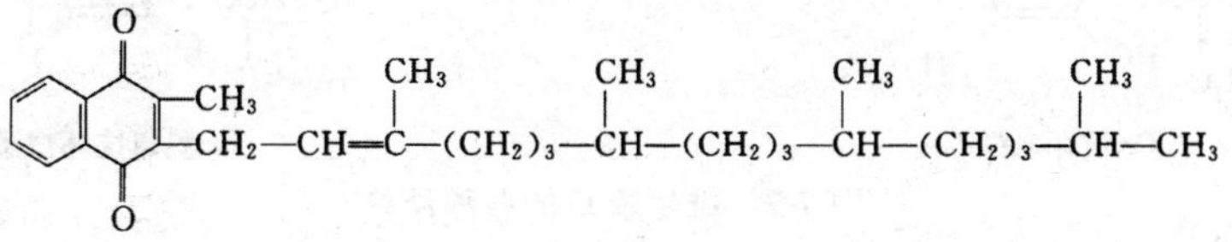

维生素K_1（叶绿醌，phylloquinone）

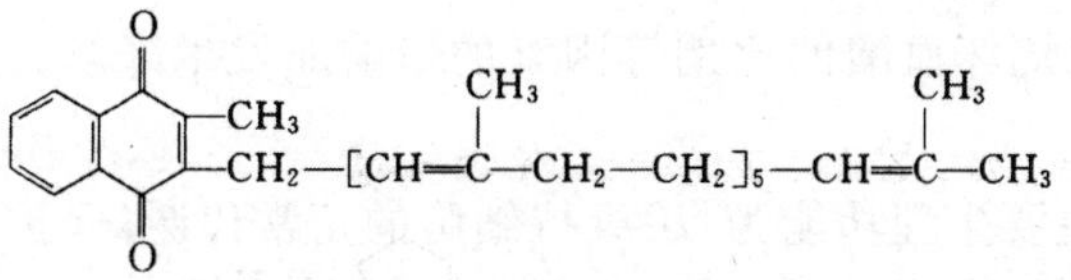

维生素K_2（金合欢醌，famoquinone） 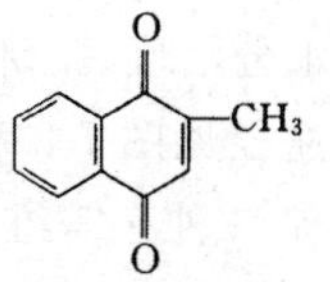　　维生素K_3（2-甲基萘醌，menaquinone）

维生素K都是脂溶性物质。维生素K_1（$C_{31}H_{46}O_2$）为黏稠的黄色油状物，其醇溶液冷却时可呈结晶状析出，熔点为－20℃；维生素K_2（$C_{41}H_{56}O_2$）为黄色结晶体，熔点为53.5～54.5℃。维生素K_1和K_2均有耐热性，但易被碱和光破坏，必须避光保存，K_2较K_1更易于氧化。

维生素 K 的主要功能是促进血液凝固，因为它是促进肝脏合成凝血酶原（prothrombin）的必需因素。如果缺乏维生素 K，则血浆内凝血酶原含量降低，便会使血液凝固时间加长。肝脏功能失常时，维生素 K 即失去其促进肝脏凝血酶原合成的功效。此外，维生素 K 还有增强肠道蠕动和分泌的功能。

维生素 K 在绿叶蔬菜、动物肝脏和鱼肉中含量丰富；人和动物的肠道细菌能合成维生素 K。人体一般不会缺乏维生素 K，若食物中缺乏绿叶蔬菜或长期服抗生素影响肠道微生物生长，则会造成维生素 K 缺乏。

7.2.5 维生素 C

维生素 C 又名抗坏血酸，是一个羟基羧酸的内酯，具烯二醇结构，有较强的还原性。维生素 C 有四种异构体（如图 7-7 所示）：D-抗坏血酸、D-异抗坏血酸、L-抗坏血酸和 L-异抗坏血酸，其中 L-抗坏血酸的生物活性最高。

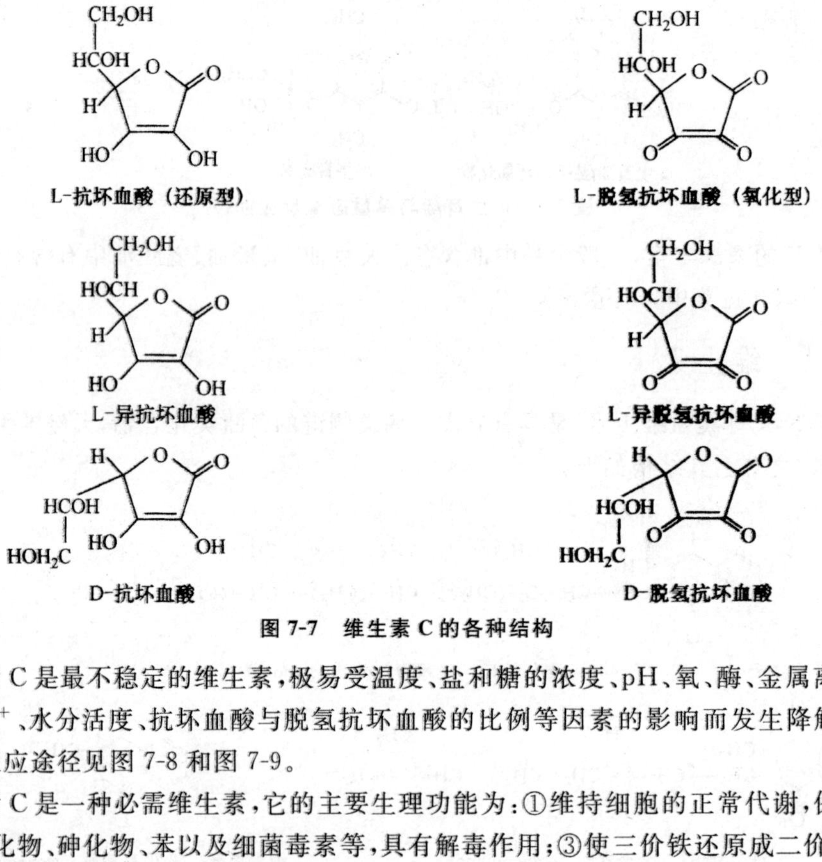

L-抗坏血酸（还原型）　　L-脱氢抗坏血酸（氧化型）

L-异抗坏血酸　　L-异脱氢抗坏血酸

D-抗坏血酸　　D-脱氢抗坏血酸

图 7-7　维生素 C 的各种结构

维生素 C 是最不稳定的维生素，极易受温度、盐和糖的浓度、pH、氧、酶、金属离子特别是 Cu^{2+} 和 Fe^{2+}、水分活度、抗坏血酸与脱氢抗坏血酸的比例等因素的影响而发生降解。抗坏血酸的降解反应途径见图 7-8 和图 7-9。

维生素 C 是一种必需维生素，它的主要生理功能为：①维持细胞的正常代谢，保护酶的活性；②对铅化物、砷化物、苯以及细菌毒素等，具有解毒作用；③使三价铁还原成二价铁，有利于铁的吸收，并参与铁蛋白的合成；④参与胶原蛋白中合成羟脯氨酸的过程，防止毛细血管脆性增加，有利于组织创伤的愈合；⑤促进心肌利用葡萄糖和心肌糖原的合成，有扩张冠状动脉的效应；⑥是体内良好的自由基清除剂。

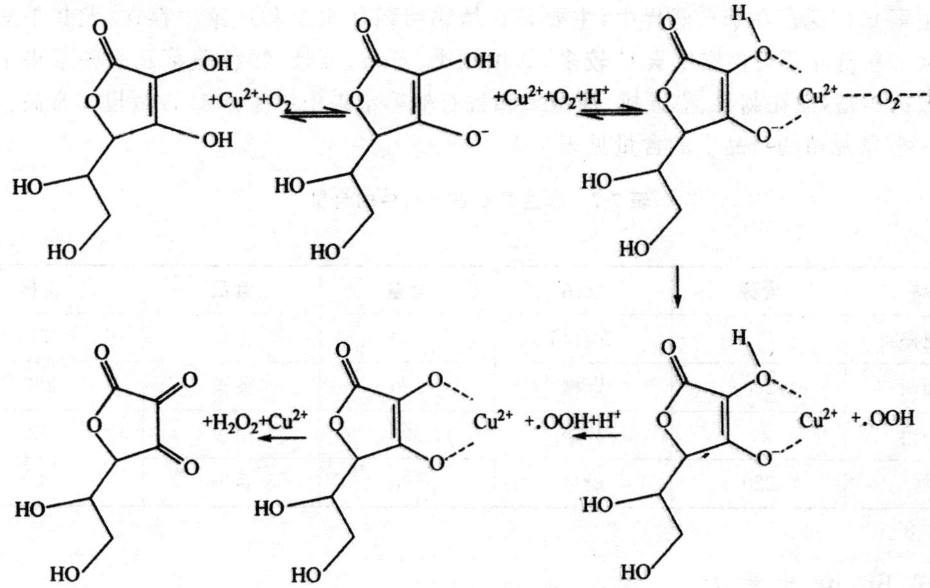

图 7-8　Cu^{2+} 维生素 C 的氧化

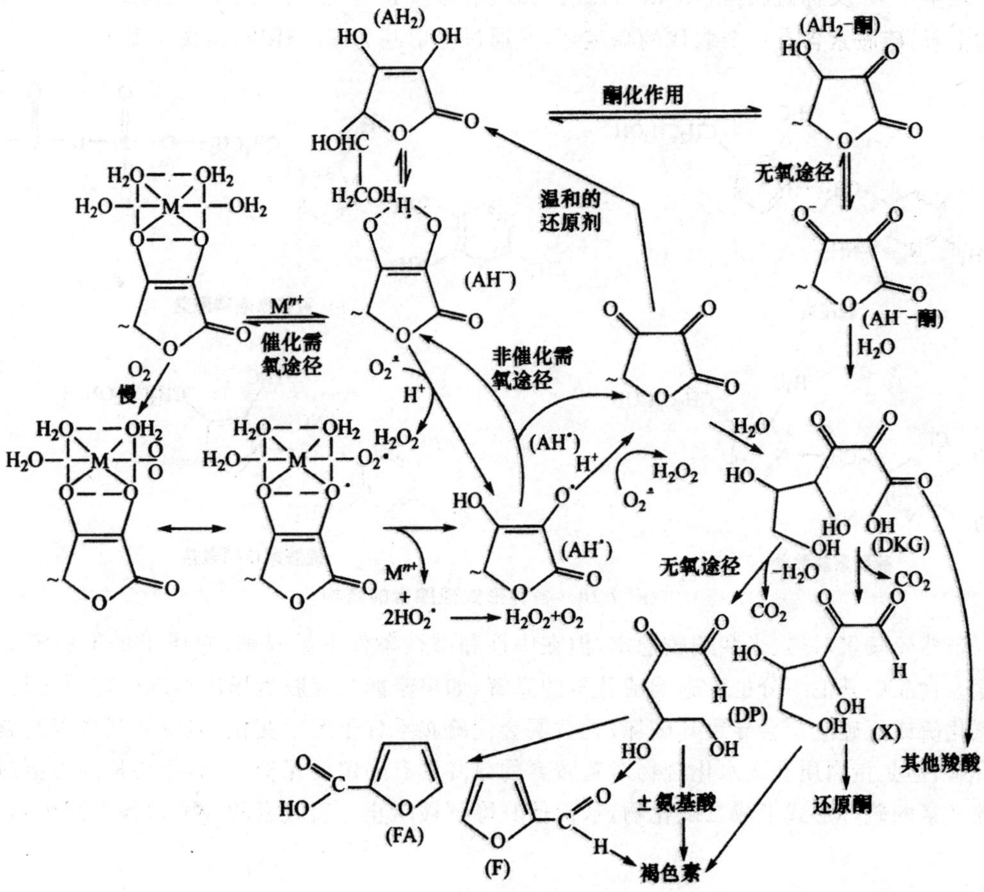

图 7-9　抗坏血酸的降解途径

维生素 C 广泛存在于自然界中，主要是在植物组织如水果和蔬菜中存在，尤其是酸味较重的水果和新鲜叶菜类含维生素 C 较多，如柑橘类、草莓、荔枝、绿色蔬菜及一些浆果中维生素含量较为丰富，而在刺梨、猕猴桃、蔷薇果和番石榴等水果中维生素 C 含量也非常高。维生素 C 在一些常见植物产品中的含量见表 7-7。

表 7-7　维生素 C 在食物中的含量

mg/100g 可食部分

食品	含量	食品	含量	食品	含量
冬季花椰菜	113	番石榴	300	土豆	73
黑葡萄	200	青椒	120	菠菜	220
卷心菜	47	甘蓝	500	南瓜	90
柑橘	220	山楂	190	番茄	100

7.2.6　维生素 B_1

维生素 B_1 又称硫胺素（thiamin）或抗脚气病维生素，广泛存在于动植物组织中。从化学结构上看，硫胺素含有一个取代的嘧啶环，并通过亚甲基与噻唑环连接（图 7-10）。

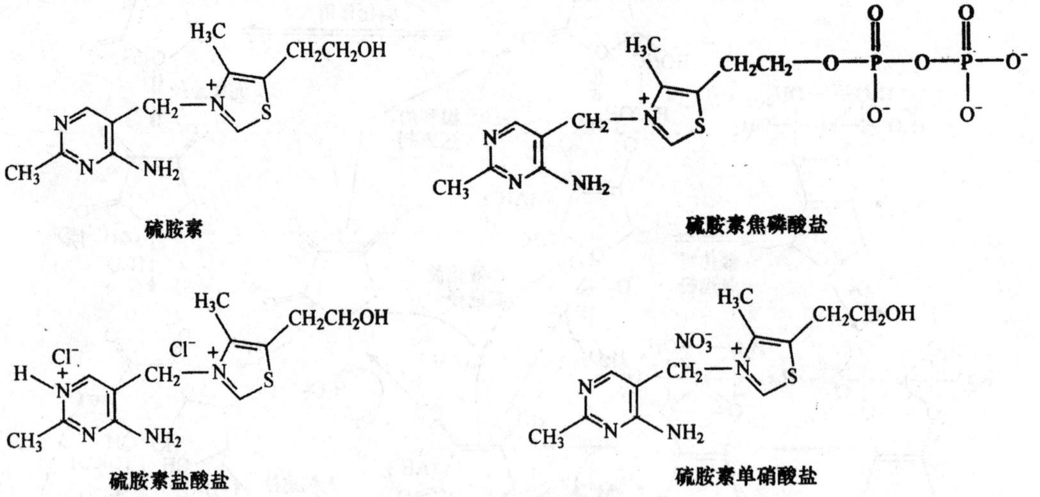

硫胺素　　硫胺素焦磷酸盐

硫胺素盐酸盐　　硫胺素单硝酸盐

图 7-10　各种形式硫胺素的结构

虽然硫胺素对热、光和酸较稳定，但在中性和碱性条件下易降解，它属于最不稳定一类维生素。食品中其他组分也会影响硫胺素的降解，如单宁能与硫胺素形成加成产物而使其失活；二氧化硫或亚硫酸盐会导致其破坏；类黄酮会使硫胺素分子发生变化；胆碱使其分子断裂而加速降解；但是蛋白质和碳水化合物对硫胺素的热降解有一定的保护作用，主要是因为蛋白质可与硫胺素的硫醇形式形成二硫化物，从而使其降解被阻止。硫胺素的降解过程见图 7-11。

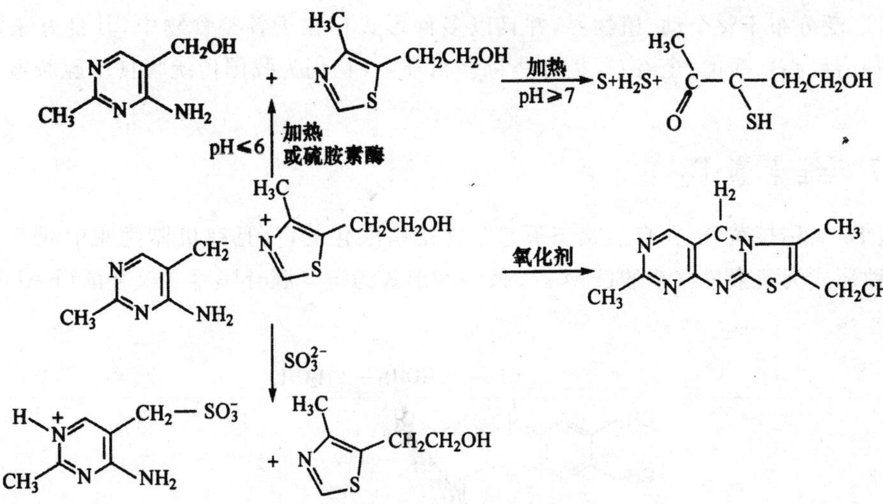

图 7-11　硫胺素的降解历程

在室温和低水分活度的条件下，硫胺素显示出极好的稳定性，而在高水分活度和高温下长期贮存，损失较大（表 7-8）。

表 7-8　罐装食品中硫胺素的保留率

食品名称	经 12 个月贮藏后的保留率(%)		食品名称	经 12 个月贮藏后的保留率(%)	
	38℃	1.5℃		38℃	1.5℃
杏	35	72	番茄汁	60	100
绿豆	8	76	豌豆	68	100
利马豆	48	92	橙汁	78	100

如在模拟谷类早餐食品中，当温度低于 37℃、水分活度为 0.1～0.65 时，硫胺素只有很少或几乎没有损失；当温度升高到 45℃，且水分活度大于 0.4 时，硫胺素的降解速度加剧，尤其当水分活度在 0.5～0.65 之间时更为突出，当水分活度在 0.65～0.85 范围内增加时，硫胺素的降解速度维持不变（图 7-12）。

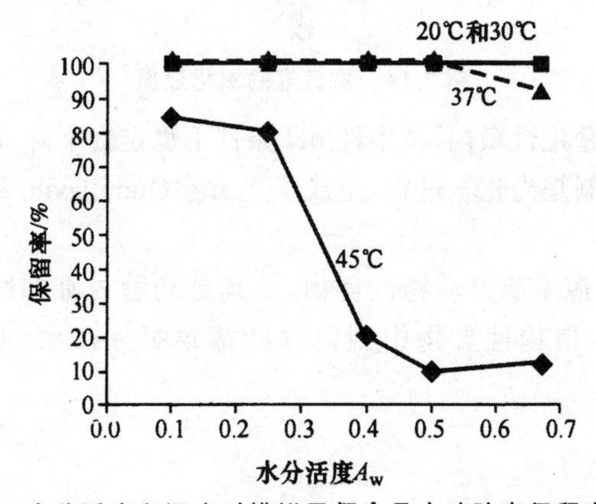

图 7-12　水分活度和温度对模拟早餐食品中硫胺素保留率的影响

硫胺素广泛分布于整个动、植物界，并且以多种形式存在于各类食物中，其良好来源是动物的内脏（肝、肾、心）、瘦肉、全谷、豆类和坚果。目前，谷物仍为我国传统膳食中硫胺素的主要来源。

7.2.7 维生素 B_2

维生素 B_2 又称核黄素，在自然状态下它常常是磷酸化的，而且在机体代谢中起着辅酶的作用，其一种形式为黄素单核苷酸（FMN），另一种形式为黄素腺苷嘌呤二核苷酸（FAD），如图 7-13 所示。

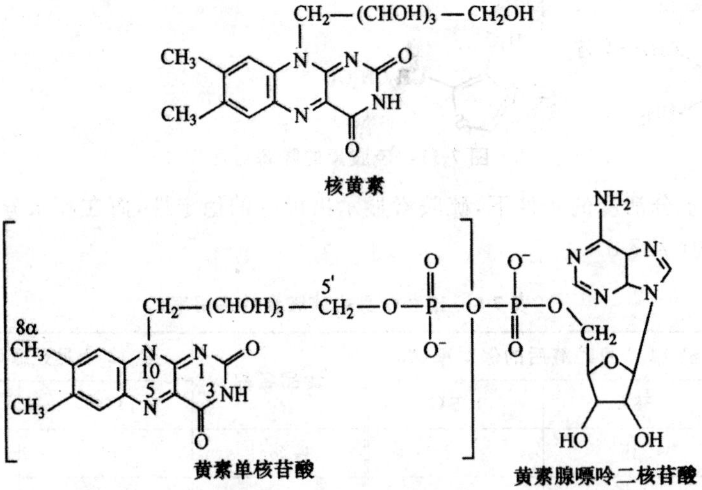

$CH_2-(CHOH)_3-CH_2OH$
CH_3 N N O
CH_3 N NH
O

核黄素

NH_2
$CH_2-(CHOH)_3-\overset{5'}{C}H_2-O-P(=O)(O^-)-O-P(=O)(O^-)-O-CH_2$
8α CH_3 N 10 N 1 O
CH_3 5 N 3 NH
O
HO OH

黄素单核苷酸　黄素腺嘌呤二核苷酸

图 7-13　核黄素、黄素单核苷酸和黄素腺嘌呤二核苷酸结构

核黄素与其他黄素能以多种离子状态存在于氧化体系中，包括其母体即全氧化型的黄色的醌，在不同 pH 下的红色的或蓝色的黄素半醌以及无色的氢醌（图 7-14）。

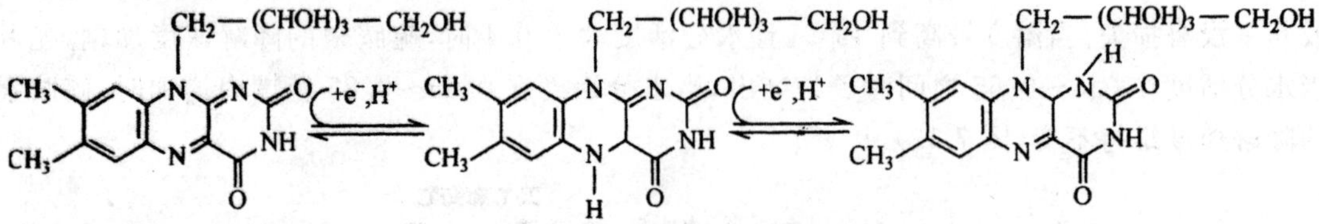

$CH_2-(CHOH)_3-CH_2OH$　$CH_2-(CHOH)_3-CH_2OH$　$CH_2-(CHOH)_3-CH_2OH$
CH_3 N N O $+e^-,H^+$ CH_3 N N O $+e^-,H^+$ CH_3 N H N O
CH_3 N NH　CH_3 N NH　CH_3 N NH
O　H O　O

图 7-14　核黄素的氧化还原

核黄素在酸性介质中稳定性最高，在中性 pH 条件下稳定性下降，而在碱性环境中则快速降解。核黄素降解的主要机制是光化学过程，生成了光黄素（lumiflavin）和光色素（lumichrome）（图 7-15）。

核黄素的良好食物来源主要是动物性食物，尤其是动物内脏如肝、肾、心以及蛋黄、乳类，鱼类以鳝鱼中含量最高。植物性食物中则以绿叶蔬菜类如菠菜、韭菜、油菜及豆类中含量较多。

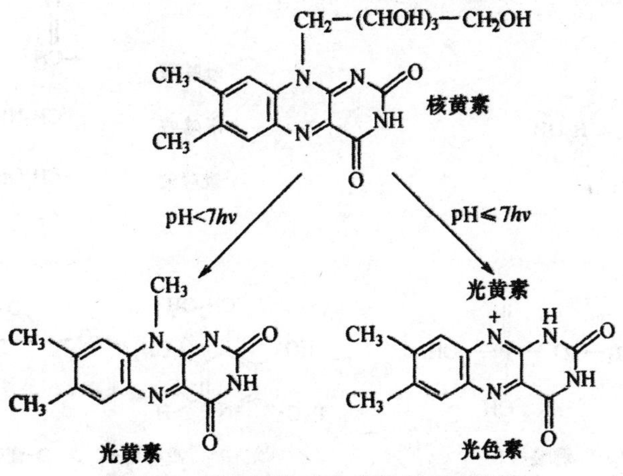

图 7-15 核黄素在光化学作用中的降解

7.2.8 维生素 PP

维生素 PP 又称尼克酸(niacin)、烟酸、抗癞皮病因子，是吡啶 3-羧酸及其衍生物的称，也为尼克酸和尼克酰胺的总称(图 7-16)。

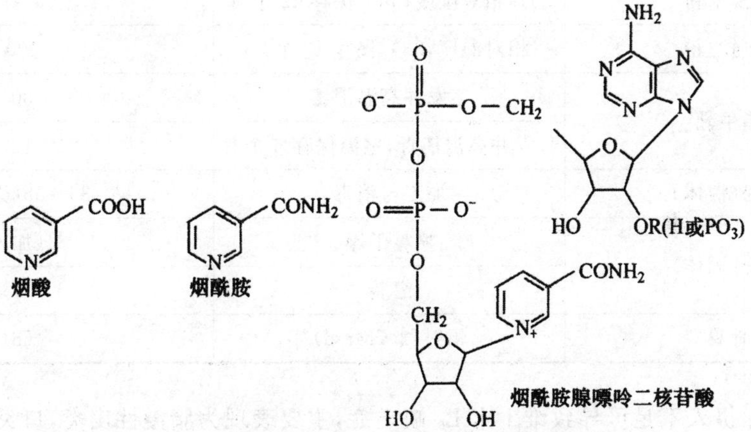

图 7-16 烟酸、烟酰胺和烟酰胺腺嘌呤二核苷酸的结构

烟酸广泛存在于动植物性食物中，良好的来源为蘑菇、酵母，其次为动物内脏(肝，肾)、瘦肉、全谷、豆类等，绿叶蔬菜中也含相当数量。

7.2.9 维生素 B_6

维生素 B_6 (vitamin B_6)包括吡哆醛(pyridoxal)、吡哆醇(pyridoxine)和吡哆胺(pyridoxamine)3 种化合物(图 7-17)。

三种形式维生素 B_6 对光均较敏感，尤其是紫外线，在碱性环境中尤甚。一些食品中维生素 B_6 的稳定性见表 7-9。

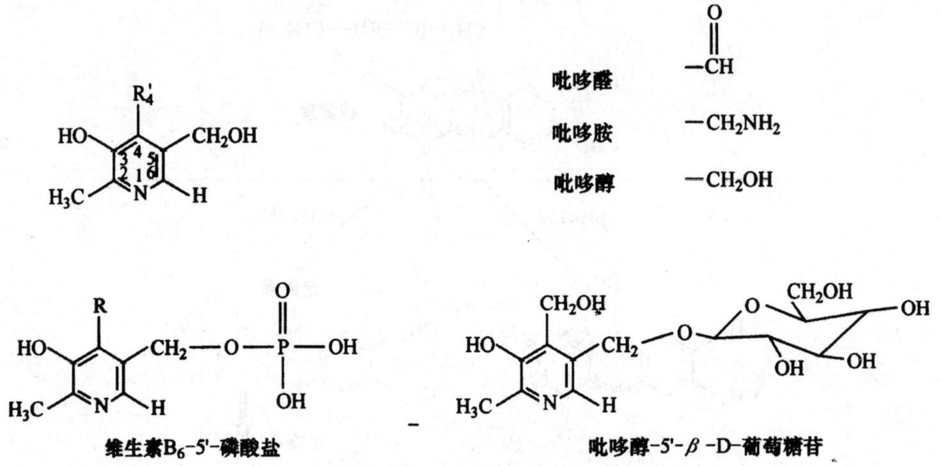

吡哆醛 —CHO
吡哆胺 $—CH_2NH_2$
吡哆醇 $—CH_2OH$

维生素B_6-5'-磷酸盐

吡哆醇-5'-β-D-葡萄糖苷

图 7-17 维生素 B_6 的结构

表 7-9 食品中维生素 B_6 的稳定性

食品	处理	保留率/%
面包(加维生素 B_6)	烘烤	100
强化玉米粉	50%相对湿度,38℃保存 12 个月	90～95
强化通心粉	相对湿度,38℃保存 12 个月	100
全脂牛乳	蒸发并高温消毒	30
	蒸发并高温消毒,室温保存 6 个月	18
代乳粉(液体)	加工与消毒	33～55(天然)
代乳粉(固体)	喷雾干燥	84(加入)
	灌装	57
去骨鸡	辐射(2.7Mrad)	68

维生素 B_6 摄入不足可导致维生素 B_6 缺乏症,主要表现为脂溢性皮炎,口炎,口唇干裂,舌炎,易激怒,抑郁等。

维生素 B_6 的食物来源很广泛,但一般含量均不高。白色的肉类(鸡肉、鱼肉等)、肝脏、蛋等中含量相对较高,但奶及奶制品中含量少;植物性食物中如豆类、谷类、水果和蔬菜中的维生素 B_6 含量也较多。

7.2.10 维生素 B_{11}

维生素 B_{11}(vitamin B_{11})又名叶酸(folic acid),包括一系列化学结构相似、生理活性相同的化合物,它们的分子结构中包括 3 个部分,即蝶呤、对氨基苯甲酸和谷氨酸部分(图 7-18)。叶酸在体内的生物活性形式是四氢叶酸,是在叶酸还原酶、维生素 C、辅酶Ⅱ的协同作用下转化的,即只有谷氨酸部分为 L-构型和 C6 为 6S 构型的叶酸酯和四氢叶酸酯才具有维生素活性。叶酸对于核苷酸、氨基酸的代谢具有重要的作用,缺乏叶酸会造成各种贫血病、口腔炎等症状发生。

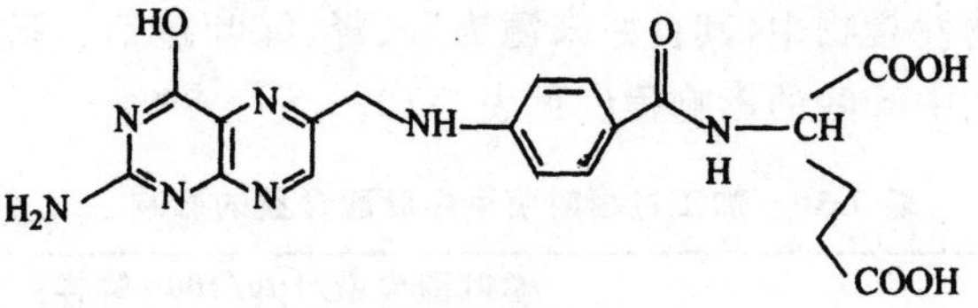

叶酸

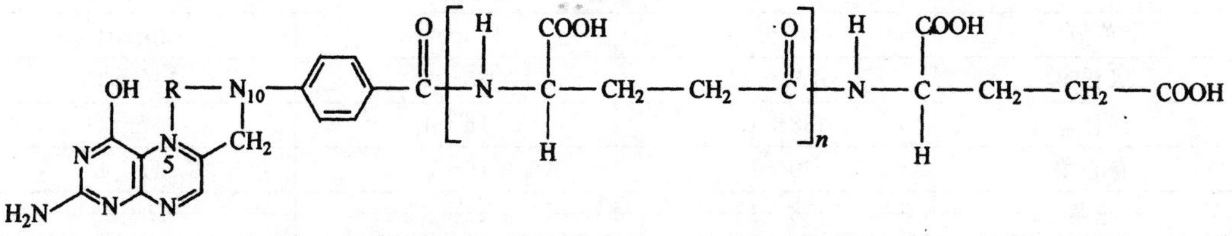

聚谷氨酰基四氢叶酸

取代基(R)

—CH_3

—CHO

—CH=NH

—CH_2—

—CH=

图 7-18　维生素 B_{11} 的结构

四氢叶酸的几种衍生物稳定性顺序为：5-甲酰基四氢叶酸＞5-甲基-四氢叶酸＞10-甲基-四氢叶酸＞四氢叶酸。四氢叶酸被氧化降解后转化为两种产物，即蝶呤类化合物和对氨基苯甲酰谷氨酸(图 7-19)，同时失去生物活性。

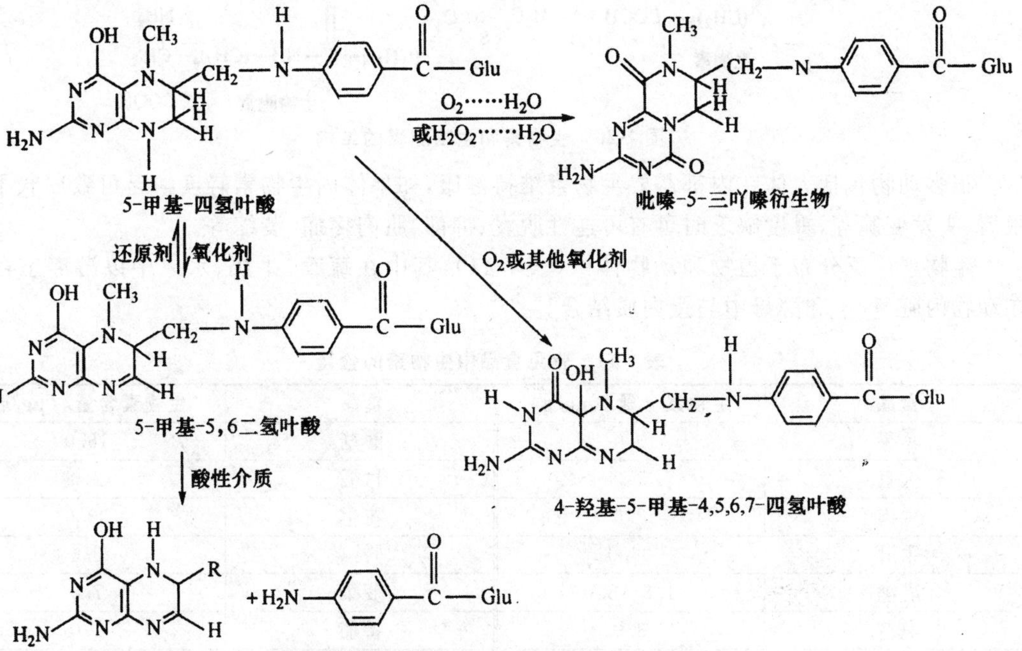

5-甲基-四氢叶酸

O_2……H_2O 或H_2O_2……H_2O

吡嗪-5-三吖嗪衍生物

还原剂　氧化剂

O_2或其他氧化剂

5-甲基-5,6二氢叶酸

酸性介质

4-羟基-5-甲基-4,5,6,7-四氢叶酸

未鉴定喋呤　　对氨基苯甲酰谷氨酸

图 7-19　5-甲基四氢叶酸的氧化降解

叶酸广泛存在动植物性食物中，其良好来源为肝、肾、绿叶蔬菜、马铃薯、豆类、麦胚、坚果等。各种加工处理对食品中叶酸的影响程度见表 7-10。

表 7-10　加工过程对蔬菜中叶酸含量的影响

蔬菜(水中煮 10min)	总叶酸含量/(μg/100g 鲜样)		
	新鲜	煮后	叶酸在蒸煮水中的含量
芦笋	175±25	146±16	39±10
绿化菜	169±24	65±7	116±35
芽甘蓝	88±15	16±4	17±4
卷心菜	30±12	16±8	17±4
花菜	56±18	42±7	47±20
菠菜	143±50	31±10	92±12

7.2.11　维生素 H

生物素(维生素 H，biotin)是由脲和带有戊酸侧链噻吩的两个五元环组成。天然存在的为右旋的 *D*-型生物素。生物素与蛋白质中的赖氨酸残基结合形成生物胞素(bioeytin)(图 7-20)。

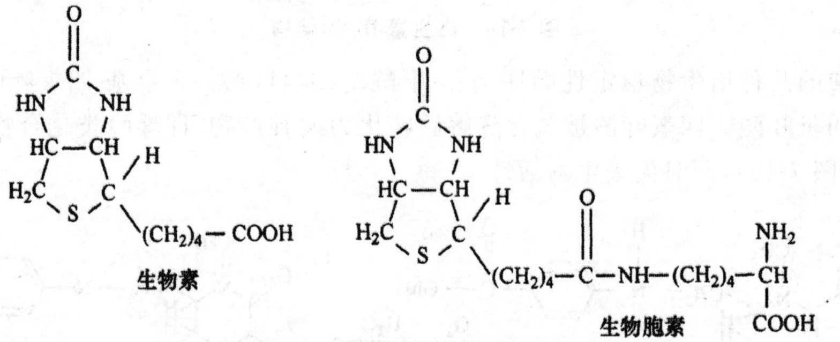

图 7-20　生物素和生物胞素的结构

很多动物包括人体在内都需要生物素维持健康，如果体内生物素轻度缺乏可致皮肤干燥、脱屑、头发变脆等，重度缺乏时可有可逆性脱发、抑郁、肌肉疼痛、萎缩等。

生物素广泛分布于植物和动物体中(表 7-11)，其中在蔬菜、牛奶、水果中以游离态存在，在动物内脏、种子和酵母中与蛋白质结合。

表 7-11　常见食品中生物素的含量

食品	生物素含量/(μg/g)	食品	生物素含量/(μg/g)
苹果	0.9	蘑菇	16.0
大豆	3.0	柑橘	2.0
牛肉	2.6	花生	30.0
牛肝	96.0	马铃薯	0.6
乳酪	1.8～8.0	菠菜	7.0
莴苣	3.0	番茄	1.0
牛乳	1.0～4.0	小麦	5.0

7.2.12　维生素 B_5

维生素 B_5（vitamin B_5）又称泛酸（pantothenic acid），结构为 D(＋)-N-2,4-二羟基-3,3-二甲基丁酰-β-丙氢酸（图 7-21）。

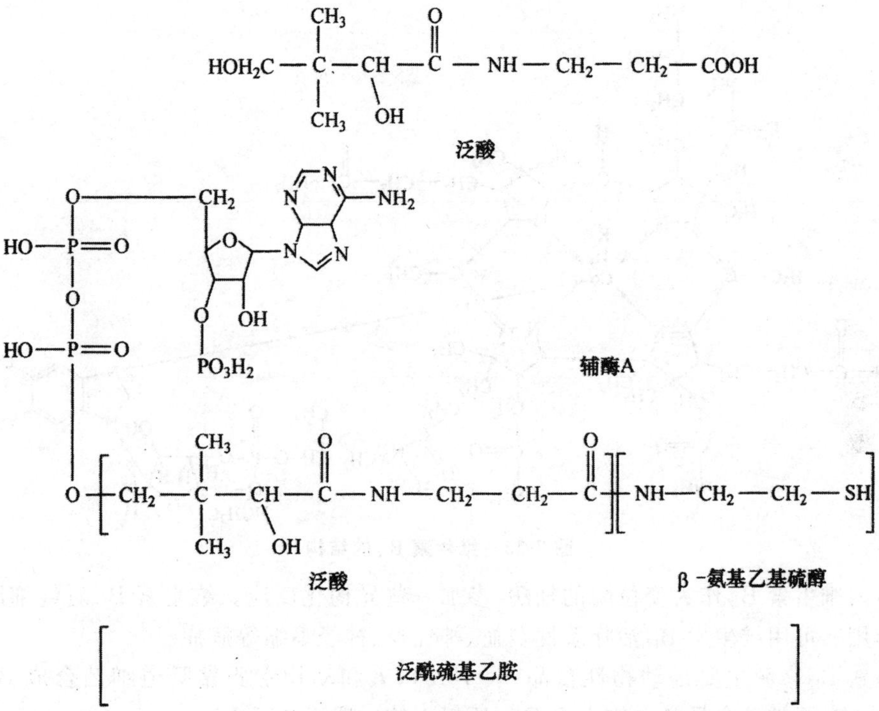

泛酸

辅酶A

泛酸　　β-氨基乙基硫醇

泛酰巯基乙胺

图 7-21　泛酸的结构

泛酸广泛分布于生物体中，富含泛酸的食物主要是肉、未精制的谷类制品、麦芽与麦麸、动物肾脏/心脏、绿叶蔬菜、啤酒酵母、坚果类、鸡肉、未精制的糖蜜等。食品中泛酸的分布见表 7-12。

表 7-12　常见食品中泛酸的含量

食品	泛酸含量/(mg/g)	食品	泛酸含量/(mg/g)
干啤酒酵母	200	荞麦	26
牛肝	76	菠菜	26
蛋黄	63	烤花生	25
小麦麸皮	30	全乳	24

在食品加工和贮藏过程中，尤其在低水分活度的条件下，泛酸具有较高的稳定性。在烹调和热处理的过程中，随处理温度的升高和水溶流失程度的增大，通常损失率在 30%～80%范围内。

7.2.13 维生素 B_{12}

维生素 B_{12}(vitamin B_{12})是唯一含有金属元素钴的维生素,所以又称其为钴胺素(cobalamin),化学结构复杂,结构式见图 7-22。

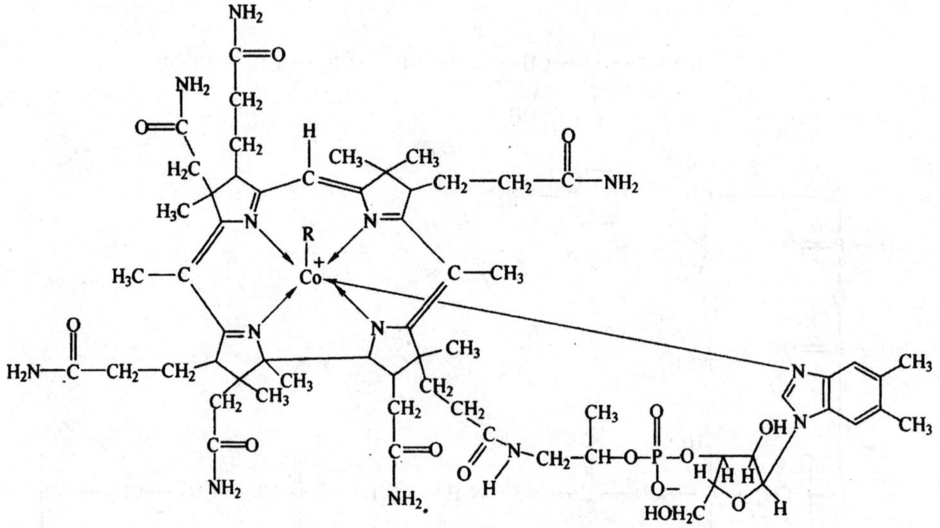

图 7-22 维生素 B_{12} 的结构

在体内维生素 B_{12} 作为变位酶的辅酶,参加一些异构化反应。维生素 B_{12} 对红细胞的成熟起重要作用。可用维生素 B_{12} 治疗恶性贫血、神经炎、神经萎缩等病症。

维生素 B_{12} 来源主要是动物性食品(表 7-13),人和动物主要靠肠道细菌合成 B_{12}。动物肝、肾、鱼、肉、蛋类等食品富含维生素 B_{12},所以人体一般不缺乏 B_{12}。

表 7-13 食品中维生素 B_{12} 的分布

食品	维生素 B_{12} 含量/(μg/100g 湿重)
器官(肝脏、肾、心脏),贝类(蛤、蚝)	>10
脱脂浓缩乳,某些鱼、蟹、蛋黄	3~10
肌肉、鱼、乳酪	1~3
液体乳、赛达乳酪、农家乳酪	<1

7.3 维生素在食品加工和贮藏中的变化

食物从采摘时起,不可避免地都会遭受到维生素的损失。所以在食品加工和贮藏中,调整加工和贮藏条件,最大限度地减少维生素的损失。

7.3.1 维生素在食品加工中的变化

果蔬加工过程中的洗涤、漂烫、去皮等操作,会造成维生素的损失。但在果蔬加工过程中,漂烫是必不可少的一种处理方法。在果蔬的漂烫处理时，常将果蔬原料投入95℃以上的热水中煮几秒钟至几分钟，并快速冷却。这种处理方法目的是使果蔬中多酚氧化酶失去活力，阻止氧化酶对叶绿素和维生素A的破坏，以及酶促褐变的发生。可以采取高温短时间处理方法，来有效的保留热敏性维生素。果蔬为了增强去皮效果，采用碱处理方法也会造成维生素如叶酸、维生素C、硫胺素等的损失。谷物制品磨粉时，去除麸皮和胚芽，会造成维生素B_1、维生素A和叶酸等的流失。

动植物产品经切割或其他处理而损伤的组织在水溶液中会浸出水溶性维生素，从而造成损失。一般发生在清洗、水槽输送、盐水浸煮等过程中。损失的程度与溶液的pH、温度、切口表面积以及维生素扩散和溶解度等因素有关。

7.3.2　产品贮藏中维生素的损失

1. 储藏温度

食品在储藏期间，维生素的损失与储藏温度关系密切。例如，罐头食品冷藏保存一年后维生素B_1的损失低于室温保存。冷冻是最常用的食品储藏方法。冷冻一般包括预冷冻、冷冻储存、解冻3个阶段，维生素的损失主要包括储存过程中的化学降解和解冻过程中水溶性维生素的流失。例如，蔬菜经冷冻后，维生素会损失37%～56%；肉类食品经冷冻后，泛酸的损失为21%～70%。肉类解冻时，汁液的流失使维生素损失10%～14%。

2. 储藏时间

食品储藏的时间越长，维生素损失就越大。在储藏期间，食品中脂质的氧化产生的氢过氧化物、过氧化物和环过氧化物，能够氧化类胡萝卜素、生育酚、抗坏血酸等易被氧化的维生素，导致维生素活性的损失。氢过氧化物分解产生的含羰基化合物，能造成一些维生素（如硫胺素、泛酸）的损失。糖类非酶褐变产生的高度活化的羰基化合物，也能以同样的方式破坏某些维生素。

3. 包装材料

包装材料对储藏食品中维生素的含量有一定影响。例如，透明包装的乳制品在储藏期间，维生素B_2和维生素D会发生损失。

4. 辐照

辐照是利用原子能射线对食品原料及其制品进行灭菌、杀虫、抑制发芽和延期后熟等，以延长食品的保存期，尽量减少食品中营养的损失。

辐照对维生素有一定的影响。水溶性维生素对辐照的敏感性主要取决于它们是处在水溶液中还是食品中或是否受到其他组分的保护等。维生素C对辐照很敏感，其损失随辐照剂量的增大而增加。B族维生素中，维生素B_1最易受到辐照的破坏，辐照对烟酸的破坏较小。脂溶性维生素对辐照的敏感程度大小依次为维生素E>胡萝卜素>维生素A>维生素D>维生素K。

7.3.3　加工中化学添加物和食品成分对维生素的影响

在食品加工和贮藏过程中，常常会向食品中添加一些化学物质，这类化学物质就会影响一些维生素的损失。例如，在肉制品加工过程中，常加入亚硫酸盐、亚硫酸氢盐、偏亚硫酸氢盐作为护色剂和防腐剂。这类物质会部分的保留维生素C的活性。在面粉加工过程中常用到的漂白剂和改良剂会导致维生素C、维生素A、类胡萝卜素和维生素E的分解损失，也会间接影响其他维生素的损失。在葡萄酒酿造过程中，为了防止葡萄酒中微生物的生长，使用亚硫酸盐进行抑菌。亚硫酸盐的使用对维生素C有保护作用，却使类胡萝卜素、叶酸和维生素B_1发生损失。

化学消毒剂的使用要特别注意，在香料加工中，使用环氧乙烷和丙烷来处理香料，使害虫的蛋白质和核酸烷基化，从而达到杀灭作用。它们也造成了一些维生素的损失，不过与食品中总维生素的损失相比并不严重。

影响食品pH的化学试剂和食品加工过程中添加的配料，都会直接影响维生素的稳定性。酸化可以提高维生素C、维生素B_1的稳定性，而碱性化合物则会降低维生素C、维生素B_1、维生素B_{11}的稳定性。

7.4 食品中重要的矿物质

7.4.1 常量元素

1. 钠和钾

钠(Na)和钾(K)的作用与功能关系密切，两者均是人体的必需营养素。

钠作为血浆和其他细胞外液的主要阳离子，在保持体液的酸碱平衡、渗透压和水的平衡方面起重要作用；与钾共同作用可维持人体体液的酸碱平衡；在肾小管中参与氢离子交换和再吸收；可调节细胞兴奋性和维持正常的心肌运动；参与细胞的新陈代谢。在食品工业中钠可激活某些酶如淀粉酶；和氯离子组成的食盐是不可缺少的调味品；降低食品的A_w，抑制微生物生长，起到防腐的作用；作为膨松剂改善食品的质构。人很少发生钠缺乏问题。但在食用不加盐的严格素食或长期出汗过多、腹泻、呕吐等情况下，将会发生钠缺乏症，可造成生长缓慢、食欲减退、体重减轻、肌肉痉挛、恶心、腹泻和头痛等症状。

钾的生理功能：维持碳水化合物、蛋白质的正常代谢；维持细胞内正常的渗透压；维持细胞内外正常的酸碱平衡和电离子平衡；维持神经肌肉的应激性和正常功能；维持心肌的正常功能；可降低血压。钾缺乏可引起心跳不规律和加速、心电图异常、肌肉衰弱和烦躁，最后导致心搏停止。钾可作为食盐的替代品及膨松剂。

钠的主要来源是食盐和味精，钾的主要食物来源是水果、蔬菜和肉类。人们一般很少出现钠、钾缺乏症，但当钠摄入过多时会造成高血压。钾广泛分布于食物中，肉类、家禽、鱼类、各种水果和蔬菜类都是钾的良好来源。但当限制钠时，这些食物的钾也受到限制。急需补充钾的人群为大量饮用咖啡的人、经常酗酒和喜欢吃甜食的人、血糖低的人和长时间的节食的人。

2. 钙和磷

钙(Ca)和磷(P)也是人体必需的营养素之一。体内99%的钙和80%的磷以羟磷灰石的形式存在于骨骼和牙齿中。钙的生理功能是构成骨骼和牙齿，维持神经和肌肉活动，促进体内某些酶的活性。此外,钙对血液凝固、神经肌肉的兴奋性、细胞膜功能的维持以及激素的分泌都起着决定性的作用。缺乏钙将影响人体骨骼的发育和结构;使血钙浓度降低,神经肌肉兴奋性增加,导致肠壁平滑肌强烈收缩而引起腹痛等。磷作为核酸、磷脂、辅酶的组成部分,参与碳水化合物和脂肪的吸收与代谢,调节能量释放,机体代谢中能量多以ADP+磷酸+能量:ATP及磷酸肌醇的形式贮存。此外,磷酸盐还参与调节酸碱平衡的作用。通常磷缺乏症表现为骨质脆弱,疏松;牙龈脓瘘;佝偻病,生长迟缓;虚弱,疲劳,厌食;手足、面部肌肉痉挛。

由于钙能与带负电荷的大分子形成凝胶,如低甲氧基果胶、大豆蛋白、酪蛋白等,加入罐用配汤可提高罐装蔬菜的坚硬性,因此,在食品工业中广泛用作质构改良剂。磷在软饮料中用作酸化剂;三聚磷酸钠有助于改善肉的持水性;在剁碎肉和加工奶酪时使用磷可起到乳化助剂的作用。此外,磷还可充当膨松剂。

钙的主要来源有乳及其制品、绿色蔬菜、豆腐、鱼和骨等,磷广泛存在于动植物组织中,并与蛋白质或脂肪结合成核蛋白、磷蛋白和磷脂等,也有少量其他有机磷和无机磷化合物。植物性食品中含有大量的磷,但大多数以植酸磷的形式存在,难以被人体消化与吸收。可通过发酵或浸泡方式将其水解,释放出游离的磷酸盐,从而提高磷的生物利用率。磷在食物中分布很广,特别是谷类和含蛋白质丰富的食物,如瘦肉、蛋、鱼(籽)、内脏、海带、花生、豆类、坚果、粗粮等。因此,一般膳食都能满足人体的需要。

3. 镁

镁(Mg)虽然是常量元素中体内总含量较少的一种元素,但具有非常重要的生理功能。镁是人体内含量较多的阳离子之一,是构成骨骼、牙齿和细胞浆的主要成分,与钙在功能上既协同又对抗。当镁摄入过多时,又阻止骨骼的正常钙化。镁是细胞内的主要阳离子之一,和Ca,K,Na一起与相应的阴离子协同,可调节并抑制肌肉收缩及神经冲动,维持体内酸碱平衡、心肌正常功能和结构;镁还是多种酶的激活剂,可使很多酶系统(碱性磷酸酶,烯醇酶,亮氨酸氨肽酶)活化,也是氧化磷酸化所必需的辅助因子。通过对核糖体的聚合作用,参与蛋白质的合成,使mRNA与70S核糖体连接;参与DNA的合成与分解,维持核酸结构的稳定。

食品工业中镁主要用作颜色改良剂。在蔬菜加工中常因叶绿素中的镁脱去生成脱镁叶绿素,使色泽变暗。膳食中的镁来源于全谷、坚果、豆类和绿色蔬菜中,一般很少出现缺乏症。

镁较广泛地分布于各种食物中,新鲜的绿叶蔬菜、海产品、豆类是镁较好的食物来源,可可粉、谷类、花生、全麦粉、小米等也含有较多的镁。因此,一般不会发生膳食镁的缺乏。但长期慢性腹泻将引起镁的过量排出,可出现抑郁、眩晕、肌肉软弱等镁缺乏症状。

4. 硫

硫(S)对机体的生命活动起着非常重要的作用,在体内主要作为合成含硫氨基酸如胱氨酸、半胱氨酸和甲硫氨酸的原料。食品工业中常利用SO_2和亚硫酸盐作为褐变反应的抑制剂;在制酒工业中广泛用于防止和控制微生物生长。硫分布广,富含含硫氨基酸的动植物食品是硫的主要膳食来源。

7.4.2　微量元素

1. 锌

锌(Zn)主要通过体内某些酶类直接发挥作用来调节生命活动,作为负责调节基因表达的反式作用因子的刺激物，参与DNA，RNA和蛋白质的代谢。锌与胰岛素、前列腺素、促性腺素等激素的活性有关，锌具有提高机体免疫力的功能，与人的视力及暗适应能力关系密切。此外，锌可能是细胞凋亡的一种调节剂。

一般动物性食品中锌的含量较高，肉中锌的含量约为20mg/kg～60mg/kg，而且肉中的锌与肌球蛋白紧密连接在一起，提高了肉的持水性。除谷类的胚芽外，植物性食品中锌含量较低，如小麦含20mg/kg，30mg/kg，且大多与植酸结合，不易被吸收与利用。水果和蔬菜中含锌量很低，大约2mg/kg。有机锌的生物利用率高于无机锌。

2. 铁

铁(Fe)是人体必需的微量元素，也是体内含量最多的微量元素。机体内的铁都以结合态存在，没有游离的铁离子存在。

铁的生理作用有：

1)铁是血红素的组成成分之一。

2)与蛋白质结合构成血红蛋白与肌红蛋白，参与氧的运输，促进造血，维持机体的正常生长发育。

3)作为碱性元素，也是维持机体酸碱平衡的基本物质之一。

4)参与细胞色素氧化酶、过氧化物酶的合成。

5)是体内许多重要酶系如细胞色素酶，过氧化氢酶与过氧化物酶的组成成分，参与组织呼吸，促进生物氧化还原反应。

6)可增加机体对疾病的抵抗力。

食品工业中铁主要有以下几个方面的作用：

1)通过Fe^{2+}与Fe^{3+}催化食品中的脂质过氧化。

2)颜色改变剂。与多酚类形成绿色、蓝色或黑色复合物，在罐头食品中与S^{2-}形成黑色的FeS；在肌肉中以其价态不同呈现不同的色泽如Fe^{2+}呈红色，而Fe^{3+}呈褐色。

3)营养强化剂。在越来越多的食品中使用铁进行营养强化。

不同化学形式的铁，其强化后的生物可利用性也不同，食物中含铁化合物为血色素铁和非血色素铁，前者的吸收率为23%，后者为3%～8%。动物性食品如肝脏、肉类和鱼类所含的铁为血色素铁，能直接被肠道吸收。植物性食品中的水果、蔬菜、谷类、豆类及动物性食品中的牛奶、鸡蛋所含的铁为非血色素铁，以络合物形式存在，络合物的有机部分为蛋白质、氨基酸或有机酸，此种铁须先在胃酸作用下与有机酸部分分开，成为亚铁离子，才能被肠道吸收。

3. 铜

人体中的铜(Cu)大多数以结合状态存在，如血浆中大约有90%的铜以铜兰蛋白的形式存在。

铜的生理功能有：

1)参与体内多种酶的构成，已知有十余种酶含铜，且都是氧化酶，如细胞色素氧化酶、过氧化物歧化酶、酪氨酸酶、多巴-β-羟化酶、赖氨酰氧化酶等。

2)铜通过影响铁的吸收、释放、运送和利用来参与造血过程。

3)体内弹性组织和结缔组织中有一种含铜的酶，可以催化胶原成熟，保持血管弹性和骨骼的坚韧性，保持人体皮肤的弹性和润泽性，毛发正常的色素和结构。

4）影响肾上腺皮质类固醇和儿茶酚胺的合成，并与机体的免疫有关。

5）参与生长激素、脑垂体素、性激素等重要生命活动，维护中枢神经系统的健康。

6）对结缔组织的形成和功能具有重要作用。

7）与毛发的生长和色素的沉着有关。

8）能调节心搏，缺铜会诱发冠心病。

铜缺乏会导致结缔组织中胶原交联障碍，以及贫血、中性粒细胞减少、动脉壁弹性减弱、骨质疏松及神经系统症状等。

铜在动物肝脏、肾、鱼、虾、蛤蜊中含量较高，在豆类、果类、乳类中含量较少。

食品加工中铜可催化脂质过氧化、抗坏血酸氧化和非酶氧化褐变；作为多酚氧化酶的组成成分催化酶促褐变，影响食品的色泽。但在蛋白质加工中，铜可改善蛋白质的功能特性，稳定蛋白质的起泡性。绿色蔬菜、鱼类和动物肝脏中含铜丰富，牛奶、肉、面包中含量较低。食品中锌过量时会影响铜的利用。

4. 碘

碘(I)在机体内主要通过构成甲状腺素而发挥各种生理作用。碘在体内主要参与甲状腺素[三碘甲腺原氨酸(T3)和四碘甲腺原氨酸(T4)]的合成；促进生物氧化，协调氧化磷酸化过程，调节能量转化；它活化体内的酶，调节机体的能量代谢，促进生长发育，参与RNA的诱导作用及蛋白质的合成；促进神经系统发育，组织的发育和分化及蛋白质的合成。面粉加工焙烤食品时，KIO_3 作为面团改良剂，能改善焙烤食品质量。机体缺碘会产生甲状腺肿，幼儿缺碘会导致呆小病。

机体所需的碘可以从饮水、食物及食盐中获取，其含碘量主要决定于各地区的生物地质化学状况。一般情况下，远离海洋的内陆山区，其土壤和空气中含碘较少，水和食物中含碘也不高。因此，可能成为地方性甲状腺高发地区。

海带及各类海产品是碘的丰富来源，每100g海带(干)含碘24000μg。乳及乳制品中含碘量在200μg/kg～400μg/kg，植物中含碘量较低。食品加工中一些含碘食品如海带长时间的淋洗和浸泡会导致碘的大量流失。内陆地区常会出现缺碘症状，沿海地区很少缺碘。一般可通过营养强化碘的方法预防和治疗碘缺乏症。对于不能常吃到海产品的地区，体内碘的需要也可通过膳食中添加碘化钾的食盐而获得。目前，通常使用强化碘盐，即在食盐中添加碘化钾或碘酸钾使1g食盐中碘量达70μg。

5. 硒

硒(Se)是机体重要的必需微量元素。硒参与谷胱苷肽过氧化物酶(GSH—PX)的合成，可发挥抗氧化作用，清除体内过氧化物，保护细胞膜结构的完整性和正常功能的发挥。

硒能加强维生素E的抗氧化作用，但维生素E主要防止不饱和脂肪酸氧化生成氢过氧化物(ROOH)，而硒使氢过氧化物(ROOH)迅速分解成醇和水。硒还具有促进免疫球蛋白生成和保护吞噬细胞完整的作用。

硒的生物利用率与硒化合物的形态有关，最活泼的是亚硒酸盐，但它化学性质最不稳定。许多硒化合物有挥发性，在加工中有损失。例如脱脂奶粉干燥时大约损失5%的硒。硒的食物来源主要是动物内脏，其次是海产品、淡水鱼、肉类，蔬菜和水果中含量最低。

硒缺乏是引起克山病的一个重要病因，缺硒还会诱发肝坏死及心血管疾病。动物性食物肝脏、肾、肉类及海产品是硒的良好来源，但食物中硒含量受当地水土中硒含量的影响很大。

6. 铬

铬(Cr)是人和动物必需的微量元素，在体内具有重要的生理功能。铬的生理功能有：

1)是葡萄糖耐量因子(GTF)的组成成分，对调节体内糖代谢、维持体内正常的葡萄糖耐量起重要作用。

2)铬可增强脂蛋白脂酶和卵磷脂胆固醇酰基转移酶的活性，促进高密度脂蛋白(HDL)的生成。

3)Cr^{3+}在葡萄糖磷酸变位酶中起着关键性的作用。

4)是核酸类(DNA 和 RNA)的稳定剂，可防止细胞内某些基因物质的突变并预防癌症。

5)影响机体的脂质代谢，降低血中胆固醇和甘油三酯的含量，预防心血管病。

因此，缺铬将主要表现在葡萄糖耐量受损，并可能伴随有高血糖、尿糖；缺铬也会导致脂质代谢失调，易诱发冠状动脉硬化导致心血管病。

铬的最丰富来源是啤酒酵母，动物肝脏、胡萝卜、红辣椒等中含铬较多。有机铬易被吸收，Fe 与 Zn 及植酸盐等妨碍铬的吸收，而 Mn 与 Mg 及草酸盐可促进铬的吸收。

7. 钴

钴(Co)是早期发现的人和动物体内必需的微量元素之一。钴的生理功能有：

1)主要以维生素 B_{12} 和 B_{12} 辅酶的组成形式储存于肝脏中发挥其生物学作用，对蛋白质、脂肪、糖类代谢、血红蛋白的合成都具有重要的作用，并可扩张血管，降低血压。

2)可激活很多酶，如能增加人体唾液中淀粉酶的活性，增加胰淀粉酶和脂肪酶的活性。

3)能防止脂肪在肝细胞内沉着，预防脂肪肝。

4)能刺激人体骨髓的造血系统，促使血红蛋白的合成及红细胞数目的增加；能促进锌在肠道吸收。因此，钴缺乏会引起营养性贫血症。

钴可增强机体的造血功能，可能的途径有直接刺激作用和间接刺激作用两种。

(1)直接刺激作用

钴促进铁的吸收和贮存铁的动员，使铁易进入骨髓被利用。

(2)间接刺激作用

钴能抑制细胞内许多重要的呼吸酶的活性，引起细胞缺氧，从而使红细胞生成素的合成量增加，产生代偿性造血机能亢进。钴通过维生素 B_{12} 参与体内甲基的转移和糖代谢；钴还可以提高锌的生物利用率。

钴在动物内脏(肾、肝、胰)中含量较高，牡蛎、瘦肉也含有一定量的钴；发酵的豆制品如臭豆腐、豆豉、酱油等都含有少量维生素 B_{12}，可作为钴的食物来源；乳制品和谷类一般含钴较少。

7.5 食品中矿物质元素的利用率

测定特定食品或膳食中一种矿物元素的总量，仅能提供有限的营养价值，而测定为人体所利用的食品中这种矿物元素的含量却具有更大的实用意义。但是，评判食品中矿质元素的利用率是一个复杂的过程，尤其是用常规的原子吸收分光光度法测定特定食品或膳食中一种元素的总量，仅能提供有限的营养价值。食品中铁和铁盐的利用率不仅取决于它们的存在形式，而且还取决于影响它们吸收或利用的各种条件。测定矿物质生物利用率的方法有化学平衡法，生物测定法，体外试验和同位素示踪法。这些方法已广泛应用于测定家畜饲料中矿物质的消化率。其中同位素示踪法是一种理想的方法。同位素示踪法是指用标记的矿质元素饲喂受试动物，通过仪器测定，可追踪标记矿质元素的吸收、代谢等情况。该方法灵敏度高、样品制备简单、测定方便，能区分被追踪的矿质元素是否是体系中的还是新饲喂的。

矿物质的生物利用率与很多因素有关。主要包括以下几方面。

(1)矿物质在水中的溶解性和存在状态

矿物质的水溶性越好，越利于肌体的吸收利用。另外，矿物质的存在形式也同样影响元素的利用率。

(2)螯合效应

金属离子可以与不同的配位体作用，形成相应的配合物或螯合物。食品体系中的螯合物，不仅可以提高或降低矿物质的生物利用率，而且还可以发挥其他的作用。

(3)矿物质之间的相互作用

机体对矿物质的吸收有时会发生拮抗作用，这可能与它们的竞争载体有关，如过多铁的吸收将会影响锌、锰等矿物元素的吸收。

(4)其他营养素摄入量的影响

蛋白质、维生素、脂肪等的摄入会影响机体对矿物质的吸收利用，如维生素 C 的摄入水平与铁的吸收有关，蛋白质摄入量不足会造成钙的吸收水平下降。

(5)食物的营养组成

食物的营养组成也会影响人体对矿物质的吸收，如肉类食品中矿物质的吸收率就较高，而谷物中矿物质的吸收率与之相比就低一些。

(6)人体的生理状态

人体对矿物质的吸收具有调解能力，以达到维持机体环境的相对稳定，如在食品中缺乏某种矿物质时，它的吸收率会提高；反之，会降低。此外，机体的状态，如疾病、年龄、个体差异等均会造成机体对矿物质利用率的变化。

一般测定食品中矿质元素生物利用率的方法主要有化学平衡法、生物测定法、体外试验法和同位素示踪法。其中，放射性同位素示踪法是一种理想的检测人体对矿物质利用的方法。这种方法是在生长植物的介质中加入放射性铁，或在动物屠宰以前注射放射性示踪物质；放射性示踪物质通过生物合成制成标记食品，标记食品被食用后，再测定放射性示踪物质的吸收，这称为内标法：也可用外标法研究食品中铁和锌的吸收，即将放射性元素加入到食品中。

现以铁元素为例，介绍矿质元素的利用率及其影响因素。铁主要在小肠上部被吸收。食物中的铁可分为血红素铁和非血红素铁两种。不同来源的食物中铁的吸收利用率相差较大(图 7-23)，动物源食品中铁的吸收利用率远高于植物源食品中铁的吸收利用率。

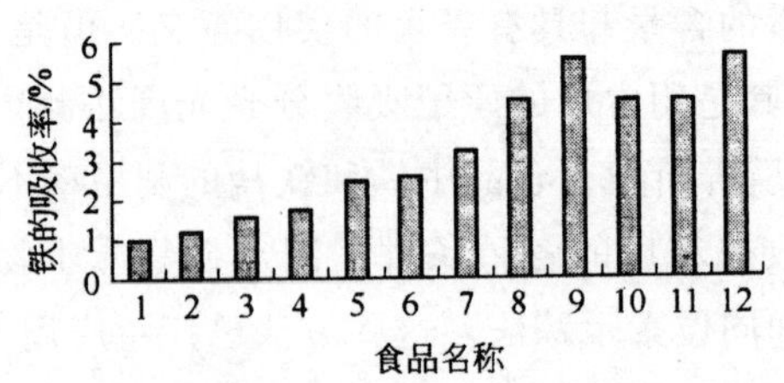

图 7-23　成人对不同来源的食物中铁的吸收利用率示意图

从1～12分别是：稻、菠菜、豆类、玉米、莴苣、小麦、大豆、
铁蛋白、牛肝、鱼肉、血红蛋白和牛肉

铁的吸收利用率除随食品来源、存在状态不同而有所不同外，还与饮食结构有关。另外，饮茶和体内缺铜元素也可抑制铁质的吸收。铜有催化铁合成血红蛋白的功能，所以，当体内缺铜时，铁吸收减少。因此，对于缺铁性贫血病人应当吃些含铁丰富的动物性食物较好。

饮食铁的吸收还与个体或生理因素有关。在缺铁者或缺铁性贫血病人群中，对铁的吸收率提高。妇女对铁的吸收比男人高，儿童随着年龄的增大铁的吸收减少。

制定合理的、有效的食品强化计划，需要有关食物来源和膳食中矿物质利用率的完整资料，这些资料在评价替代食品和类似食品的营养性质时也是重要的。

7.6　矿物质在食品加工和贮藏中的变化

7.6.1　矿物质在食品加工中的损失

1. 遗传因素和环境因素

食品中矿物质在很大程度上受遗传因素和环境因素的影响。有些植物具有富集特定元素的能力，植物生长的环境如水、土壤、肥料、农药等也会影响食品中的矿物质。内地与沿海地区比较，食品碘的含量低。动物种类不同，其矿物质组成有差异。例如，牛肉中铁含量比鸡肉高。同一品种不同部位矿物质含量也不同，如动物肝脏比其他器官和组织更易沉积矿物质。

2. 食品加工中变化

食品中矿物质的损失与维生素不同，在食品加工过程中不会因光、热、氧等因素分解，而是通过物理作用除去或形成另外一种不易被人体吸收与利用的形式。

(1)预加工

食品加工最初的整理和清洗会直接带来矿物质的大量损失，如水果的去皮、蔬菜的去叶等。果蔬食品加工过程常常要经过烫漂工序，由于要用水，在沥滤时可能会引起某些矿物质的损失，如表7-14为菠菜热烫对矿物质的影响，可见矿物质损失的程度与其溶解度有关。

表 7-14　烫漂对菠菜中矿物质损失的影响

矿物质	矿物质含量/(g/100g)		损失/%
	未热烫	热烫	
钾	6.9	3.0	56
钠	0.5	0.3	43
钙	2.2	2.3	0
镁	0.3	0.2	36
磷	0.6	0.4	36
亚硝酸盐	2.5	0.8	70

有时在加工中矿物质的含量反而有所增加，表 7-15 中钙就是这种情况。但是，在煮熟的豌豆中矿物质损失的情况与上述菠菜中的略有不同，即豌豆中钙的损失与其他矿物质相同，微量元素的损失也与以上相似(表 7-15)。

表 7-15　生豌豆和煮过的豌豆中矿物质的含量

矿物质	矿物质含量/(mg/100g)		损失/%
	生	煮	
钙	135	69	49
铜	0.80	0.33	59
铁	5.3	2.6	51
镁	163	57	65
锰	1.0	0.4	60
磷	453	156	65
钾	821	298	64
锌	2.2	1.1	50

加工时微量元素与矿物质的增加，还可能是由于加入加工用水，接触金属容器和包装材料而造成的，也可能与食品罐头镀锡与否有关(表 7-16)。

表 7-16　蔬菜罐头中微量金属元素的分布

蔬菜	罐[a]	组分[b]	微量金属元素含量/(g/kg)		
			铝	锡	铁
绿豆	La	L	0.10	5	2.8
		S	0.7	10	4.8
菜豆	La	L	0.07	5	9.8
		S	0.15	10	26
小粒青豌豆	La	L	0.04	10	10
		S	0.55	20	12
旱芹菜心	La	L	0.13	10	4.0
		S	1.50	20	3.4
甜玉米	La	L	0.04	10	1.0
		S	0.30	20	6.4
蘑菇	P	L	0.01	15	5.1
		S	0.04	55	16

注：a. La＝涂漆罐头，P＝素铁罐头；

b. L＝液体，S＝固体。

(2)精制

精制是造成谷物中矿物质损失的主要因素，因为谷物中的矿物质主要分布在糊粉层和胚组织中，碾磨时使矿物质含量减少。损失量随碾磨的精细程度而增加，但各种矿物质的损失有所不同。例如，小麦经碾磨后，铁损失较严重，此外，铜、锰、锌、钴等也会大量损失；精碾大米时，锌和铬大量损失，锰、钴、铜等也会受到影响。需要指出的是由于某些谷物如小麦外层所含的抗营养因子在一定程度上妨碍矿物质在体内的吸收，因此需要适当进行加工，以提高矿物质的生物可利用性。

(3)烹调过程中食物间的搭配

溶水流失是矿物质在加工过程中的主要损失途径。食品在烫漂或蒸煮等烹调过程中，遇水引起矿物质的流失，其损失多少与矿物质的溶解度有关，烹调方式不同，对于同一种矿物质的损失影响也不同。

食品中矿物质的损失的另一个途径就是矿物质与食品中其他成分的相互作用，导致生物利用率下降。一些多价阴离子，如广泛存在于植物性食品中的草酸、植酸等，能与两价的金属阳离子如铁、钙等形成盐，而这些盐是非常不易溶解的，可经过消化道而不被人体吸收。因此，它们对矿物质的生物效价有很大的影响。

(4)加工设备和包装材料

食品加工中设备、用水和包装都会影响食品中的矿物质。例如，牛乳中镍含量很低，但经过不锈钢设备处理后镍的含量明显上升；罐头食品中的酸与金属器壁反应，生产氢气和金属盐，则食品中的铁和锡离子的浓度明显上升，但这类反应严重时会产生"胀罐"和出现硫化黑斑。

总之，有关食品加工对矿物质影响的研究目前还比较少。在研究过程中，取样技术和分析方法不一致，食品种类、品种、来源不统一，使得一些有限的数据不能直接用来比较，也就不能充分说明加工对矿物质的影响。但人体缺乏矿物质会对机体造成不同程度的危害，所以在食品中强化矿物质是很必要的。

7.6.2　食品中矿物质的强化

1. 矿物质强化的形式

根据营养强化的目的不同，食品中矿物质的强化主要有三种形式：

1)矿物质的恢复：添加矿物质使其在食品中的含量恢复到加工前的水平。

2)矿物质的强化：添加某种矿物质，使该食品成为该种矿物质的丰富来源。

3)矿物质的增补：选择性地添加某种矿物质，使其达到规定的营养标准要求。

2. 矿物质强化的原则

食品进行矿物质强化必须遵循一定的原则，即从营养、卫生、经济效益和实际需要等方面全面考虑。

(1)结合实际，有明确的针对性

在对食品进行矿物质强化时必须结合当地的实际，要对当地的食物种类进行全面的分析，同时对人们的营养状况作全面细致的调查和研究，尤其要注意地区性矿物质缺乏症，然后科学地选择需要强化的食品、矿物质强化的种类和数量。

(2)选择生物利用性较高的矿物质

在进行矿物质营养强化时，最好选择生物利用性较高的矿物质。例如，钙强化剂有氯化钙、碳酸钙、磷酸钙、硫酸钙、柠檬酸钙、葡萄糖酸钙和乳酸钙等，其中人体对乳酸钙的生物利用率最好。强化时应尽量避免使用那些难溶解、难吸收的矿物质，如植酸钙、草酸钙等。另外，还可使用某些含钙的天然物质如骨粉及蛋壳粉。

(3)应保持矿物质和其他营养素间的平衡

食品进行矿物质强化时，除考虑选择的矿物质具有较高的可利用性外，还应保持矿物质与其他营养素间的平衡。若强化不当会造成食品各营养素间新的不平衡，影响矿物质以及其他营养素在体内的吸收与利用。

(4)符合安全卫生和质量标准

食品中使用的矿物质强化剂要符合有关的卫生和质量标准，同时还要注意使用剂量。一般来说，生理剂量是健康人所需的剂量或用于预防矿物质缺乏症的剂量；药理剂量是指用于治疗缺乏症的剂量，通常是生理剂量的10倍；而中毒剂量是可引起不良反应或中毒症状的剂量，通常是生理剂量的100倍。

(5)不影响食品原来的品质属性

食品大多具有美好的色、香、味等感官性状，在进行矿物质强化时不应损害食品原有的感官性状而致使消费不能接受。根据不同矿物质强化剂的特点，选择被强化的食品与之配合，这样不但不会产生不良反应，而且还可提高食品的感官性状和商品价值。例如，铁盐色黑，当用于酱或酱油强化时，因这些食品本身具有一定的颜色和味道，在合适的强化剂量范围内，可以完全不会使人们产生不快的感觉。

（6）经济合理，有利于推广

矿物质强化的目的主要是提高食品的营养和保持人们的健康。一般情况下，食品的矿物质强化需要增加一定的成本。因此，在强化时应注意成本和经济效益，否则不利于推广，达不到应有的目的。

第8章　食品色素与着色剂

8.1　概述

8.1.1　色素的发色原理

食品所显示出的颜色，不是吸收光自身的颜色，而是食品反射光（或透射光）中可见光的颜色。若光源为自然光，食品吸收光的颜色与反射光的颜色互为补色。例如，食品呈现紫色，是其吸收绿色光所致，紫色和绿色互为补色。食品将可见光全部吸收时呈黑色，食品将可见光全部通过时呈无色。

各种色素都是由发色基团和助色基团组成的。凡是有机化合物分子在紫外及可见光区域内(200～700nm)有吸收峰的基团都称为发色基团，如$-C=C-$、$-\overset{\overset{O}{\|}}{C}-$ 、$-CHO$、$-COOH$、$-N=N-$、$-N=O$、$-NO_2$、$-C=S$等。当这些含有发色团的化合物吸收可见光时，该化合物便呈现与被吸收光互补的颜色（表 8-1）。当分子中含一个生色团时，其吸收波长在 200～400 nm，此物质是无色的；当分子中含有两个或多个共轭基团时，激发共轭双键所需要的能量降低，电子所吸收光的波长由短波长向长波长移动，使该物质显色。共轭体系越大，该结构吸收的波长也越长（表 8-2）。

表 8-1　不同波长光的颜色及其互补色

光波长/nm	颜色	互补色
400	紫	黄绿
425	蓝青	黄
450	青	橙黄
490	青绿	红
510	绿	紫
530	黄绿	紫
550	黄	蓝青
590	橙黄	青
640	红	青绿
730	紫	绿
730	紫	绿

表 8-2　共轭多烯化合物吸收光波波长与双键数的关系

化合物名称	共轭双键数/个	吸收波长/nm	颜色
丁二烯	2	217	无色
己三烯	3	258	无色
二甲基辛四烯	4	296	淡黄色
维生素 A	5	335	淡黄色
二氢-B-胡萝卜素	8	415	橙色
番茄红素	11	470	红色
去氢番茄红素	15	504	紫色

发色基团吸收光能时，电子就会从能量较低的 π 轨道或 n 轨道（非共用电子轨道）跃迁至π^*轨道，然后再从高能轨道以放热的形式回到基态，从而完成了吸光和光能转化。能发生 $n\rightarrow\pi^*$ ·电子跃迁的色素，其发色基团中至少有一个—C(=O)—、—N═N—、—N═O、—C═S等含有杂原子的双键与 3～4 个以上的—C═C—双键共轭体系；能发生 $\pi\rightarrow\pi^*$ 电子跃迁的色素，其发色基团至少是由 5～6 个—C═C—双键共轭体系。随着共轭双键数目的增多，吸收光波长向长波方向移动，每增加 1 个—C═C—双键，吸收光波长约增加 30nm。

与发色基团直接相连接的—OH、—OR、—NH_2、—NR_2、—SH、—Cl、—Br 等官能团也可使色素的吸收光向长波方向移动，它们被称为助色基团。不同色素的颜色差异和变化主要取决于发色基团和助色基团。

8.1.2　食品中色素分类

食品中色素成分很多，依据不同的标准可将色素进行不同的分类。

(1)根据来源进行分类

1)植物色素，如叶绿素、红花色素、栀子黄色素、葡萄皮色素、辣椒红色素、胡萝卜素等，植物色素是天然色素中来源最丰富、应用最多的一类。

2)动物色素，如血红素、虫胶色素、胭脂虫色素等。

3)微生物色素，如红曲色素、核黄素等。

(2)根据色泽进行分类

1)红紫色系列，如甜菜红色素、高粱红色素、红曲色素、紫苏色素、可可色素等。

2)黄橙色系列，如胡萝卜素、姜黄素、玉米黄素、藏红花素、核黄素等。

3)蓝绿色系列，如叶绿素、藻蓝素、栀子蓝色素等。

(3)根据化学结构进行分类

1)四吡咯衍生物类色素，如叶绿素、血红素、胆红素等。

2)异戊二烯衍生物类色素，如胡萝卜素类、叶黄素类。

3)多酚类色素，如花青素类、类黄酮化合物等。

4)酮类衍生物类色素，如红曲色素、姜黄素等。

5)醌类衍生物类色素，如虫胶色素、紫草色素等。

6)其他类色素，如核黄素、甜菜红色素等。

此外，根据溶解性质的不同，天然色素可分为水溶性和油溶性两类。目前多采用化学结构法进行分类。其中四吡咯衍生物类色素、异戊二烯衍生物类色素、多酚类色素类在自然界中数量多，存在广泛。

天然色素品种繁多，色泽自然、安全性高，不少品种还有一定的营养价值，有的更具有药物疗效功能，如栀子黄色素、红花黄色素、姜黄素、多酚类等，因此，近年来开发应用发展迅速，其品种和用量不断扩大。

8.2　食品中的天然色素

8.2.1　四吡咯色素

吡咯色素分子中都含有四个吡咯(pyrrole)构成的卟啉环。卟啉(porphyrin)的母体为卟吩(porphine)，即一个闭合的、由四个吡咯环通过四个次甲基连接而成的完全共轭的四吡咯骨架。按菲舍尔编号系统，四个环分别编号为Ⅰ～Ⅳ或A～D，卟吩环外围上的吡咯碳分别编号为1～8。桥连碳分别指定为α,β,γ和δ，见图8-1。卟吩的不同位置可被甲基、乙基、乙烯基等各种基团取代，取代的卟吩为卟啉。生物组织中的四吡咯色素有两大类，一种是植物组织中的叶绿素，另一类为动物组织中的血红素。

1. 叶绿素

(1)叶绿素的结构与性质

叶绿素(chlorophyll)是绿色植物、藻类和光合细菌的主要色素，是深绿色光合色素的总称。高等植物和藻类中存在4种结构很相似的叶绿素，称为叶绿素a,b,c和d。其中，高等植物中存在的叶绿素a和叶绿素b的结构如图8-1所示。

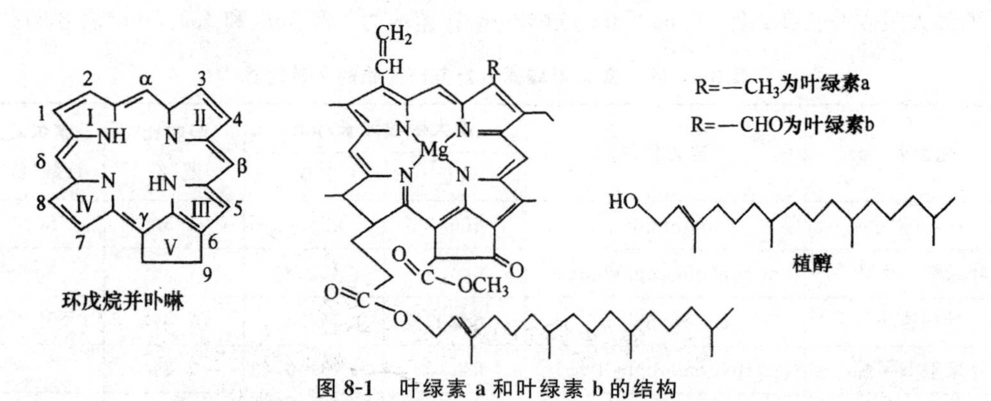

图8-1　叶绿素a和叶绿素b的结构

叶绿素a和叶绿素b在结构上的区别仅在于3位上的取代基不同，叶绿素a含有一个甲基(methyl group)，而叶绿素b则含有一个甲醛基(formyl group)(图8-1)。在高等植物中，叶绿素有 a、b 的比例约为 3∶1。在食品加工贮藏中，叶绿素发生化学变化后会产生几种重要的衍生物，主要为脱镁叶绿素（pheophytin）、脱植基叶绿素（chlorophyllide）、焦脱镁叶绿素（pyropheophytin）、脱镁脱植叶绿素（pheophorbide）和焦脱镁脱植叶绿素（pyrophephorbide）（图 8-2）。

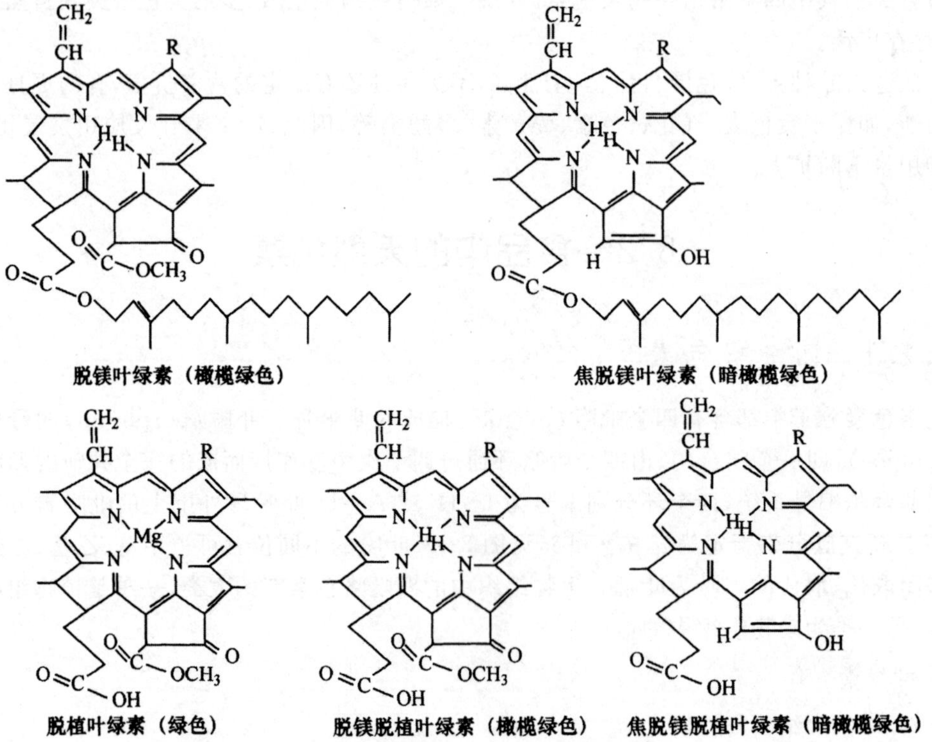

脱镁叶绿素（橄榄绿色）　焦脱镁叶绿素（暗橄榄绿色）

脱植叶绿素（绿色）　脱镁脱植叶绿素（橄榄绿色）　焦脱镁脱植叶绿素（暗橄榄绿色）

图 8-2　主要叶绿素衍生物的结构与颜色

众多叶绿素衍生物的区别鉴定可以借助它们的可见吸收光谱。叶绿素 a 和叶绿素 b 及衍生物在 600～700nm(红光)和 400～500nm(蓝光)有尖锐的吸收峰，如溶于乙醚中的叶绿素 a 和叶绿素 b 的最大吸收波长在红区为 660.5nm 和 642nm，在蓝区为 428.5nm 和 452.5nm(表 8-3)。

表 8-3　叶绿素 a、叶绿素 b 及其衍生物的光谱性质

化合物	英文名称	最大吸收波长/nm		吸收比蓝/红	摩尔吸光系数(红区)
		红区	蓝区		
叶绿素 a	chlorophll a	660.5	428.5	1.30	86300
叶绿素 a 甲酯	methyl chlorophyllide a	660.5	427.5	1.30	83000
叶绿素 b	chlorophyll b	642.0	452.5	2.84	56100
叶绿素 b 甲酯	methyl chlorophyllide b	641.5	451.0	2.84	—
脱镁叶绿素 a	pheophytin a	667.0	409.0	2.09	61000
脱镁叶绿酸 a 甲酯	methyl pheophorbide a	667.0	408.5	2.07	59000

续表

化合物	英文名称	最大吸收波长/nm		吸收比 蓝/红	摩尔吸光 系数(红区)
		红区	蓝区		
脱镁叶绿素 b	pheophytin b	655.0	434.0	—	37000
焦脱镁叶绿酸 a	pyropheophytin a	667.0	409.0	2.09	149000
脱镁叶绿素 a 锌	zinc pheophytin a	653.0	423.0	1.38	90000
脱镁叶绿素 b 锌	zinc pheophytin b	634.0	446.0	2.94	60200
脱镁叶绿素 a 铜	copper pheophytin a	648.0	421.0	1.36	67900
脱镁叶绿素 b 铜	copper pheophytin b	627.0	436.0	2.57	49800

(2)叶绿素在食品加工和贮藏中的变化

1)热和酸引起的变化。绿色蔬菜加工中的热烫和杀菌是造成叶绿素损失的主要原因。在加热下组织被破坏,细胞内的有机酸成分不再区域化,加强了与叶绿素的接触。更重要的是,又生成了新的有机酸。由于酸的作用,叶绿素发生脱镁反应生成脱镁叶绿素,并进一步生成焦脱镁叶绿素,食品的颜色转变为橄榄绿、甚至褐色。pH 是决定脱镁反应速度的一个重要因素。在 pH 值为 9.0 时,叶绿素很耐热;在 pH 值为 3.0 时,非常不稳定。

食品在发酵过程中,pH 降低使叶绿素在叶绿素酶的作用下生成脱镁叶绿素,其中具有苯环的非极性有机酸由于扩散进入色质体时更容易透过脂肪膜,在细胞内离解出氢离子,其对叶绿素降解的影响大于亲水性的有机酸。

在活体植物细胞中,叶绿素与类胡萝卜素、类脂物质及脂蛋白结合成复合体,共同存在于叶绿体中。当细胞死亡后,叶绿素就游离出来,游离的叶绿素对光、热、酸、碱敏感,很不稳定。因此,在食品加工储藏中会发生多种反应,生成不同的衍生物,如图 8-3 所示。

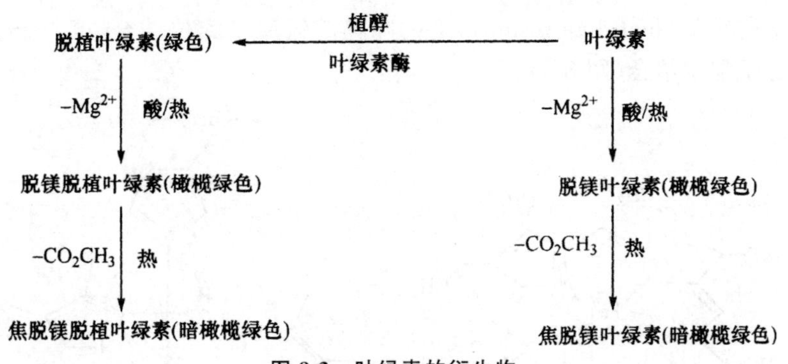

图 8-3　叶绿素的衍生物

2)酶促变化。引起叶绿素破坏的酶促变化有两类:一类是直接作用,一类是间接作用。起间接作用的酶有果胶酯酶、脂酶、蛋白酶、脂氧合酶、过氧化物酶等。果胶酯酶的作用是将果胶水解为果胶酸,从而降低了体系的 pH 而使叶绿素脱镁;脂酶和蛋白酶的作用是破坏叶绿素—脂蛋白复合体,使叶绿素失去脂蛋白的保护而更易被破坏;脂氧合酶和过氧化物酶的作用是催化它们的底物氧化,氧化过程中产生的一些物质会引起叶绿素的氧化分解。

直接以叶绿素为底物的酶只有叶绿素酶(chlorophyllase),它的最适温度在 60℃～82.2℃范围内,80℃以上其活性开始下降,达到100℃时,叶绿素酶的活性完全丧失。叶绿素酶能催化叶绿素和脱镁叶绿素的脱除植醇而分别产生脱植叶绿素和脱镁脱植叶绿素。

3)光解。当植物衰老、色素从植物中萃取出来以后或在储藏加工中细胞受到破坏时,叶绿素就会发生光分解(photodegradation)。在有氧的条件下,叶绿素或卟啉类化合物遇光可产生单线态氧(singlet oxygen)和羟基自由基(hydroxyl radicals),它们可与叶绿素的四吡咯(tetrapyrroles)进一步反应生成过氧化物(peroxide)和更多的自由基(radical),最终导致卟啉环的分解和颜色的完全丧失。叶绿素光解的主要产物是甘油,同时还有少量的乳酸、柠檬酸、琥珀酸和丙二酸(图8-4)。

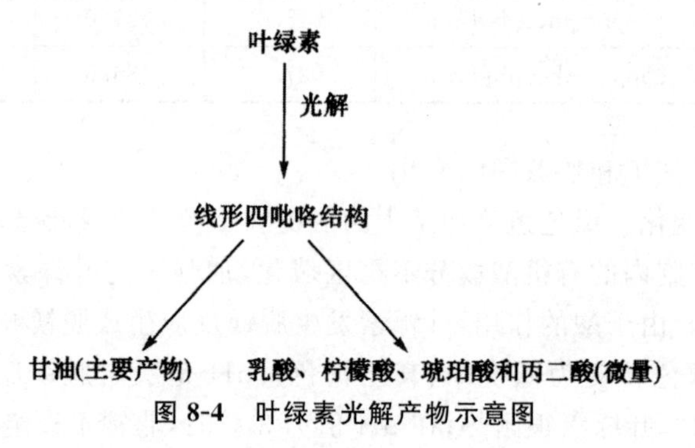

图8-4 叶绿素光解产物示意图

2. 血红素

(1)血红素及其衍生物的结构和物理性质

血红素(hemes)是动物肌肉和血液中的主要红色色素,是呼吸过程中O_2,CO_2载体血红蛋白(hemoglobin)的辅基。它主要以肌红蛋白(myoglobin)和血红蛋白的形式存在,蛋白质部分称为球蛋白(globin)。血红素是一种卟啉类化合物,卟啉环中心的Fe^{2+}有六个配位部位,其中四个分别与四个吡咯环(tetrapyrrole ring)上的氮原子配位结合,一个与球蛋白的第93位上的组氨酸残基(histidine residue)上的咪唑基氮原子配位结合,第六个配位部位可与O_2,CO等小分子配位结合(图8-5)。

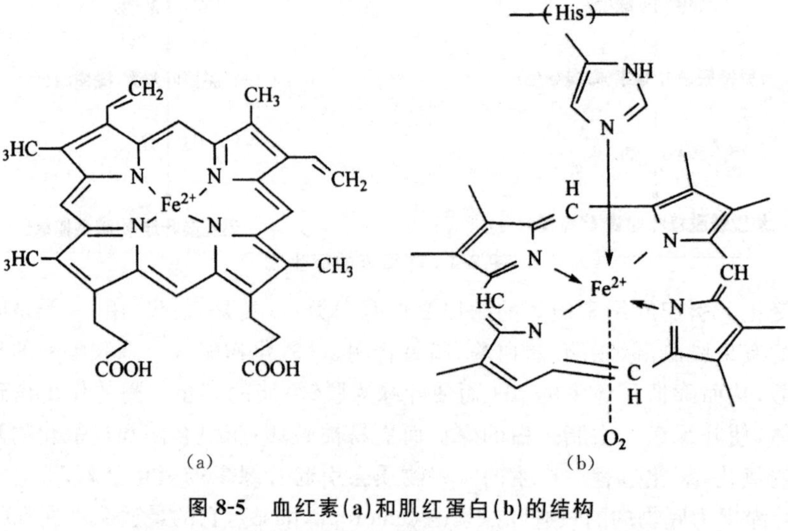

(a) (b)

图8-5 血红素(a)和肌红蛋白(b)的结构

在肉品加工和贮藏中，肌红蛋白会转化为多种衍生物，其种类主要取决于肌红蛋白的化学性质、铁的价态、肌红蛋白的配体类型和球蛋白的状态。卟啉环中的血红素铁能以两种形式存在，一种是二价铁离子，另外一种是三价铁离子。肌红蛋白的铁离子是＋2 价，且第六位缺乏配体键合；当二价铁离子与氧结合后，肌红蛋白称为氧合肌红蛋白。肌红蛋白的主要衍生物见表 8-4。

表 8-4　存在于鲜肉、腌肉和熟肉中的主要色素

色素名称	生成方式	铁的状态	血红素环的状态	球蛋白的状态	颜色
肌红蛋白	高铁肌红蛋的还原和氧化肌红蛋白的脱氧	Fe^{2+}	完整	天然	紫红
氧合肌红蛋白	肌红蛋白的氧合	Fe^{2+}	完整	天然	鲜红
高铁肌红蛋白	肌红蛋白与氧化肌红蛋白的氧化	Fe^{3+}	完整	天然	棕色
亚硝基肌红蛋白	肌红蛋白与 NO 的结合	Fe^{2+}	完整	天然	亮红（粉红）
亚硝基高铁肌红蛋白	高铁肌红蛋白与 NO 的结合	Fe^{3+}	完整	天然	深红
亚硝基高铁肌红蛋白	高铁肌红蛋白与过量的亚硝酸盐结合	Fe^{3+}	完整	天然	红棕色
肌球蛋白血色原	肌红蛋白、氧合肌红蛋白因加热和变性试剂作用、肌红蛋白血红色原受辐射	Fe^{2+}	完整（常与非球蛋白型变性蛋白质结合）	变性（通常分离）	暗红
高铁肌球蛋白血色原	肌红蛋白、氧合肌红蛋、高铁肌红蛋白、血色原因加热和变性试剂作用	Fe^{3+}	完整（常与非珠蛋白型变性蛋白质结合）	天然（通常分离）	棕色（有时灰色）
亚硝基血色原	亚硝基肌红蛋白受热和变性试剂作用	Fe^{2+}	完整，但一个双键已被饱和	变性	亮红
硫代肌绿蛋白	肌红蛋白与 H_2S 和 O_2 作用 硫代肌绿蛋白氧化	Fe^{3+}	完整，但一个双键已被饱和	天然	亮红（粉红）
高硫代肌绿蛋白		Fe^{3+}	完整，但一个双键已被饱和	天然	绿色

续表

色素名称	生成方式	铁的状态	血红素环的状态	球蛋白的状态	颜色
胆绿蛋白	肌红蛋白或氧合肌红蛋白受过氧化氢作用、氧合肌红蛋白受抗坏血酸盐或其他还原剂的作用	Fe^{2+}或Fe^{3+}		天然	红色
硝化氯化血红素	亚硝基高铁肌红蛋白与过量的亚硝酸盐共热作用	Fe^{3+}	完整，但还原卟啉环打开	不存在	绿色
氯铁胆绿素	受过量的变性试剂的作用	Fe^{3+}	卟啉环被破坏	不存在	绿色
胆色素	受大剂量变性试剂的作用	无铁		不存在	黄色或无色

(2)肌肉的颜色在贮藏和肉品加工中的变化

动物屠宰放血后，由于血红蛋白对肌肉组织的供氧停止，新鲜肉中的肌红蛋白保持其还原状态，肌肉的颜色呈稍暗的紫红色。当胴体被分割后，随着肌肉与空气的接触，还原态的肌红蛋白向两种不同的方向转变，一部分肌红蛋白与氧气发生氧合反应生成鲜红色的氧合肌红蛋白(oxymyoglobin)，产生人们熟悉的鲜肉色；同时，另一部分肌红蛋白与氧气发生氧化反应，生成棕褐色的高铁肌红蛋白(metmyoglobin)。随着分割肉在空气中放置时间的延长，肉色就越来越转向褐红色，说明后一种反应逐渐占了主导(图8-6)。

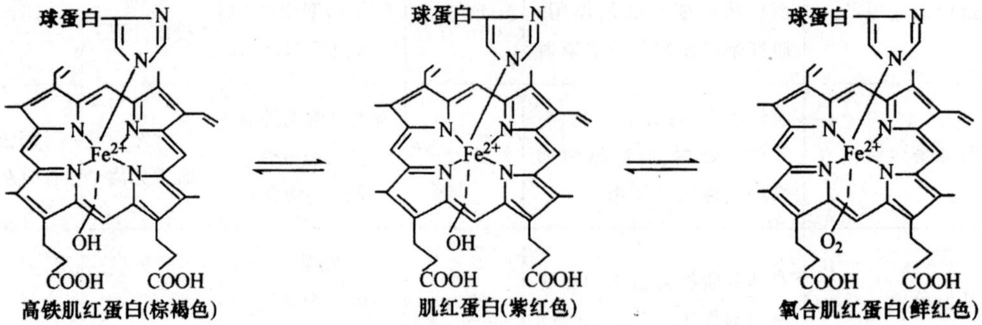

高铁肌红蛋白(棕褐色)　　肌红蛋白(紫红色)　　氧合肌红蛋白(鲜红色)

图8-6　分割肉中的色素变化

肌红蛋白、氧合肌红蛋白和高铁肌红蛋白之间的转化是动态的，其平衡受氧气分压的强烈影响。图8-7反映了氧气分压高时有利于氧合肌红蛋白的生成，氧气分压低时有利于高铁肌红蛋白的生成。

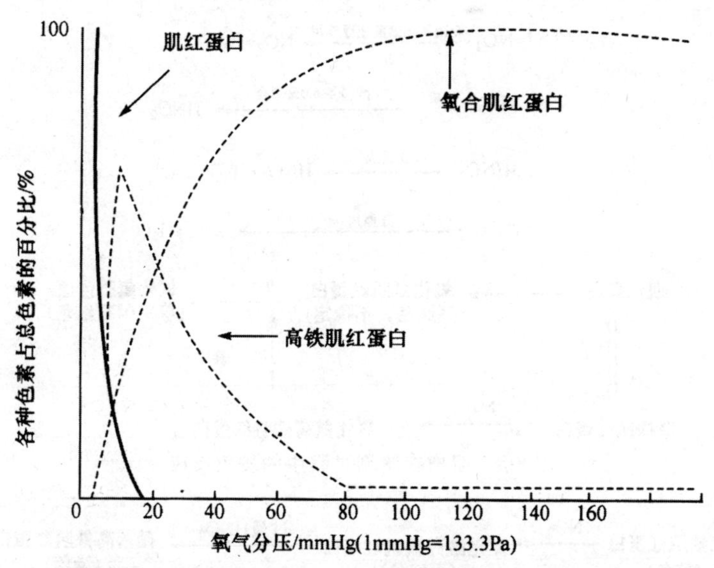

图 8-7 氧气分压对肌红蛋白、氧合肌红蛋白和高铁肌红蛋白相互转化的影响

血红素中的二价铁被氧化成三价铁的反应被认为是自动氧化(autoxidation)的结果。当球蛋白存在时,血红素的氧化速率($Fe^{2+} \rightarrow Fe^{3+}$)会降低,氧合肌红蛋白比肌红蛋白耐氧化,pH低和 Cu^{2+} 等金属离子存在时,此自动氧化的速度较快。

肉在贮存时,由于污染细菌的生长繁殖产生了 H_2O_2 或 H_2S,二者与肌红蛋白的血红素中的高铁或亚铁反应分别生成了胆绿蛋白(choleglobin)和硫代肌红蛋白(sulfmyoglobin),致使肉的颜色变为绿色。

MbO_2(肌红蛋白)$+H_2O_2 \longrightarrow$胆绿蛋白(绿色)

MbO_2(肌红蛋白)$+H_2S+O_2 \longrightarrow$硫代肌红蛋白(绿色)

鲜肉在热加工时,肌红蛋白和高铁肌红蛋白的球蛋白会变性,分别称为肌色原(myohemochromogen)和高铁肌色原(myohemichromogen)。

火腿、香肠等肉类腌制品的加工中,使肉中原来的色素转变为氧化氮肌红蛋白(nitrosylmyoglobin)、氧化氮高铁肌红蛋白(nitrosylmetmyoglobin)、氧化氮高铁肌红蛋白(nitrosylmetmyoglobin)和氧化氮肌色原(nitromyohemochromogen),使腌肉制品的颜色更加鲜艳诱人,并且对加热和氧化表现出更大的耐性。这 3 种色素的中心铁离子的第六配位体都是氧化氮(nitric oxide)(NO),NO 和这些产物的生成可用图 8-8 表示。

硝酸盐(nitrite)和亚硝酸盐(inferior nitrate)除具有发色剂的功能外,还具有防腐剂(preservatives)的功能。但是硝酸盐和亚硝酸盐发色剂过量使用不但产生绿色物质,还会产生致癌物质,如图 8-9 所示。因此,其用量则必须严格控制。

$$NO_3^- \xrightarrow[+2H]{\text{亚硝基化细菌还原作用}} NO_2^- + H_2O$$

$$NO_2^- + H^+ \xrightarrow{\text{pH 5.4~6.0最适合}} HNO_2$$

$$3HNO_2 \xrightarrow{\text{歧化反应}} HNO_3 + 2NO + H_2O$$

$$2HNO_2 \xrightarrow{\text{还原剂}} 2NO + H_2O$$

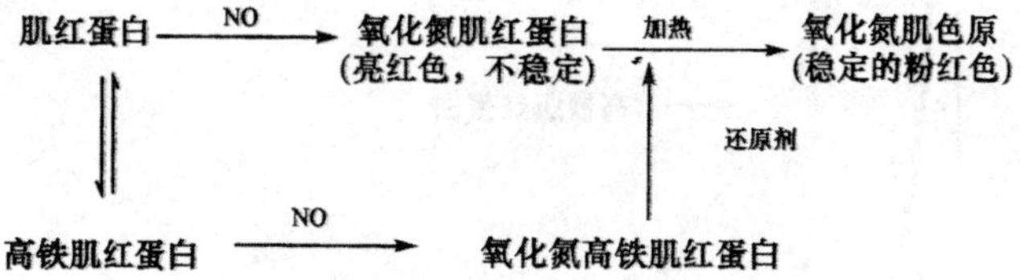

肌红蛋白 —NO→ 氧化氮肌红蛋白（亮红色，不稳定） —加热→ 氧化氮肌色原（稳定的粉红色）

肌红蛋白 ⇌ 高铁肌红蛋白

高铁肌红蛋白 —NO→ 氧化氮高铁肌红蛋白 —还原剂→ 氧化氮肌红蛋白

图 8-8　肌肉在腌制过程中的发色反应

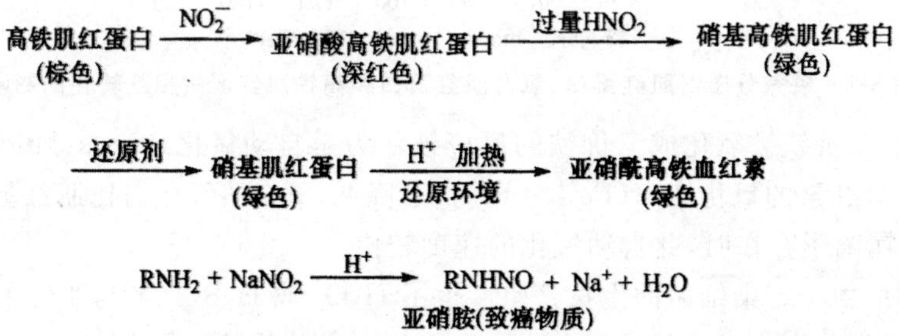

高铁肌红蛋白（棕色） $\xrightarrow{NO_2^-}$ 亚硝酸高铁肌红蛋白（深红色） $\xrightarrow{\text{过量}HNO_2}$ 硝基高铁肌红蛋白（绿色）

$\xrightarrow{\text{还原剂}}$ 硝基肌红蛋白（绿色） $\xrightarrow[\text{还原环境}]{H^+\ \text{加热}}$ 亚硝酰高铁血红素（绿色）

$$RNH_2 + NaNO_2 \xrightarrow{H^+} RNHNO + Na^+ + H_2O$$

亚硝胺(致癌物质)

图 8-9　超标使用发色剂时绿色物质和致癌物质的生成反应

腌肉制品的颜色虽在多种条件下相当稳定，但可见光可促使它们重新转变为肌红蛋白和肌色原，而肌红蛋白和肌色原继续被氧化后就转变为高铁肌红蛋白和高铁肌色原。腌肉中肌红蛋白发生的一系列变化如图 8-10 所示。

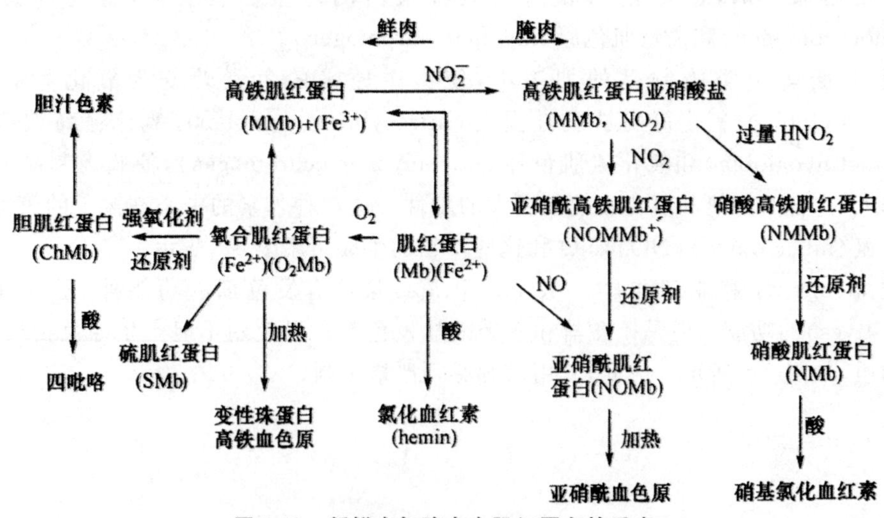

图 8-10　新鲜肉与腌肉中肌红蛋白的反应

8.2.2　类胡萝卜素

类胡萝卜素(carotenoids)是天然食品原料中分布最广泛的色素。类胡萝卜素的结构可归为两大类:一类为纯碳氢化物(hydrocarbon carotenes),称为胡萝卜素类(carotenes);另一类为结构中含有羟基、醛基、环氧基、酮基等含氧基团,称为叶黄素类(xanthophylls)。

1. 胡萝卜素类

(1)结构和基本性质

胡萝卜素类包括 4 种化合物,即 α-胡萝卜素(α-carotene)、β-胡萝卜素(β-carotene)、γ-胡萝卜素(γ-carotene)和番茄红素(lycopene),它们都是含 40 个碳的多烯四萜,由异戊二烯经头-尾或尾-尾相连而构成,见图 8-11。

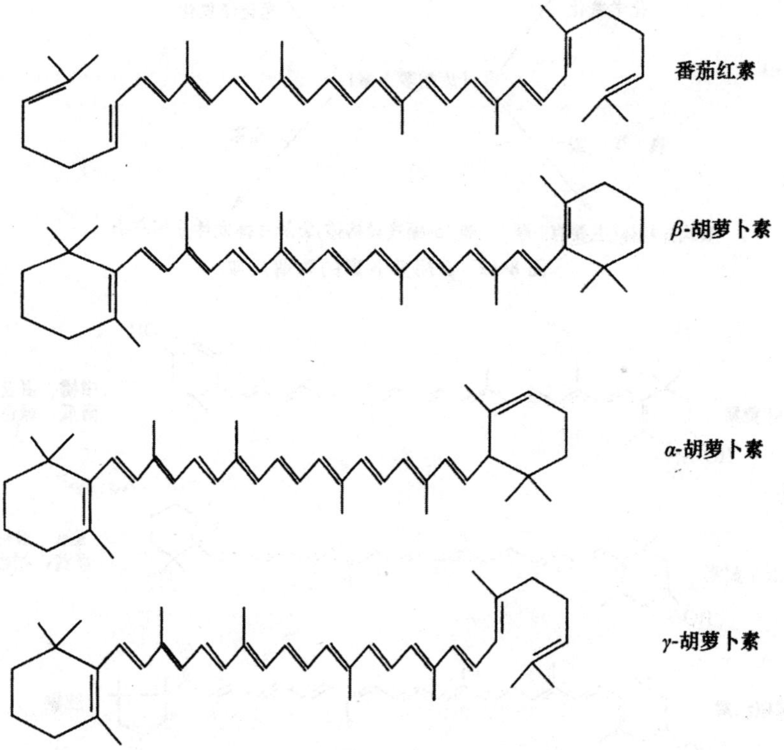

番茄红素

β-胡萝卜素

α-胡萝卜素

γ-胡萝卜素

图 8-11　四种胡萝卜素类物质的结构式

通常,胡萝卜素的共轭双键多为全反式构型,只有极少数的顺式异构体存在。在加工处理时,胡萝卜素极易发生异构化反应。由于胡萝卜素具有多个双键,因此其异构体的种类也很多,如 β-胡萝卜素就有 272 种可能的异构体。图 8-12 总结了 β-胡萝卜素的降解反应和可能的异构化反应。

2. 叶黄素类

叶黄素类(xanthophyll)色素广泛存在于生物材料中,含胡萝卜素类的组织往往也富含叶黄素类。叶黄素类比胡萝卜素类的种类更多。一些叶黄素的结构见图 8-13。

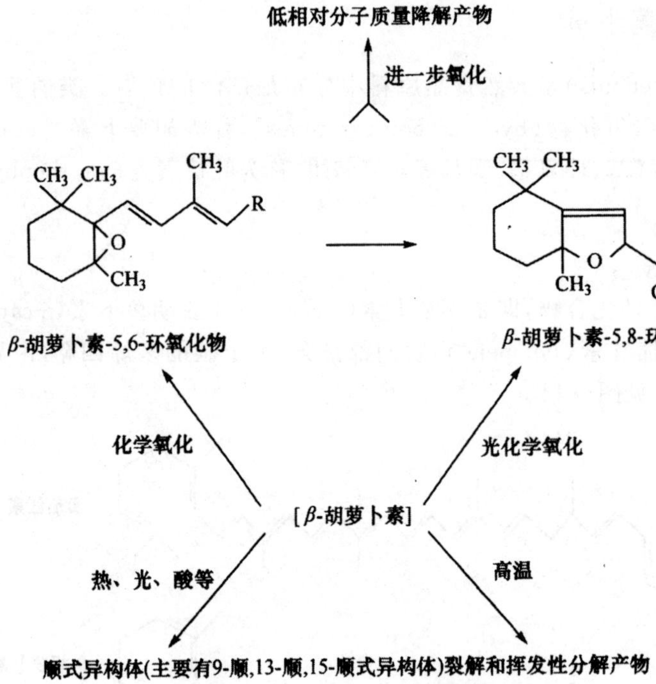

图 8-12　β-胡萝卜素的降解反应

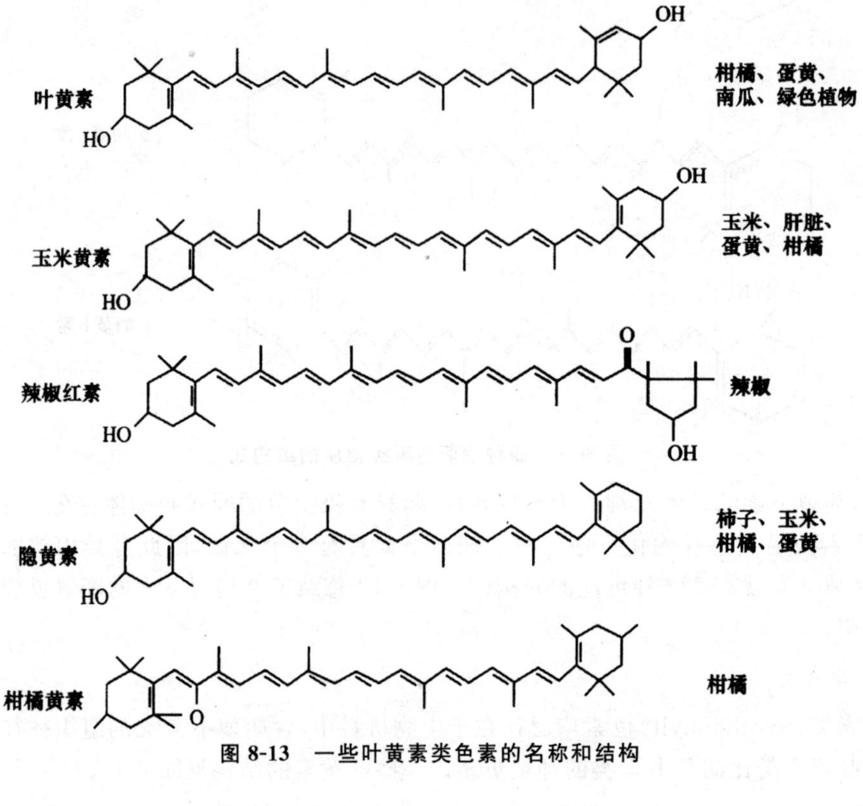

图 8-13　一些叶黄素类色素的名称和结构

8.2.3　多酚类色素

多酚类色素(polyphenols)是自然界中存在非常广泛的一类化合物，此类色素最基本的母核为 2-苯基苯并吡喃。多酚类色素是植物中存在的主要的水溶性色素，包括花青素、类黄酮色素、儿茶素、单宁等。它们的结构都是由两个苯环(A 和 B)通过 1 个三碳链连接而形成的一系列化合物，即具有 $C_6—C_3—C_6$ 骨架结构，如图 8-14 所示。

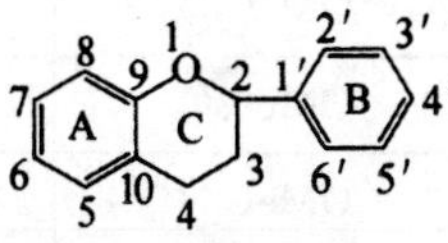

图 8-14　黄酮类化合物的基本结构($C_6—C_3—C_6$ 结构图)

1. 花色苷

1835 年马尔夸特(Marquan)首先从矢车菊花中提取出一种蓝色的色素，称为花青素(anthocyan)。花青一词取自希腊语 anthos(花)和 kyanos(蓝色)。花色苷(anthocyanins)是花青素的糖苷(glycoside)，是广泛地存在于植物中的一类水溶性色素，是构成植物的花、果实、茎和叶五彩缤纷色彩的物质。

(1)结构和物理性质

花青素具有类黄酮(flavonoid)典型的 $C_6—C_3—C_6$ 的碳骨架结构，是 2-苯基苯并吡喃阳离子(2-phenylbenzopyrylium of flavylium salt)结构的衍生物(图 8-15)，由于取代基的数量和种类的不同形成了各种不同的花青素和花色苷。已知有 20 种花青素，但在食品中重要的仅 6 种，即天竺葵色素(pelargonidin)、矢车菊色素(cynaidin)、飞燕草色素(delphinidin)、芍药色素(peonidin)、牵牛花色素(petunidin)和锦葵色素(malvidin)(表 8-5)。与花青素成苷的糖主要有葡萄糖(glucose)、半乳糖(galactose)、木糖(xylose)、阿拉伯糖(arabinose)和由这些单糖构成的均匀或不均匀双糖和三糖。天然存在的花色苷的成苷位点大多在 2-苯基苯并吡喃阳离子的 C_3 和 C_5 位上，少数在 C_7 位，间或有在 $C_{3'}$ $C_{4'}$ 和 $C_{5'}$ 位上成苷。这些糖基有时被脂肪族或芳香族的有机酸酰化，有机酸包括咖啡酸(caffeic acid)、对香豆酸(p-coumaric acid)、芥子酸(sinapic acid)、对羟基苯甲酸(p-hydroxybenzoic acid)、阿魏酸(ferulic acid)、丙二酸(malonic acid)、苹果酸(malic acid)、琥珀酸(succinic acid)或乙酸(acetic acid)。金属离子的存在对花色苷的颜色将产生重大的影响。

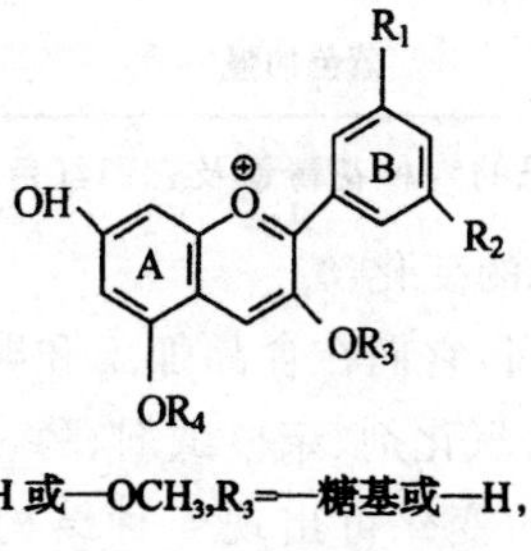

R_1和R_2=—H,—OH 或—OCH_3,R_3=—糖基或—H，R_4 = —H或—糖基

图 8-15　花青素的结构

表 8-5 食品中重要的六种花青素类色素

序号	色素名称	取代基种类及位次		
1	天竺葵色素	H(3′)	OH(4′)	H(5′)
2	矢车菊色素	OH(3′)	OH(4′)	H(5′)
3	飞燕草色素	OH(3′)	OH(4′)	OH(5′)
4	芍药色素	OMe(3′)	OH(4′)	OMe(5′)
5	牵牛花色素	OMe(3′)	OH(4′)	OH(5′)
6	锦葵色素	OMe(3′)	OH(4′)	OMe(5′)

各种花青素或各种花色苷的颜色出现差异主要是由其取代基的种类和数量不同而引起。如图 8-16 所示，随着羟基数目的增加，光吸收波长红移；随着甲氧基数目的增加，光吸收波长蓝移；由于红移和蓝移，导致花色苷的颜色加深。

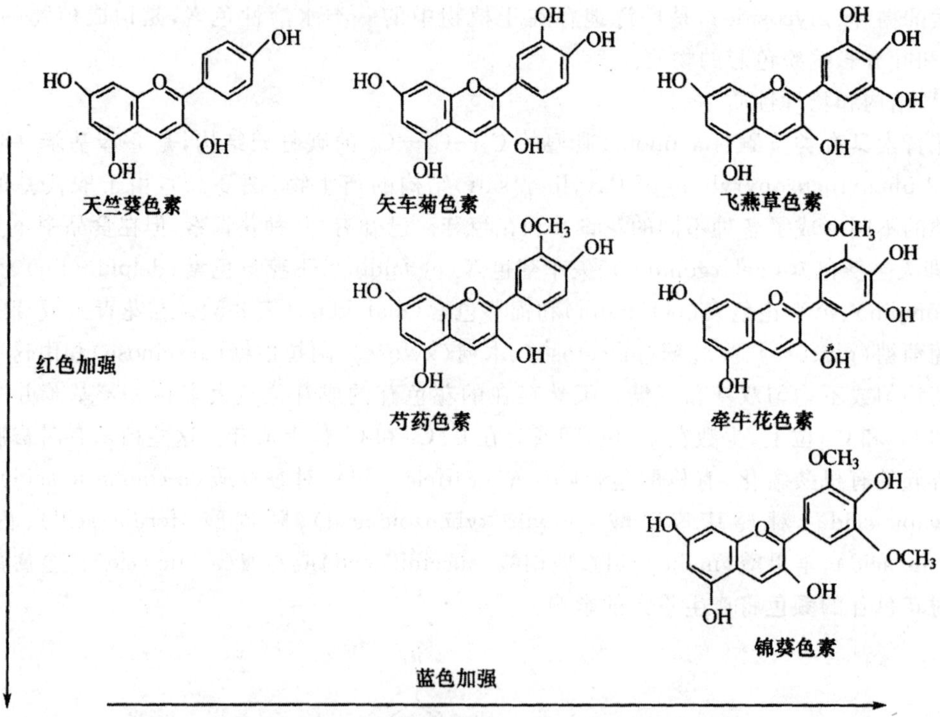

图 8-16 食品中常见的六种花青素及它们红色和蓝色增加的次序

(2)花色苷在食品加工和贮藏中的变化

花色苷和花青素的稳定性均不高，它们在食品加工和贮藏中经常因化学反应而变色。影响其稳定性的因素包括 pH、氧浓度、氧化剂、亲核试剂、酶、金属离子、温度和光照等。

1)pH 的影响。花色苷随 pH 的变化可出现 4 种结构形式，即蓝色醌式结构(A)、红色 2-苯基苯并吡喃阳离子(AH^+)、无色醇型假碱(B)和无色查尔酮(C)(图 8-17)。

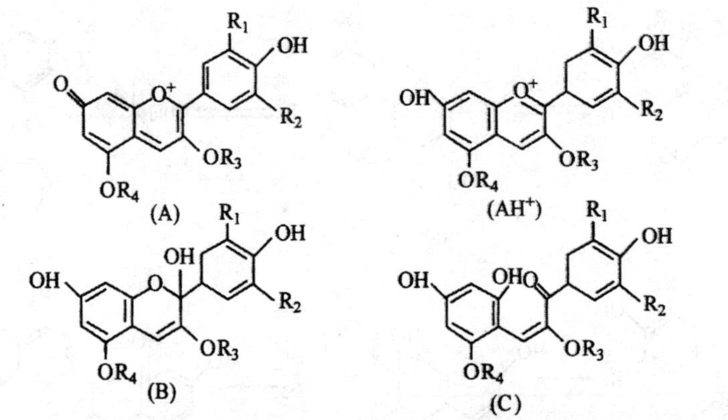

A为醌式结构（蓝色），AH^+为2-苯基苯并吡喃阳离子（红色），B为拟碱式结构（无色），C为查耳酮式结构

图 8-17　花色苷在水溶液中的四种存在形式及它们的颜色

从图 8-18 可以看出，锦葵色素-3-葡萄糖苷的水溶液在低 pH 时 2-苯基苯并吡喃阳离子结构占优势，而在 pH 为 4～6 时，醇型假碱式结构占优势，其他两种存在量很少。因此，当 pH 接近 6 时，溶液变为无色。表明花色苷在酸性溶液中的呈色效果最好。

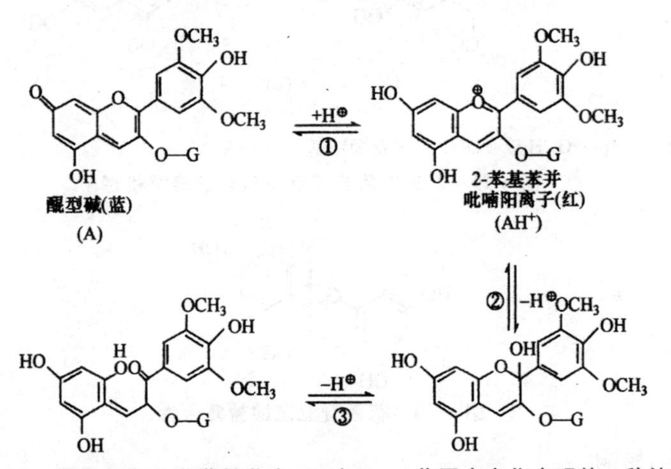

图 8-18　锦葵色素-3-葡萄糖苷在 pH 在 0～6 范围内变化出现的 4 种结构

2)温度的影响。花色苷热降解有三条降解途径(图 8-19)。从图中可以看出花色苷的热降解受花色苷的种类和降解温度的影响。加热温度越高，花色苷的颜色变化越快，110℃被认为是花色苷分解的最高温度，在 60℃以下花色苷的分解速度较低。

3)二氧化硫的影响。二氧化硫对花色苷的脱色作用可能是可逆或不可逆的。当 SO_2 用量在 500～2000μg/g 时，其漂白作用是可逆的，在后续的加工中，通过大量的水洗脱后，颜色可部分恢复。SO_2 的不可逆漂白机理是 SO_2 在果汁中酸的作用下形成了亚硫酸氢根，并对花色苷 2-位碳进行亲核加成反应生成了无色的花色苷亚硫酸盐复合物（图 8-20）。

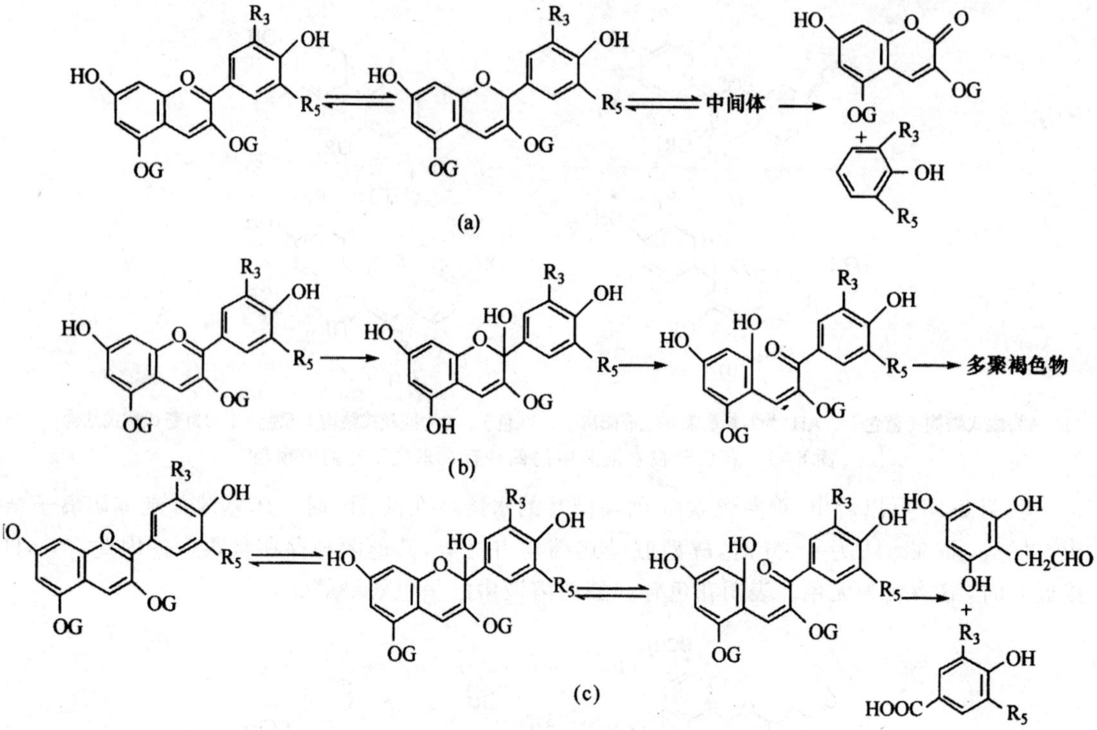

(a)

(b)

(c)

R_3,R_5=—OH，—H，—OCH_3或—OG；G=葡萄糖基

图 8-19 3,5-二葡萄糖苷花色苷的降解机理

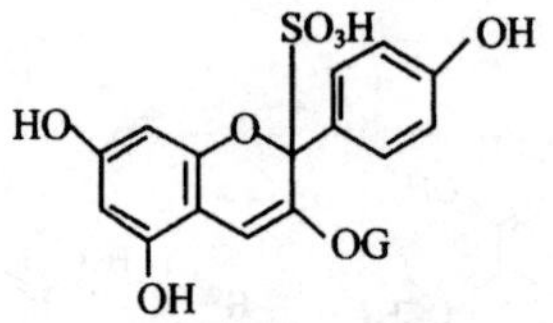

图 8-20 花色苷亚硫酸盐复合物

4)金属离子的影响

当花青素和花色苷的B环上含有邻位羟基时，花色苷与 Al^{3+}，Fe^{2+}，Fe^{3+}，Sn^{2+}，Ca^{2+} 等金属离子可以发生络合反应，产物可能为深红、蓝、绿和褐色等物质(图 8-21)，从而对花色苷的颜色起到稳定作用。

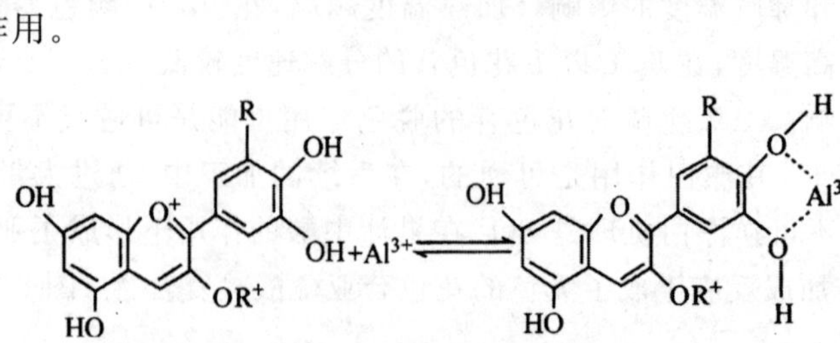

图 8-21 花色苷与金属离子形成的络合物

5)缩合反应的影响

花色苷可与自身或其他有机化合物发生缩合反应，并可与蛋白质、单宁、其他类黄酮和多

糖形成较弱的络合物。2-苯基苯并吡喃阳离子及或醌式碱吸附在合适的底物上时，可使花色苷保持稳定，但是与某些亲核化合物缩合，则生成无色的物质，如图 8-22 所示。

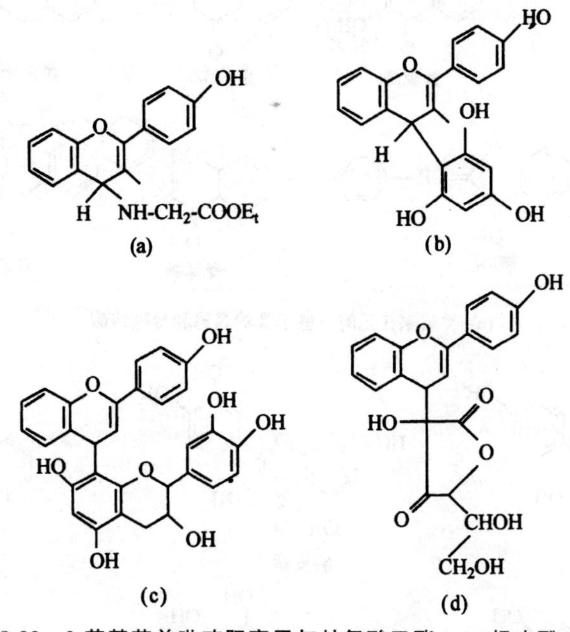

图 8-22　2-苯基苯并吡喃阳离子与甘氨酸乙酯(a)、根皮酚(b)、儿茶素(c)和抗坏血酸(d)形成的无色缩合物

2. 类黄酮色素

(1)结构和物理性质

类黄酮(navonoid)包括类黄酮苷和游离的类黄酮苷元，是水溶性色素。图 8-23 是类黄酮子类的母核结构和一些食品中常见类黄酮色素的结构。

天然黄酮类化合物系为上述基本母体的衍生物，从结构上可分为六类：黄酮和黄酮醇类(flavones and flavonols)；二氢黄酮和二氢黄酮醇类(flavanones and flavanonols)；黄烷醇类(flavanols)，茶叶中的茶多酚(tea polyphenols)的主要成分是儿茶素(catechin)；异黄酮及二氢异黄酮类(isoflavones and isoflavanones)；双黄酮类 (biflavonoids)；其他黄酮类化合物，如花色苷和查耳酮等。

(2)类黄酮在食品加工和贮藏中的变化

类黄酮也像花色苷那样可与多种金属离子形成络合物，这些络合物比类黄酮的呈色效应强。

在食品加工中，有时 pH 会上升，在这种条件下烹调，原本无色的黄烷酮或黄烷酮醇可转变为有色的查耳酮类(图 8-24)。

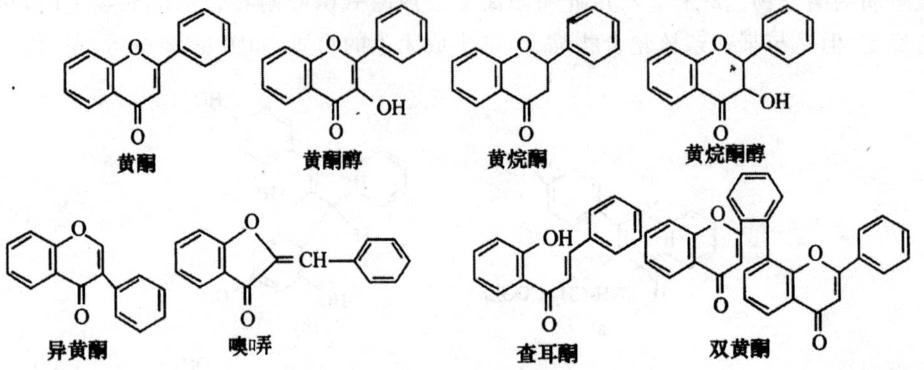

黄酮 黄酮醇 黄烷酮 黄烷酮醇

异黄酮 噢哢 查耳酮 双黄酮

(a) 类黄酮苷元的一些子类的名称和母核结构

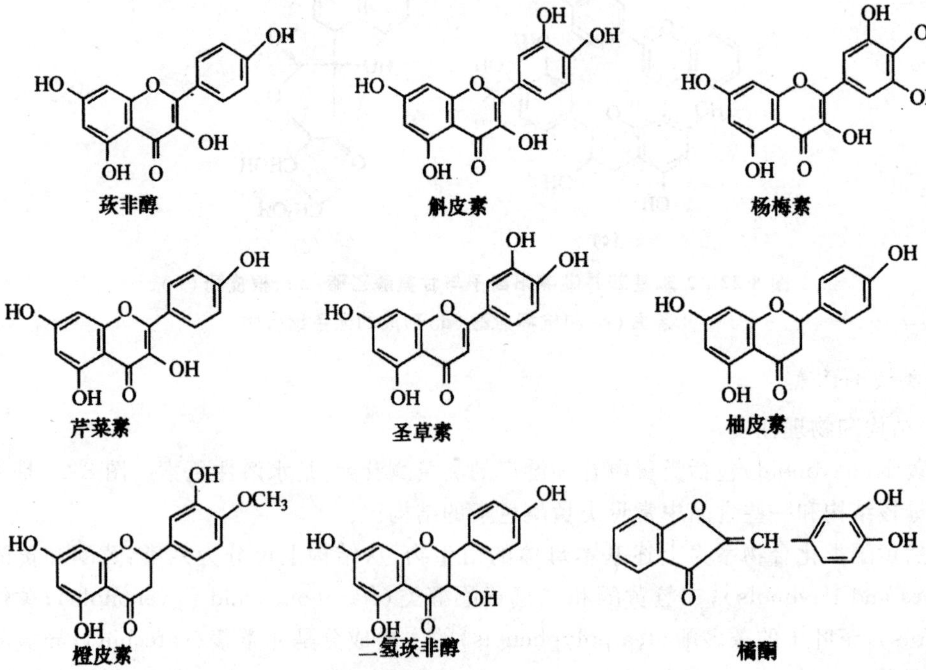

莰非醇 槲皮素 杨梅素

芹菜素 圣草素 柚皮素

橙皮素 二氢莰非醇 橘酮

(b) 一些常见类黄酮苷元的名称及结构

图 8-23　类黄酮子类的母核结构和一些常见类黄酮色素的结构

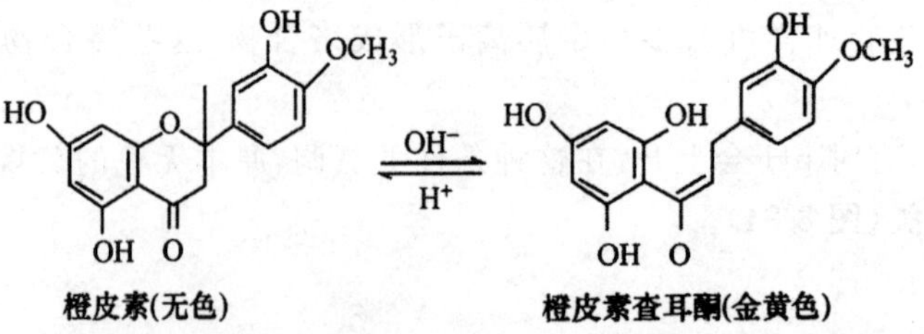

橙皮素(无色) $\underset{H^+}{\overset{OH^-}{\rightleftharpoons}}$ 橙皮素查耳酮(金黄色)

图 8-24　无色的黄烷酮与碱加热后转变成有色的查耳酮

类黄酮也属于多酚类物质，酶促褐变的中间产物如邻醌或其他氧化剂可氧化类黄酮而产生褐色沉淀物质。成熟橄榄的黑色就是圣草素-7-葡萄糖苷在产品发酵和后期储藏中受氧化而形成的。

3. 儿茶素

儿茶素(catechin)也叫茶多酚,常见的儿茶素有 4 种(图 8-25)。茶叶中常见的儿茶素有六种,即 L-表没食子儿茶素(L-EGC),L-没食子儿茶素(D,L-GC),L-表儿茶素(L-EC),L-儿茶素(D,L-C),L-表儿茶素没食子酸酯(L-ECG),L-表没食子儿茶素没食子酸酯(L-EGCG)。

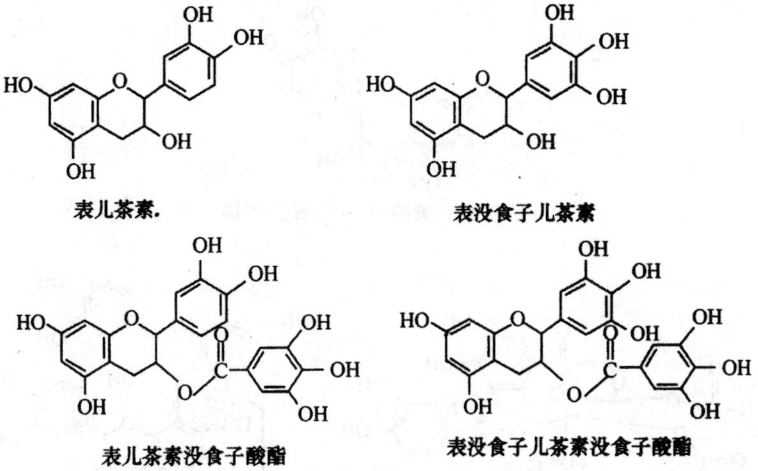

表儿茶素　　表没食子儿茶素

表儿茶素没食子酸酯　　表没食子儿茶素没食子酸酯

图 8-25　常见的几种儿茶素的结构

儿茶素本身无色,具有较轻的涩味。儿茶素在茶叶中含量很高。儿茶素与金属离子结合产生白色或有色沉淀。

作为多酚,儿茶素非常容易被氧化生成褐色物质。许多含儿茶素的植物组织中也含有多酚氧化酶和(或)过氧化物酶,在组织受损伤时,儿茶素就会在上述酶的作用下被氧化生成褐色物质,整个酶促氧化过程可用图 8-26 表示。

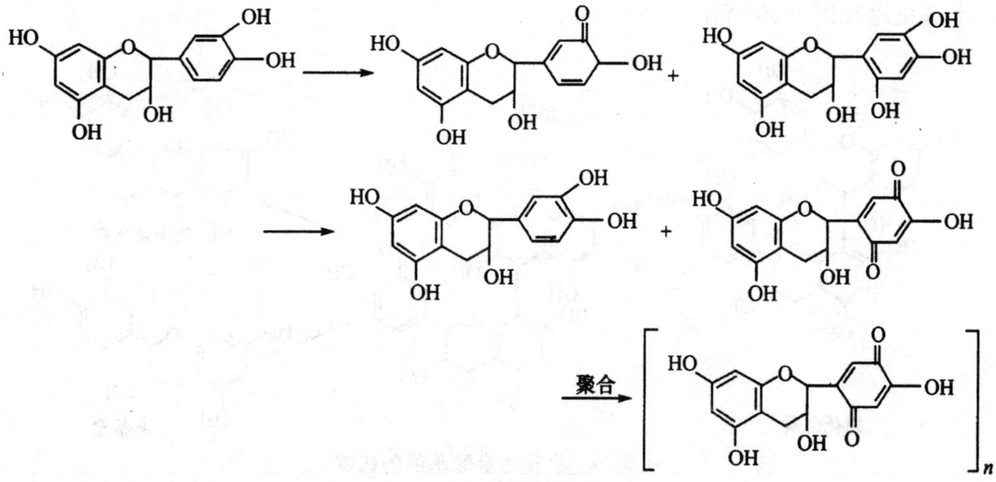

聚合

图 8-26　儿茶素的呈色变化

4. 单宁

单宁(tannin)也称鞣质,在植物中广泛存在,如在五倍子和柿子中含量较高。单宁分为可水解型和缩合型两大类,它们的基本结构单元常为黄烷-3,4-二醇(图 8-27)。水解型单宁分子的碳骨架内部有酯键,分子可因酸、碱等作用而发生酯键的水解;缩合型单宁——原花色素(anthocyanogen),又称无色花青素(图 8-28)。

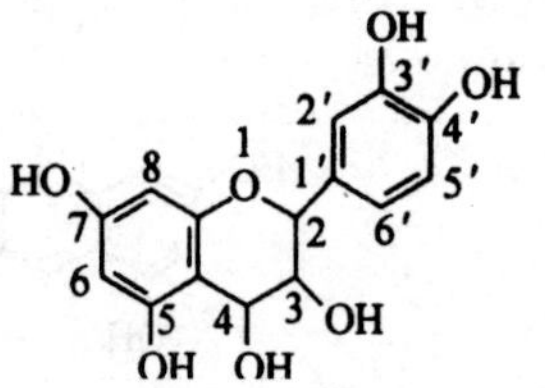

图 8-27　黄烷-3,4-二醇的结构

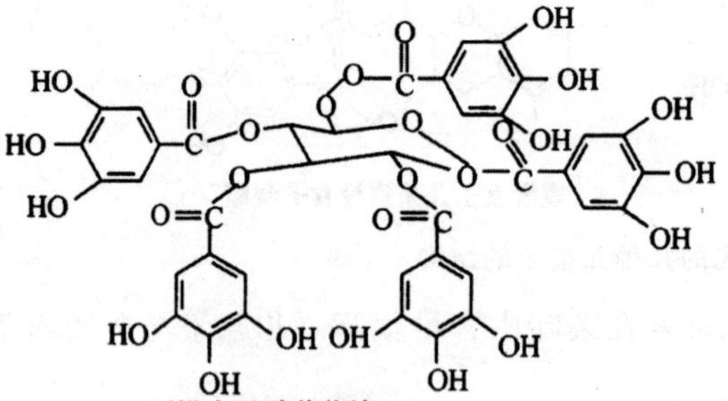

五没食子酰葡萄糖

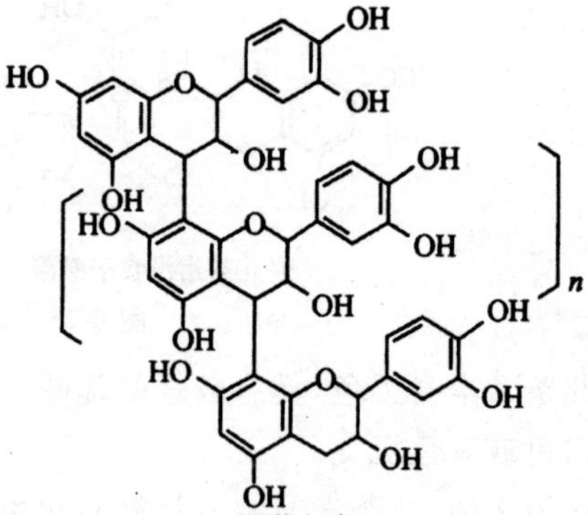

原花色素

图 8-28　单宁的结构

原花色素在酸性加热条件下会转为花青素如天竺葵色素、牵牛花色素或飞燕草色素而呈色,其水解机理如图 8-29 所示。

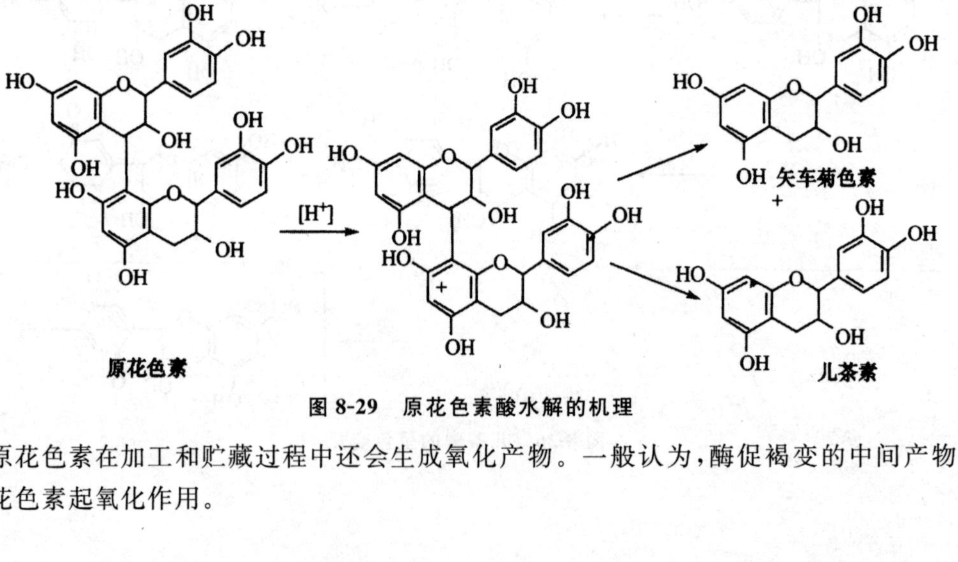

原花色素

矢车菊色素

儿茶素

图 8-29　原花色素酸水解的机理

原花色素在加工和贮藏过程中还会生成氧化产物。一般认为,酶促褐变的中间产物也可对原花色素起氧化作用。

8.3　天然食品着色剂

8.3.1　红曲色素

红曲色素(monascin)来源于微生物,是一组由红曲霉菌(*Monascus sp.*)、紫红曲霉菌(*Monascus purpureus*)、安卡红曲霉菌(*Monascus anka*)、巴克红曲霉菌(*Monascus barkeri*)所分泌的色素,属酮类色素。

红曲色素目前已确定结构的 6 种成分为:红色素类(红斑素、红曲红素)、黄色素类(红曲素、红曲黄素)和紫色素类(红斑胺、红曲红胺)(图 8-30)。此 3 类色素均难溶于水,可溶于有机溶剂。现已证实,红曲色素是多种成分的混合色素,远不止含有上述 6 种色素。除上述醇溶性红曲色素外,还有一些水溶性的红曲色素(图 8-31)。

分子结构式	名　称	颜　色	分子式	分子量
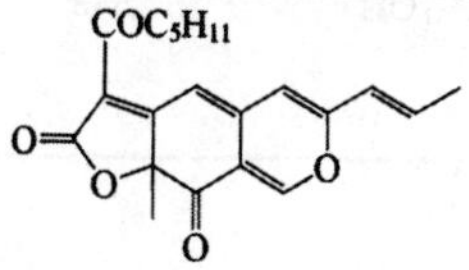 COC_5H_{11}	红斑素(RTN)	红	$C_{21}H_{22}O_5$	354
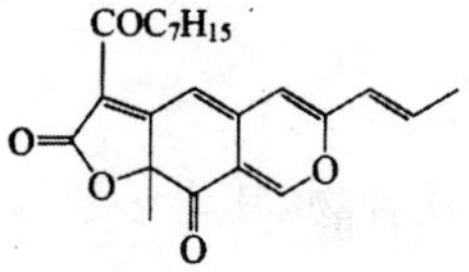 COC_7H_{15}	红曲红素(MBN)	红	$C_{23}H_{26}O_5$	382
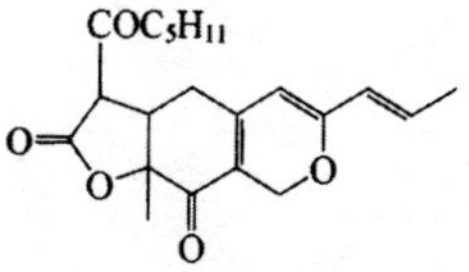 COC_5H_{11}	红曲素(MNC)	黄	$C_{21}H_{26}O_5$	358
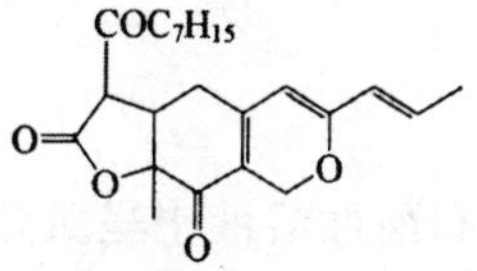 COC_7H_{15}	红曲黄素(ANK)	黄	$C_{23}H_{30}O_5$	386
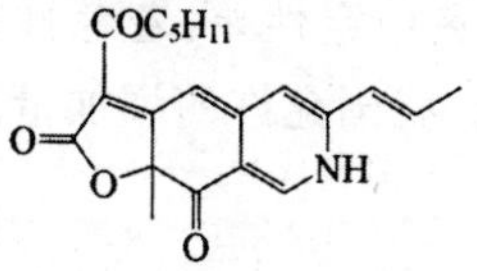 COC_5H_{11}, NH	红斑胺(RTM)	紫	$C_{21}H_{23}O_4N$	353
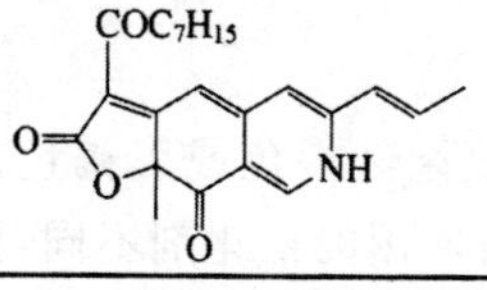 COC_7H_{15}, NH	红曲红胺(MBM)	紫	$C_{23}H_{27}O_4N$	381

图 8-30　醇溶性红曲色素主要成分的分子结构

分子结构式	名　称	颜　色	分子式	分子量
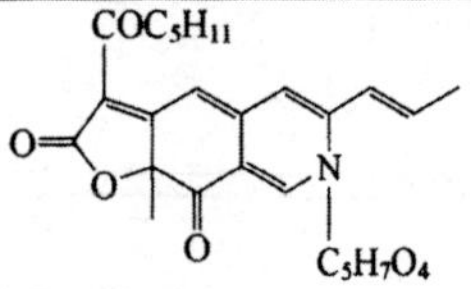 COC_5H_{11}; O; N; O; $C_5H_7O_4$	N-戊二酰基红斑胺(GTR)	红	$C_{26}H_{29}O_8N$	483
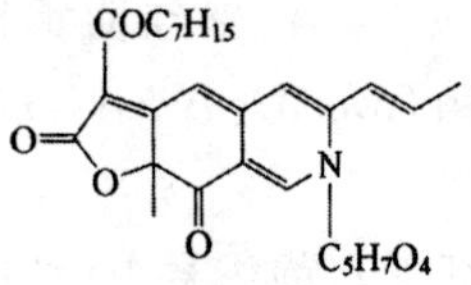 COC_7H_{15}; O; N; O; $C_5H_7O_4$	N-戊二酰基红曲红胺(GTM)	红	$C_{28}H_{33}O_8N$	511
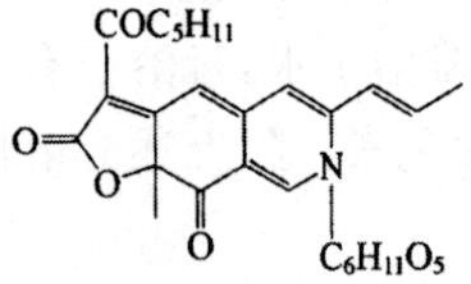 COC_5H_{11}; O; N; O; $C_6H_{11}O_5$	N-葡糖基红斑胺(GCR)	红	$C_{27}H_{33}O_9N$	515
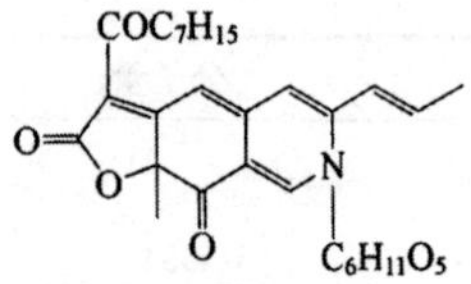 COC_7H_{15}; O; N; O; $C_6H_{11}O_5$	N-葡糖基红曲红胺(GCM)	红	$C_{29}H_{37}O_9N$	543

图 8-31　水溶性红曲色素主要成分的分子结构

8.3.2　姜黄素

姜黄素是从草本植物姜黄根茎中提取的一种黄色色素，属于二酮类化合物，其化学结构式如图 8-32 所示。

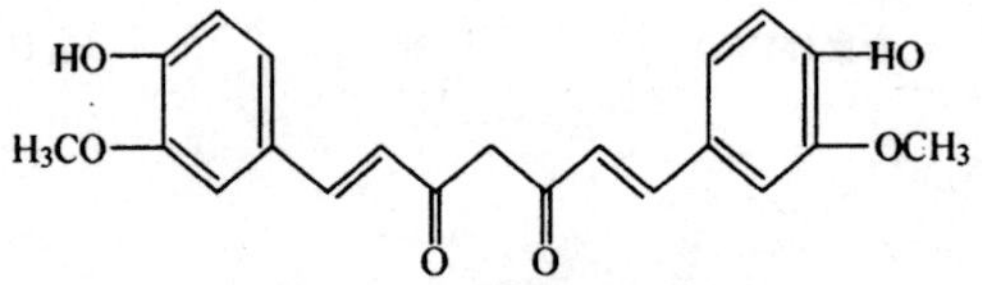

HO　HO
H_3CO　OCH_3
O　O

图 8-32　姜黄素的结构

姜黄素为橙黄色粉末，具有姜黄特有的香辛气味，味微苦。在中性和酸性溶液中呈黄色，在碱性溶液中呈褐红色。不易被还原，易与铁离子结合而变色。对光、热稳定性差，着色性较好，对蛋白质的着色力强。可以作为糖果、冰淇淋等食品的增香着色剂。我国允许的添加量因食品而异，一般为 0.01g/kg。

8.3.3　焦糖色素

焦糖色素(caramel)是糖质原料在加热过程中脱水缩合而形成的复杂红褐色或黑褐色混合物，是应用较广泛的半天然食品着色剂。按焦糖色素在生成过程中所使用的催化剂不同，国际食品法典委员会(CAC)将其分为四类(表 8-6)。

表 8-6　焦糖色素的类别及特征

特征	焦糖色素的种类			
	普通焦糖(Ⅰ)	亚硫酸盐焦糖(Ⅱ)	氨法焦糖(Ⅲ)	亚硫酸铵法焦糖(Ⅳ)
国际编号	ISN 150a EEC No. E150a	ISN 150b EEC No. E150b	ISN 150e EEC No. E150c	ISN 150d EEC No. E150d
典型用途	蒸馏酒、甜食等	酒类	焙烤食品、啤酒、酱油	软饮料、汤料等
所带电荷	负	负	正	负
是否含氨类物质	否	否	是	是
是否含硫类物质	否	是	否	是

注:ISN 为国际食品法典委员会(CAC)1989 年通过的食品添加剂国际编号系统(2001 年修订本),EEC 为欧共体。

焦糖色素是我国允许在食品中广泛使用的一种天然色素着色剂,为深褐色的黑色液体或固体,有特殊的甜香气和愉快的焦苦味,易溶于水。焦糖色素中的环化物 4-甲基咪唑,有致惊厥作用,对此,有限量标准。我国规定非胺盐法生产的焦糖色素可用于酱油、醋、酱菜、饮料、酒类、糕点、巧克力、糖果、汤料以及糖浆药品等的着色。

8.3.4　虫胶色素

虫胶色素是一种动物色素,它是紫胶虫在蝶形花科黄檀属、梧桐科芒木属等寄生植物上分泌的紫胶原胶中的一种色素成分。在我国主要产于云南、四川、台湾等地。

虫胶色素有溶于水和不溶于水两大类,均属于蒽醌衍生物。溶于水的虫胶色素称为虫胶红酸,包括 A、B、C、D、E 五种组分,结构式如图 8-33 所示。

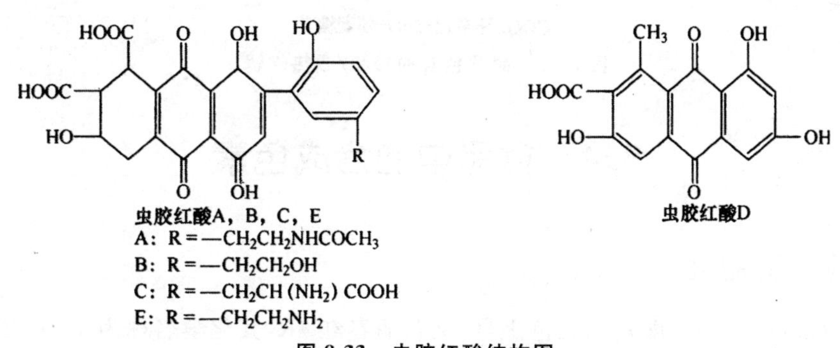

图 8-33　虫胶红酸结构图

8.3.5　甜菜色素

甜菜红素(betalaine)是从黎科植物红甜菜块茎中提取出的一组水溶性色素,也广泛存在于花和果实中;以甜菜红素和甜菜黄素及它们的糖苷形式存在于这些植物的液泡中。其结构如图 8-34 所示。

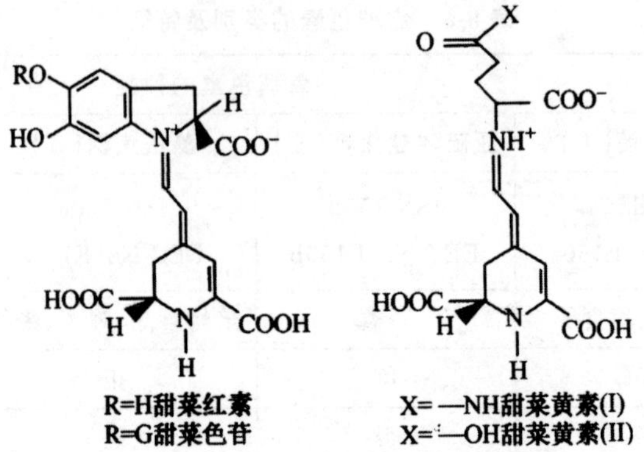

R=H甜菜红素
R=G甜菜色苷

X=—NH甜菜黄素(I)
X=—OH甜菜黄素(II)

图 8-34 甜菜红素和甜菜黄素的结构

甜菜色苷在加热和酸的作用下可引起异构化，在 C15 的手性中心可形成两种差向异构体，随着温度的升高，异甜菜色苷的比例增高(图 8-35)，导致褪色严重。

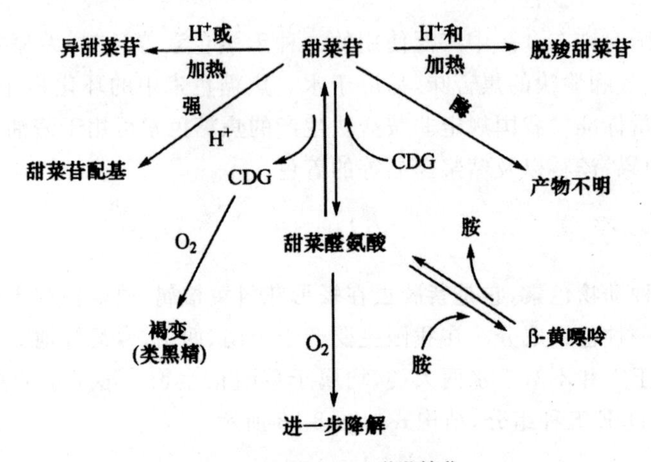

图 8-35 甜菜色苷的酸和/或热降解

8.4 食品中的合成色素

8.4.1 胭脂红

胭脂红(ponceau 4R)即食用红色 1 号，又名丽春红 4R，其化学名称为 1-(4′-磺酸基-1-萘偶氮)-2-萘酚-6,8-二磺酸三钠盐，分子式为 $C_{20}H_{11}N_2Na_3O_{10}S_3$，相对分子质量为 604.49，是苋菜红的异构体。

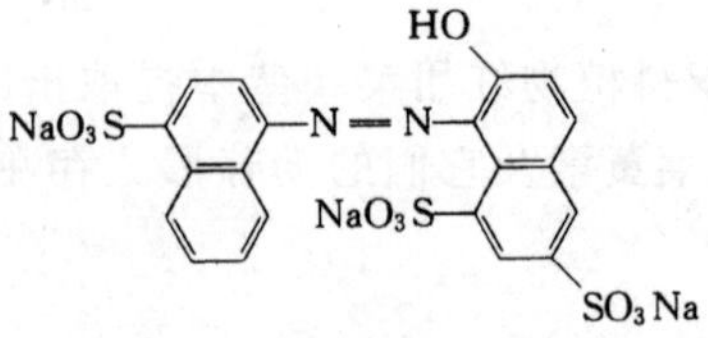

胭脂红为红色至暗红色颗粒或粉末状物质、无臭，易于水，难溶于乙醇，能被细菌所分解，遇碱变成褐色。主要用于饮料、配制酒、糖果等。

8.4.2　苋菜红

苋菜红(amaranth)即食用红色2号，又名蓝光酸性红，为不溶性偶氮类着色剂，化学名称为1-(4′-磺酸基-1-萘偶氮)-2-萘酚-3，7-二磺酸三钠盐，分子式为 $C_{20}H_{11}N_2Na_3O_{10}S_3$，相对分子质量为604.49，其化学结构式如下：

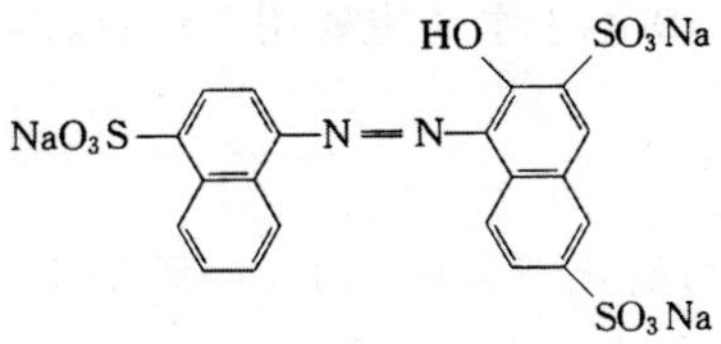

苋菜红为紫红色颗粒或粉末状，无臭，可溶于甘油及丙二醇，微溶于乙醇，不溶于脂类。主要用于饮料、配制酒、糕点上色、青梅、糖果、对虾片等。

8.4.3　赤藓红

赤藓红(erythrosine)，即食用红色3号，又名樱桃红，其化学名称为2，4，5，7-四碘荧光素，分子式为 $C_{20}H_6I_4Na_2O_5 \cdot H_2O$，相对分子质量为897.88，结构式如下：

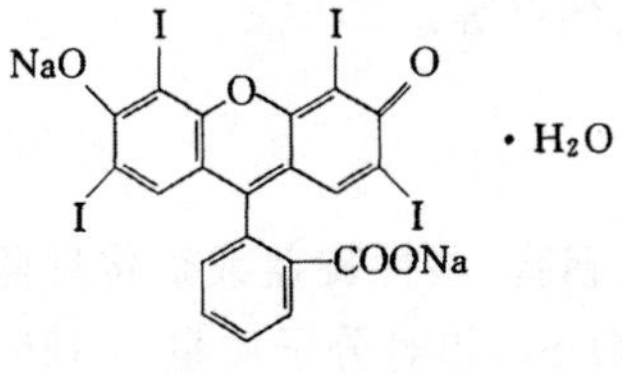

赤藓红为红褐色颗粒或粉末状物质、无臭，易于水，染着力强。主要用于饮料、配制酒和糖果、焙烤食品等。

8.4.4　新红

新红(new red)的化学名称为2-(4′-磺基-1′-苯氮)-1-羟基-8-乙酸氨基-3，7-二磺酸三钠盐，分子式为 $C_{18}H_{12}N_3Na_3O_{11}S_3$，相对分子质量为611.45，其结构式如下：

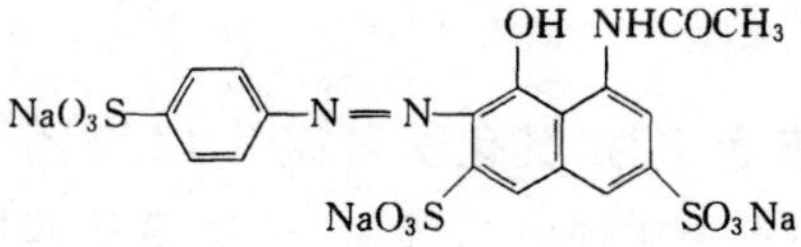

新红为红色粉末，易溶于水，水溶液为红色，微溶于乙醇，不溶于油脂，可用于饮料、配制酒、糖果等。

8.4.5　柠檬黄

柠檬黄(tartrazine)，即食用黄色5号，又称酒石黄，化学名称为3-羧基-5-羧基-2-(对-磺苯基)-4-(对-磺苯基偶氮)-邻氮茂的三钠盐，分子式为 $C_{16}H_9N_4Na_3O_9S_2$，相对分子质量为534.37，结构式为如下：

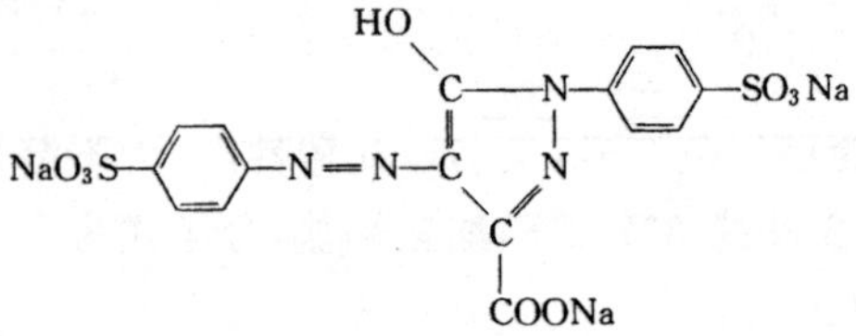

柠檬黄为橙黄色粉末，无臭，易溶于水。主要用于饮料、汽水、配制酒、浓缩果汁和糖果等。

8.4.6 日落黄

日落黄（sunset yellow FCF）的化学名称为1-(4′-磺基-1′-苯偶氮)-2-苯酚-7-磺酸二钠，分子式为 $C_{16}H_{10}N_2Na_2O_7S_2$，相对分子质量为452.37，化学结构式为：

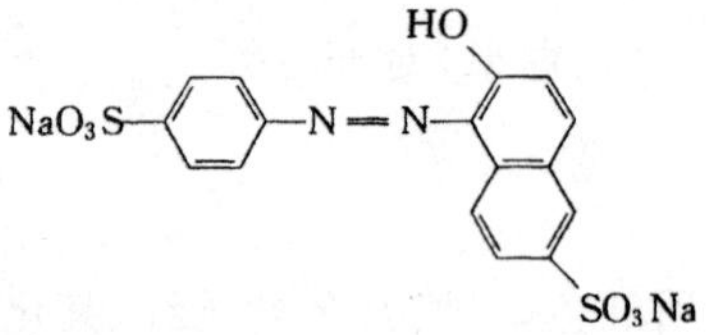

日落黄是橙黄色均匀粉末或颗粒，易溶于水、甘油，微溶于乙醇，不溶于油脂，耐光、耐酸、耐热。可用于饮料、配制酒、糖果、糕点等。

8.4.7 靛蓝

靛蓝（indigo carmine）又名靛胭脂、酸性靛蓝或磺化靛蓝，其化学名称为5,5′-靛蓝素二磺酸二钠盐，分子式为 $C_{16}H_8Na_2N_2O_8S_2$，相对分子质量为466.36，结构式如下：

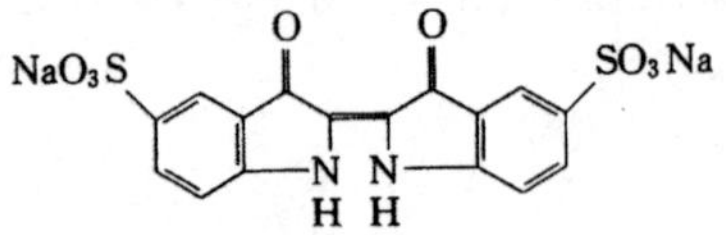

靛蓝为蓝色粉末，无臭，它的水溶液为紫蓝色，对热、光、酸、碱、氧化作用均较敏感，易被细菌分解，还原后褪色，常与其他色素配合使用以调色。可用于饮料、配制酒、糖果、糕点等。

8.4.8 亮蓝

亮蓝（brillant blue）又名蓝色1号，其化学名称为4-[N-乙基-N-(3′-磺基苯甲基)-氨基]苯基-(2′-磺基苯基)-亚甲基-(2,5-亚环己二烯基)-(3′-磺基苯甲基)-乙基胺二钠盐，分子式为 $C_{37}H_{34}N_2Na_2O_9S_3$，相对分子质量为792.84，化学结构式如下：

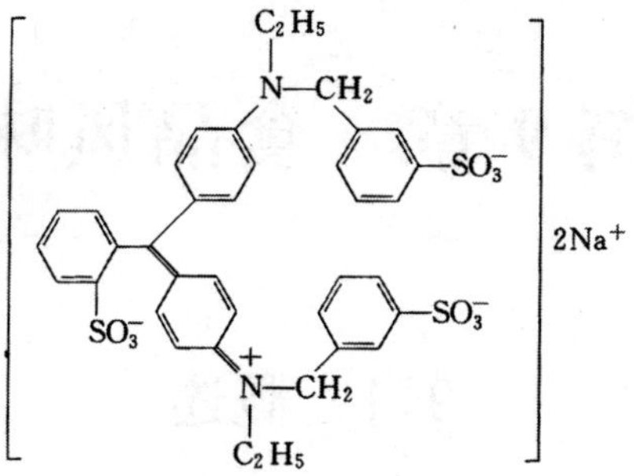

C_2H_5
$N—CH_2$
SO_3^-
$2Na^+$
SO_3^- SO_3^-
$\overset{+}{N}—CH_2$
C_2H_5

亮蓝是紫红色均匀粉末或颗粒，有金属光泽。易溶于水，水溶液呈亮蓝色，也溶于乙醇、甘油，有较好的耐光性、耐热性、耐酸性和耐碱性，使用范围同上。

第9章 食品风味

9.1 概述

9.1.1 食品风味的概念与分类

1. 风味的概念

风味(flavour)是食品最重要的食用品质之一。1986年 Hall R. L. 首次提出了食品风味的定义,认为食品风味是摄入口腔的食物使人的感觉器官(包括味觉、嗅觉、触觉、痛觉及温觉等)所产生的感觉印象,即食品客观性质使人产生的感觉印象总和。我国的感官分析术语标准(GB/T 10221—2012)规定了食品风味的含义:品尝过程中感知到的嗅觉、味觉和三叉神经感觉特性的复杂感觉,它可能受触觉、温度感觉、痛觉和(或)动觉效应的影响。其中滋味(taste)和气味(odor)是食品风味最重要的两个方面。

2. 风味的分类

根据引起食品风味的食品属性可将食品风味分为化学感觉、物理感觉和心理感觉(图 9-1)。化学感觉的产生决定于食品中是否存在某一类化学物质,主要包括酸味、甜味、苦味、咸味等;物理感觉的产生决定于食品的物理学性状,主要包括软、硬、黏、热、冷、滑、干等;而心理感觉是由食品的颜色、形状和声音所产生的。

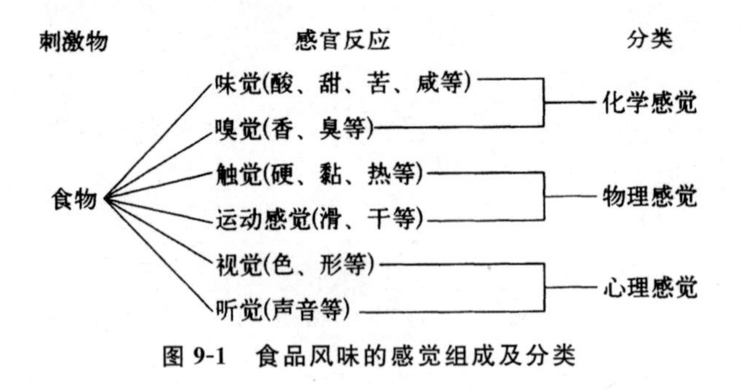

图 9-1 食品风味的感觉组成及分类

9.1.2 风味的评价

感官评定是评定食品风味的重要方法。它是通过有经验的感官评定专家和专门研究人员直接依靠感官进行评定,并经过科学统计分析,获得较为可靠的结果,能反映大多数人的接受程度和喜好程度。由于人们的感觉受心理、生理、经验、知识、健康状况和客观环境等因素的影响,对食品风味的评价具有强烈的个人、地区、民族倾向,因此评定方法要精心设计、科学规范。人们的嗅觉器官非常灵敏,对某些风味的感受灵敏度可以超过仪器分析,但感官评定和理化分析各有特色，不可互相取代，而是互相补充，相辅相成。

9.1.3　食品风味物质的特点

1. 种类繁多，成分复杂

食品的风味是由多种风味物质组合而成，如目前已分离鉴定茶叶中的香气成分达 500 多种；咖啡中的风味物质有 600 多种；白酒中的风味物质也有 300 多种。一般食品中风味物质越多，食品的风味越好。

2. 同味物质结构特点可有很大差异

食品风味是由多种不同类别的化合物组成，通常根据味感与嗅感特点分类，如酸味物质、香味物质。但是同类风味物质不一定有相同的结构特点，酸味物质具有相同的结构特点，但香味物质结构差异很大。

3. 含量极微，效果显著

除少数几种味感物质作用浓度较高以外，大多数风味物质作用浓度都很低。很多嗅感物质的作用浓度在 10^{-6}、10^{-9}、10^{-12}数量级。虽然浓度很小，但对人的食欲产生极大作用。

4. 稳定性差，易被破坏

很多能产生嗅觉的物质易挥发、易热解、易与其他物质发生作用，因而在食品加工中，哪怕是工艺过程很微小的差别，将导致食品风味很大的变化。食品贮藏期的长短对食品风味也有极显著的影响。

9.1.4　研究食品风味的重要性

人对某种食品风味的可接受性是一种生理适应性的表现，只要是长期适应了的风味，不管是苦、是甜、是辣，人们都能接受，如很多人喜欢苦瓜的苦味和啤酒的苦味。食品的风味与人的习惯口味相一致，就可使人感到舒服和愉悦，相反，不习惯的风味会使人产生厌恶和拒绝情绪。食品的风味决定了人们对食品的可接受性。一项调查指出：要消费者对食品的价格、品牌、便利性、营养、包装、风味等几方面确定首选项时，80％以上的消费者注重食品的风味。因此，研究物质的呈味特点，掌握人对食品风味的需求，是食品风味研究的重点。

9.2　食品味感及呈味物质

味感是食物在人的口腔内对味觉器官刺激并产生的一种感觉。目前，世界各国对味感的分类并不一致(表 9-1)。

表 9-1 味感分类

国家或地区	内容与特点
中国	甜、酸、咸、苦、鲜
日本	咸、酸、甜、苦、辣、鲜
欧美	酸、甜、苦、辣、咸、金属味
印度	咸、酸、甜、苦、辣、淡、涩、不正常味

9.2.1 味觉的生理过程

味觉产生的生理过程可以概括为：

食品中可溶性呈味物质→溶于唾液或食品的溶液→刺激口腔内的味觉感受器→味神经感觉系统感知信号并传递→味觉中枢综合逻辑判断→味感或味觉

舌头是主要的味觉感受器官，其表面有大量的乳突(papillae)，根据形状可分为叶状乳突、有廓乳突和蕈状乳突(图 9-2)。乳突解剖图乳突 9-3 所示。

图 9-2 舌头表面的各种乳突

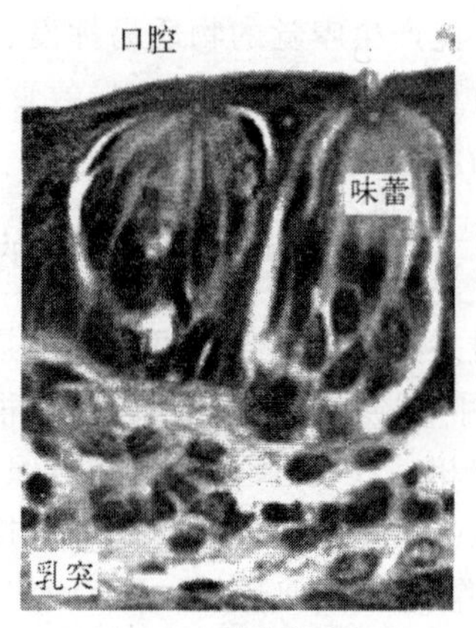

图 9-3 乳突解剖图

乳突中含有味蕾(taste bud)。味觉的形成一般认为是呈味物质作用于舌面上的味蕾而产生的。味蕾是分布于口腔黏膜内极其活跃的微结构，是口腔内的味觉感受器，它通过味孔开口于乳突的表面与舌头表面相通(输入)，并与味觉传入神经相连接(输出)。味蕾是由 30～100 个变长的舌表皮细胞组成，味蕾大致深度为 50～60μm、宽 30～70μm，嵌入舌面的乳突中，顶部有味觉孔，敏感细胞连接着神经末梢，呈味物质刺激敏感细胞，产生兴奋作用，由味觉神经传入神经中枢，进入大脑皮质，产生味觉。味觉一般在 1.5～4.0 ms 内完成。人的舌部有味蕾 2000～3000 个。人的味蕾结构如图 9-4 所示。

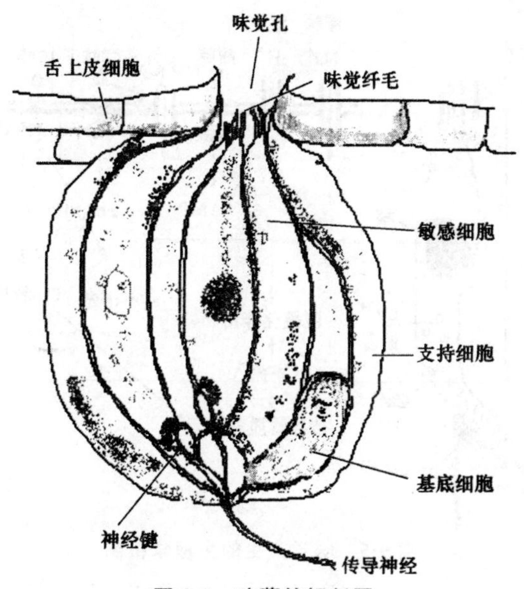

图 9-4　味蕾的解剖图

根据其形态与功能将其分为 I-型、Ⅱ-型、Ⅲ-型和Ⅳ-型四类细胞，他们在每个味蕾中的数量分别为 30～35 个、10 个、5 个和 2～3 个。

由于舌部的不同部位味蕾结构有差异，因此，不同部位对不同的味感物质灵敏度不同，舌尖和边缘对咸味较为敏感，而靠腮两边对酸味敏感，舌根部则对苦味最敏感。通常把人能感受到某种物质的最低浓度称为阈值。表 9-2 所示为几种基本味感物质的阈值。物质的阈值越小，表示其敏感性越强。

表 9-2　几种基本味感物质的阈值

	物质			
	食盐	砂糖	柠檬酸	奎宁
味道	咸	甜	酸	苦
阈值/%	0.08	0.5	0.0012	0.00005

味觉产生的生理学机制非常复杂，现已基本明确，如图 9-5 所示。

甜味和苦味是由味觉细胞膜上的 G-蛋白偶联受体调节的，而酸味和咸味是由离子通道受体调节的。负责甜味的受体主要包括 TI RI 和 TIR3，苦味为 T2Rx，酸味为酸敏感离子通道，而咸味为上皮钠通道（图 9-6）。当甜味物质一旦与味觉细胞顶端细胞膜上的被称为味蛋白（gustducin）的 G-蛋白偶联受体结合，可引起后者构象改变。在磷酸脂酶 C132（PLCβ2）的作用下通过三磷酸肌醇替代与味蛋白结合的二磷酸肌醇（PIP2）使味蛋白活化，从而使味蛋白分子的 α 亚基与腺苷酸环化酶（adenylyl cyclase）结合，进而合成环磷酸腺苷（cAMP）作为第二信使通过活化蛋白激酶 A。活化的蛋白激酶使 K^+ 通道蛋白磷酸化引起通道关闭，从而降低 K^+ 流，导致细胞膜去极化。这将激活内质网钙库上的 Ca^{2+} 通道，使 Ca^{2+} 流入细胞质，促使神经递质释放并激活味觉传入神经纤维将信号传递至大脑。

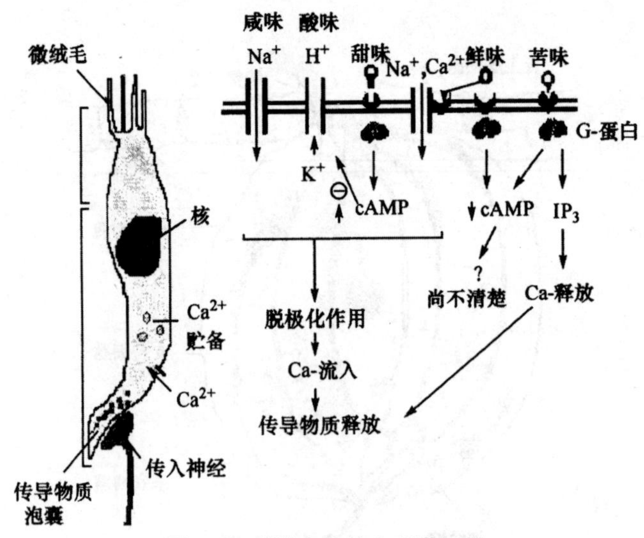

图 9-5 味觉产生的生理学机制

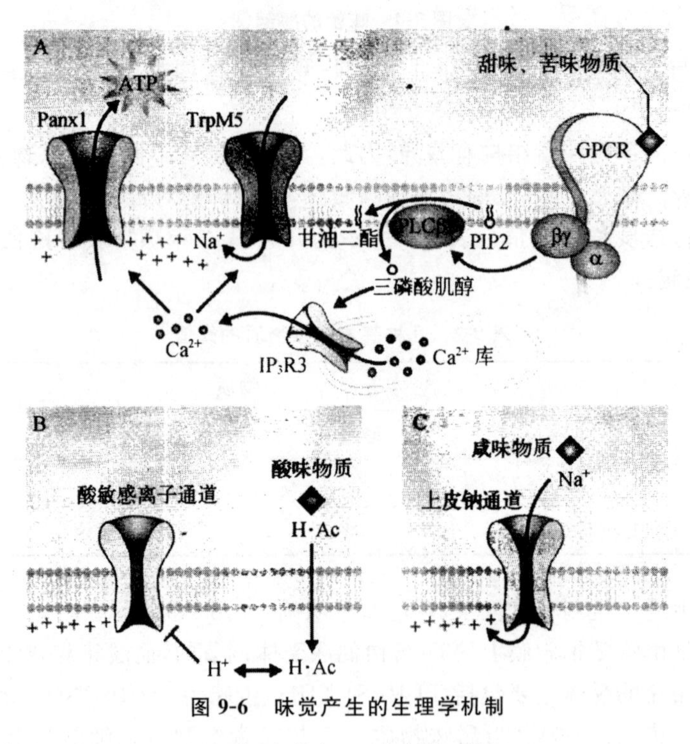

图 9-6 味觉产生的生理学机制

（A—甜味与苦味；B—酸味；C—咸味）

9.2.2 味感的相互作用

1. 对比现象

两种或两种以上的呈味物质适当调配，使其中一种呈味物质的味觉变得更协调可口，称为对比现象。如10％的蔗糖水溶液中加入1.5％的食盐，使蔗糖的甜味更甜爽；味精中加入少量的食盐，使鲜味更饱满。

2. 相乘现象

两种具有相同味感的物质共同作用，其味感强度几倍于两者分别单独使用时的味感强度，叫相乘作用，也称为协同作用。如味精与5′-肌苷酸(5′-IMP)共同使用，能相互增强鲜味；甘草苷本身的甜度为蔗糖的50倍，但与蔗糖共同使用时，其甜度为蔗糖的100倍。

3. 消杀现象

一种呈味物质的味感能抑制或减弱另一种物质的味感的现象叫消杀现象。例如砂糖、柠檬酸、食盐和奎宁之间，若将任何两种物质以适当比例混合时，都会使其中一种的味感比单独存在时减弱，如在1%～2%的食盐水溶液中，添加7%～10%的蔗糖溶液，则咸味的强度会减弱，甚至消失。

4. 变调现象

如刚吃过中药，接着喝白开水，感到水有些甜味，这就称为变调现象。先吃甜食，接着饮酒，感到酒似乎有点苦味，所以，宴席在安排菜肴的顺序上，总是先清淡，再味道稍重，最后安排甜食。这样可使人充分感受美味佳肴的味道。

9.2.3 甜味和甜味物质

1. 甜味理论

1967年，沙伦伯格等人在总结前人对糖和氨基酸的研究成果的基础上，提出了有关甜味物质的甜味与其结构之间关系的AH/B生甜团学说(图9-6)。

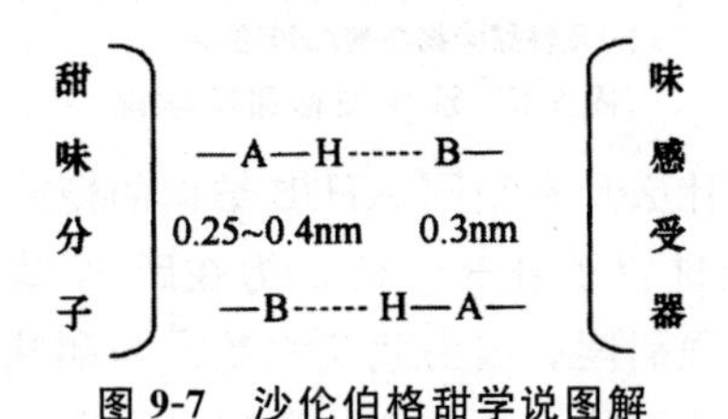

图9-7 沙伦伯格甜学说图解

该学说认为：甜味物质的分子中都含有一个电负性的A原子(可能是O、N原子)，与氢原子以共价键形成AH基团(如；—OH、—NH、—NH_2)，在距氢0.25～0.4nm的范围内，必须有另外一个电负性原子B(也可以是O、N原子)，在甜味受体上也有AH和B基团，两者之间通过一双氢键偶合，产生甜味感觉。甜味的强弱与这种氢键的强度有关，图9-8(a)。沙伦伯格的理论应用于分析氨基酸、氯仿、单糖等物质上，能说明该类物质具有甜味的原理，见图9-8(b)。

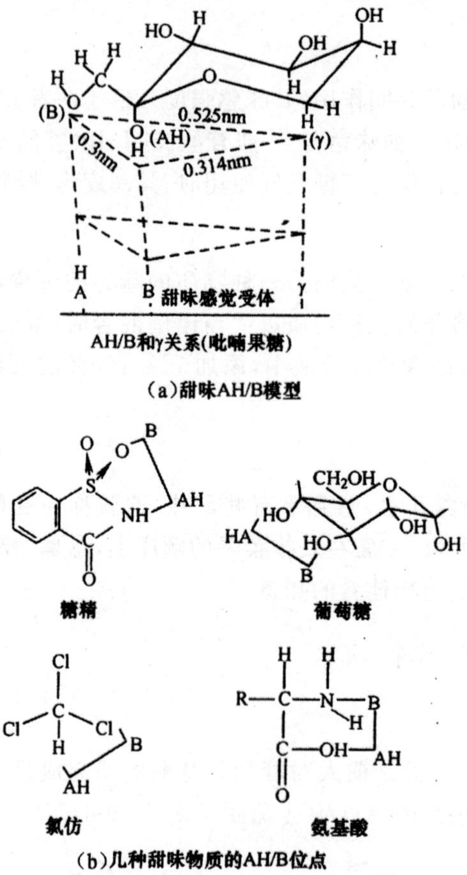

AH/B和γ关系(吡喃果糖)

(a)甜味AH/B模型

糖精　葡萄糖　氯仿　氨基酸

(b)几种甜味物质的AH/B位点

图 9-8　沙伦伯格甜味学说

沙伦伯格理论不能解释为什么具有相同 AH-B 结构的糖或 D-氨基酸的甜度相差数千倍。后来克伊尔又对沙伦伯格理论进行了补充。他认为在距 A 基团 0.35nm 和 B 基团 0.55nm 处，若有疏水基团 7 存在，能增强甜度。因为此疏水基易与甜味感受器的疏水部位结合，加强甜味物质与感受器的结合。甜味理论为寻找新的甜味物质提供了方向和依据。

2. 甜味物质

(1)糖类甜味剂

糖类甜味剂包括糖、糖浆、糖醇。该类物质是否甜，取决于分子中碳数与羟基数之比，碳数比羟基数小于 2 时为甜味，2～7 时产生苦味或甜而苦，大于 7 时则味淡。

(2)非糖天然甜味剂

部分植物的叶、果、根等常含有非糖的甜味物质，安全性较高。这是一类天然的、化学结构差别很大的甜味的物质。主要有甘草苷(相对甜度 100～300)(图 9-9)、甜叶菊苷相对甜度 200～300)(图 9-9)、苷茶素相对甜度 400)。

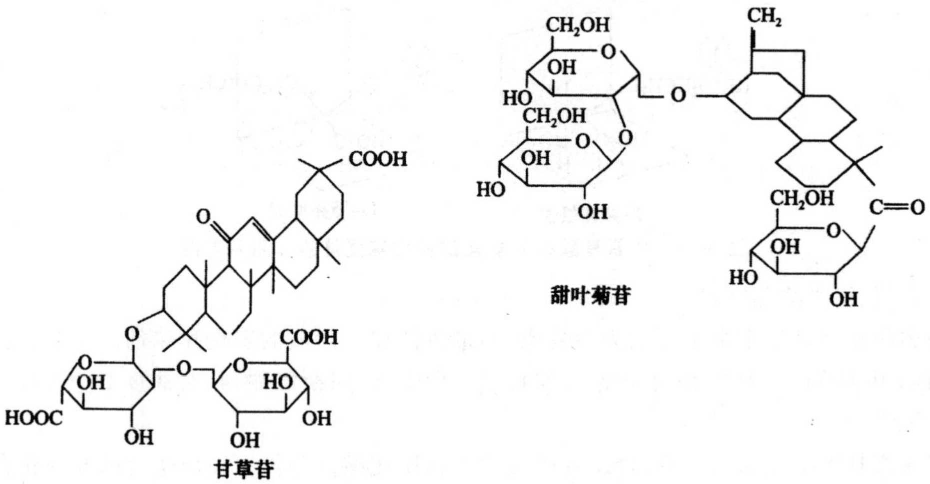

图 9-9　甘草苷和甜叶菊苷

(3)氨基酸

通常 L-型氨基酸多为苦味，特别是 L-亮氨酸、色氨酸等非极性氨基酸，而 D-型氨基酮则一般具有较强的甜味，如 D-丙氨酸、亮氨酸(表 9-3)。

表 9-3　不同氨基酸的味觉

名称	L-型	D-型	名称	L-型	D-型
丙氨酸	甜	强甜	蛋氨酸	苦	甜
丝氨酸	微甜	强甜	组氨酸	苦	甜
α-氨基丁酸	微甜	甜	鸟氨酸	苦	微甜
苏氨酸	微甜	微甜	赖氨酸	苦	微甜
α-氨基正戊酸	苦	甜	精氨酸	微苦	微甜
α-氨基异戊酸	苦	强甜	天冬酰胺	无味	甜
异颉氨酸	微甜	甜	苯丙氨酸	微苦	甜
亮氨酸	苦	强甜	色氨酸	苦	强甜
异亮氨酸	苦	甜	酪氨酸	微苦	甜

D-型和 L-型氨基酸之所以产生不同的味觉，可以根据它们与甜味感受器位点的立体相互作用情况来进行解释。由于 L-型氨基酸中的大 R 基(但是甘氨酸、丙氨酸除外，此时 R 基分别为 H、CH_3)，影响了它们与味觉感受器位点的作用，因此具有大的 R 基的 L-氨基酸一般为苦味；而对于 D-型氨基酸由于构型正好与 L-氨基酸相反，R 基不存在此种影响作用，所以 D-氨基酸一般具有甜味。见图 9-10。

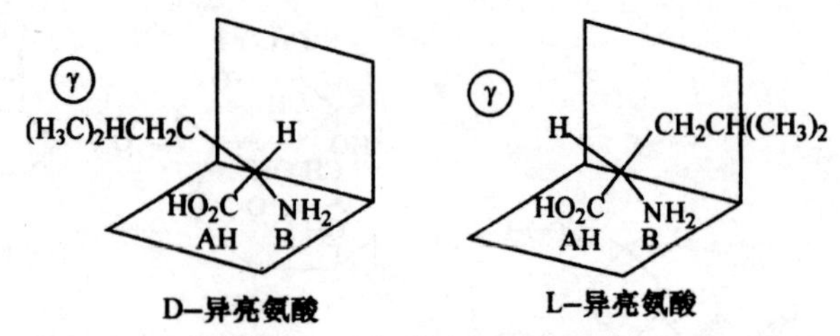

图 9-10　D-氨基酸和 L-氨基酸同甜味受体的作用示意图

(4)天然衍生物甜味剂

该类甜味剂是指本来不甜的天然物质,通过改性加工而成的安全甜味剂。主要有:氨基酸衍生物(6-甲基-D-色氨酸,相对甜度 1000),二肽衍生物(阿斯巴甜,相对甜度 20～50)、二氢查耳酮衍生物等。

二氢查耳酮衍生物是柚苷、橙皮苷等黄酮类物质在碱性条件下还原生成的开环化合物(图 9-11)。这类化合物有很强的甜味,其甜味见表 9-4。

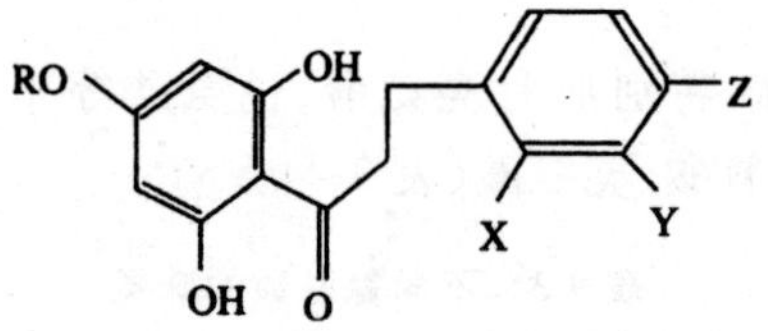

图 9-11　二氢查耳酮衍生物

表 9-4　具有甜味的二氢查耳酮衍生物的结构和甜度

二氢查耳酮衍生物	R	X	Y	Z	甜度
柚皮苷	新橙皮糖	H	H	OH	100
新橙皮苷	新橙皮糖	H	OH	OCH_3	1000
高新橙皮苷	新橙皮糖	H	OH	OC_2H_5	1000
4-O-正丙基新圣草柠檬苷	新橙皮糖	H	OH	OC_2H_5	2000
洋李苷	葡萄糖	H	OH	OH	40

(5)甜味素

甜味素(aspartame,AMP)又称为蛋白糖、阿斯巴甜,化学名称为天门冬酰苯丙氨酸甲酯(图 9-12),其甜度为蔗糖的 100～200 倍,甜味清凉纯正,可溶于水,为白色晶体。但稳定性不高,易分解而失去甜味,因在高温时可形成环状化合物二羰基哌嗪而失去甜味,故在焙烤食品中的应用则受到限制。甜味素安全,有一定的营养,在饮料工业中广泛使用,我国允许按正常生产需要添加。

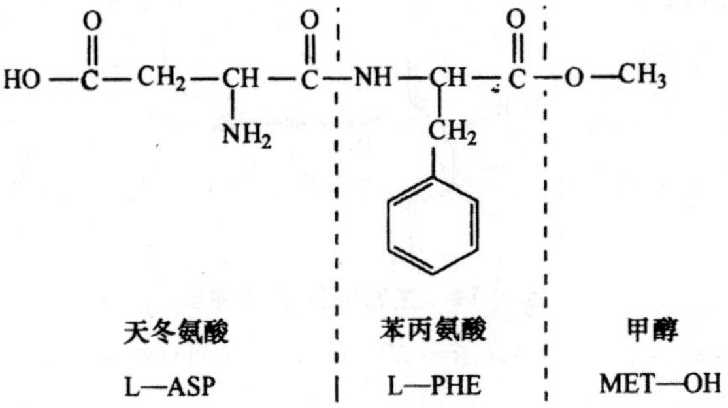

天冬氨酸　苯丙氨酸　甲醇

L—ASP　L—PHE　MET—OH

图 9-12　甜味素

9.2.4　酸味和酸味物质

酸味是由质子(H^+)与存在于味蕾中的磷脂相互作用而产生的味感。因此,凡是在溶液中能离解出氢离子的化合物都具有酸味。在 pH 相同的情况下,有机酸的酸味一般大于无机酸。有机酸种类不同,其酸味特性也不同,6 碳酸风味较好,4 碳酸味道不好,3 碳、2 碳酸有刺激性。

酸味的品质和强度除决定于酸味物质的组成、pH 外,还与酸的缓冲作用和共存物的质量分数、性质有关,甜味物质、味精对酸味有影响。酸味强度一般以结晶柠檬酸(一个结晶水)为基准定为 100,其他如无水柠檬酸为 110,苹果酸为 125,酒石酸为 130,乳酸(50%)为 60,富马酸为 165。酸味强度与它们的阈值大小不相关,见表 9-5。

表 9-5　一些有机酸的阈值(%)

柠檬酸	苹果酸	乳酸	酒石酸	延胡索酸	琥珀酸	醋酸
0.0019	0.0027	0.0018	0.0015	0.0013	0.0024	0.0012

常见的酸味物质有食用醋酸、柠檬酸、苹果酸、酒石酸、乳酸、抗坏血酸、葡萄酸和磷酸。

9.2.5　苦味和苦味物质

1. 苦味

生物碱碱性越强越苦;糖苷类碳/羟比值大于 2 为苦味;D 型氨基酸大多为甜味,L 型氨基酸有苦有甜,当 R 基大(碳数大于 3)并带有碱基时以苦味为主;多肽的疏水值大于 6.85kJmol 时有苦味;盐的离子半径之和大于 0.658nm 的具有苦味。

奎宁(图 9-13),一般作为测定苦味的标准物质。

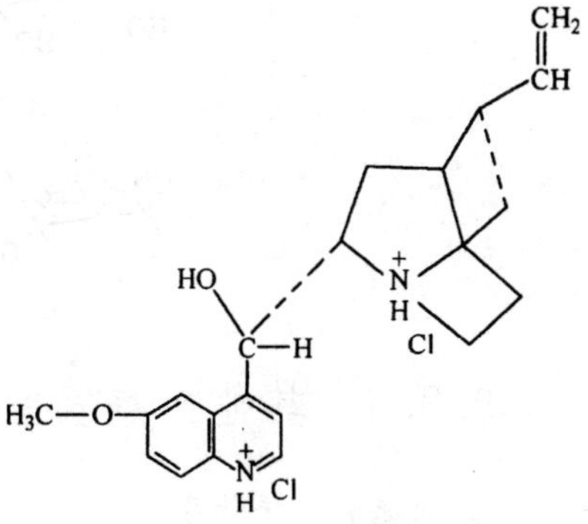

图 9-13　奎宁

2. 苦味物质

(1)咖啡碱、茶碱、可可碱

咖啡碱、茶碱和可可碱是生物碱类苦味物质,属于嘌呤类的衍生物(见图 9-14)。

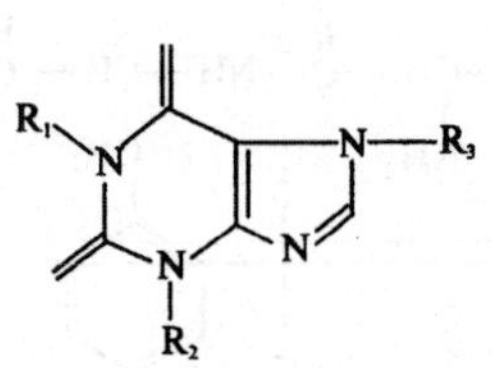

图 9-14　生物碱类苦味物质

咖啡碱：$R_1=R_2=R_3$：CH_3；茶碱：$R_1=R_2$：CH_3，$R_3=H$；可可碱：$R_1=H$，$R_2=R_3$：CH_3

(2)啤酒中的苦味物质

啤酒中的苦味物质主要来源于啤酒花和在酿造中产生的苦味物质，约有 30 多种，其中主要是 α 酸和异 α 酸等。

α 酸，又名甲种苦味酸，它是由葎草酮、副葎草酮、蛇麻酮等物质组成的的混合物(图 9-15)。

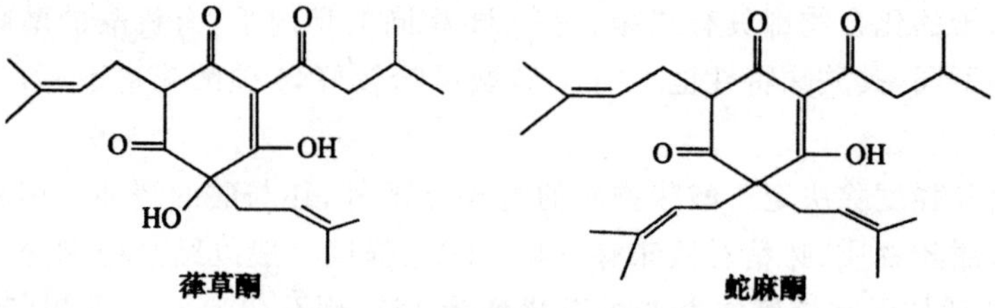

葎草酮　　蛇麻酮

图 9-15　覆蕈酮、蛇麻酮结构

异 α 酸是啤酒花与麦芽在煮沸过程中，由 40%～60%的仅酸异构化而形成的。在啤酒中异仅酸是重要的苦味物质。

(3)糖苷类

苦杏仁苷、水杨苷都是糖苷类物质，一般都有苦味。存在于柑橘、柠檬、柚子中的苦味物质主要是新橙皮苷和柚皮苷，在未成熟的水果中含量很多，它的化学结构属于黄烷酮苷类，见图 9-16。

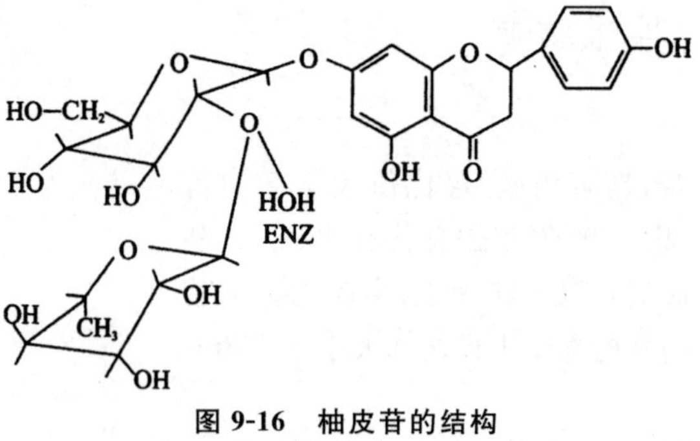

图 9-16　柚皮苷的结构

9.2.6　其他味感及呈味物质

1. 辣味和辣味物质

辣味是刺激口腔黏膜、鼻腔黏膜、皮肤、三叉神经而引起的一种痛觉。适当的辣味可增进食欲，促进消化液的分泌，在食品烹调中经常使用辣味物质作调味品。大量研究资料表明，分子的辣味随其非极性尾链的增长而加剧，以 C_9 左右达到最高峰，然后陡然下降（图 9-17、图 9-18），称之为 C_9 规律。

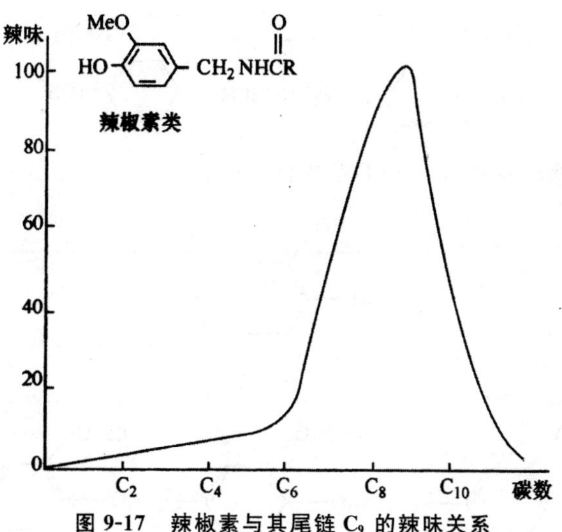

图 9-17　辣椒素与其尾链 C_9 的辣味关系

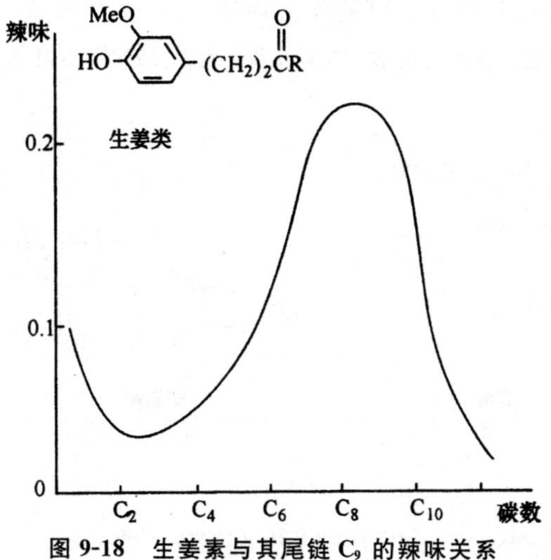

图 9-18　生姜素与其尾链 C_9 的辣味关系

辣味物质分子极性基的极性大小及其位置与味感关系也很大。极性头的极性大时是表面活性剂；极性小时是麻醉剂。极性处于中央的对称分子如：

RCON（哌嗪环）NCOR，RCOO—（苯环）—NHCOR

其辣味只相当于半个分子的作用，且因其水溶性降低而辣味大减。极性基处于两端的对称分子如：

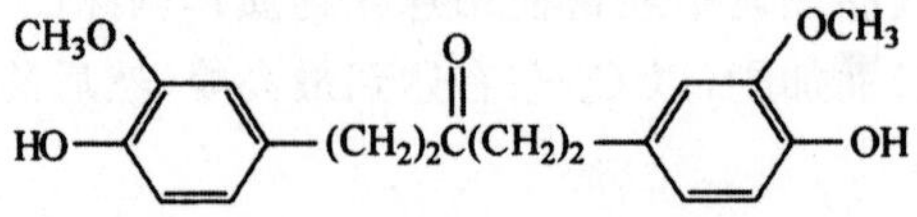

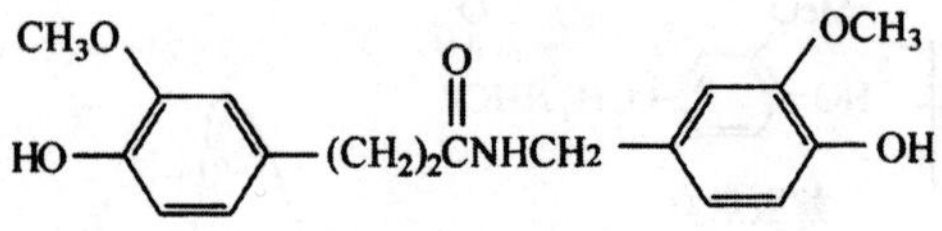

时，则味道变淡。增加或减少极性头部的亲水性，如将

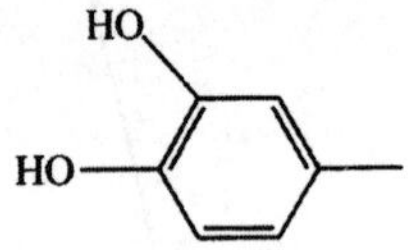

改变为

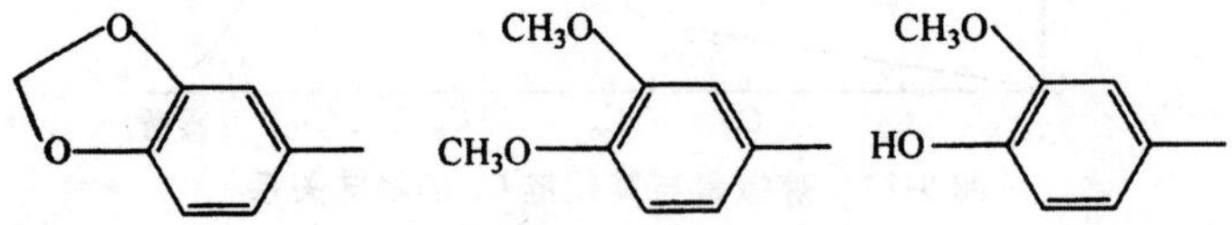

时，辣味均降低，甚至调换羟基位置也可能失去辣味，而产生甜味或苦味。

常用的辣味物质有辣椒、花椒、生姜、大蒜、葱、胡椒、芥末和许多香辛料等，几种辣味物质的结构如图 9-19 所示。

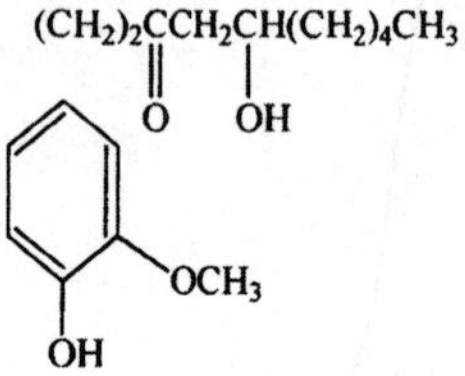

姜醇

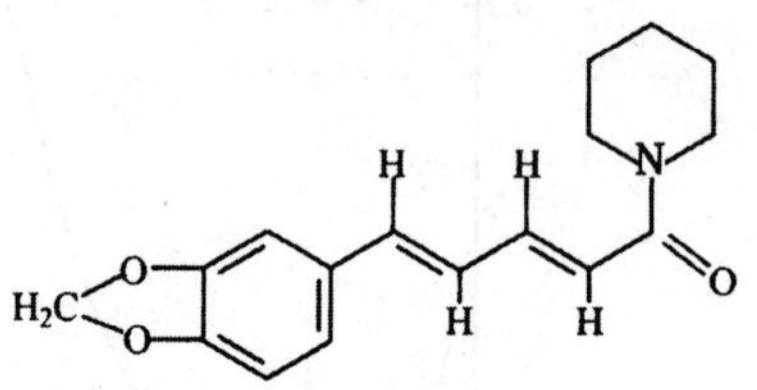

胡椒碱

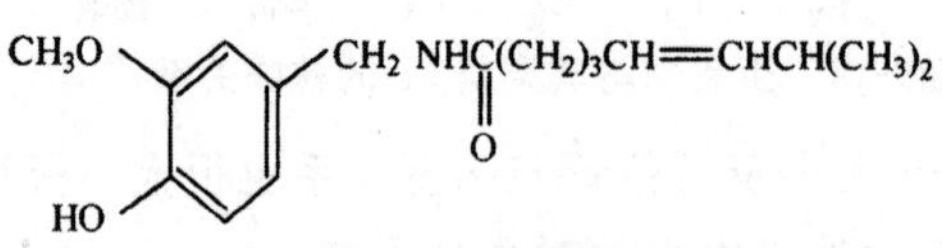

类辣椒素

图 9-19　几种辣味物质结构

2. 涩味和涩味物质

涩味，涩味物质与口腔内的蛋白质发生疏水性结合，交联反应产生的收敛感觉与干燥感觉。食品中主要涩味物质有：金属、明矾、醛类、单宁。

单宁是其中的重要代表物，其结构如图 9-20 所示。

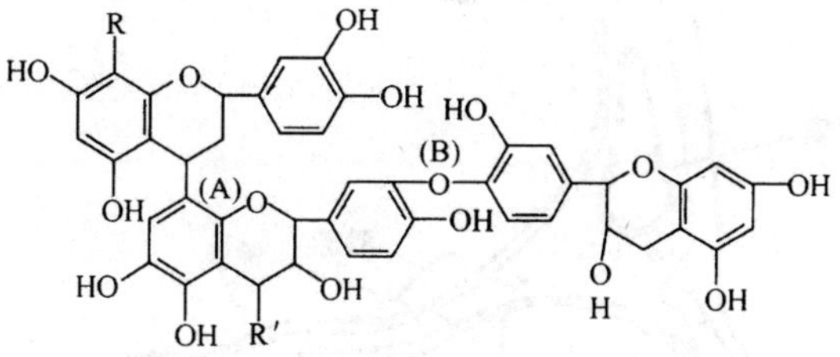

图 9-20　单宁

3. 鲜味及鲜味物质

鲜味是呈味物质(如味精)产生的能使食品风味更为柔和、协调的特殊味感,鲜味物质与其他味感物质相配合时,有强化其他风味的作用。常用的鲜味物质主要有氨基酸和核苷酸类。

图 9-21 所示为鳕鱼肉在 0℃贮藏期间 ATP 及其降解产物的消长情况。

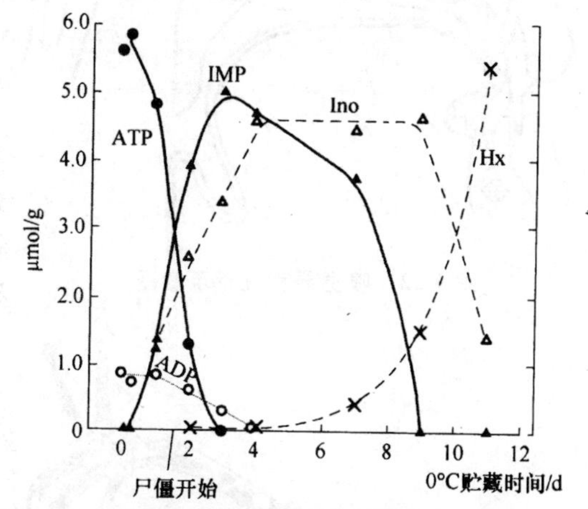

图 9-21　鳕鱼肉在贮藏期间核苷酸类物质的消长情况

9.3　食品香味及呈香物质

9.3.1　嗅觉的生理过程

气味物质是通过刺激位于鼻腔后上部的嗅觉上皮内含有嗅觉受体的嗅觉受体细胞(olfactory receptor cells),产生的神经冲动经嗅觉神经多级传导,最后到达位于大脑形区域的主嗅觉皮层而形成嗅觉(olfaction)(图 9-22 和图 9-23)。在嗅觉感受和传导过程中,至少有 4 个不同的系统参与,分别是嗅觉系统(olfactory system)、三叉神经系统(trigeminal system)、副味觉系统(accessory olfactory system)以及末梢神经系统(terminal nerve)。

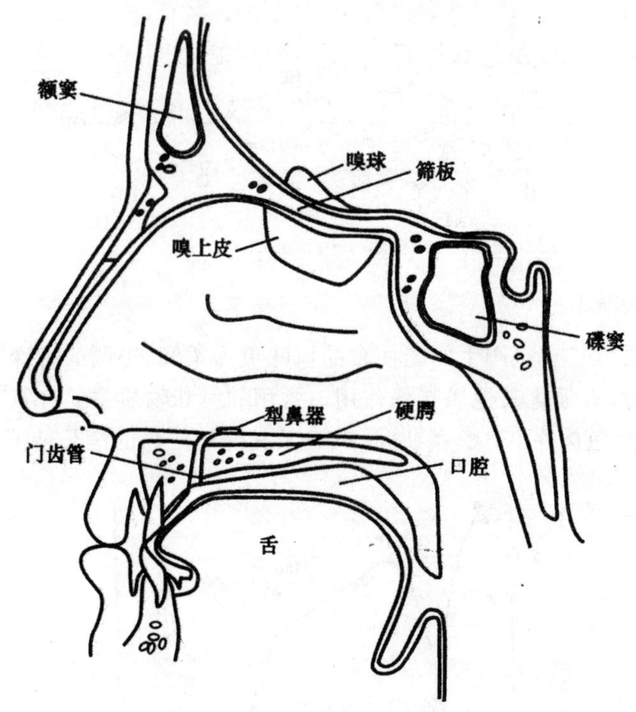

图 9-22　嗅觉器官位置示意图

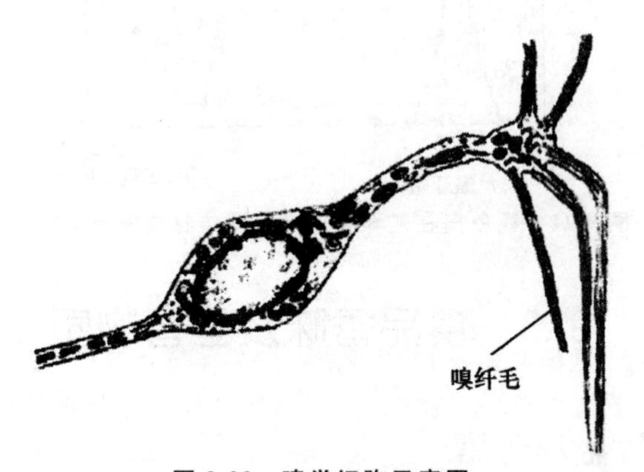

图 9-23　嗅觉细胞示意图

嗅觉系统主要由嗅觉上皮(图 9-24)、嗅球和嗅觉皮层三部分组成。

气味分子经高而窄的鼻通道到达嗅区后，必须通过亲水的黏液层才能与嗅觉受体细胞发生作用(图 9-25)。鼻黏膜内的可溶性气味结合蛋白(odorant binding protein)可以承担起这一作用。气味分子一旦溶解于黏膜，嗅觉转导即刻启动。

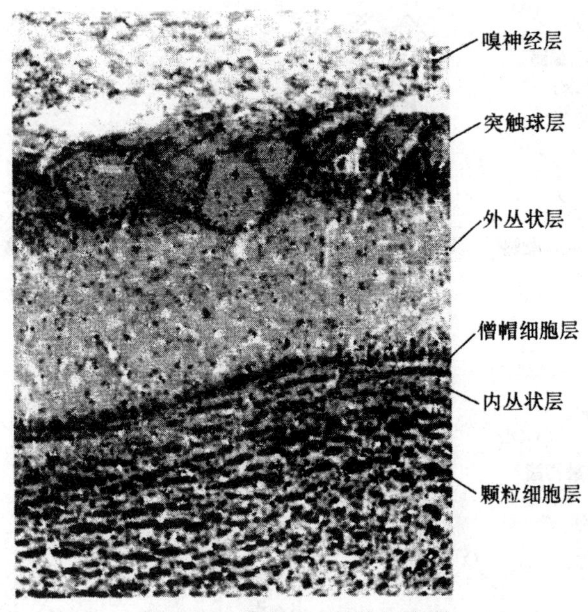

图 9-24　嗅觉上皮结构示意图

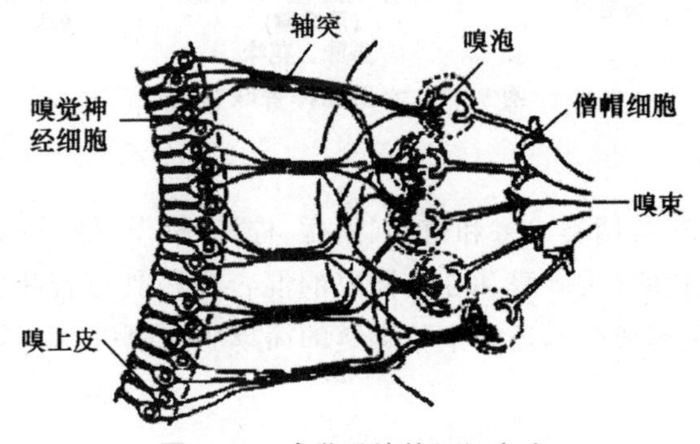

图 9-25　嗅觉系统的组织方式

9.3.2　食品的香味

1. 青草香味

青草香味被描述为刚割下的青草或落叶和绿色植物材料的气味，代表这类香味的典型物质是短链不饱和醛类和醇类，如反-2-己烯醛和顺-3-己烯醇。烷基取代的噻唑和烷氧基吡嗪类，阈值极低的酯类和杂环类也属于该族(见图 9-26)，如 2-甲基丁酸己酯，α-蒎烯。但只有反-2-己烯醛和顺-3-己烯醇常用作风味化合物，2-异丁基噻唑仅用于特定的香味(如番茄)。

2. 水果的酯样香味

水果的酯样香味以通常产生于成熟水果如香蕉、梨、瓜类等中甜的气味为特征，典型代表物为酯类和内酯类，但也涉及酮类，醚类和乙缩醛类(图 9-27)。热带水果含有与“奇异”香味有关的含硫化合物，如 3-甲硫基丙酸的甲基和乙基酯。

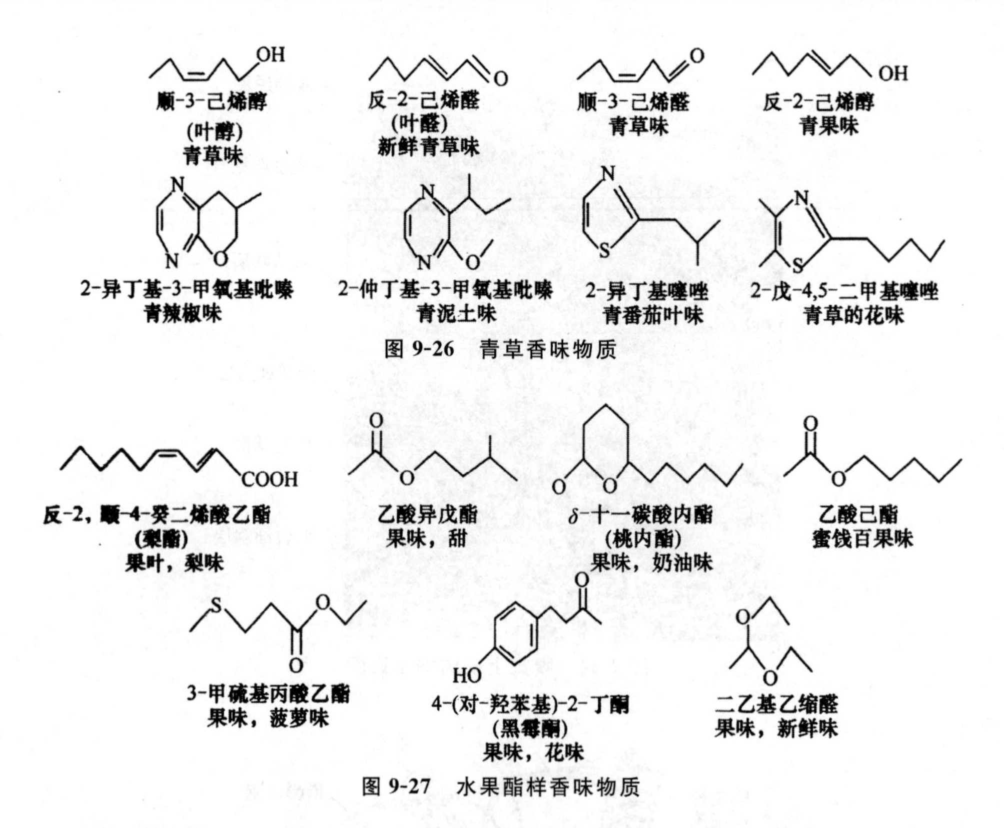

图 9-26　青草香味物质

图 9-27　水果酯样香味物质

3. 柑橘类萜烯香味

柑橘样香味以产生于柑橘类水果和植物(柑橘、柠檬、橙子、柚子)中的典型风味为特征，主要为具有强烈气味的柠檬醛(香叶醛和β-柠檬醛的混合物)，具有苦味特征的萜类组分如诺卡酮(是在柚子中发现的关键成分)，还有中长碳链的简单脂肪醛(辛醛，癸醛)、甜橙醛，以及单萜烯醇的一些酯类(图 9-28)。

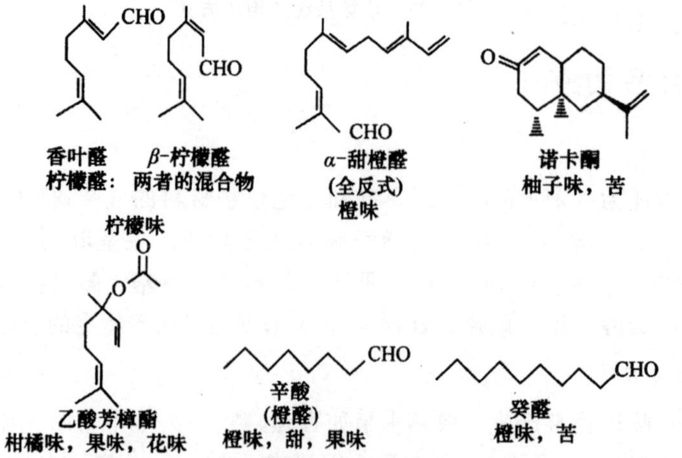

图 9-28　柑橘类萜烯香味物质

4. 薄荷樟脑香味

薄荷香味是薄荷所具有的甜的、新鲜的和清凉的感觉，主要是 l-薄荷醇，长叶薄荷醇，l-香芹醇乙酸酯，l-香芹酮和樟脑，冰片，桉树脑(桉树醇)以及小茴香酮等(图 9-29)。

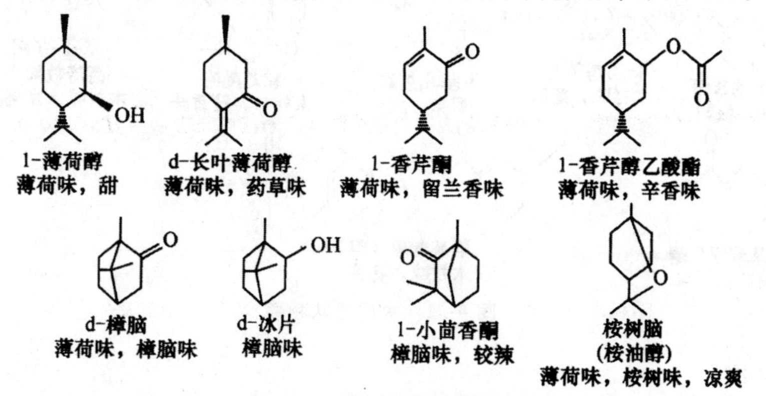

图 9-29　薄荷樟脑香味物质

5. 花的香味

花的香味可以被定义为由花散发出的气味，含有甜味、青草味、水果味和药草味等。苯乙醇，香叶醇，β-紫罗兰酮和一些酯(乙酸苄酯，乙酸芳樟酯)是该族中重要的化合物(图 9-30)。

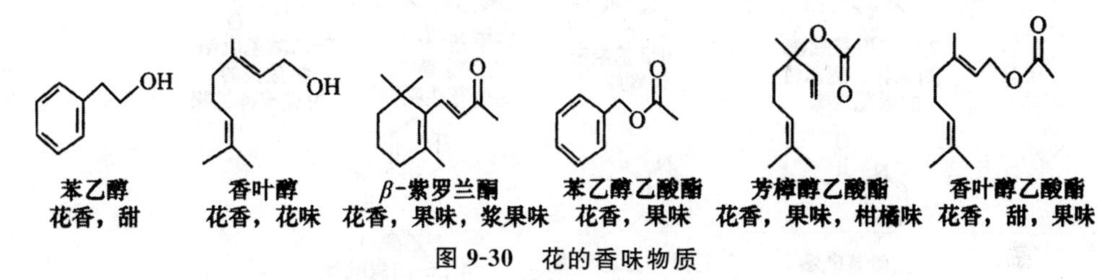

图 9-30　花的香味物质

6. 辛草药草香味

辛香药草香味是药草类植物和辛香料所共有的，但也有细微差别。芳香醛类，醇类和酚类的衍生物是典型的成分，许多具有刺激性特征和生理学作用(如抑制细菌)，如茴香脑(茴香；二肉桂醛(肉桂)、草蒿脑(龙蒿)、丁香酚(丁香)、d-香芹酮(莳萝)、百里酚(百里香)等(图 9-31)。

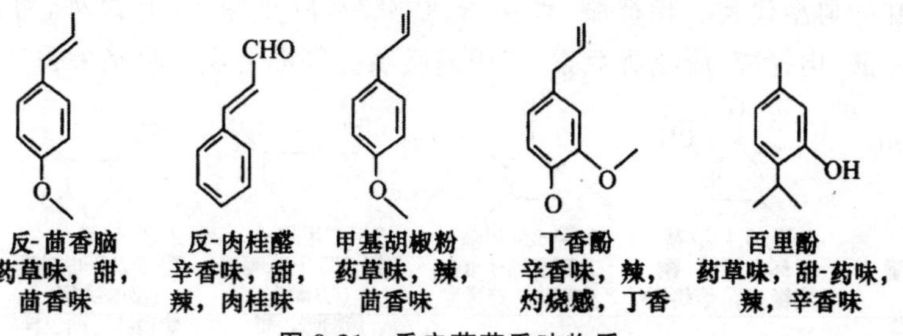

图 9-31　香辛药草香味物质

7. 木熏香味

木熏香味以取代的苯酚(邻甲氧基苯酚等)，甲基化的紫罗兰酮衍生物(甲基紫罗兰酮)，某些醛类(反-2-壬烯醛在极低的浓度下)为代表，具有独特的温热、木材味、甜味和烟熏的气味

(图 9-32)。木熏香味通常不属于天然的,而是在贮藏或热处理的过程中形成的。如在高浓度下,会给人的感觉像不良风味。

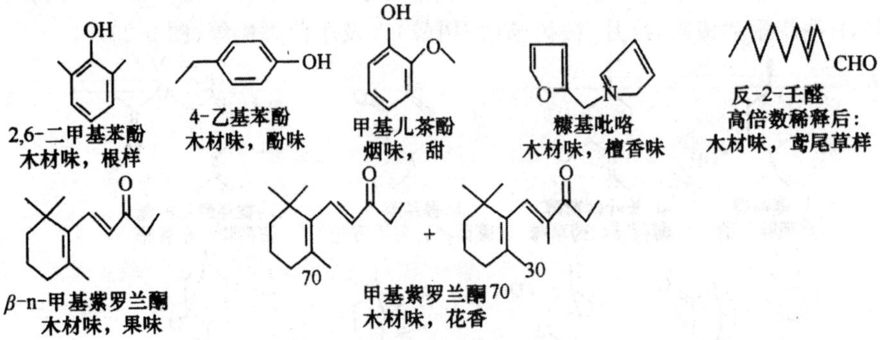

2,6-二甲基苯酚
木材味,根样
4-乙基苯酚
木材味,酚味
甲基儿茶酚
烟味,甜
糠基吡咯
木材味,檀香味
反-2-壬醛
高倍数稀释后:
木材味,鸢尾草样
β-n-甲基紫罗兰酮
木材味,果味
甲基紫罗兰酮70
木材味,花香

图 9-32 木熏香味物质

8. 烧烤香味

在烧烤产品的风味物质中,烷基、酰基或烷氧基的不同取代吡嗪类化合物占主要地位,其中烷基和乙酰取代的吡嗪是最重要的化合物,是焦香、焙烤香、青草味、泥土味和霉味等的综合(图 9-33)。

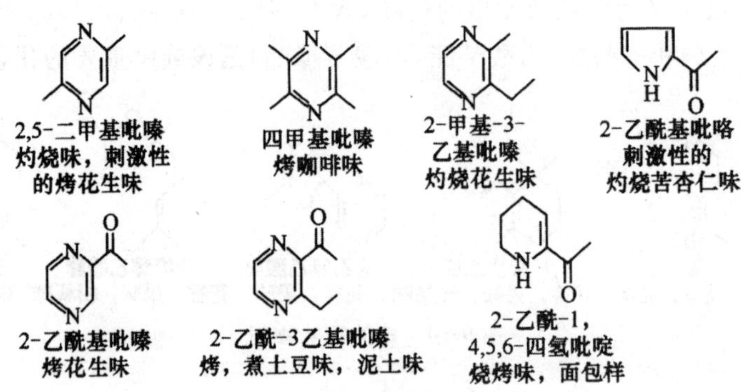

图 9-33 烧烤香味物质

9. 焦糖化坚果香味

焦糖化坚果香气一般存在于经过热处理的含糖食品中,焙烤坚果产生的轻微苦味和焙烤香气是这类风味的典型代表。除榛酮、麦芽酚、呋喃酚等(见图 9-34)之外,香兰素、乙基香兰素、苯甲醛、苯乙酸、肉桂醇、脱氢香豆素、三甲基吡嗪类等都是焦糖化坚果香气的组分。

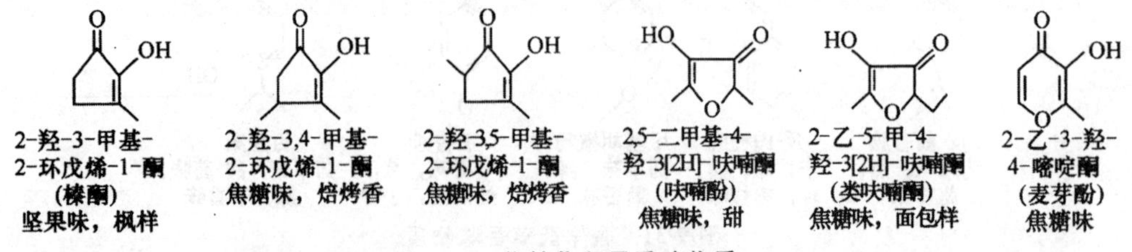

图 9-34 焦糖化坚果香味物质

10. 肉汤和水解植物蛋白香味

肉汤和水解植物蛋白香味不是一种独特的建立在典型代表物质基础上的香味,它被描述为一种相当混杂的、温热的、咸的和芳香的感觉，伴随有增强了的肉的抽提物的气味(图 9-35)。

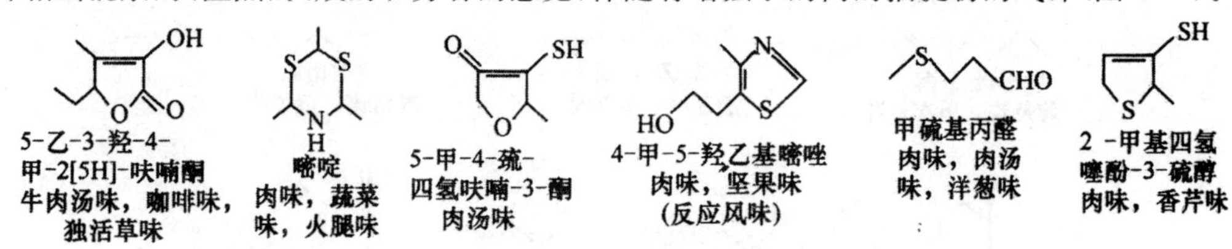

图 9-35　肉汤和水解植物蛋白香味物质

11. 肉类香味

肉类香味是最复杂的香味。例如，烤箱烤的牛肉的风味跟用炭火烧烤的牛肉或简单的煮牛肉的风味是不同的，未经烹煮过的生的(血腥的)肉是没有什么风味的。含硫组分(硫醇、噻唑、噻吩等)以及氮杂环(吡嗪、吡咯、吡啶、恶唑等)是其主要的风味物质(图 9-36)。

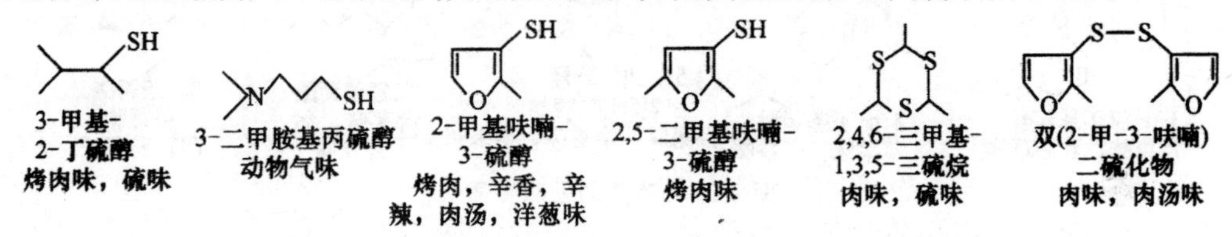

图 9-36　肉类的香味物质

12. 乳品奶油香味

乳品奶油香味从黄油的香(联乙酰、乙偶姻、戊二酮)到香甜奶油的发酵香(乙酸丙酮醇脂、δ-癸内酯、γ-辛内酯)，多种多样。图 9-37 给出了代表这一香气类型的部分物质。

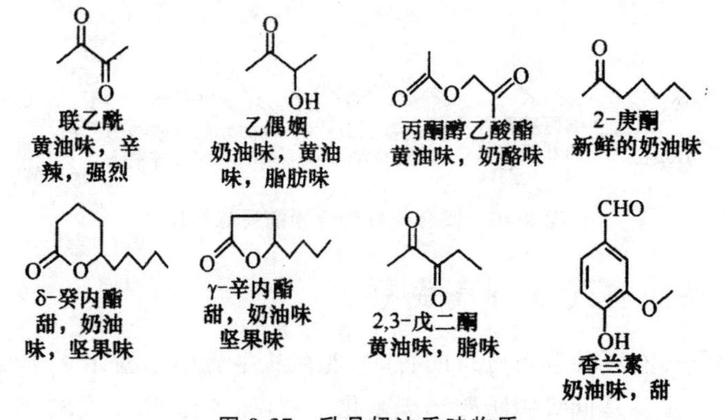

图 9-37　乳品奶油香味物质

13. 蘑菇泥土香味

对蘑菇风味物质的研究表明：除 1-辛烯-3-醇之外，主要还包括一系列由 C_8 组成的、饱和的和不饱和的醇类及羰基化合物。2-辛烯-4-酮和 1-戊基吡咯也具有蘑菇样香气。4-萜品醇，2-乙基-3-甲硫基吡嗪和间苯二酚二甲醚都具有泥土风味特征(见图 9-38)。

14. 芹菜汤香味

芹菜汤香味的典型组分示于图 9-39。

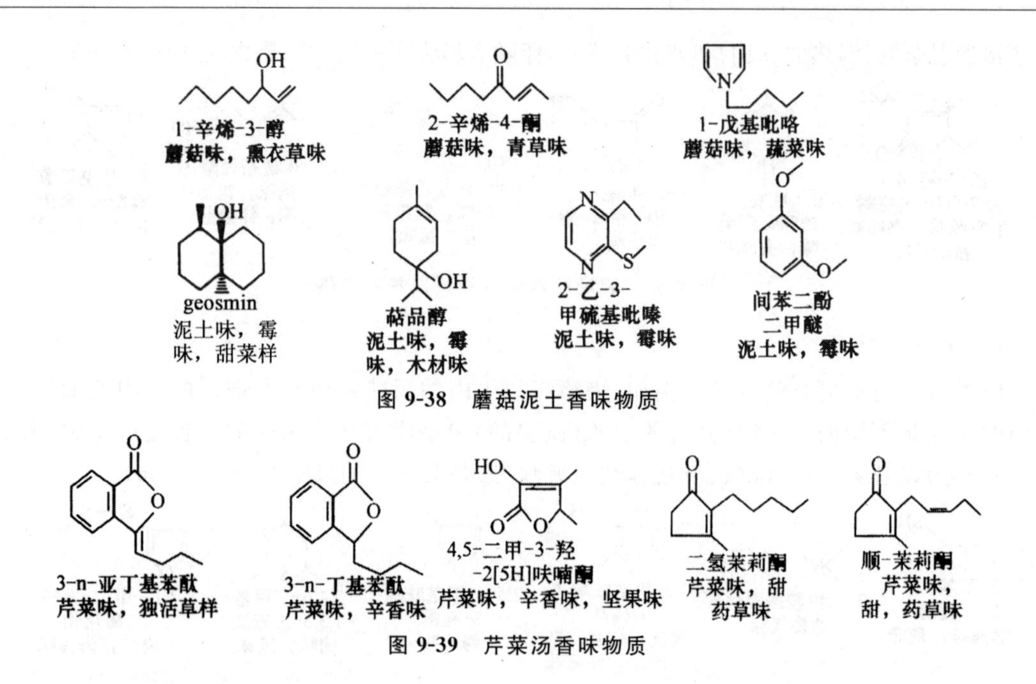

图 9-38　蘑菇泥土香味物质

图 9-39　芹菜汤香味物质

15. 偶合硫类化合物的香味

偶合硫类化合物的香味是蔬菜独有的香气，通常很容易识别。主要有简单的不愉快的硫醇（甲基硫醇），大蒜和洋葱的化合物（烯丙基硫醇，二烯丙基二硫化合物），愉快的独特的杂环化合物（芦笋中的1,2,4-三硫戊环，蘑菇中的蘑菇香精以及西番莲果中的2-甲基-4-丙基-3-环硫烷等）（图 9-40）。

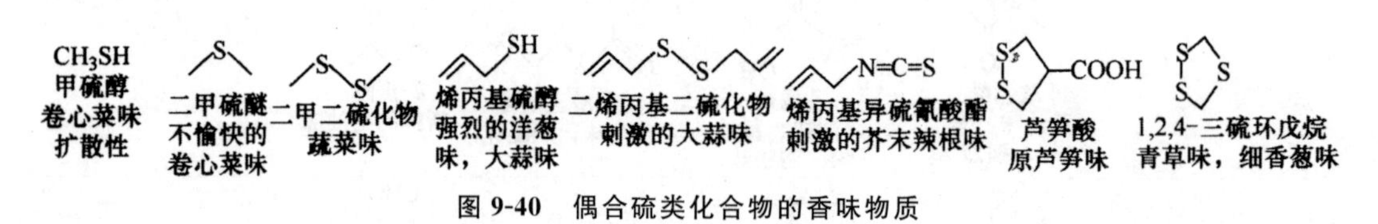

图 9-40　偶合硫类化合物的香味物质

9.3.3　乳品的香气及香气成分

新鲜优质的牛乳具有一种鲜美可口的香味，现在从牛乳中已检出了400多种挥发性芳香化合物。其香味成分主要是低级脂肪酸和羰基化合物，如2-己酮、2-戊酮、丁酮、丙酮、乙醛、甲醛等以及极微量的乙醚、乙醇、氯仿、乙腈、氯化乙烯、甲硫醚等。甲硫醚在牛乳中虽然含量微少，然而却是牛乳香气的主要成分。

牛乳暴露于日光中，则会产生日晒气味，这是由于牛乳中蛋氨酸（methionine）在维生素 B_2 的作用下，经过氧化分解而生成 β-甲硫基丙醛（β-methylthiopropionaldehyde）所致。β-甲硫基丙醛有一种甘蓝气味，如果将其高度稀释，则真有日晒气味。即使牛乳中 β-甲硫基丙醛稀释到 0.05mg/kg，其气味也能感觉出来。β-甲硫基丙醛可分解生成甲硫醇（methanethiol）和二甲基二硫化物（dimethyldisulphide）等有刺激性气味的化合物（图 9-41）。牛乳产生日晒气味必须具备下列四个因素：光能、游离氨基酸或肽类、氧和维生素 B_2。

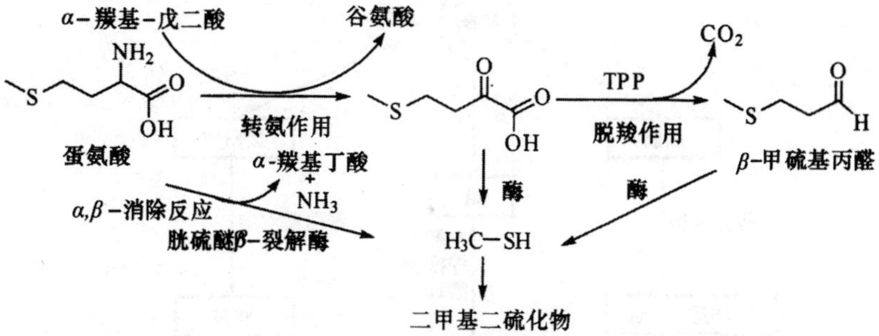

α-羰基-戊二酸
谷氨酸
NH_2
O
OH
S
蛋氨酸
转氨作用
α-羰基丁酸
+
NH_3
α,β-消除反应
胱硫醚β-裂解酶
O
O
OH
S
TPP
CO_2
脱羧作用
O
S
H
β-甲硫基丙醛
酶
酶
H_3C-SH
二甲基二硫化物

图 9-41　牛乳日晒味形成机理

另外，细菌作用可使牛乳中亮氨酸（leucine）分解成 3-甲基丁醛（3-methylbutanal）。使牛乳产生麦芽臭味（malty odour），其反应过程如图 9-42 所示。

$$H_3C-\underset{CH_3}{\overset{H}{C}}-CH_2-\underset{NH_2}{\overset{H}{C}}-COOH \longrightarrow H_3C-\underset{CH_3}{\overset{H}{C}}-(CH_2)_2-COOH+NH_3$$

图 9-42　牛乳麦芽臭味形成机理

酸奶风味的主要贡献者是乳酸，它来自乳糖的微生物发酵。目前，已从酸奶中检出挥发性化合物 50 多种（图 9-43）。

乳糖
乙醛
乙偶姻
双乙酰
苯甲醛
糠醛
维生物发酵
牛乳
乳糖
蛋白质
脂肪
热降解
热降解
热降解
二甲基硫化物
异丁醛
苯乙醛
苯甲醛
本甲醇
丙酮及其他酮类
内酯

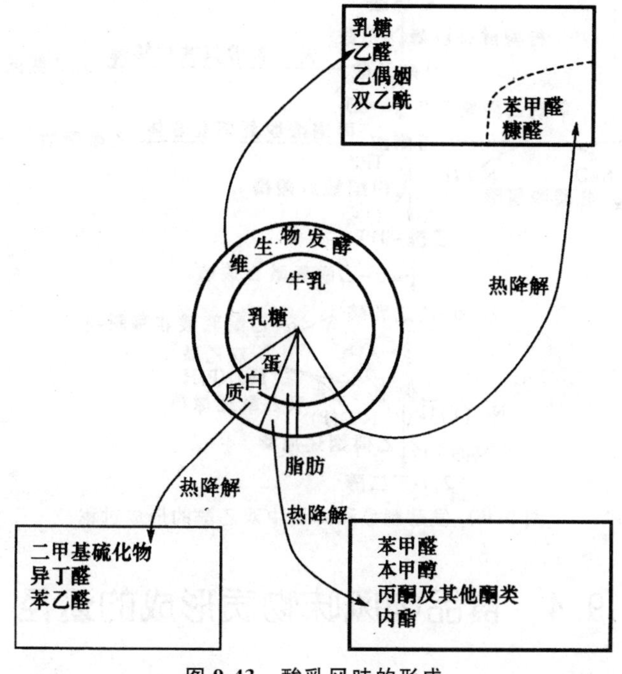

图 9-43　酸乳风味的形成

脂解、蛋白水解和发酵在奶酪风味的形成过程中起着很重要的作用（图 9-44）。

新鲜黄油香气的主要成分是挥发性酸和醇（总含量约 0.8～1.1mg/kg）、异戊醛（约 1.0～10mg/kg）、乙偶姻（acetoin）（约 0.00447mg/kg）、双乙酰（约 0.00146mg/kg）。其中，醛类来自氨基酸的降解，而酮类来自脂肪酸的氧化分解。双乙酰、乙偶姻是发酵乳制品香气的主要成分，它是由柠

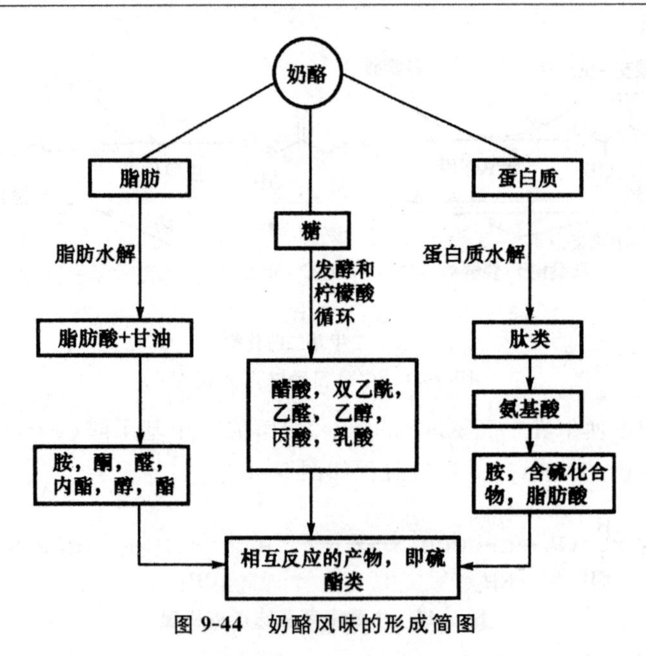

图 9-44 奶酪风味的形成简图

檬酸经微生物发酵而形成的，在缺氧状态下，酶活力较弱时，则生成无味的 2,3-丁二醇(2,3-butanediol)。当氧气非常充足时，则生成较多的双乙酰、乙偶姻。反应过程如图 9-45 所示。

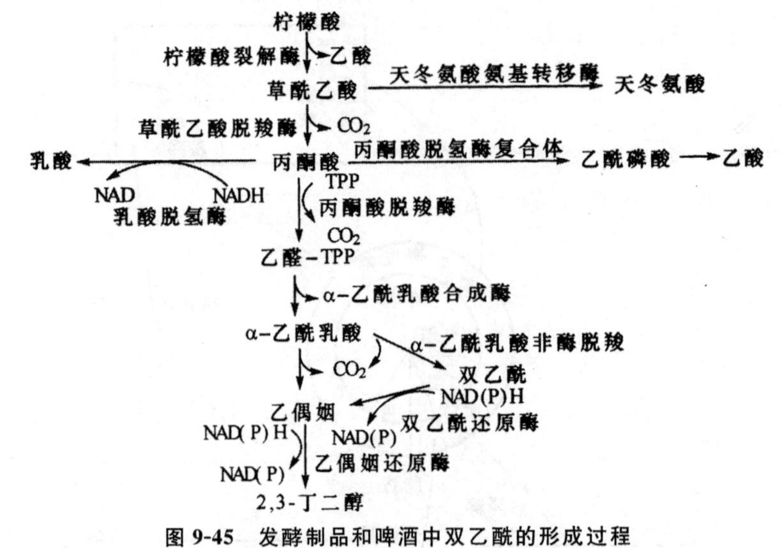

图 9-45 发酵制品和啤酒中双乙酰的形成过程

9.4 食品中风味物质形成的途径

尽管风味化合物千差万别，然而它们的生成途径主要有以下五个方面：生物合成、酶的作用、发酵作用、高温分解作用和食物调香。

9.4.1 生物合成作用

食物中的香气物质大多数是食物原料在生长、成熟和贮藏过程中通过生物合成作用形成的，这是食品原料或鲜食食品香气物质的主要来源。不同食物香气物质生物合成的途径不同，合成的香气物质种类也完全不同。食物中的香气成分主要是以氨基酸、脂肪酸、羟基酸、单糖、糖苷和色素为前体，通过进一步的生物合成而形成。

1. 以氨基酸为前体的生物合成

在各种水果和许多蔬菜的香气成分中，许多低碳数的醇、醛、酸、酯等香气化合物都是以支链氨基酸为前体通过生物合成形成的；而一些酚类、醚类则是以芳香族氨基酸为前体通过生物合成的(图 9-46)；此外，葱、蒜、韭菜等蔬菜中的含硫香气成分是以半胱氨酸为前体，而甘蓝、海藻等中的甲硫醚则是以甲硫氨酸为前体通过生物合成的。

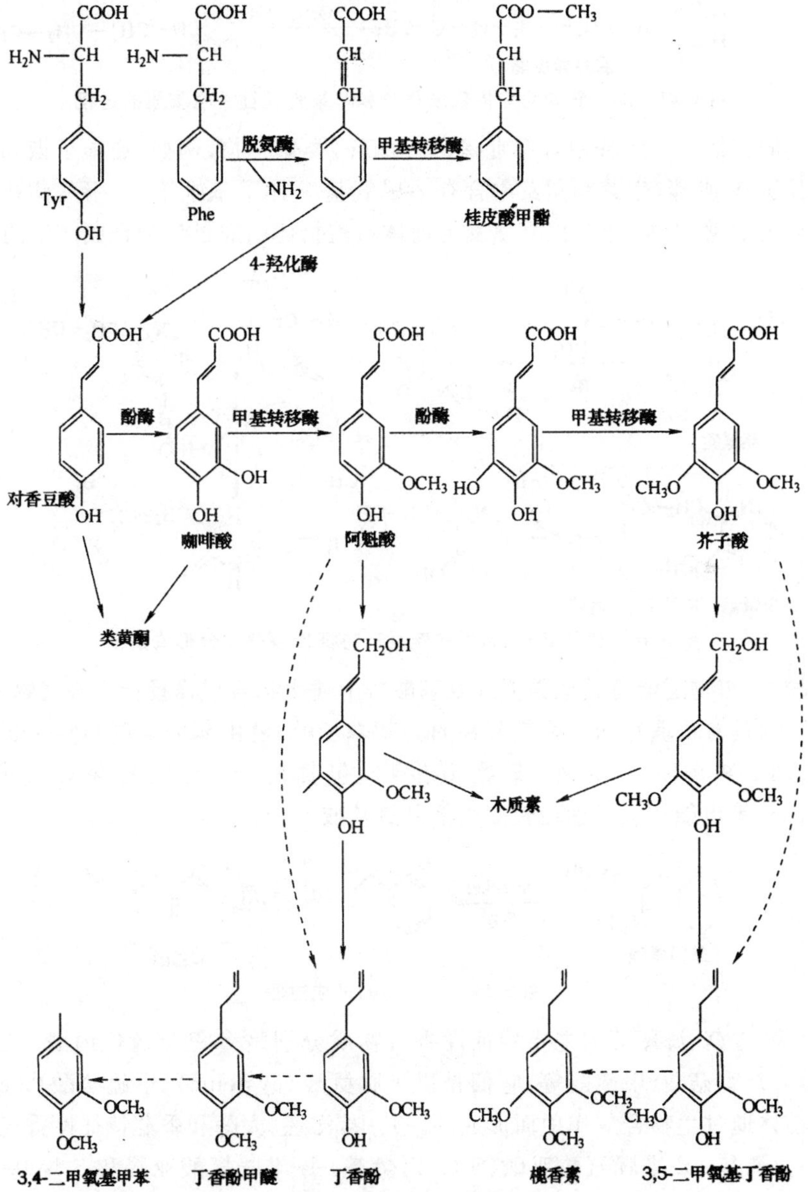

图 9-46　植物中丁香酚类物质的形成途径

香蕉的特征香气物质醋酸异戊酯和苹果的香气特征物之一 3-甲基丁酸乙酯，就是以支链氨基酸 L-亮氨酸为前体，通过生物合成产生的（图 9-47）。

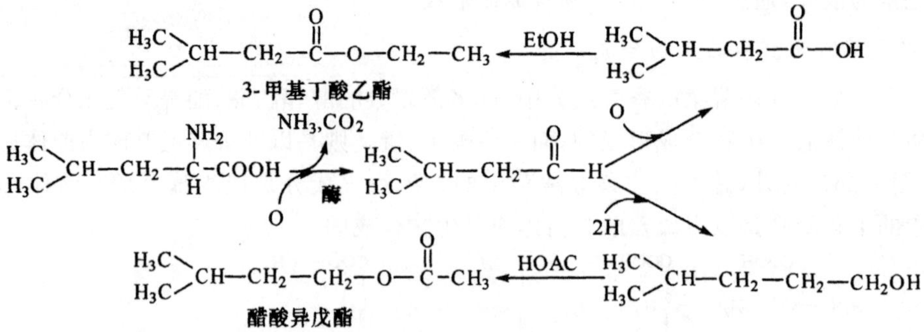

图 9-47　以亮氨酸为前体形成香蕉和苹果特征性香气物质的过程

有些蔬菜的特征香气成分中含有吡嗪（pyrazine）类化合物，例如，甜柿子椒和豌豆中含有 2-甲氧基-3-异丁基-吡嗪，生菜和甜菜中含有 2-甲氧基-3-仲丁基吡嗪，叶用莴苣和土豆中含有 2-甲氧基-3-异丙基-吡嗪等，也是以亮氨酸为前体在植物体内通过生物合成产生的（图 9-48）。

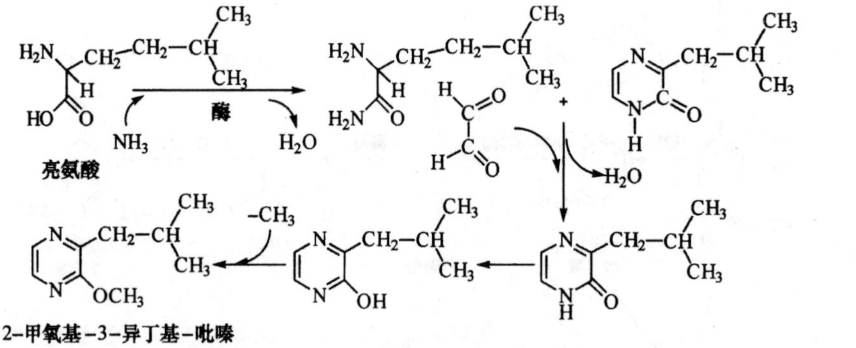

图 9-48　生马铃薯、豌豆和豌豆荚特征性香气成分形成途径

除亮氨酸外，植物还能将其他类似的氨基酸按上述生物合成途径产生香气物质。例如，存在于各种花中的具有玫瑰花和丁香花芳香的 2-苯基乙醇，就由苯丙氨酸（phenylalanine）经上述途径合成的（图 9-49）。此外，某些微生物，包括酵母、产生麦芽香气的乳链球菌（Streptococcus）等也能按上述途径转变大部分氨基酸。

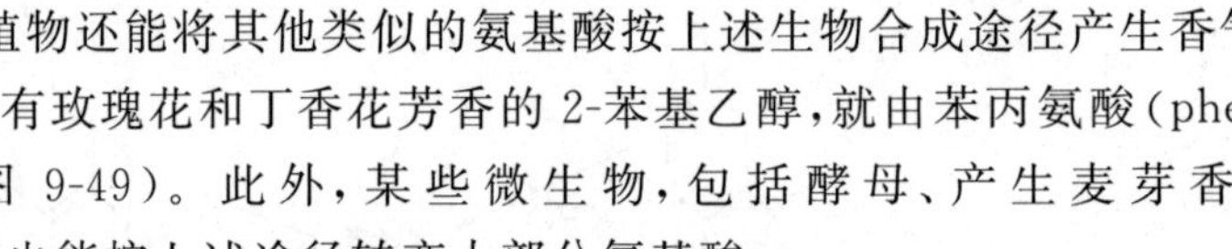

图 9-49　苯乙醇的形成过程

洋葱、大蒜、香菇、海藻等的主要特征性香气物质分别是 S-氧化硫代丙醛、二烯丙基硫代亚磺酸酯（蒜素）、香菇酸、甲硫醚等，它们是以半胱氨酸（cysteine）、甲硫氨酸（methionine）及其衍生物为前体通过生物合成作用而形成的。其中，洋葱、大蒜和香菇特征性香气物质的前体分别是 S-（1-丙烯基）-L-半胱氨酸亚砜、S-（2-丙烯基）-L-半胱氨酸亚砜和 S-烷基-L-半胱氨酸亚砜（香菇精，lenthionine），它们形成的途径分别见图 9-50，图 9-51 和图 9-52。

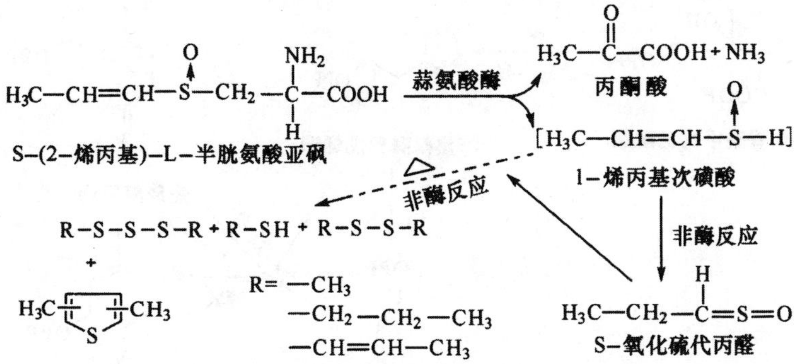

$H_3C-CH=CH-S(\to O)-CH_2-CH(NH_2)-COOH$ —蒜氨酸酶→ $H_3C-C(=O)-COOH + NH_3$ 丙酮酸 + $[H_3C-CH=CH-S(\to O)-H]$ 1-烯丙基次磺酸

S-(2-烯丙基)-L-半胱氨酸亚砜

非酶反应 → $H_3C-CH_2-CH=S=O$ S-氧化硫代丙醛

非酶反应 → $R-S-S-S-R + R-SH + R-S-S-R$ + 二甲基噻吩

$R= -CH_3$, $-CH_2-CH_2-CH_3$, $-CH=CH-CH_3$

图 9-50　洋葱特征性香气物质形成的途径

$H_2C=CH-CH_2-S(\to O)-CH_2-CH(NH_2)-COOH$ —蒜氨酸酶→ $H_2C=CH-CH_2-S-S(\to O)-CH_2-CH=CH_2$ 二烯丙基硫代亚磺酸酯 + $H_3C-C(=O)-COOH + NH_3$ 丙酮酸

S-(2-烯丙基)-L-半胱氨酸亚砜

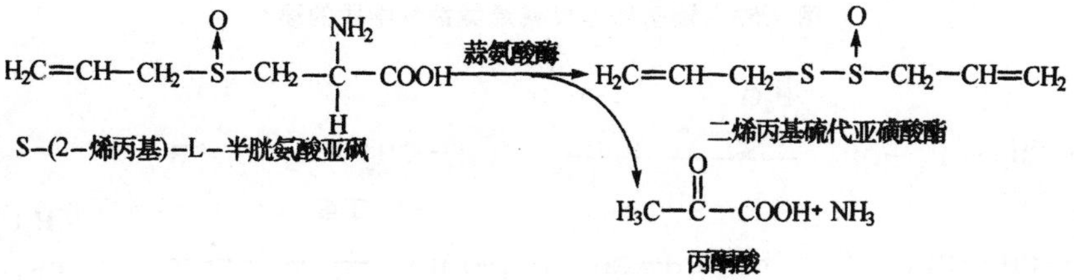

图 9-51　大蒜特征性香气物质形成的途径

香菇酸 —酶→ $H_3C-SO_2-C_3H_6O_2S_2-S(\to O)-H$（硫代亚磺酸）→ $[H_2C(S)_2]_x$ —非酶反应→ 香菇精

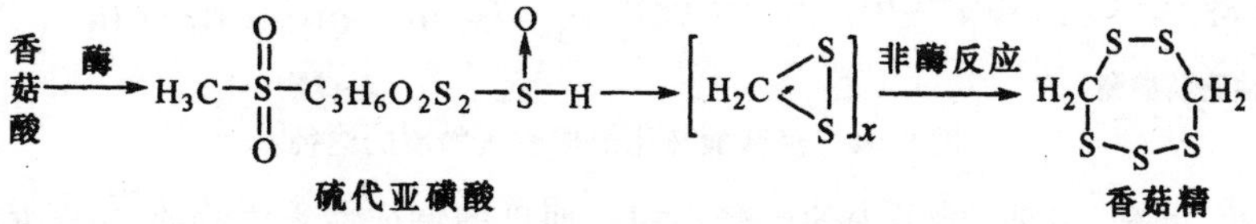

图 9-52　香菇特征性香气物质形成的途径

2. *以羟基酸为前体的生物合成*

在柑橘类水果及其他一些水果中，重要的香气成分之一是萜烯类化合物，包括开链萜和环萜，是生物体内通过异戊二烯途径（isoprenoid pathway）合成的，其前体是甲瓦龙酸（mevalonic acid）（一种 C_6 的羟基酸），它在酶的催化下先生成焦磷酸异戊烯酯，然后再分成两条不同的途径进行合成（图 9-53）。这些反应的产物大多呈现出天然芳香，如柠檬醛、橙花醛（neral）是柠檬的特征香气成分；β-甜橙醛（β-sinensal）是甜橙的特征香气分子；诺卡酮（Nootkatone）是柚子的重要香气物质等。

具有明显椰子和桃子特征香气的 C_8～C_{12} 内酯以及在乳制品香气中扮演主要角色的 δ-辛内酯，主要是以脂肪酸 β-氧化的羟基酸产物或脂肪水解产生的羟基酸为前体在酶的催化下发生环化反应（cyclic reaction）形成的（图 9-54）。

3. *以脂肪酸为前体的生物合成*

在水果和一些瓜果类蔬菜的香气成分中，常发现含有 C_6 和 C_9 的醇、醛类（包括饱和或不饱和化合物）以及由 C_6 和 C_9 的脂肪酸所形成的酯，它们大多是以脂肪酸为前体通过生物合成而形成的。按其催化酶的不同，主要有两类反应机理：由脂肪氧合酶产生的香气成分和由脂肪 β-氧化产生的香气物质。

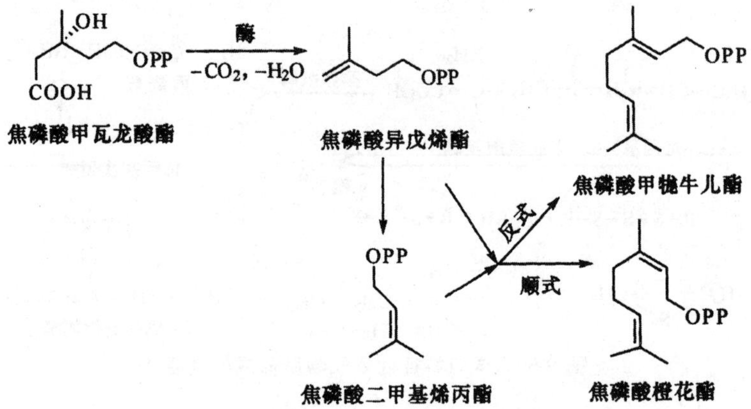

图 9-53 羟基酸形成萜烯类香气物质的途径

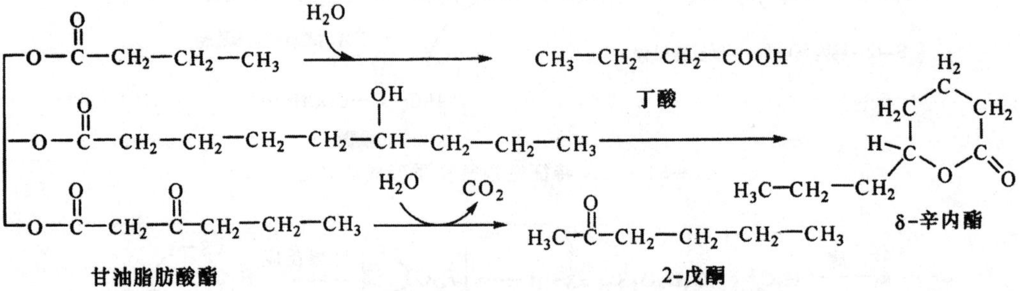

图 9-54 羟基酸环化形成香气物质的途径

苹果、香蕉、葡萄、菠萝、桃子中的已醛，香瓜、西瓜的特征性香气物质 2t-壬烯醛和 3c-壬烯醇，番茄的特征性香气物质 3c-已烯醛和 2c-已烯醇以及黄瓜的特征性香气物质 2t,6c-壬二烯醛等，都是以亚油酸和亚麻酸为前体，在脂肪氧合酶（lipoxygenase）、裂解酶（lyase）、异构酶（isomerase）、氧化酶（oxidase）等的作用下合成的（图 9-55、图 9-56）。

大豆制品豆腥味（green-bean-like flavour）的主要成分是已醛（hexanal），该物质也是以不饱和脂肪酸（亚油酸和亚麻酸）为前体在脂肪氧合酶的作用下形成的（图 9-57）。

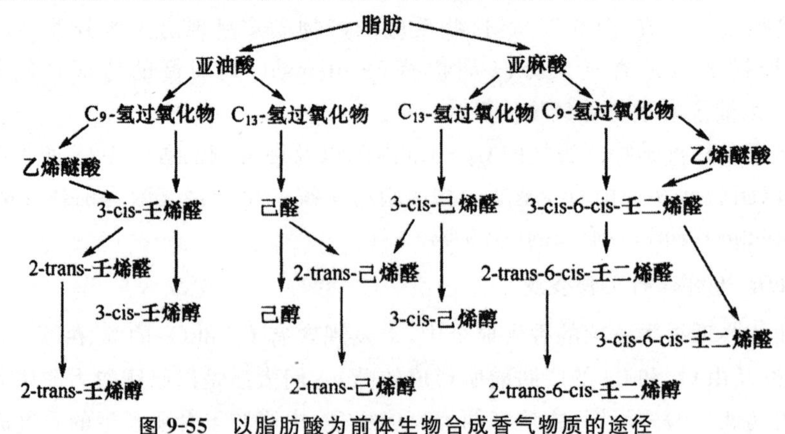

图 9-55 以脂肪酸为前体生物合成香气物质的途径

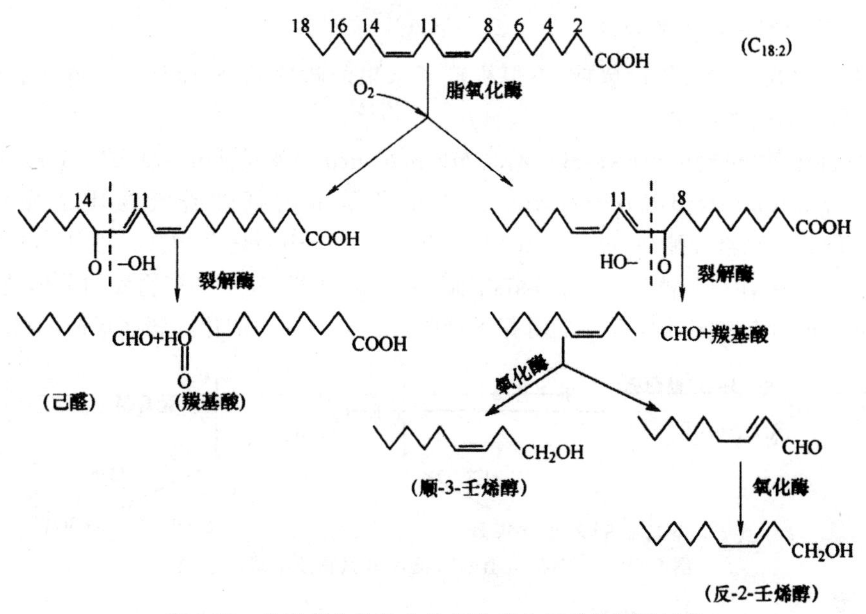

图 9-56　油酸在生物体内的氧化产生风味物质的过程

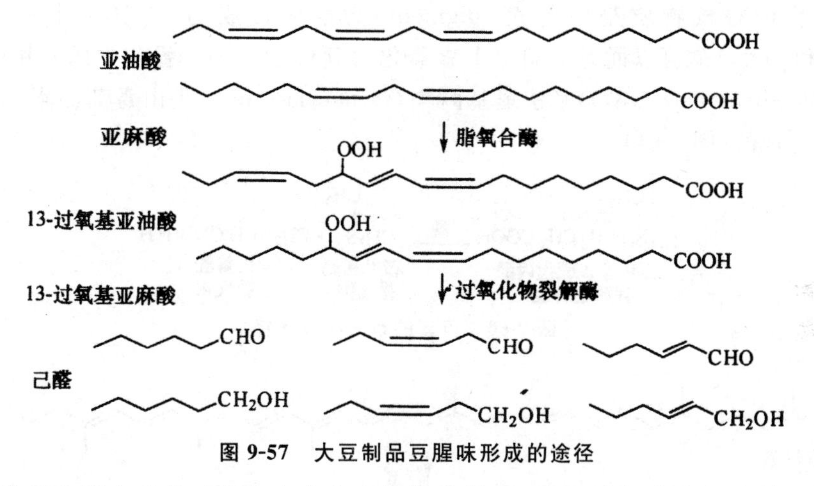

图 9-57　大豆制品豆腥味形成的途径

梨、杏、桃等水果在成熟时都会产生令人愉快的果香，这些香气成分很多是由长链脂肪酸经 β-氧化（β-oxidation）衍生而成的 $C_6 \sim C_{12}$ 化合物。例如，由亚油酸通过 β-氧化途径生成的(2E,4Z)-癸二烯酸乙酯，就是梨的特征香气成分（图 9-58）。

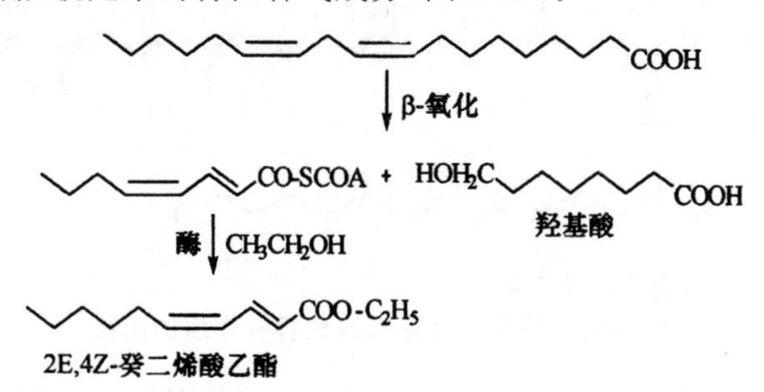

图 9-58　脂肪酸 β-氧化（β-oxidation）产生香气物质的途径

4. 以糖苷为前体的生物合成

在水果中存在大量的各种单糖，不但构成了水果的味感成分，而且也是许多香气成分如醇、醛、酸、酯类的前体物质。

十字花科蔬菜，包括山葵（wasabi，*Wasabia japonica*）、辣根（horseradish，*Amoracia lapathifplia*）、芥末（mustard，*Sinapis alba*）、雪里蕻等的特征性香气物质是异硫氰酸酯（isothiocyanate）、硫氰酸酯（thiocyanate）和一些腈类（nitrile）化合物。一般认为这些辛辣味的物质并不是直接存在于植物中，而是植物细胞遭到破坏时，其中辛辣物质的前体硫代葡萄糖苷（glucosinolate）在一定外界条件下由芥子苷酶（myrosinase）催化降解而形成的（图 9-59）。

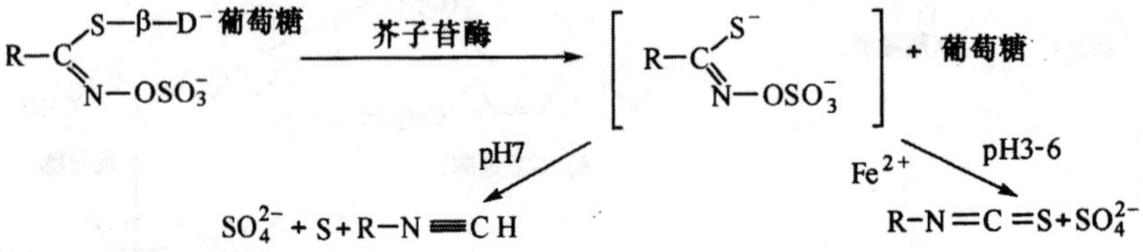

$$R-C(-S-\beta-D^{-}葡萄糖)=N-OSO_3^- \xrightarrow{芥子苷酶} [R-C(-S^-)=N-OSO_3^-] + 葡萄糖$$

$$\xrightarrow{pH7} SO_4^{2-} + S + R-N\equiv CH$$

$$\xrightarrow[Fe^{2+}]{pH3\text{-}6} R-N=C=S + SO_4^{2-}$$

图 9-59　十字花科植物特征性香气物质形成的途径

5. 以色素为前体的生物合成

某些食物的香气物质是以色素（pigment）为前体形成的，如红茶中的 β-紫罗兰酮（β-ionone）和 β-大马酮可以诵讨类胡萝卜素氧化得到（图 9-60）。番茄中的 6-甲基-5-庚烯-2-酮（6-methyl-2-heptene-2-OXO）和法尼基丙酮（farnesylacetone）是由番茄红素（1ycopene）在酶的催化下生成的（图 9-61）。

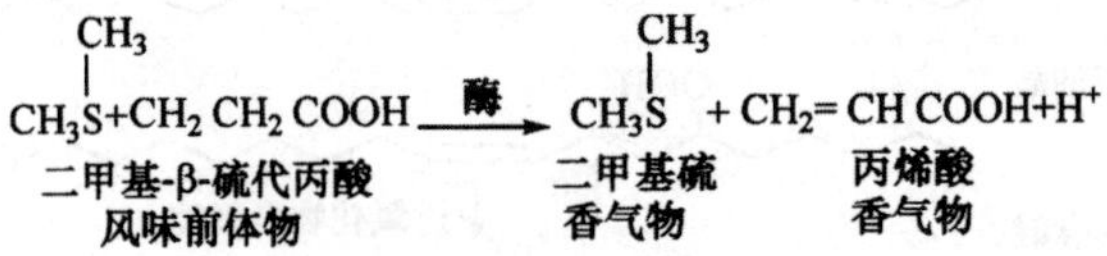

$$(CH_3)_2S^+CH_2CH_2COOH \xrightarrow{酶} CH_3SCH_3 + CH_2=CHCOOH + H^+$$

二甲基-β-硫代丙酸　风味前体物　→　二甲基硫　香气物　+　丙烯酸　香气物

图 9-60　芦笋的香气形成途径

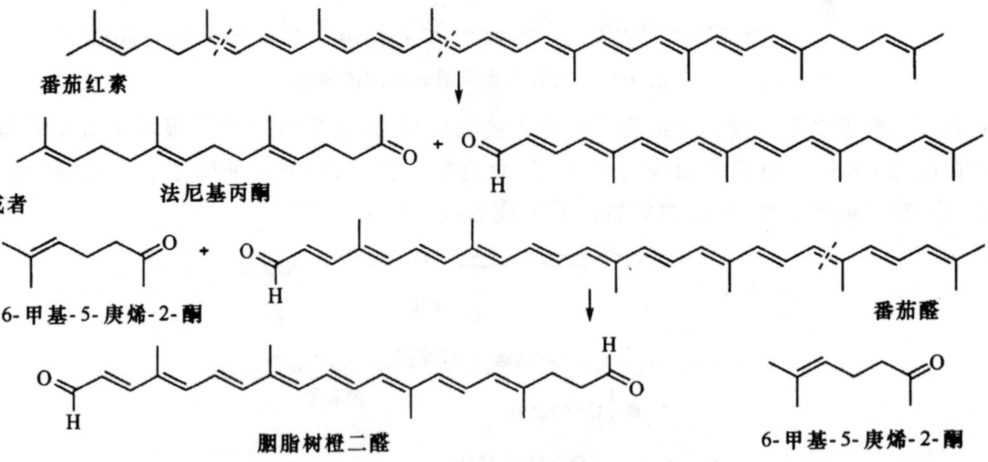

番茄红素 → 法尼基丙酮 + 醛

或者 → 6-甲基-5-庚烯-2-酮 + 番茄醛 → 胭脂树橙二醛 + 6-甲基-5-庚烯-2-酮

图 9-61　番茄红素降解形成香气物质的途径

9.4.2 酶的作用

酶(enzyme)对食品香气的作用主要指食物原料在收获后的加工或贮藏过程中在一系列酶的催化下形成香气物质的过程,包括酶的直接作用和酶的间接作用。所谓酶的直接作用是指酶催化某一香气物质前体直接形成香气物质的作用,而酶的间接作用主要是指氧化酶催化形成的氧化产物对香气物质前体进行氧化而形成香气物质的作用。葱、蒜、卷心菜、芥菜的香气形成属于酶的直接作用,而红茶的香气形成则是典型的酶间接作用的例子。

9.4.3 高温作用

1. 通过美拉德反应形成香气

美拉德反应是形成高温加热食品香气物质的主要途径(图 9-62)。图 9-63、图 9-64、图 9-65、图 9-66 和图 9-67 是美拉德反应中主要香气物质咪唑、吡咯啉、吡咯、吡嗪和氧杂茂和硫杂茂的形成途径。

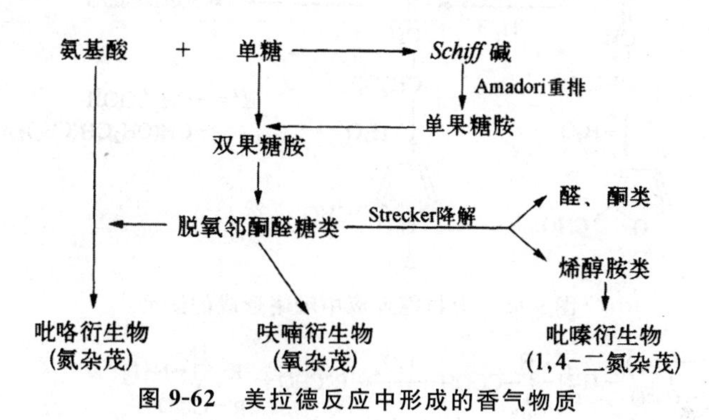

图 9-62 美拉德反应中形成的香气物质

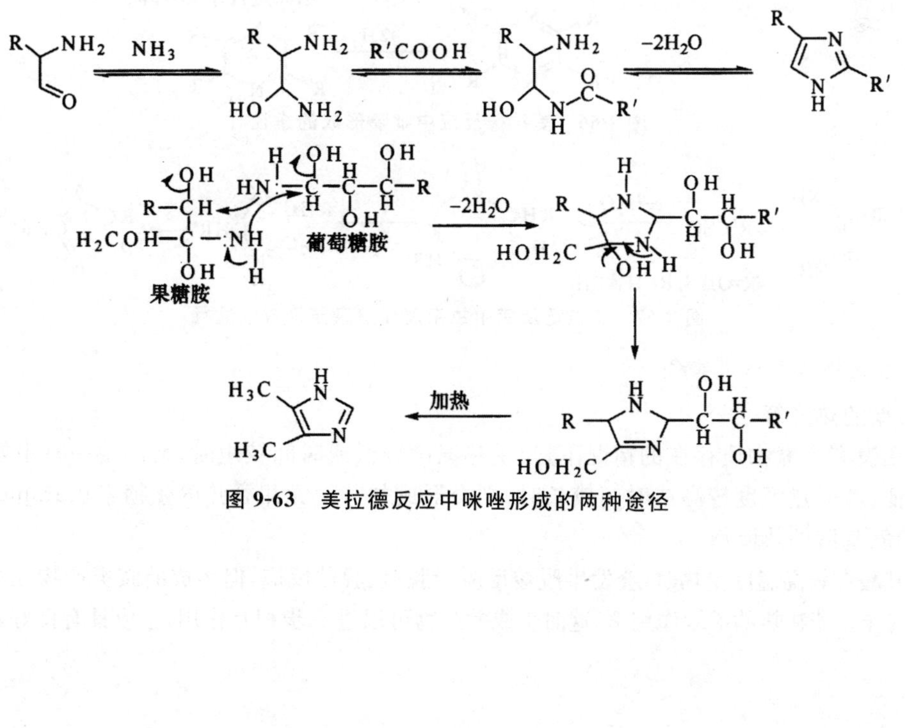

图 9-63 美拉德反应中咪唑形成的两种途径

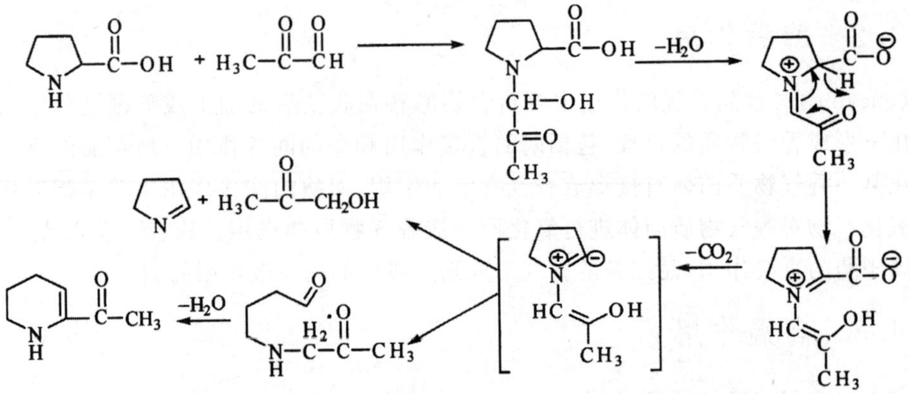

图 9-64 美拉德反应中脯氨酸经 Strecker 降解形成吡咯啉的途径

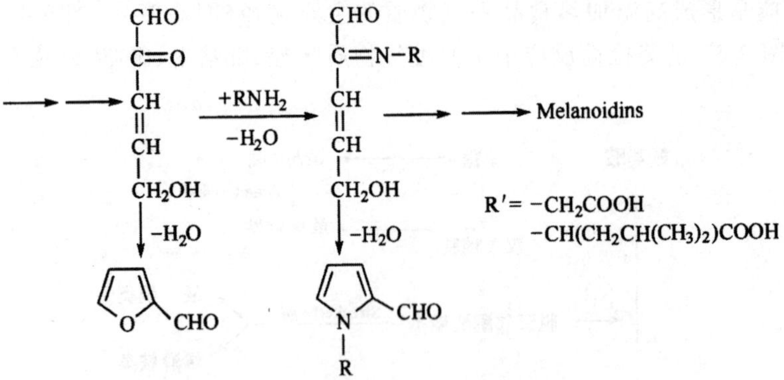

Melanoidins

R'= $-CH_2COOH$
$-CH(CH_2CH(CH_3)_2)COOH$

图 9-65 美拉德反应中吡咯形成的途径

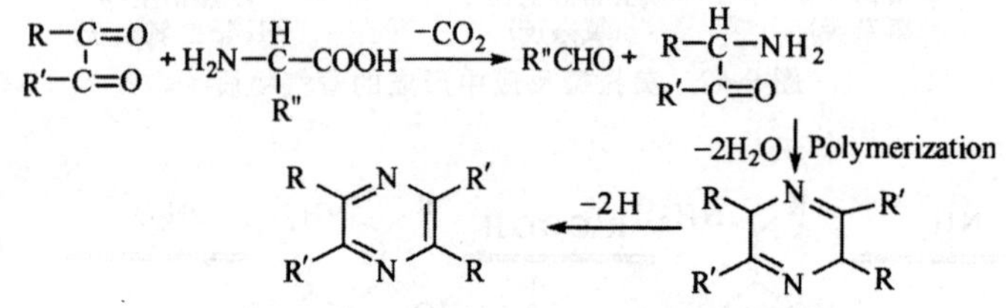

Polymerization

图 9-66 美拉德反应中吡嗪形成的途径

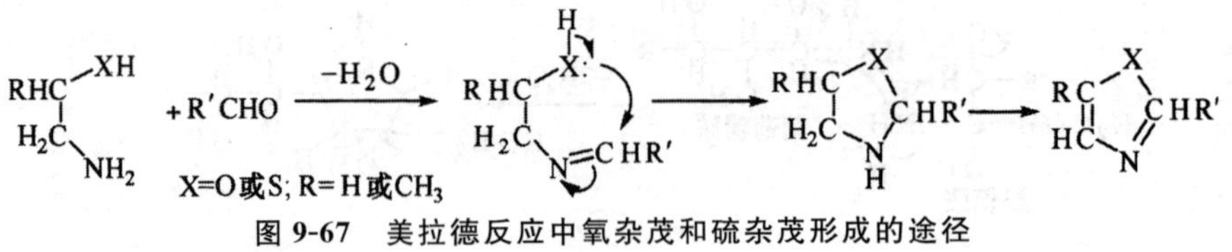

X=O或S; R=H或CH_3

图 9-67 美拉德反应中氧杂茂和硫杂茂形成的途径

2. 通过热降解形成香气

(1)糖的热降解

糖在没有含氮物质存在的情况下，当受热温度较低或时间较短时，会产生一种牛奶糖样的香气特征；若受热温度较高或时间较长时，则会形成甘苦而无甜香味的焦糖素(caramel)。

(2)氨基酸的热降解

氨基酸在较高温度受热时，会发生脱羧反应或脱氨、脱羰反应，但生成的胺类产物往往具有不愉快的气味。若在热的继续作用下，这时生成的产物可以进一步相互作用，生成具有良好香气的化合物。在热处理过程中对食品香气影响较大的氨基酸主要是含硫氨基酸和杂环氨基酸。

(3)脂肪的热氧化降解

脂肪易被氧化，受热更易氧化。在烹调的肉制品中发现的由脂肪降解形成的香气物质包括脂肪烃、醛类、酮类、醇类、羧酸类和酯类(图 9-68)。

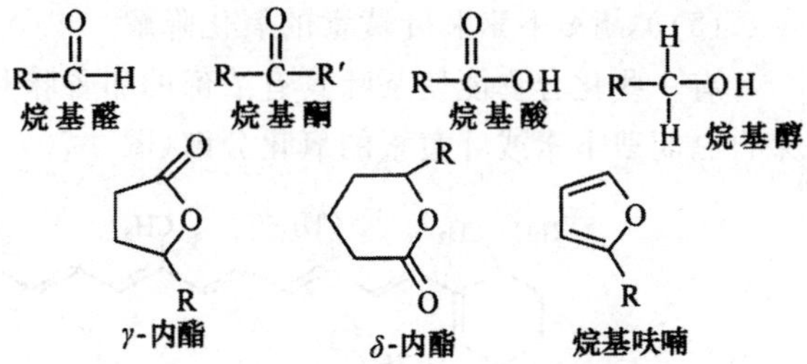

烷基醛　烷基酮　烷基酸　烷基醇

γ-内酯　δ-内酯　烷基呋喃

图 9-68　由脂肪热氧化降解形成的香气物质

(4)硫胺素的热降解

纯的硫胺素并无香气，发生热降解后能形成呋喃类、嘧啶类、噻吩类和含硫化合物等香气成分(图 9-69)。

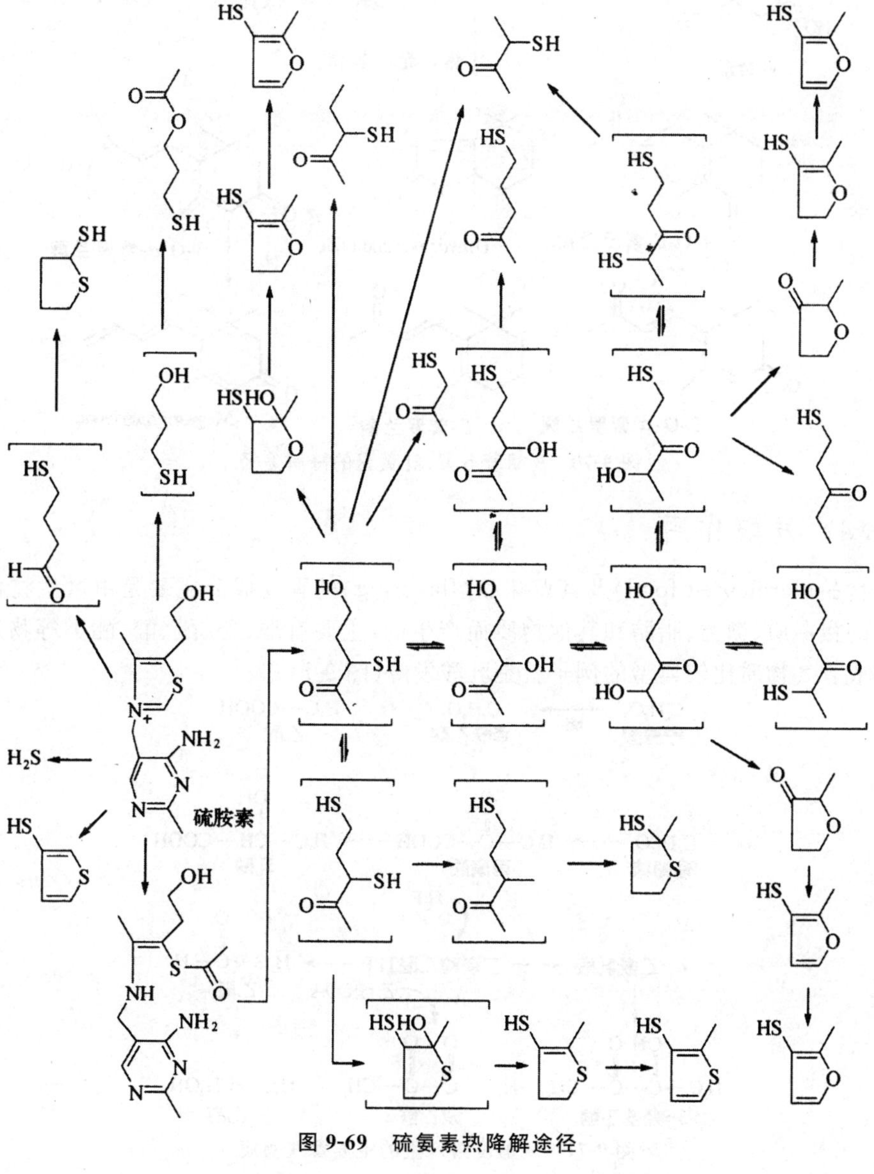

硫胺素

图 9-69　硫氨素热降解途径

(5)类胡萝卜素和叶黄素的氧化降解

有一些化合物能使茶叶具有浓郁的甜香味和花香，如顺-茶螺烷、β-紫罗兰酮等，它们主要来自β-胡萝卜素或叶黄素的氧化分解(图 9-70)。

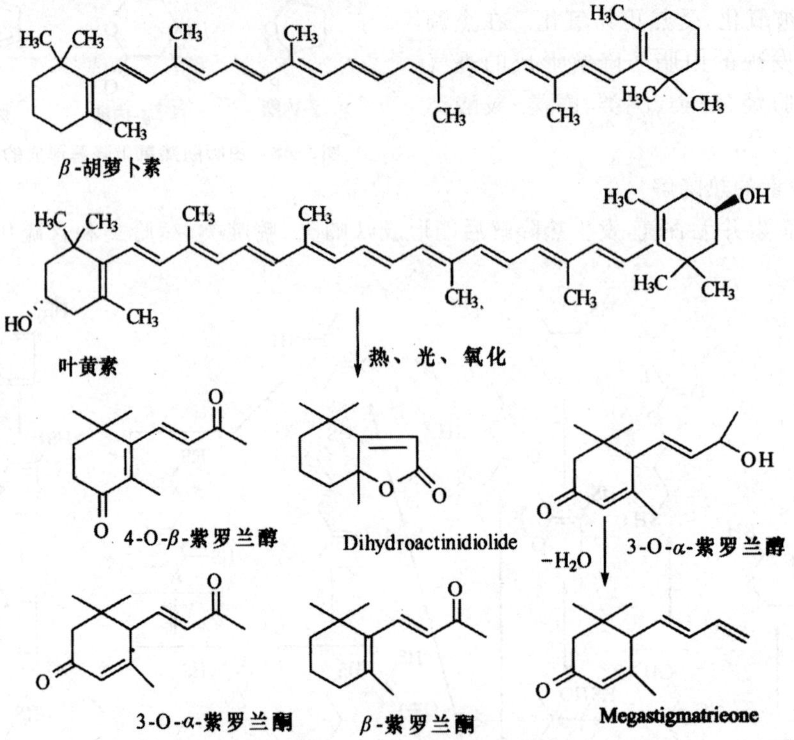

图 9-70 β-胡萝卜素、叶黄素的降解途径

9.4.4 发酵作用

发酵食品(fermented food)及其调味品(flavoring)的香气成分主要是由微生物作用于发酵基质中的蛋白质、糖类、脂肪和其他物质而产生的，主要有醇、醛、酮、酸、酯类等物质。微生物发酵形成香气物质比较典型的例子就是乳酸发酵(图 9-71)。

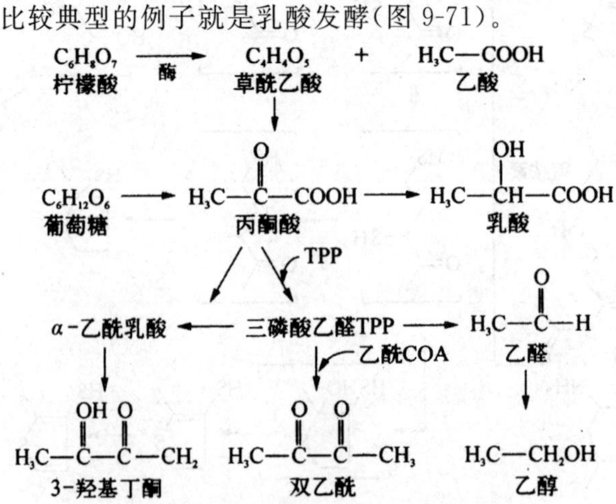

图 9-71 乳酸发酵产生的主要香气物质

9.4.5 食物调香

食物的调香主要是通过使用一些香气增强剂或异味掩蔽剂来显著增加原有食品的香气强度或掩蔽原有食品具有的不愉快的气味。香气增强剂的种类很多,但广泛使用的主要是L-谷氨酸钠、5′-肌苷酸、5′-鸟苷酸、麦芽酚和乙基麦芽酚。香气增强剂本身也可以用做异味掩蔽剂,除此之外使用的异味掩蔽剂还很多,如在烹调鱼时,添加适量食醋可以使鱼腥味明显减弱。

另外,许多食品也是通过外加增香剂或其他方法(如烟熏法)使香气成分渗入到食品的表面和内部而产生香气的。

9.5 食品加工过程中的香气控制

食品加工是一个复杂的体系,其中伴有食物形态、结构、质地、营养和风味的复杂变化,在这些变化后面发生着极其复杂的物理化学变化。以食品加工过程中食物的香气变化为例,有些食品加工过程能极大地提高食品的香气,如花生的炒制、面包的焙烤、牛肉的烹调以及油炸食品的生产,同时有些食品加工过程又伴随着食品香气的丢失或不良气味的出现,如巴氏杀菌(pasteurisation)、果汁的蒸煮味、常温贮藏绿茶的香气劣变、蒸煮牛肉的过熟味以及脱水制品的焦煳味的出现等。任何一个食品加工过程总是伴有或轻或重的香气变化(生成与损失),因此,在食品加工中如何控制食品的香气生成与减少香气损失就非常重要。

1. 原料的选择

影响一个食品香气的因素众多。其中之一就是加工或贮藏食品所使用的原料。不同属性(种类、产地、成熟度、新陈状况以及采后情况)的原料有截然不同的香气。甚至同一原料的不同品种的香气差异都可能很大。研究表明,呼吸高峰期采收的水果其香气比呼吸高峰(respiration climax)前采收的要好很多。所以,选择合适的原料是确保食品具备良好香气的一个途径。

2. 加工工艺

食品加工工艺对食品香气形成的影响是重大的。同样的原料经不同工艺加工可以得到香气截然不同的产品,尤其是食品加工工艺中的加热工艺。对比经超高温瞬时杀菌(ultra-high temperature sterilization)、巴氏杀菌和冻藏的苹果汁的香气,发现冻藏果汁气味保持最好,其次是超高温瞬时灭菌,而巴氏灭菌的果汁有明显的异味。在绿茶炒青茶中,有揉捻工艺名茶常呈清香型,无揉捻工艺的名茶常呈花香型,揉捻茶中多数香气成分低于未揉捻茶,尤其是顺-3-己烯醇和萜烯醇等。杀青和干燥是炒青绿茶香气形成的关键阶段。适度摊放能增加茶叶中主要呈香物质游离态的含量。不同干燥方式对茶叶香气的影响是明显的。

3. 贮藏条件

茶叶在储存过程中会发生氧化而导致品质劣变,如陈味产生,质量下降。气调贮藏的苹果其香气比冷藏的苹果要差。而气调贮藏后将苹果置于冷藏条件下继续贮藏约半个月其香气与一直在冷藏条件下贮藏的苹果无明显差异。超低氧环境对保持水果的硬度等非常有利,但往往对水果香气的形成有负面影响。在不同贮藏条件下贮藏,水果中的呈香物质的组成模式也会不同，这主要是不同的贮藏条件选择性地抑制或加速了其中的某些香气形成途径的结果。

4. 包装方式

包装方式对食品香气的影响主要体现在两个方面，一是通过改变食品所处的环境条件，进而影响食品内部的物质转化或新陈代谢而最终导致食品的香气变化；其次是不同的包装材料对所包装食品香气的选择性吸收。有意思的是，包装方式会选择性影响食品的某些代谢过程，如不同类型套袋的苹果中醛、酮、醇类香气物质没有明显差异，而双层套袋的苹果中酯类的含量偏低。包装方式对茶品质保存的影响研究发现储存 2 个月后，脱氧、真空及充氮包装都可有效地减缓茶品质劣变。而对油脂含量较高的食品密闭、真空、充氮包装对其香气劣变有明显的抑制作用。不同包装材料对香气成分的不同吸附能力也是影响食品香气的一个重要方面。当然目前采用的活性香气释放包装方式也是改良或保持食品香气的一个有效途径。

5. 食品添加物

有些食品成分或添加物能与香气成分发生一定的相互作用。如蛋白质与香气物质之间有较强的结合作用。所以，新鲜的牛奶要避免与异味物质接触，否则这些异味物质会被吸附到牛奶上而产生不愉快的气味。β-环糊精 (β-cyclodextrin)具有特殊的分子结构和稳定的化学性质，不易受酶、酸、碱、光和热的作用而分解，可包埋香气物质，减少其挥发损失。因此采用 β-环糊精、糊精、麦芽糊精、可溶性淀粉等对产品增香的效果表明，香气能够持久，并且添加这类物质还可掩饰产品的不良气味。

第 10 章　食品添加剂

10.1　概述

10.1.1　食品添加剂的定义

联合国食品法规委员会(CAC)关于食品添加剂的定义是:食品添加剂是不作为一种正常的食品食用和不作为一种典型的食品配料正常使用的对人体安全的物质,此种物质具有营养价值或不具有营养价值,为了在食品的制造、加工、制备、处理、装罐、包装、运输或保持中达到一个技术上(包括感官上)的目的,有意识地将此种物质加入食品,同时直接或间接地导致(或有理由预期会导致)它和它的副产物成为食品的一种组分或者影响食品的特性。CAC 食品添加剂委员会提出,使用的食品添加剂必须证明是安全的,它们必须有确切的规格和能提供下述四种功能之一或几种:保持营养质量;为具有特殊膳食需求的食品消费群体提供某种必需的配料;有助于保持食品质量或改进食品感官品质;提供一种操作助剂。

我国《食品卫生法》规定食品添加剂的定义是:为改善食品品质和色、香、味以及防腐和加工工艺的需要而加入食品中的化学合成或天然物质。食品添加剂是有目的、直接加入食品中的物质,这区别于食品操作助剂和污染物。食品添加剂可以保持食品质量、增加食品营养价值、保持或改善食品的功能性质、感官性质和简化加工过程等。

10.1.2　食品添加剂的分类

1. 按用途分类

我国《食品添加剂使用标准》(GB 2760-2011)将食品添加剂按用途分为 23 类,分别为:酸度调节剂、抗结剂、消泡剂、抗氧化剂、漂白剂、膨松剂、胶基糖果中基础剂物质、着色剂、护色剂、乳化剂、酶制剂、增味剂、面粉处理剂、被膜剂、水分保持剂、营养强化剂、防腐剂、稳定剂和凝固剂、甜味剂、增稠剂、食品用香料、食品工业用加工助剂、其他。

2. 按功能不同分类

在使用功能分类上,各国分法又不尽相同。美国在《食品、药品与化妆品法》中,将食品添加剂分成 32 类;日本在《食品卫生法规》(1985 年)中,又将食品添加剂分为 30 类;联合国粮农组织(FAO)和世界卫生组织(WHO)至今尚未正式对食品添加剂分类做出明确的规定,1994 年 FAO/WHO 将食品添加剂分为 40 类。

3. 按来源分类

按来源可将食品添加剂分为天然食品添加剂和化学合成食品添加剂两类。

(1)天然食品添加剂

利用动植物或微生物的代谢产物等为原料,经提取所获得的天然物质,如甜菜红、*p*-胡萝卜素等。

(2)化学合成食品添加剂

采用化学手段,使元素或化合物通过氧化、还原、缩合、聚合、成盐等合成反应而得到的物质,又包括一般化学合成品和人工合成天然等同物,如苯甲酸钠、蛋白糖等。

4. 按安全性评价来划分

CCFA(FAO/WHO 食品添加剂法规委员会)曾在 JECFA(食品添加剂专家委员会)讨论的基础上将其分为 A、B、C 三类,每类再细分为两类。

A 类——JECFA 已制定人体每日允许摄入量(ADI)值和暂定 ADI 者。

其中,

A_1 类:经 JECFA 评价认为毒理学资料清楚,已制定出 ADI 值或认为毒性有限无需规定 ADI 值者。

A_2 类:JECFA 已制定暂定 ADI 值,但毒理学资料不够完善暂时允许使用于食品者。

B 类——JECFA 曾进行过安全性评价,但未建立 ADI 值,或者未进行过安全性评价者。

其中,

B_1 类:JECFA 曾进行过评价,因毒理学资料不足未制定 ADI 值。

B_2 类:JECFA 未进行过评价者。

C 类——JECFA 认为在食品中使用不安全或应该严格限制作为某些食品的特殊用途者。

其中,

C_1 类:JECFA 根据毒理学资料认为在食品中使用不安全者。

C_2 类:JECFA 认为应该严格限制在某些食品中作为特殊应用者。

10.1.3 食品添加剂的使用原则

1. 食品添加剂使用的基本要求

食品添加剂使用的基本要求如下:

1)不应对人体产生任何健康危害。

2)不应降低食品本身的营养价值。

3)在达到预期的效果下尽可能降低在食品中的用量。

4)不应掩盖食品腐败变质。

5)不应掩盖食品本身或加工过程中的质量缺陷或以掺杂、掺假、伪造为目的而使用食品添加剂。

6)食品工业用加工助剂一般应在制成最后成品之前除去,有规定食品中残留量的除外。

2. 食品添加剂质量标准

按照我国《食品添加剂使用标准》(GB 2760—2011)使用的食品添加剂应当符合相应的质量标准。

3. 使用食品添加剂

在使用食品添加剂时要注意：

1)保持或提高食品本身的营养价值。

2)提高食品的质量和稳定性,改进其感官特性。

3)作为某些特殊膳食用食品的必要配料或成分。

4)便于食品的生产、加工、包装、运输或者贮藏。

4. 带入原则

在下列情况下食品添加剂可以通过食品配料(含食品添加剂)带入食品中：

1)根据《食品添加剂使用标准》(GB 2760—2011),食品配料中允许使用该食品添加剂。

2)食品配料中该添加剂的用量不应超过允许的最大使用量。

3)应在正常生产工艺条件下使用这些配料,并且食品中该添加剂的含量不应超过由配料带入的水平。

4)由配料带入食品中的该添加剂的含量应明显低于直接将其添加到该食品中通常所需要的水平。

除此之外,还要保证食品添加剂的使用必须对消费者有益,保证价格低廉,来源充足,易于储存和运输、处理。

10.1.4　食品添加剂在食品工业上的应用

现代食品工业的发展已离不开食品添加剂,当前食品添加剂已经进入粮油、肉禽、果蔬加工等各个领域,也是烹饪行业必备的配料,并已进入了家庭的一日三餐。如:方便面中含有丁基羟基茴香醚(BHA)、二丁基羟基甲苯(BHT)等抗氧化剂,海藻酸钠等增稠剂,味精、肌苷酸等风味剂,磷酸盐等品质改良剂。从某种意义上讲,没有食品添加剂,就没有近代的食品工业。

食品添加剂的作用很多,基本可以归结为以下几个方面：

1)防止食品腐败。例如,防腐剂和抗氧化剂。

2)保持或提高食品的营养和保健价值。例如,营养强化剂、食品功能因子等。

3)改善食品感官性状。例如,乳化剂、增稠剂、护色剂、增香剂等。

4)有利于食品加工操作。例如,澄清剂、助滤剂和消泡剂。

5)满足某些需要。例如营养甜味剂可满足糖尿病患者的特殊要求;某些加工食品在真空包装后,为防止水分蒸发需要吸湿剂等。

10.1.5　食品添加剂的安全性

食品添加剂的使用存在着不安全性的因素,因为有些食品添加剂不是传统食品的成分,对其生理生化作用我们还不太了解,或还未作长期全面的毒理学试验等。有些食品添加剂本身虽不具有毒害作用,但由于产品不纯等因素也会引起毒害作用。这是因为合成食品添加剂时可能带进残留的催化剂、副反应产物等工业污染物。对于天然的食品添加剂也可能带入我们还不太了解的动植物中的有毒成分,另外天然物在提取过程中也存在化学试剂或被微生物污染的可能,所以对食品添加剂的生产和使用必须进行严格的卫生管理。

10.2 食品中常用的添加剂

10.2.1 防腐剂

1. 防腐剂的定义和分类

自古以来人们就常采用一些传统的食品保藏方法来保存食物，如晒干、盐渍、糖渍、酒泡、发酵等。现在更是有了许多工业化的和高技术的方法，如罐藏、脱水、真空干燥、喷雾干燥、冷冻干燥、速冻冷藏、真空包装、无菌包装、高压杀菌、电阻热杀菌、辐照杀菌、电子束杀菌等。而化学防腐剂由于使用方便、成本低廉，在目前条件下还有相当广泛的应用。

防腐剂是指具有杀死微生物或抑制其增殖，能防止或延缓食品腐败变质，延长食品保存期的食品添加剂。

狭义的防腐剂主要指山梨酸、苯甲酸等直接加入食品中的化学物质。广义的防腐剂除包括狭义防腐剂所指的化学物质外，还包括那些通常认为是调料而具有防腐作用的物质，如食盐、醋等，以及那些通常不直接加入食品，而在食品贮藏过程中应用的消毒剂和防霉剂等。

根据来源和性质，我们通常将化学物质类的防腐剂分为两大类：有机化学防腐剂和无机化学防腐剂。前者主要有苯甲酸及其盐类、山梨酸及其盐类、对羟苯甲酸酯类、丙酸及其盐类等；后者主要包括二氧化硫及亚硫酸盐类、亚硝酸盐等。目前也有少量的生物产品(乳酸链球菌肽、纳他霉素等)。

防腐剂除具有防腐作用外，有些防腐剂还有其他的功能，如硝酸盐及亚硝酸盐可作为腌制肉类的发色剂，亚硫酸及其盐类可作为漂白剂。另一类食品防腐剂是利用生物工程技术获取的新型防腐剂，如乳酸链球菌素、纳他霉素等产品。

2. 防腐剂的性能要求

在食品工业中，作为防腐剂，除了要具备符合食品添加剂的一般条件外，还要具备显著的杀菌或抑菌的功能作用，即有效地破坏食品中的有害微生物。另外，要求防腐剂性质稳定，在一定时期内有效，使用中和分解后无毒；在低浓度下仍有抑菌作用；本身无刺激性和异味；价格合理，使用方便。但所使用的防腐剂不能影响人体正常的生理功能，一般说来，在正常规定的范围内使用食品添加剂应对人体没有毒害或毒性作用极小。

3. 防腐剂的作用机理

防腐剂对微生物繁殖的抑制机理有以下几种：

1)干扰微生物的酶系，破坏其正常的代谢，从而影响其生存与繁殖。

2)破坏微生物细胞膜的结构或改变细胞膜的渗透性，使微生物体内的酸或代谢物逸出细胞外，而导致菌体生理平衡被破坏而失活。

3)通过使微生物的蛋白质变性、蛋白质交联而使微生物的生理作用不能进行。

4. 防腐剂的影响因素

食品防腐剂的使用及其使用量和发挥的功效，受到很多因素的影响。

(1)pH 与水分活度

在含水或水溶液系统中,某些防腐剂是处于解离平衡的状态。酸性防腐剂的防腐作用主要是依靠溶液内的未电离分子。苯甲酸及其盐类、山梨酸及其盐类均属于酸性防腐剂。食品 pH 值对酸性防腐剂的防腐效果有很大的影响,pH 值越低防腐效果越好。一般地说,使用苯甲酸及苯甲酸钠适用于 pH 为 4.5～5 以下,山梨酸及山梨酸钾在 pH 为 5～6 以下,对羟基苯甲酸酯类使用范围为 pH 为 4～8。

(2)热处理

一般情况下加热可增强防腐剂的防腐效果,加热杀菌时加入防腐剂,杀菌时间可以缩短。

(3)食品的染菌情况

食品的染菌情况一是指防腐剂使用时食品的染菌程度,二是指食品中细菌是否被防腐剂抑制。在使用等量防腐剂的情况下,食品染菌情况越严重,则防腐效果越差。如果食品已变质,任何防腐剂也无济于事,这个过程是不可逆的。所以一定要首先保证食品本身处于良好的卫生条件下,并将防腐剂在细菌的诱导期加入。一般食品必须加入防腐剂的话,应早加入,这样效果好用量少。各种防腐剂都有一定的作用范围,为了弥补这种缺陷,可将不同作用范围的防腐剂进行混合使用,这样扩大了作用范围,增强了抗微生物作用。

(4)溶解与分散

在使用防腐剂时,要针对食品腐败的具体情况进行处理。有些食品如水果、薯类、冷藏食品等腐败开始时发生在食品外部,所以将防腐剂均匀的分散于食品表面即可。而有些食品如饮料、焙烤食品等就要求防腐剂完全溶解和均匀分散在食品中才能全面发挥作用。所以要考虑防腐剂的溶解与分散特性。

5. 防腐剂的使用方法

为了正确有效地使用防腐剂,应该充分地了解引起食品腐败的微生物的种类、不同防腐剂的性质以及影响防腐效果的各种因素,这样就可以按照食品的保藏状态和预期保藏时间来确定所用防腐剂的品种、用量及使用方法。

(1)pH 值控制

食品的 pH 值对酸性防腐剂的防腐效果有很大影响。酸性防腐剂的防腐作用主要是依靠溶液中的未电离分子,如果溶液中氢离子浓度增加,则电离被抑制,未电离分子的比例增加,所以 pH 值越低防腐效果越好。因此,若能在不影响食品风味的前提下增加食品的酸度,可减少防腐剂的用量。

(2)分布均匀

防腐剂必须均匀分布于食品中,如果分散不均匀就达不到较好的防腐效果。尤其在生产时,如对于水溶性好的防腐剂,可将其先溶于水,或直接加入食品中充分混匀;对于难溶于水的防腐剂,可将其先溶于乙醇等食品级有机溶剂中,然后在充分搅拌下加入食品中。但有的情况并不一定要求防腐剂完全溶解于食品中,可根据食品的特性,将防腐剂添加于食品表面或喷洒于食品包装纸上。只要达到抑制微生物的浓度,就可以发挥防腐效果。

(3)配合使用防腐剂

使用防腐剂时,要明确防腐剂使用时食品的染菌程度,以及食品中的细菌能否被防腐剂抑制。食品加工用的原料应新鲜、干净,所用容器、设备等应彻底消毒,以尽量减少原料被污染的机会。原料中含菌数越少，所加防腐剂的防腐效果越好。若含菌数太多，即使添加防腐剂，食品仍易于腐败。尤其是快要腐败的食品，即使添加了防腐剂也如同没有添加一样。

各种防腐剂都有其一定的作用范围，没有一种防腐剂能够抵抗食品中出现的所有腐败性微生物，因此可以将作用范围不同的防腐剂进行混合使用，扩大防腐剂的作用范围，增强抗微生物的作用。例如，在饮料中可同时使用二氧化碳和苯甲酸钠，有的果汁中联合使用苯甲酸和山梨酸。

(4)与其他方法结合并用

防腐剂与加热方法结合使用。热处理可减少微生物的数量，因此，加热后再添加防腐剂，可使防腐剂发挥最大的功效。如果在加热前添加防腐剂，则可减少加热的时间。但是，必须注意加热的温度不应太高，否则防腐剂会与水蒸气一起挥发掉而失去防腐作用。

防腐剂还可以与冷冻处理结合使用。冷冻可以抑制微生物的增殖，在室温条件下不足以防止食品腐败变质的防腐剂用量在冷冻条件下有可能是足够的。防腐剂与冷冻处理相结合一般都能延长食品的冷藏保存期。

6. 常用的食品防腐剂

(1)苯甲酸及其钠盐

苯甲酸及其钠盐的结构如下：

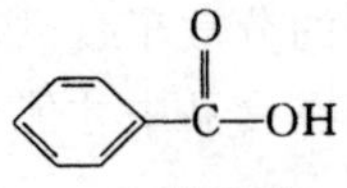

苯甲酸 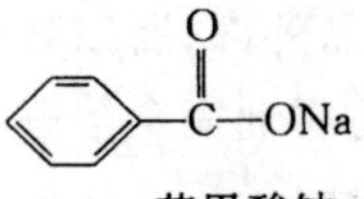　　苯甲酸钠

1)性状。苯甲酸又称为安息香酸，天然存在于蔓越橘、洋李和丁香等植物中。纯品为白色有丝光的鳞片或针状结晶，质轻，无臭或微带安息香气味，沸点 249.2℃，熔点 121℃～123℃，100℃开始升华，在酸性条件下容易随同水蒸气挥发，微溶于水，易溶于乙醇。由于苯甲酸难溶于水，一般在应用中都使用其钠盐。加入食品后，在酸性条件下苯甲酸钠转变成具有抗微生物活性的苯甲酸。

苯甲酸进入机体后，大部分在 9～15h 内与甘氨酸合成马尿酸，剩余部分与葡萄糖醛酸结合形成葡萄糖苷酸，并全部从尿中排出。苯甲酸不会在人体内蓄积，由于解毒过程在肝脏中进行，因此苯甲酸对肝功能衰弱的人可能是不适宜的(图 10-1)。

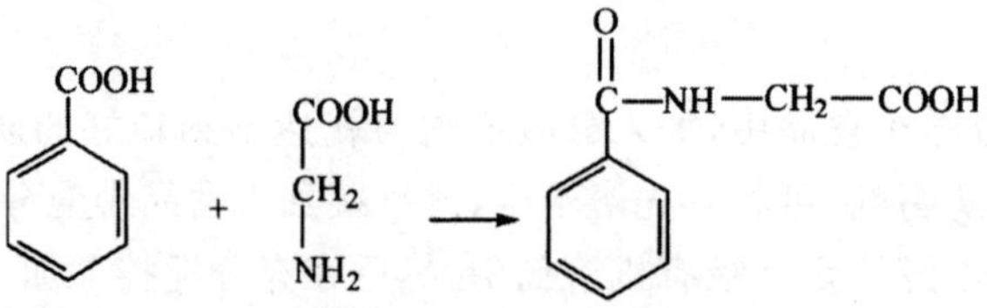

苯甲酸 + 甘氨酸 → 马尿酸

图 10-1　苯甲酸与甘氨酸的结合反应

苯甲酸质轻无味或微有安息香或苯甲醛的气味，苯甲酸钠为白色颗粒或晶体粉末，无臭或微带安息香气味，味微甜，有收敛性，在空气中稳定。

2)使用。苯甲酸作为食品防腐剂已被广泛使用，苯甲酸抑制酵母菌和细菌的作用强，而对霉菌的作用小，并依赖于食品的pH。通常将苯甲酸与山梨酸（即己二烯酸）或对-羟基苯甲酸烷基酯（parabens）合并使用，使用范围0.05％～0.2％。苯甲酸在pH为3时抑菌作用最强，在pH为5.5以上时，对很多霉菌和酵母菌没有什么效果，抗微生物活性的最适pH范围是2.5～4.0。因此，它最适合用于像碳酸饮料、果汁、果酒、腌菜和酸泡菜等食品。在pH为4.5时对一般微生物完全抑制的最小浓度为0.05％～0.1％。

我国食品添加剂卫生使用标准GB2760—1996规定：苯甲酸允许用于酱油、醋、果汁，最大用量为1.0g/kg；用于低盐酱菜、酱类、蜜饯，其最大使用量为0.5g/kg；用于碳酸饮料，最大使用量为0.2g/kg（以苯甲酸计）。

苯甲酸对酵母和细菌很有效，对霉菌活性稍差。苯甲酸的钠盐（benzoate）比苯甲酸更易溶于水，故一般使用苯甲酸钠，它可在食品中部分转变为有活性的酸的形式。

（2）山梨酸及其钾盐

山梨酸及其钾盐的结构式如下：

O　OH　　O　OK

山梨酸　　**山梨酸钾**

1）性状。山梨酸又名花椒酸，为无色针状结晶，稍带刺激性气味，耐光，耐热，但在空气中长期放置易被氧化变色而降低防腐效果。沸点228℃（分解），熔点133～135℃，微溶于水，易溶于有机溶剂，所以实际使用中多用其钾盐。

山梨酸是一种不饱和脂肪酸，在机体内正常地参加代谢作用，氧化生成二氧化碳和水，所以几乎无毒，是目前各国普遍使用的一种比较安全的防腐剂。

山梨酸是酸性防腐剂，其防腐效果随pH值升高而降低，pH为8时丧失防腐作用。它适用于pH为5.5以下的食品防腐。对霉菌、酵母菌和好气性菌均有抑制作用，但对嫌气性芽孢形成菌与嗜酸杆菌几乎无效。山梨酸能与微生物酶系统中的巯基结合，从而破坏许多重要酶系，达到抑制微生物增殖及防腐的目的。

2）使用。山梨酸的钠盐和钾盐可广泛用在许多食品，如干酪、焙烤食品、果汁、酒类和酸黄瓜中来抑制霉菌和酵母菌。山梨酸的使用方法有直接加入食品，涂布于食品表面或用于包装材料中。

山梨酸阈值较大，在使用高浓度（最高达重量的0.3％，即3000mg/kg）时，对风味几乎无影响。山梨酸是一种不饱和脂肪酸，在机体内正常地参加代谢作用，氧化生成二氧化碳和水，所以几乎无毒。FAO/WHO专家委员会已确定山梨酸的每日允许摄入量（ADI）为25mg/kg体重。山梨酸及它的钠、钾和钙盐已被所有的国家允许作为添加剂使用。

我国规定的使用标准是：用于酱油、醋、果酱最大使用量为1.0g/kg，酱菜、酱类、蜜饯、果冻最大使用量为0.5g/kg，果蔬、碳酸饮料为0.2g/kg，肉、鱼、蛋、禽类制品为0.075g/kg（均以山梨酸计）。

山梨酸对防止霉菌的生长特别有效，如用的浓度适当（重量的0.3％）对风味没有影响。山梨酸的活性因pH值的降低而增加，在pH高达6.5时仍有效，是一种广谱抗霉剂，对新鲜或冷冻的禽、鱼、肉中的肉毒芽孢杆菌的抑制尤为有效，是目前应用最多的防腐剂。

山梨酸用于需要加热的产品时，为防止山梨酸受热挥发，应在加热过程的后期添加。山梨酸在食品被严重污染、微生物数量过高的情况下，不仅不能抑制微生物繁殖，反而会成为微生物的营养物质，加速食品腐败。

(3)丙酸及其盐类

1)性状。丙酸的抑菌作用较弱，但对霉菌、需氧芽孢杆菌及革兰阴性杆菌有效。丙酸是人体正常代谢的中间产物，可被代谢和利用，安全无毒。

丙酸钠对霉菌有良好的抑制效能，对细菌抑制作用较小，对酵母菌无抑制作用。丙酸钠是酸型防腐剂，起防腐作用的主要成分是未解离的丙酸，所以应在酸性范围内使用。如用于面包发酵抑制杂菌生长和乳酪制品防霉等。

丙酸钙抑制霉菌的有效剂量较丙酸钠小，但它能降低化学膨松剂的作用。丙酸钙的优点在于糕点、面包和乳酪中使用它可补充食品中的钙质，且能抑制面团发酵时枯草杆菌的繁殖。

2)使用。我国在《食品添加剂使用标准》(GB 2760—2011)中规定，丙酸及其盐类在各种食品中的最大使用量(均以丙酸计)：豆类制品、面包、糕点、醋、酱油为 2.5g/kg；原粮为 1.8g/kg；生湿面制品（如面条、饺子皮、馄饨皮、烧麦皮）为 0.25g/kg；其它（杨梅罐头加工工艺用）为 50.0g/kg。

(4)对羟基苯甲酸酯

对羟基苯甲酸酯类通式如下：

$$HO-C_6H_4-\overset{O}{\overset{\|}{C}}-O-C_nH_{2n+1}$$

1)性状。对羟基苯甲酸酯又叫尼泊金酯类，是食品、药品和化妆品中广泛使用的抗微生物剂。我国允许使用的是尼泊金乙酯和丙酯。美国许可使用对羟基苯甲酸的甲酯、丙酯和庚酯。对羟基苯甲酸酯为无色结晶或白色结晶粉末，是苯甲酸的衍生物，无臭，无味，微溶于水，可溶于氢氧化钠和乙醇。

2)使用。对羟基苯甲酸酯可在焙烤食品、清凉饮料、啤酒、橄榄、酸黄瓜、果酱和果冻、糖浆中用作抗微生物的保存剂。对风味的影响不大，对抑制霉菌和酵母菌有效（重量的 0.05%～0.1%），但对抑制细菌效果较差。与其他防腐剂不同，对羟基苯甲酸酯类的抑菌作用不像苯甲酸类和山梨酸类那样受 pH 的影响。在 pH 为 7 或更高时，对羟基苯甲酸酯仍具活性，这显然是因为它们在这些 pH 时仍能保持未离解状态的缘故。对羟基苯甲酸酯具有很多与苯甲酸相同的性质，它们也常常一起使用。

(5)醋酸及其盐

1)性状。醋酸呈酸性，易溶于水。常见的醋酸盐有醋酸钠、醋酸钾和醋酸钙。

2)使用。醋酸常以醋的形式加入食品，醋含有 2%～4%或者更多的乙酸。醋能降低食品的 pH 和产生风味。

在 pH5.0 或更低时，醋酸能抑制大多数细菌，其中包括沙门氏菌和葡萄球菌等在食品中生长的病原体。醋酸抑制酵母和霉菌的先决条件是较低的 pH。比起许多其他的有机酸，醋酸能更有效地抑制大多数细菌。醋酸的抗细菌活力依赖于未离解的酸的部分。醋酸还可用于酸黄瓜、蛋黄酱和番茄酱中，具有抑制微生物和增加风味的双重作用。当 pH 降低时，醋酸的抗微生物活性能力增加。

醋被加入番茄沙司、色拉调料和腌制黄瓜，它也被用于一些腌制肉和腌制鱼中。为了控制面包中丝状黏质的形成，也使用一些醋酸盐。

醋酸钠、醋酸钾、醋酸钙等用在面包和其他焙烤食品上可防止胶粘和霉菌生长，但对酵母却无影响。若有发酵的碳水化合物存在时，必须用3.6%的醋酸才能防止乳酸菌和酵母菌的生长。

(6)亚硫酸盐及SO_2

1)性状。亚硫酸盐易溶于水，其水溶液呈碱性。SO_2常温下为气体，具有还原性，可用作漂白剂。

2)使用。二氧化硫在食品工业中的使用已有很长的历史，尤其是作为葡萄酒制造中的消毒剂。在美国，亚硫酸处理(使用SO_2或亚硫酸盐)仍继续被用于葡萄酒工业。将它用于处理脱水水果和蔬菜的主要目的是保持颜色和风味，而抑制微生物活力是次要的。亚硫酸盐及二氧化硫亦为酸性防腐剂，pH4以下，以HSO_3^-和H_2SO_3形式存在，pH3以下以H_2SO_3为主要形式，并有部分SO_2逸出，这两种形式可产生较强的抗菌效果。一些酵母比乳酸菌和乙酸菌更耐亚硫酸盐处理，这个性质使亚硫酸盐在葡萄酒工业中特别有用。

在葡萄酒、果酒的生产中，其最大使用量0.25g/kg，残留量小于0.05g/kg。

(7)乳球菌肽(乳球菌素)

1)性状。乳球菌肽是一种由乳酸链球菌合成的多肽抗菌素类物质，是一种对大多数革兰氏阳性菌(特别是细菌孢子)有强大杀灭作用的细菌素。乳球菌素的抗菌谱较窄，对阴性菌、酵母菌和霉菌均无作用。

2)使用。我国在《食品添加剂使用标准》(GB 2760—2011)中规定，乳酸链球菌素在各种食品中的最大使用量：食用菌和藻类罐头、八宝粥罐头、饮料类(除包装饮用水类，固体饮料按冲调倍数增加)为0.2g/kg；乳及乳制品、预制肉制品、熟肉制品为0.5g/kg。乳球菌素的实际使用浓度一般不超过0.025%，在酸性介质中稳定。由于其杀菌谱较窄，所以在实际应用中多与其他防腐手段联合使用。

在现代食品中，防腐剂的使用非常广泛，而且许多产品中都不可缺少。研究表明，有很多无机盐、多元醇的脂肪酶都有抑菌效果。选用食品防腐剂的标准是高效低毒。绿色食品尤其严格，苯甲酸、苯甲酸钠、7-已氧基喹、仲丁胺、桂醛、噻苯咪唑、过氧化氢(或碳酸钠)、联苯醚、2-苯基苯酚钠盐、4-苯基苯酚、五碳双缩醛(戊二醛)、十二烷基二甲基溴化铵(新洁而灭)、2,4-二氯苯氧乙酸等防腐剂禁止在绿色食品中应用。

10.2.2 抗氧化剂

1. 抗氧化剂的定义和分类

抗氧化剂是一种重要的食品添加剂，它主要用于阻止或延缓油脂的自动氧化，还可以防止食品在储藏中国氧化而使营养损失、褐变、褪色等。

根据作用机理可将抗氧化剂分成两类，第一类为主抗氧化剂，是一些酚型化合物又叫酚型抗氧化剂，它们是自由基接受体，可以延迟或抑制自动氧化的引发或停止自动氧化中自由基链的传递。食品中常用的主抗氧化剂是人工合成品，包括丁基羟基茴香醚(BHA)、丁基羟基甲苯(BHT)、倍酸丙酯(PG)以及叔丁基氢醌(TBHQ)等。有些食品中存在的天然组分也可作为主抗氧化剂,如生育酚是通常使用的天然主抗氧化剂。第二类抗氧化剂又称为次抗氧化剂,这些抗氧化剂通过各种协同作用,减慢氧化速率也称为协同剂,如柠檬酸、抗坏血酸、酒石酸以及卵磷脂等。

抗氧化剂按溶解性可分为油溶性的和水溶性的。油溶性的抗氧化剂主要用来抗脂肪氧化,包括丁基羟基甲苯(BHT)、丁基羟基茴香醚(BHA)、倍酸丙酯(PG)以及叔丁基氢醌(TB-HQ)等。水溶性抗氧化剂主要用于食品的防氧化、防变色和防变味,主要有柠檬酸、抗坏血酸及钠盐、酒石酸、茶多酚以及卵磷脂等。

2. 抗氧化剂的作用机理

抗氧化剂的作用机理随抗氧化剂种类不同而相同,归纳起来主要有以下几种:

1)通过抗氧化剂的还原作用,降低食品中的含氧量。

2)中断氧化过程中的链式反应,阻止氧化过程进一步进行。

3)破坏、减弱氧化酶的活性,使其不能催化氧化反应的进行。

4)将能催化及引起氧化反应的物质封闭。

3. 抗氧化剂的使用注意事项

(1)添加时机

从抗氧化剂的作用机理可以看出,抗氧化剂只能阻碍脂质氧化,延缓食品开始败坏的时间,而不能改变已经变坏的后果,因此抗氧化剂要尽早加入。

(2)适当的使用量

和防腐剂不同,添加抗氧化剂的量和抗氧化效果并不总是成正比,当超过一定浓度后,不但不再增强抗氧化作用,反而具有促进氧化的效果。

(3)溶解与分散

抗氧化剂在油中的溶解性影响抗氧化效果,如水溶性的抗坏血酸可以用其棕榈酸酯的形式用于油脂的抗氧化。油溶性抗氧化剂常使用溶剂载体将它们并入油脂或含脂食品,这些溶剂是丙二醇或丙二醇与甘油-油酸酯的混合物。

(4)避免光、热、氧的影响

使用抗氧化剂的同时还要注意存在的一些促进脂肪氧化的因素,如光尤其是紫外线,极易引起脂肪的氧化,可采用避光的包装材料,如铝复合塑料包装袋来保存含脂食品。加工和贮藏中的高温一方面促进食品中脂肪的氧化,另一方面加大抗氧化剂的挥发。例如,BHT 在大豆油中经加热 90min 至 170℃,就完全分解或挥发。大量氧气的存在会加速氧化的进行,实际上只要暴露于空气中,油脂就会自动氧化。避免与氧气接触极为重要,尤其对于具有很大比表面的含油粉末状食品。一般可以采用充氮包装或真空密封包装等措施,也可采用吸氧剂或称脱氧剂,否则任凭食品与氧气直接接触,即使大量添加抗氧化剂也难以达到预期效果。

4. 常用的抗氧化剂

(1)丁基羟基茴香醚

丁基羟基茴香醚的结构式如下:

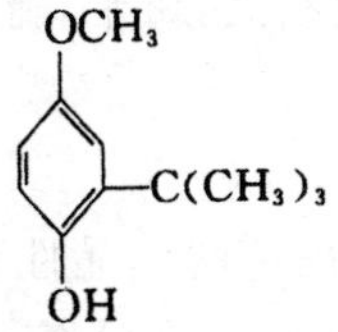

$$
\begin{array}{c}
OCH_3 \\
\text{(benzene ring)}-C(CH_3)_3 \\
OH \\
\text{3-BHA}
\end{array}
\qquad
\begin{array}{c}
CH_3 \\
O \\
\text{(benzene ring)}-C(CH_3)_3 \\
OH \\
\text{2-BHA}
\end{array}
$$

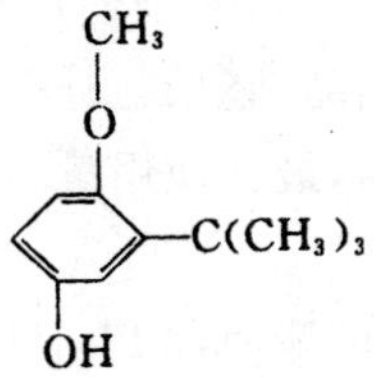

1)性状。丁基羟基茴香醚又称为叔丁-4-羟基茴香醚，简称BHA。丁基羟基茴香醚为白色或微黄色蜡样结晶状粉末，稍有酚类的臭气和有刺激性的气味。它通常是3-BHA和2-BHA两种异构体的混合物，熔点为57℃～65℃，随混合比不同而异，沸点为264℃～270℃，不溶于水，可溶于油脂和有机溶剂，对热相当稳定，在弱碱性的条件下不容易破坏，这就是它在焙烤食品中，仍能有效使用的原因。

2)使用。3-BHA的抗氧化效果比2-BHA强1.5～2倍，两者混合后有一定的协同作用，每日允许摄入量(ADI)暂定为0～0.5 mg/kg。食品添加剂使用卫生标准规定：以油脂量计最大使用量为0.2g/kg。BH A的抗氧化效果以用量0.01%～0.02%为最好，超过0.02%时抗氧化效果反而下降。BHA除抗氧化作用外还具有相当强的抗菌作用，有报道称，用150mg/kg的BHA可抑制金黄色葡萄球菌，用280mg/kg可阻止寄生曲霉孢子的生长，能阻碍黄曲霉毒素的生成，效果大于尼泊金酯。

(2)二丁基羟基甲苯

二丁基羟基甲苯

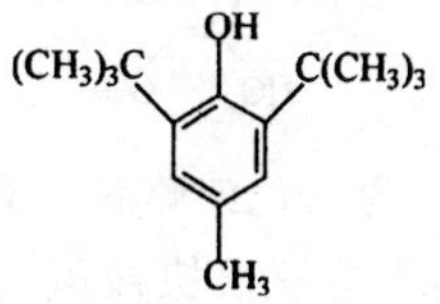

$$
\begin{array}{c}
OH \\
(CH_3)_3C-\text{(benzene ring)}-C(CH_3)_3 \\
CH_3
\end{array}
$$

1)性状。二丁基羟基甲苯，简称BHT，为白色结晶或结晶性粉末，基本无臭，无味，熔点69.7℃，沸点265℃，不溶于水及甘油，能溶于有机溶剂，对热相当稳定。与其他抗氧化剂相比，稳定性较高，耐热性好，在普通烹调温度下稳定，抗氧化效果也好，用于长期保存的食品与焙烤食品很有效。

2)使用。BHT是目前国际上特别是在水产加工方面广泛应用的廉价抗氧化剂。一般与BHA并用，并以柠檬酸或其他有机酸为增效剂。如在植物油的抗氧化中使用的配比为BHT∶BHA∶柠檬酸＝2∶2∶1。BHT在油脂、油炸食品、干鱼制品、饼干、速煮面、干翻食品、罐头中的最大使用量为0.2g/kg。BHT对于油炸食品所用油脂的保护作用较小一对人造黄油贮存期间没有足够的稳定性作用。一般很少单独使用。

(3)特丁基对苯二酚

1)性状。特丁基对苯二酚又称叔丁基对苯二酚，简称TBHQ，化学式$C_{10}H_{14}O_2$，相对分子质量166.22。TBHQ为白色结晶粉末，具特殊气味，熔点126.5℃～128.5℃，溶于有机溶剂。对热稳定，遇金属离子不变色，遇光或碱性物质呈粉红色。对油脂的抗氧化效果较PG、BHT、BHA强，对食品油煎过程抗氧化能力较焙烤过程强，同时具有一定的抗菌性。

2)使用。我国在《食品添加剂使用标准》(GB 2760—2011)。中规定,特丁基对苯二酚用于脂肪、油和乳化脂肪制品,坚果与籽类罐头,方便米面制品,饼干,腌腊肉制品类,风干、烘干、压干等水产品,油炸食品,最大使用量为 0.2g/kg。

(4)没食子酸丙酯

1)性状。没食子酸丙酯简称 PG,纯品为白色至淡褐色的结晶性粉末,无臭,稍有苦味,熔点在 146～150℃,易溶于乙醇、丙酮、乙醚,难溶于水、脂肪。其水溶液微有苦味,对热非常稳定,易与铜、铁离子反应显紫色或暗绿色,潮湿和光线均能促进其分解。

没食子酸丙酯抗氧化作用较 BHA 和 BHT 都强些,但由于遇金属易着色,故常与柠檬酸合用,因柠檬酸可螯合金属离子,既可作为增效剂,又避免了遇金属离子着色的问题。

2)使用。我国在《食品添加剂使用标准》(GB 2760—2011)中规定,没食子酸丙酯在各种食品中的最大使用量:脂肪,油和乳化脂肪制品,坚果与籽类罐头,方便米面制品,饼干,腌腊肉制品类(如咸肉、腊肉、板鸭、中式火腿、腊肠等),风干,烘干、压干等水产品,油炸食品为 0.1 g/kg;胶基糖果为 0.4g/kg。

其 ADI 值为 0～0.2mg/kg,没食子酸丙酯可用于油脂、油炸食品、干鱼制品、速煮面、罐头等,最大使用量为 0.1g/kg。

(5)L-抗坏血酸

L-抗坏血酸的结构如下:

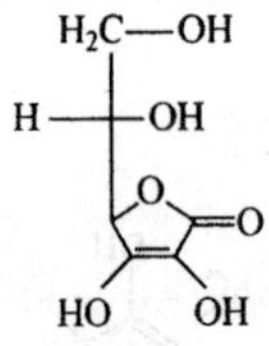

1)性状。抗坏血酸又称维生素 C,为白色或略带淡黄色的结晶或粉末,无臭,味酸,遇光颜色逐渐变深,干燥状态比较稳定,但其水溶液很快被氧化分解,在中性或碱性溶液中尤甚。易溶于水,溶于乙醇,不溶于苯、乙醚等溶剂。水溶液易被热、光等显著破坏,特别是在碱性及重金属存在时更促进其破坏,因此在使用时必须注意避免在水及容器中混入金属或与空气接触。

2)使用。抗坏血酸在许多食品中用做抗氧化剂,可使用于:

①果汁及碳酸饮料,防止产品因氧化而引起的变色、变味。

②水果、蔬菜罐头,水果罐头的氧化可以引起变味和褪色,添加抗坏血酸则可消耗氧而保持罐头的品质,蔬菜罐头只有菜花和蘑菇罐头为了防止加热过程中褐变或变黑,可以添加抗坏血酸。

③冷冻食品,为了防止冷冻果品发生酶促褐变与风味变劣,防止肉类水溶性色素的氧化变色,可以添加抗坏血酸来保持冷冻食品的风味、色泽和品质,方法是用 0.1%～0.5%的抗坏血酸溶液浸渍物料 5～10min。

④酒类,添加抗坏血酸可以有助于保持葡萄酒的原有风味,在啤酒过滤时添加抗坏血酸可以防止氧化褐变。抗坏血酸作为抗氧化剂使用时,可以用柠檬酸作为增效剂。

我国在《食品添加剂使用标准》(GB 2760—2011)中规定,抗坏血酸在各种食品中的最大使用量:可可制品、巧克力和巧克力制品(包括类巧克力和代巧克力)以及糖果为 1.5g/kg;发酵面制品为0.2g/kg;果蔬汁(肉)饮料、植物蛋白饮料、碳酸饮料、茶饮料类为0.5g/kg;啤酒和麦芽饮料为0.04g/kg。

(6)生育酚混合浓缩物

生育酚的结构为:

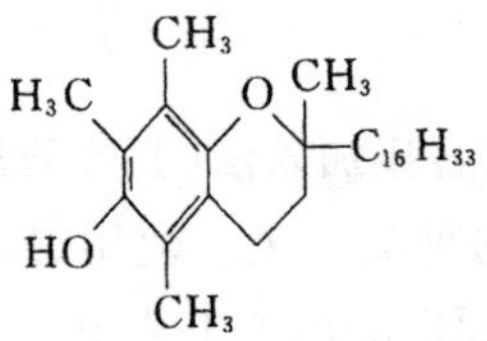

1)性状。生育酚即维生素E,天然维生素E广泛存在于高等动植物体中,它是一种天然的抗氧化剂,有防止动植物组织内的脂质氧化的功能。

已知的天然维生素E有α、β、γ、δ等7种同分异构体,作为抗氧化剂使用的是它们的混合浓缩物。生育酚混合物为黄至褐色、几乎无臭的透明黏稠液体,溶于乙醇,不溶于水,可与油脂任意混合,对热稳定。在无氧条件下,即使加热至200℃也不被破坏,有耐酸性,但不耐碱,对氧敏感。

2)使用。在一般情况下,生育酚对动物油脂的抗氧化效果比对植物油的效果好。生育酚不仅有抗氧化作用,而且还有营养强化作用。目前,国外将其用于油炸食品、全脂奶粉、奶油(人造奶油)、粉末汤料等食品的抗氧化。

(7)天然抗氧化剂

1)性状。许多天然产物具有抗氧化作用,如粉末香辛料和其石油醚、乙醇萃取物的抗氧化能力都很强。从迷迭香得到的粗提取物呈绿色并带有强薄荷风味,它的抗氧化活性组分是一种酚酸化合物,白色,无嗅无味,按0.02%的浓度使用时,有明显效果,如在以向日葵油作为热媒,油炸马铃薯片的过程中显示出良好的耐加工性质,这些活性组分也能推迟大豆油的氧化。

2)使用。由α-愈创木脂酸、β-愈创木脂酸、少量胶质、精油等组成的愈创树脂,油溶性好,对油脂有良好抗氧化性能,也有防腐性能,愈创树脂是由愈创树心材粉碎加热提取到的。栎精为五羟黄酮,可作为油脂的抗氧化剂,将栎树皮磨碎,用热水洗涤,稀氨水提取后,稀硫酸中和煮沸滤液,析出结晶可得到栎精。茶叶中含有大量酚类物质:儿茶素类(即黄烷醇类)、黄酮、黄酮醇、花色素、酚酸和多酚缩合物,其中儿茶素是主体成分,占茶多酚总量的60%~80%。从茶叶中提取的茶多酚为淡黄色液体或粉剂,略带茶香,有涩味。据报道具有很强的抗氧化和抗菌能力。此外茶多酚还具有多种保健作用,现已批准为食用抗氧化剂,在很多食品中得到应用。

10.2.3　漂白剂

1. 漂白剂的定义和分类

能破坏或抑制食品的发色因素,使色素褪色或使食品免于褐变的食品添加剂称漂白剂。

漂白剂可分为两类,氧化型:过氧化氢、过硫酸铵、过氧化苯酰、二氧化氯。还原型:亚硫酸氢钠、亚硫酸钠、低亚硫酸钠、无水亚硫酸钾、焦亚硫酸钾。以还原型漂白剂的应用为广泛,这是因为它们在食品中除了具有漂白作用外还具有防腐作用、防褐变、防氧化等多种作用。

2. 漂白剂的用途

由于食品在加工中有时会产生不令人喜欢的颜色，或有些食品原料因为品种、运输、储存的方法、采摘期的成熟度的不同，颜色也不同，这样可能导致最终产品颜色不一致而影响质量。为了除去令人不喜欢的颜色或使产品有均匀整齐的色彩，需要使用漂白剂。

3. 漂白的方法

漂白方法有气熏法（二氧化硫）、直接加入法（亚硫酸盐）、浸渍法（亚硫酸）。亚硫酸盐类的漂白作用与 pH、浓度、温度及微生物种类有关。使用时要注意在酸性条件进行，处理或保存食品时要在低温条件下进行。在硫漂白的加工工艺中，一般用加热、搅拌、抽真空等方法脱硫，这样，制成品内二氧化硫的残留量降到安全标准。

4. 常见的漂白剂

(1)过氧化氢

1)性状。过氧化氢为无色透明液体，无臭或略带刺激性臭味，可与水任意混溶。适用于食品的过氧化氢浓度为 27.5%或 50%。它具有强漂白作用和杀菌作用，遇有机物会分解，光、热可促进其分解，产生氧，有爆炸性。为防止保存中分解，常使用磷酸盐、有机酸盐等稳定剂。

2)使用。过氧化氢主要用作鱼麋、小麦粉、食用油脂、琼脂、蛋白、干酪等的漂白。近年来广泛用于纸塑无菌包装材料在包装前的杀菌。使用时不得使用铁、铜、铝等容器，可使用陶器、玻璃、不锈钢和聚乙烯等容器。

(2)过氧化苯甲酰

1)性状。过氧化苯甲酰为白色结晶或结晶性粉末，不溶于水，可溶于苯、氯仿、乙醚。过氧化苯甲酰是一种危险的高反应性氧化物质，经撞击会自发爆炸。为防止爆炸，一般用碳酸钙、磷酸钙、硫酸钙之类的不溶性盐类或滑石粉、皂土稀释至 20%左右时使用。

2)使用。过氧化苯甲酰主要用于小麦粉漂白，但是对小麦粉中 β-胡萝卜素、维生素、维生素 E 和维生素 B，均有较强的破坏作用，亦用于干酪、人造奶油、香肠肠衣、起酥油和乳清的漂白。很少单独使用，多与其他物质混合应用。作为面粉改良剂的限量是 0.06g/kg。磷酸钙可作为本品稀释剂。

(3)二氧化硫

1)性状。二氧化硫，又叫亚硫酸酐，具有强烈刺激性气味的气体，溶于水而呈亚硫酸，加热则又挥发出 SO_2。

2)使用。二氧化硫可破坏维生素 B_1，欲强化 B,的食品不能使用该类漂白剂。二氧化硫量高的食品会对铁罐腐蚀，并产生硫化氢影响产品质量。

(4)过氧化钙

1)性状。过氧化钙为白色至微黄色无臭、几乎无味粉状结晶或颗粒。不溶于乙醇、乙醚，也不溶于水，可溶于酸，生成过氧化氢。常温下不稳定，遇潮湿空气或水即缓慢分解。它与有机物接触可能着火。其浓缩物有刺激性。

2)使用。过氧化钙主要用于面包等焙烤制品，也用作果蔬保鲜，使乙烯氧化。香蕉用 1～3g/kg 室温下可保持硬绿状态 10 天以上。

(5)亚硫酸盐

1)性状。亚硫酸盐都能产生还原性亚硫酸,亚硫酸被氧化时将有色物质还原而呈现漂白作用,其有效成分为二氧化硫。

2)使用。亚硫酸盐类漂白剂的主要作用有两方面:

①防止褐变。食物褐变后,不仅营养价值会降低,而且褐变有时也会影响食品外观,所以要防止某些褐变发生。褐变的原因之一是酶的作用,这类褐变常发生于水果、薯类食物中。亚硫酸是一种强还原剂,对氧化酶的活性有很强的抑制作用,可以防止酶促褐变,所以制作干果、果脯时使用二氧化硫。褐变的另一原因是,食品中的葡萄糖与氨基酸在加工过程中会发生羰氨反应,反应产物为褐色。而亚硫酸能与葡萄糖进行加成,阻止了羰氨反应,因此,防止了这种非酶褐变。

②漂白与防腐。我国自古以来就利用熏硫来保存与漂白食品。因为亚硫酸是强还原剂,亚硫酸能消耗食品组织中的氧,抑制好气性微生物的活性,并抑制微生物活动必需的酶的活性,这些作用与防腐剂作用一样,所以,亚硫酸及其盐类可用于食品的漂白与储存。

亚硫酸盐主要用于葡萄糖、食糖、冰糖、饴糖、糖果、液体葡萄糖、竹笋、蘑菇及蘑菇罐头。

(6)焦亚硫酸钾

1)性状。焦亚硫酸钾为白色结晶或粉末,有二氧化硫臭气,易溶于水与甘油,微溶于乙醇。在空气中可放出二氧化硫而分解,具有强还原性。

2)使用。焦亚硫酸钾在葡萄糖、食糖、冰糖、饴糖、糖果、液体葡萄糖、竹笋、蘑菇及蘑菇罐头、葡萄、黑加仑浓缩汁中的含量不超过0.60%。

(7)亚硫酸氢钠

1)性状。亚硫酸氢钠系亚硫酸氢钠与焦亚硫酸钠混合而成、具有亚硫酸氢盐性质,为白色或黄白色单斜晶系晶体或粗粉,带有二氧化硫气味,空气中不稳定,可缓慢氧化成硫酸盐和二氧化硫,难溶于乙醇。

2)使用。亚硫酸氢钠的强还原性对维生素 B_1 有破坏作用,故不宜用于肉类、谷类及乳制品。在蜜饯、干果、干菜、粉丝、葡萄糖、食糖、冰糖、饴糖、糖果、液体葡萄糖、竹笋、蘑菇及蘑菇罐头等的含量不超过0.45%。

5. 使用注意事项

按食品添加剂的标准使用二氧化硫及各种亚硫酸制剂是安全的,但过量则能产生毒害作用。在各种载有二氧化硫的制剂中,其 SO_2 的含量是不同的,使用时要考虑 SO_2 的净含量。

亚硫酸盐类的溶液很不稳定,易于挥发、分解而失效,所以要现用现配,不可久贮。金属离子能促进亚硫酸的氧化而使还原的色素氧化变色。在生产时要避免混入铁、铜、锡及其他重金属离子。因亚硫酸能掩盖肉食品的变质迹象,因此只适合植物性食品,不允许用于鱼肉等动物食品。一定的亚硫酸类制剂残留可抑制变色和防腐作用,但也不能在食品残留过多,故必须按规定使用并进行检测。

二氧化硫和亚硫酸盐经代谢成硫酸盐后,从尿液排出体外,并无任何明显的病理后果。但由于有人报告某些哮喘病人对亚硫酸或亚硫酸盐有反应,以及二氧化硫及其衍生物潜在的诱变性,人们正在对它们进行再检查。SO_2 具有明显的刺激性气味,经亚硫酸盐或 SO_2 处理的食品,如果残留量过高就可产生可觉察的异味。

10.2.4 乳化剂

1. 食品乳化剂的定义和分类

食品乳化剂是添加少量即可显著降低油水两相界面张力，使互不相溶的油（疏水性物质）和水（亲水性物质）形成稳定乳浊液的表面活性剂的一种。乳化剂的结构特点具有亲水和亲脂性，即分子中有亲油的部分，也有亲水的部分。其广泛用于饮料、乳品、糖果、糕点、面包和方便面等。

食品乳化剂可以分类为天然的和化学合成的两类。按其在食品中应用目的或功能来分，又可以分为多种类型，如破乳剂、起泡剂、消泡剂、润湿剂、增溶剂等。还可根据所带电荷性质分为阳离子型乳化剂、阴离子型乳化剂、两性离子型乳化剂和非离子型乳化剂。

2. 食品乳化剂的表示

乳化剂的一个重要性质是其亲水亲油性，通常用 HLB 值来表示，离子型的乳化剂，规定 HLB=1 为亲油性最大，HLB=40 为亲水性最大。非离子型乳化剂，HLB=1 时亲油性最大，HLB=20 时亲水性最大。HLB 值只能确定乳状液类型，一般并不能说明乳化能力的大小和效率的高低。乳化剂用量增加，能效增大，但达到一定浓度后，其能效却不再增加。

3. 乳化剂在食品中的主要作用

乳化剂可使食品组分混合均匀、产品的流变性改善，同时还可以对食品的外观、风味、适口性和保存性有一定的作用。

（1）乳化作用

这是最主要的作用。由于食品中通常含有不同性质的成分，乳化剂有利于它们的分散，可防止油水分离，防止糖、油脂起霜，防止蛋白质凝集和沉淀，提高食品的耐盐、耐酸及耐热能力，并且乳化后的成分更易为人体吸收利用。

（2）络合作用

乳化剂和淀粉络合形成稳定的复合物，可延缓淀粉的老化，可使面制品长时间保鲜、松软，同时还可以提高淀粉的糊化温度、淀粉糊的黏度及制品的保水性。乳化剂在面团中还可起到调理作用，强化蛋白质的网络结构，提高弹性，增加空气的进入量，缩短发酵时间，使气孔分布均匀，有利于面包、糕点等食品品质的提高。

（3）润湿和分散作用

乳化剂在奶粉、麦乳精、粉末饮料中使用，可以提高其分散性、悬浮性和可溶性，有利于食品在冷水或热水中速溶。

（4）控制结晶作用

在糖和脂肪体系中乳化剂可控制结晶。如在巧克力中可促使可可脂的结晶变得细微和均匀；在冰淇淋中可以阻止冰晶的成长；在人造奶油中低 HLB 值的乳化剂可防止油脂产生结晶。

（5）增溶作用

HLB 值大于 15 的乳化剂可以作为脂溶性色素、香料等的增溶剂，还可以作为破乳剂使用。

(6)抗菌保鲜作用

蔗糖酯还有一定的抗菌作用,可作为水果、鸡蛋的涂膜保鲜乳化剂,有防止细菌侵入、抑制水分蒸发的作用。磷脂还有抗氧化作用。

(7)其他作用

乳化剂中的饱和脂肪酸链能稳定液态泡沫,也可用作发泡助剂。相反,不饱和脂肪酸链能抑制泡沫,可作为乳品、蛋品加工中的消泡剂。有的乳化剂如甘油单酸酯和甘油二酸酯还有较好的润滑效果。

4. 常用的乳化剂

(1)单硬脂酸甘油酯

1)性状。单硬脂酸甘油酯又叫单甘酯,为白色蜡状片形或珠形固体。不溶于水,与热水强烈振荡混合时可分散在热水中。系油包水型乳化剂,因本身的乳化性很强,也可作为水包油型乳化剂。它可溶于热的有机溶剂,如丙酮、苯、矿物油、乙醇、油和烃类,可燃。

2)使用。单甘酯具有乳化、分散、稳定、起泡、消泡、抗淀粉老化等性能,是食品中使用最广泛的一种乳化剂,通常应用于制造人造奶油、冰淇淋及其他冷冻甜食等。通常的添加量为冰淇淋0.2%~0.5%,人造奶油、花生酱0.3%~0.5%,炼乳、麦乳精、速溶全脂奶粉0.5%,含油脂、含蛋白饮料及肉制品中0.3%~0.5%,面包0.1%~0.3%,儿童饼干0.5%,巧克力0.2%~0.5%等。

(2)丙二醇脂肪酸酯

1)性状。丙二醇脂肪酸酯又称为丙二醇单双酯,白色或黄色的固体或黏稠液体,无臭味。不溶于水,溶于乙醇、乙酸乙酯等有机溶剂。

2)使用。可用于糕点、起酥油制品中,能提高保湿性,增大比体积,具有保持质地柔软、改善口感等特性;也可用于人造奶油,可防止油水分离。在国标中,最大的使用限量是2g/kg。

(3)蔗糖脂肪酸脂酯

1)性状。蔗糖脂肪酸酯为白色至微黄色粉末,溶于乙醇,对微溶于水,对热不稳定,如脂肪酸游离,蔗糖焦糖化,酸、碱、酶均可引起水解,但20℃水解作用不大。可在水中形成结晶相,具有增溶作用。单酯可溶于热水,但二酯和三酯难溶于水。单酯含量高则亲水性强,二酯和三酯含量越多,亲油性越高。

2)使用。蔗糖脂肪酸脂可用于肉、香肠、乳化香精、冰激凌、糖果、巧克力面包的乳化,也可作保湿膜的成分。一般在橘子、苹果、鸡蛋等保鲜用量为1.5g/kg。蔗糖脂肪酸脂使用时,可先用适量冷水调和成糊状,再加入所需的水,升温至60℃~80℃,搅拌溶解,再加到制品原料中。蔗糖脂肪酸脂应密封保存于阴冷干燥处。

10.2.5 乳化剂

1. 概述

食品乳化剂是添加少量即可显著降低油水两相界面张力,使互不相溶的油(疏水性物质)和水(亲水性物质)形成稳定乳浊液的食品添加剂。

食品乳化剂是表面活性剂的一种,广泛用于饮料、乳品、糖果、糕点、面包、方便面等食品加工过程中。一般分为两类,即水包油(油/水)和油包水型(水/油),油/水型乳浊液宜用亲水性强的乳化剂,水/油型乳浊液宜用亲油性强的乳化剂。在食品加工中应用较多的是油/水型乳浊液。

在食品中常用的乳化剂有单甘酯、蔗糖酯、大豆磷脂等系列。其中山梨醇酐单油酸酯(司盘80)、山梨醇酐棕榈酸酯(司盘40)山梨醇酐单月桂酸酯(司盘20)、聚氧乙烯山梨醇酐单油酸酯(吐温80)、聚氧乙烯(20)山梨醇酐单月桂酸酯(吐温20)、聚氧乙烯(20)山梨醇酐单棕榈酸酯(吐温40)这几种乳化剂被明确规定不准用于绿色食品中。

2. 乳化剂在食品中的主要作用

在食品工业中,常常使用食品乳化剂来达到乳化、分散、稳定、发泡或消泡等目的,此外有的乳化剂还有改进食品风味、延长货架期等作用。

(1)乳化作用

食品是含有水、蛋白质、糖、脂肪等组分的多相体系,因而食品中许多成分是互不相溶的,由于各组分混合不均匀,致使食品中出现油水分离、培烤食品发硬、巧克力糖起霜等现象,影响食品质量。乳化剂分子内具有亲水和亲油两种基团,易在水和油的界面形成吸附层,将两者联结起来,使食品多相体系中各组分相互融合,形成稳定、均匀的形态,改善内部结构。

(2)起泡作用

泡沫是气体分散在液体里产生的,食品加工过程中有时需要形成泡沫,泡沫的性质决定了产品的外观和味觉,如好的泡沫结构在食品如蛋糕、冷冻甜食和食品上做饰品物是必要的。通常可选用甘油单酸酯和甘油二酸酯以及司盘60与吐温60混合,其量从0.1%～1.0%变化。

(3)悬浮作用

悬浮液是不溶性物质分散到液体介质中形成的稳定分散液,如巧克力饮料是常用的悬浮液。用于悬浮液的乳化剂,对不溶性颗粒也有润湿作用,这有助于确保产品的均匀性。通常,亲水性乳化剂,如吐温类乳化剂,加入量为0.1%时效果较好。

(4)破乳作用和消泡作用

在许多需要破乳化作用过程中,如冰淇淋的生产,应控制破乳化作用,这有助于使脂肪形成较好颗粒,形成好的产品。采用强的亲水性乳化剂如吐温80,或亲油乳化剂,如甘油单油酸酯或甘油二油酸酯,用于破坏乳浊液。

(5)络合作用

乳化剂可络合淀粉,如在面包生产中,乳化剂能与淀粉形成配合物,改善面筋体积和颗粒,增强生面筋结构。面包碎屑的坚固性和淀粉结晶有关,甘油单酸酯和甘油二酸酯用来阻止颗粒状碎屑的坚固化,防止老化。如吐温和单甘油酯、二甘油酯混合,占面粉质量的0.25%～0.5%,具有抗硬化作用和调理面团两个特性。

(6)结晶控制

在糖和脂肪体系中,乳化剂可控制结晶,典型的例子是乳化剂在巧克力、花生奶油和糖果涂层中用于控制结晶。如在巧克力生产中,乳化剂有助于形成细小的并能发出明亮光泽的脂肪酸晶体,与不含任何乳化剂的巧克力相比,含有乳化剂的体系形成的晶体更细小且数量多。如0.1%吐温60乳化剂,就能提高结晶速度、促进细小晶体形成。

(7)润滑作用

甘油单酸酯和甘油二酸酯都具有较好的润滑效果，能有效地用于食品加工过程。在焦糖中占有0.5%～1.0%的固体甘油单酸酯和甘油二酸酯能减少对切刀、包装物和消费者牙齿的黏结力。

10.2.6　增稠剂

食品增稠剂是一种能改善食品的物理特性，增加食品的黏稠度或形成凝胶，赋予食品黏润、适宜的口感，并且具有提高乳化状和悬浊状稳定性作用的物质。

食品增稠剂是一类高分子亲水胶体物质，具有亲水胶体的一般性质。该类物质的分子中具有许多亲水性基团，如羟基、羧基、氨基和羧酸根等，能与水分子发生水化作用，形成相对稳定的均匀分散的体系。在食品加工中，一般所使用的增稠剂种类很多，但目前主要是从海藻和含多糖类物质的植物、含蛋白质的动植物中提取，或者由生物工程技术制取获得。这些包括海藻酸、淀粉、阿拉伯树胶、果胶、卡拉胶、明胶、酪蛋白酸钠、黄原胶等。另外，还可以用化学合成法来获得，如羧甲基纤维素钠、羧甲基纤维素钙、羧甲基淀粉钠、藻酸丙二酯等。

1. 增稠剂的性质

增稠剂溶液的黏度与其溶液浓度、温度、pH、切变力及溶液体系中的其他成分等因素有关。

多数增稠剂在较低浓度时，随浓度增加，溶液的黏度增加，在高浓度时呈现假塑性。切变力对增稠剂溶液黏度有一定影响，如假塑性流体随着剪切速率的增加呈现剪切稀释现象。有的增稠剂具有凝胶作用，当体系中溶有特定分子结构的增稠剂，浓度达到一定值，而体系的组成也达到一定要求时，体系可形成凝胶。

另外，单独使用一种增稠剂，往往得不到理想效果，必须同其他几种乳化剂复配使用，发挥协同效应。增稠剂有较好增效作用的配合是：羧甲基纤维素(CMC)与明胶，卡拉胶、瓜尔豆胶与CMC，琼脂与刺槐豆胶，黄原胶与刺槐豆胶等。

2. 增稠剂在食品加工中的应用

(1)提供食品所需的流变特性

增稠剂对流态食品、胶质食品的色、香、味、质构和稳定性等的改善起着极其重要的作用。能使液体的食品和浆状食品具有特定的形态，使产品更加稳定、均匀，且具有爽滑适口的感觉，如冰淇淋和冰点心的口感很大程度上取决于其内部冰晶形成的状态。一般冰晶糙大，其组织越粗糙，产品的口感将越差。当在体系中添加增稠剂后，就可以有效地防止冰晶的长大，并包入大量微小的气泡，从而使产品的组织更细腻、均匀，口感更光滑、外观整洁。

(2)提供食品所需的稠度和胶凝性

许多食品，如果酱、颗粒状食品、罐要食品、软饮料、人造奶油及其他涂抹食品，需要具有很好的稠度。当增稠剂加入后，就能使产品达到非常好的效果。在果冻和软糖以及仿生食品中，添加增稠剂后能使产品具有很好的质构和风味。

(3)改善面团的质构

在许多焙烤食品和方便食品中，添加增稠剂能促使食品中的成分趋于均匀，增加其持水性，从而能有效地改善面团的品质，保持产品的风味，延长产品的货架寿命。

(4)改善糖果的凝胶型和防止起霜

在糖果的加工中，使用增稠剂能使糖果的柔软性和光滑性得到大大的改善。在巧克力的生产中，增稠剂的添加能增加巧克力表面的光滑性和光泽，防止表面起霜。

(5)提高起泡性及其稳定性

在食品加工中添加增稠剂，可以提高产品的发泡性，在食品的内部形成许多网状结构。在溶液搅拌时能形成许多较稳定的小气泡，这对蛋糕、面包、啤酒、冰淇淋等生产起着极其重要的作用。

(6)提高黏合作用

在香肠等一类产品中，添加槐豆胶、鹿角菜胶等增稠剂，经均质后，使产品的组织结构更稳定、均匀、滑润，并且有强的持水能力。在粉末状、颗粒状及片状产品中，阿拉伯胶类的增稠剂具有很好的黏合能力。

(7)成膜作用

在食品中添加明胶、琼脂、海藻酸、醇溶性蛋白等增稠剂，能在食品表面形成一层非常光滑均匀的薄膜，从而有效地防止冷冻食品、固体粉末状食品表面吸湿等影响食品质量的现象发生。对水果、蔬菜类食品具有保鲜作用，且使水果、蔬菜类产品表面更有光泽。

(8)持水作用

一般食品增稠剂都有很强的亲水能力，在肉制品、面粉制品中能起到改良产品质构的作用。如在调制面团的过程中，添加增稠剂有利于缩短调粉的过程，改善面团的吸水性，增加产品的质量。

(9)用于保健、低热量食品的生产

增稠剂通常为大分子化合物，其中许多来自天然的胶质，这些胶质一般在人体内不易被消化，直接排出体外。故利用这些增稠剂来代替一部分含热值大的糖浆和蛋白质溶液等，可以降低食品的热值。该方法在诸如果冻、点心、饼干、布丁等中得到很好的应用。

(10)掩蔽食品的异味

在有些食品中，可以利用添加增稠剂掩蔽食品中一些令人不愉快的异味，如添加环状糊精有较好的功效。

10.2.7 膨松剂

1. 概述

使食品在加工中形成膨松多孔的结构，制成柔软、熟脆的产品的食品添加剂叫膨松剂，也称为膨胀剂或疏松剂，一般是指碳酸盐、磷酸盐、铵盐和矾类及其复合物。膨松剂可分为碱性膨松剂、酸性膨松剂和复合膨松剂等。碱性膨松剂包括碳酸氢钠(钾)、碳酸氢铵、轻质碳酸钙；酸性膨松剂包括硫酸铝钾、硫酸铝氨、磷酸氢钙和酒石酸氢钾等，主要用作复合膨松剂的酸性成分，不能单独用作膨松剂。复合膨松剂又称发酵粉、发泡粉，是目前实际应用最多的膨松剂。

复合膨松剂一般是由以下三部分组成。

1)碳酸盐，常用的是碳酸氢钠，用量约占20%～40%，作用是产生CO_2。

2)酸性盐或有机酸，用量约占35%～50%，其作用是与碳酸盐发生反应产生气体，并降低成品的碱性,控制反应速度和膨松剂的作用效果。

3)助剂,有淀粉、脂肪酸等,用量约占10%～40%,其作用是改善膨松剂的保存性,防止吸潮结块和失效,也有调节气体产生速度或使气泡均匀产生等作用。

膨松剂在使用中会分解、中和或发酵。例如酵母产气的机理主要是发酵过程,所产生的大量气体使食品体积起发增大,并使食品内部形成多孔组织。这一功能使膨松剂在焙烤食品、发酵食品、含气饮料、调味品中起十分重要的作用。

2. 膨松剂的功效与应用

(1)膨松剂的功效

1)增加食品体积。例如面包,它的组织特性是具有海绵状多孔组织,所以在制作中要求面团中有大量气体产生。除油脂和面团中水分蒸发产生一部分气体之外,绝大部分气体由膨松剂产生,它使面包比面团增大2～3倍。

2)产生多孔结构。使食品具有松软酥脆的质感,使消费者感到可口、易嚼。食品入口后唾液可很快渗入食品组织中,带出食品中的可溶性物质,所以可很快尝出食品风味。

3)容易消化。膨松食品进入胃中,就像海绵吸水一样,使各种消化液快速、畅通地进入食品组织,消化容易,吸收率高,避免营养素的损失,使食品的营养价值更充分地体现出来。

(2)膨松剂的应用

膨松剂主要用于面包、蛋糕、饼干、发面制品。只要在食品加工中有水,膨松剂即产生作用,一般是温度越高反应越快。如小苏打,一遇水就分解。一般来说,单一的化学膨松剂有价格低、保存性好、使用方便等优点,在生产中广泛使用,但也有以下缺点,如反应速度较快,不能控制,发气过程只能靠面团的温度来调整。有时无法适应食品工艺要求。生成物不是中性的,如碳酸钠为碱性,它可能与食品中的油脂皂化,产生不良味道,破坏食品中的营养素,并与黄酮醇素反应产生黄斑。所以应注意使用复合膨松剂。

复合膨松剂具有持续性释放气体的性能,从而使产品产生理想的酥脆质构。而且复合膨松剂的安全性更高,使生产油炸类方便小食品必不可少的原料之一。

参考文献

[1]汪东风．食品化学[M]．北京:化学工业出版社,2007.

[2]羽亚伟．玉米淀粉生产及转化技术[M]．北京:化学工业出版社,2003.

[3]高嘉安．淀粉与淀粉制品工艺学[M]．北京:中国农业出版社,2001.

[4]阚建全．食品化学[M]．北京:中国农业大学出版社,2002.

[5] Rickman Joy C,et a1. Nutritional comparison of fresh,frozen,znd canned fruits and vegetables Ⅱ. Vitamin A and carotenoids,vitamin E,minerals and fiber. Journal of Science of Food and Agriculture,2007,87:1185-1196.

[6]郑建仙．功能性低聚糖[M]．北京:化学工业出版社,2004.

[7]冯凤琴,叶立扬．食品化学[M]．北京:化学工业出版社,2005.

[8]陈敏,王军．食品添加剂与食品安全[J]．大学化学,2009(01).

[9]赵新淮．食品化学[M]．北京:化学工业出版社,2005.

[10]Fennema O R. Food Chemistry. 3rd ed. New York:Marcel Dekker,1996.

[11]张国珍．食品生物化学[M]．北京:中国农业出版社,2000.

[12]Belitz H D,el al,Food Chemistry. 4th ed. New York:Springer-Verlag/Berlin:Heidelberg,2008.

[13]延斌．食品化学[M]．北京:中国农业出版社,2004.

[14]刘树兴,吴少雄．食品化学[M]．北京:中国计量出版社,2008.

[15] Phnip J,et a1. Biofortifying crops with essential mineral elements. Trends in Plant Science,2005,10(12):586-593.

[16]陈洪渊．食品化学[M]．北京:化学工业出版社,2005.

[17]李秋菊．食品化学简明教程及实验指导[M]．北京:中国农业出版社,2005.

[18]刘甲．我国肉类食品添加剂的使用与管理[J]．肉类研究,2010(02).

[19]李丽娅．食品生物化学[M]．北京:高等教育出版社,2006.

[20]乔发东．腌腊肉制品脂肪组织食用品质的成因分析[J]．农产品加工(学刊),2005(11).

[21]宋萍,马彦芳．食品安全与食品添加剂[J]．食品与药品,2006,8(8):68-69.

[22]夏红．食品化学[M]．第2版．北京:中国农业出版社,2008.